Analytische Geometrie

Von

Dr. Gerhard Engel

Mit 125 Textfiguren

Walter de Gruyter & Co.

vormals G. J. Goschen'sche Verlagshandlung · J. Guttentag, Verlagsbuchhandlung · Georg Reimer · Karl J. Trübner · Veit & Comp.

Berlin 1950

(1) Paul Dünnhaupt, Buchdruckerei, Köthen A 521 Archiv-Nr. 121450

Vorwort

Der vorliegende Band soll eine Lücke schließen zwischen der schulmäßigen Darstellung der analytischen Geometrie und ihrer Behandlung auf der Hochschule bzw. den entsprechenden Lehrbüchern. Er führt von den Grundformeln der analytischen Geometrie der Ebene und des Raumes bis zu den Kurven und Flächen 2. Ordnung, uneigentlichen und imaginären Elementen in allgemeinen Koordinaten und zum Gruppenbegriff als dem ordnenden Prinzip in der Geometrie. Vorausgesetzt werden nur die einfachsten elementargeometrischen, algebraischen und trigonometrischen Kenntnisse, so wie sie etwa auf der Mittelstufe der höheren Schulen gelehrt werden. Ich bin dabei nicht vom Vektor- und Matrizenkalkül ausgegangen, welche dem Anfänger erfahrungsgemäß erhebliche Schwierigkeiten bereiten, sondern habe diese Dinge erst am Schluß erklärt und angedeutet, wieviel eleganter und einfacher sich das ganze Gebiet damit behandeln läßt. Um dem Leser, der den theoretischen Entwicklungen zu anfangs vielleicht abstrakt erscheinenden Ergebnissen folgt, das Gefühl des festen Bodens unter den Füßen zu geben, sind zahlreiche Beispiele in die Darstellung eingebaut und weitgehendst durchgerechnet. Wegen seiner Wichtigkeit für Theorie und Praxis ist der Abschnitt über Kegelschnitte besonders ausführlich behandelt, wobei gelegentlich die analytische Beweismethode zugunsten einer kürzeren andersartigen Darstellung zurücktreten mußte. Das Buch wendet sich demnach an alle, die ihre Schulkenntnisse vertiefen wollen, an die Teilnehmer an Volkshochschulkursen, an Techniker, die analytisch-geometrische Methoden zur Lösung praktischer Aufgaben verwenden, insbesondere aber an die jüngeren Semester der Hoch- und Fachschulen, welche gerade heute vielfach ohne die soliden Vorkenntnisse aus einer geregelten Schulausbildung ein mathematisches, naturwissenschaftliches oder technisches Studium beginnen.

Berlin, im Juli 1948

G. Engel

Inhaltsverzeichnis

I. Kapitel: Punkte in der Ebene

II. Kapitel: Die gerade Linie

III. Kapitel: Der Kreis

IV. Kapitel: Kegelschnitte

V. Kapitel: Punkte im Raum

VI. Kapitel: Gerade und Ebene im Raum

VII. Kapitel: Flächen zweiter Ordnung

VIII. Kapitel: Vektoren

Seite

IX. Kapitel: Verallgemeinerung des Koordinatenbegriffs

X. Kapitel: Einteilung der Geometrie nach dem Gruppenprinzip

Erstes Kapitel

Punkte in der Ebene

§ 1. Cartesische und Polarkoordinaten

(1) Rechtwinklige Koordinaten. Gegeben sind zwei aufeinander senkrechte Geraden, die sich im Punkt O schneiden, die horizontale x-Achse und die vertikale y-Achse. Beide sind gerichtet und mit einer Maßeinteilung versehen, vom Koordinatenanfangspunkt O aus nach rechts bzw. nach oben. Die durch jeden beliebigen Punkt P der Ebene zu den Achsen gezogenen Parallelen schneiden auf den Achsen zwei Strecken ab, deren Maßzahlen x und y die Koordinaten des Punktes P heißen. Beide sind durch P eindeutig festgelegt, umgekehrt ist auch durch zwei Zahlen x und y der Punkt P eindeutig festgelegt. x heißt die Abszisse, y die Ordinate von P. Man schreibt abgekürzt $P : x, y$.

Beispiel 1: In Fig. 1 sind die Punkte $P_1 : 6, 4$; $P_2 : -3, 2$; $P_3 : -4, -3$; $P_4 : 4, -2$; $P_5 : -2, 0$ und $P_6 : 0, -4$ eingezeichnet.

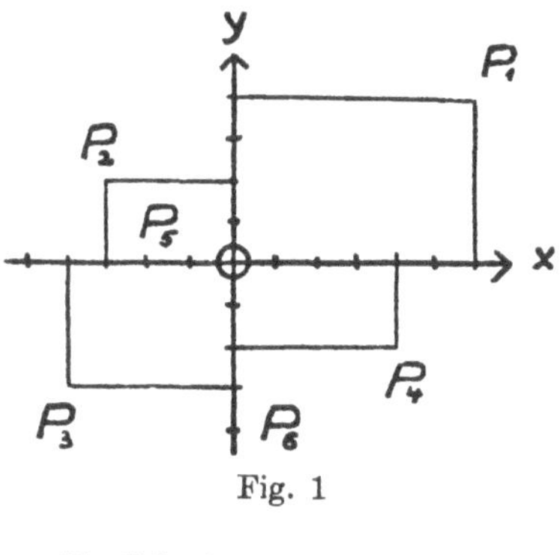

Fig. 1

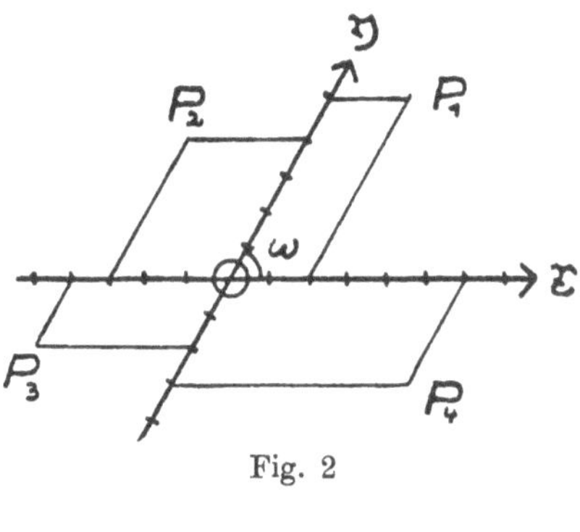

Fig. 2

(2) Schiefwinklige Koordinaten. Bilden die beiden gegebenen Geraden durch O den Winkel ω miteinander, so schneiden die Parallelen dazu durch jeden Punkt P der Ebene darauf zwei Strecken ab, deren Maßzahlen $\mathfrak{x}$ und $\mathfrak{y}$ die schiefwinkligen Koordinaten von P heißen. ω wird der Achsenwinkel genannt.

Beispiel 2: In Fig. 2 sind die Punkte $P_1 : 2, 5$; $P_2 : -3, 4$; $P_3 : -4, -2$; $P_4 : 6, -3$ in schiefwinkligen Koordinaten mit dem Achsenwinkel $\omega = 60°$ eingetragen.

(3) Beziehungen zwischen rechtwinkligen und schiefwinkligen Koordinaten. $\mathfrak{x}$- und $\mathfrak{y}$-Achse eines schiefwinkligen Koordinatensystems bilden mit der x-Achse die Winkel α und β. Aus Fig. 3 folgt

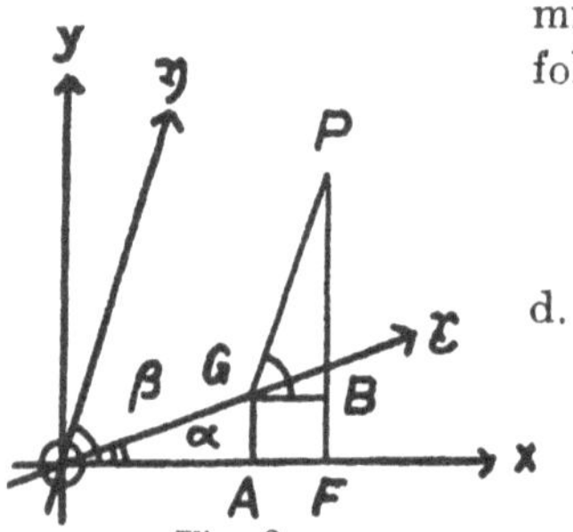

Fig. 3

$$x = OF = OA + AF = OA + GB,$$
$$y = FP = FB + BP = AG + BP,$$

d. h. es bestehen die Transformationsgleichungen

$$\boxed{\begin{aligned} x &= \mathfrak{x} \cdot \cos\alpha + \mathfrak{y} \cdot \cos\beta \\ y &= \mathfrak{x} \cdot \sin\alpha + \mathfrak{y} \cdot \sin\beta \end{aligned}}$$

Beispiel 3: Gegeben sind die Punkte $Q_1: 3, 5$; $Q_2: -2, 3$ in einem schiefwinkligen Koordinatensystem, dessen Achsen mit der x-Achse eines rechtwinkligen Koordinatensystems die Winkel $\alpha = 30°$ und $\beta = 135°$ bilden. Die rechtwinkligen Koordinaten der Punkte sind

$$x_1 = 3 \cdot \frac{1}{2}\sqrt{3} - 5 \cdot \frac{1}{2}\sqrt{2} = -0{,}94, \qquad y_1 = 3 \cdot \frac{1}{2} + 5 \cdot \frac{1}{2}\sqrt{2} = 5{,}04,$$

$$x_2 = -2 \cdot \frac{1}{2}\sqrt{3} - 3 \cdot \frac{1}{2}\sqrt{2} = -3{,}85, \quad y_2 = -2 \cdot \frac{1}{2} + 3 \cdot \frac{1}{2}\sqrt{2} = 1{,}12.$$

Beispiel 4: Gegeben sind die Punkte $R_1: 3, 5$; $R_2: -2, 3$ in rechtwinkligen Koordinaten, gesucht sind die Koordinaten dieser Punkte in bezug auf ein schiefwinkliges Koordinatensystem mit dem Achsenwinkel $\omega = 60°$, $\mathfrak{x}$-und x-Achse fallen zusammen.

$$x = \mathfrak{x} + \mathfrak{y} \cdot \cos\omega, \qquad y = \mathfrak{y} \cdot \sin\omega,$$

daraus folgt

$$\mathfrak{y} = \frac{y}{\sin\omega}, \qquad \mathfrak{x} = x - y \cdot \operatorname{ctg}\omega.$$

$$\mathfrak{x}_1 = 3 - \frac{5}{\sqrt{3}} = 0{,}11, \qquad \mathfrak{y}_1 = \frac{10}{\sqrt{3}} = 5{,}77,$$

$$\mathfrak{x}_2 = -2 - \frac{3}{\sqrt{3}} = -3{,}73, \qquad \mathfrak{y}_2 = \frac{6}{\sqrt{3}} = 3{,}46.$$

(4) Polarkoordinaten. Im Gegensatz zu den bisher behandelten cartesischen Koordinaten versteht man unter den Polarkoordinaten eines Punktes P den Radiusvektor r, d. h. die Entfernung des Punktes P vom Koordinatenanfangspunkt, und die Amplitude φ, d. h. den Winkel, den der Radiusvektor mit der positiven x-Achse bildet. Der Koordinatenanfangspunkt heißt Pol, der positive Teil der x-Achse Polarachse. r wird stets positiv, φ von der Polarachse aus im positiven Drehungssinn gerechnet.

Beispiel 5: Die in Polarkoordinaten gegebenen Punkte $P_1: 3, \frac{\pi}{4}$; $P_2: 2, \frac{5\pi}{6}$; $P_3: 4, \frac{3\pi}{2}$ und $P_4: 1, \frac{5\pi}{3}$ sind in Fig. 4 gezeichnet.

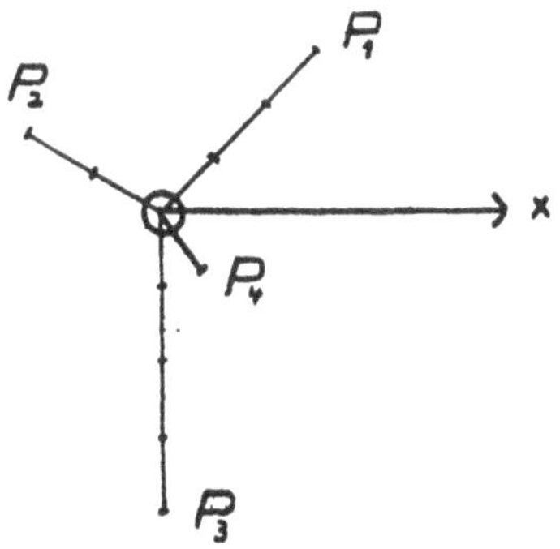

Fig. 4

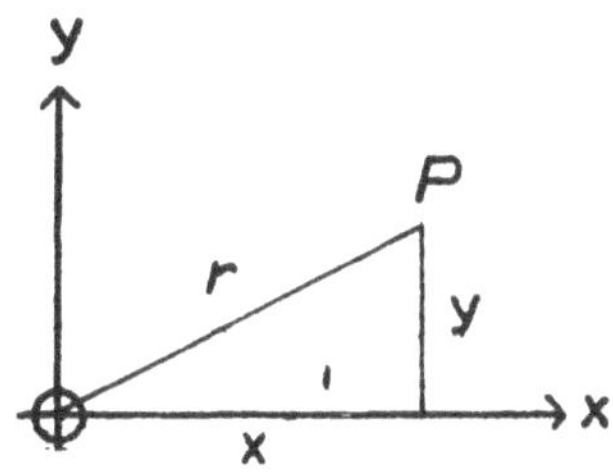

Fig. 5

(5) Beziehungen zwischen rechtwinkligen und Polarkoordinaten. Aus Fig. 5 ist zu ersehen:

$$\boxed{\begin{aligned} x &= r \cdot \cos\varphi \\ y &= r \cdot \sin\varphi \end{aligned}} \qquad \boxed{\begin{aligned} r &= \sqrt{x^2 + y^2} \\ \operatorname{tg}\varphi &= \frac{y}{x} \end{aligned}}$$

$\operatorname{tg}\varphi = \frac{y}{x}$ liefert zwei um π verschiedene Werte für φ, die Entscheidung kann durch Zeichnung oder durch Anwendung der Formeln

$$\cos\varphi = \frac{x}{\sqrt{x^2 + y^2}}, \quad \sin\varphi = \frac{y}{\sqrt{x^2 + y^2}}$$

getroffen werden.

Beispiel 6: Die in Polarkoordinaten gegebenen Punkte $P_1: 3, \frac{\pi}{6}$ und $P_2: 2, \frac{7\pi}{4}$ haben die rechtwinkligen Koordinaten

$$x_1 = \frac{3}{2}\sqrt{3} = 2{,}60; \; y_1 = \frac{3}{2} = 1{,}5; \; x_2 = \sqrt{2} = 1{,}41; \; y_2 = -\sqrt{2} = -1{,}41.$$

Beispiel 7: Die in rechtwinkligen Koordinaten gegebenen Punkte $P_1: -3, 3$ und $P_2: 3, -4$ haben die Polarkoordinaten

$$r_1 = \sqrt{18} = 4{,}24, \; \varphi_1 = \frac{3\pi}{4}; \; r_2 = 5; \; \varphi_2 = 126{,}9°.$$

§ 2. Koordinatentransformationen

(1) Parallelverschiebung des Koordinatensystems. Wird ein cartesisches Koordinatensystem (x, y) parallel zu sich selbst verschoben, so daß der Anfangspunkt die Koordinaten x_M, y_M bekommt, so bestehen zwischen den alten Koordinaten x, y und den neuen x', y' jedes Punktes folgende Beziehungen (Fig. 6):

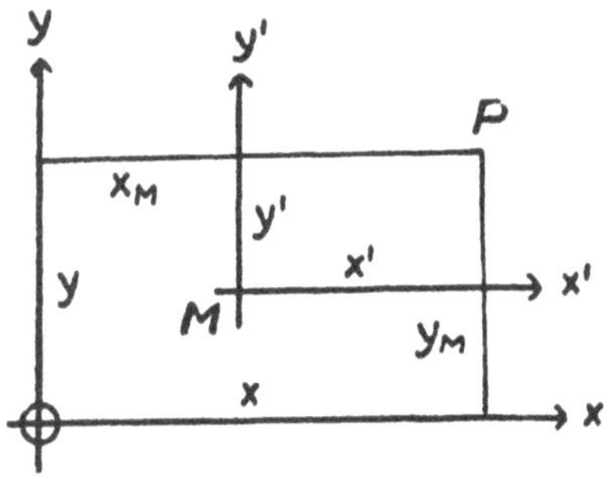

Fig. 6

$$\boxed{\begin{aligned} x &= x' + x_M \\ y &= y' + y_M \end{aligned}}$$

$$\boxed{\begin{aligned} x' &= x - x_M \\ y' &= y - y_M \end{aligned}}$$

(2) Drehung des rechtwinkligen Koordinatensystems. Wird ein rechtwinkliges Koordinatensystem (x', y') um seinen Anfangspunkt als Drehpunkt um den Winkel α im positiven Sinne gedreht, so bestehen zwischen den alten Koordinaten x', y' und den neuen X, Y jedes Punktes nach § 1 (3) die Beziehungen (Fig. 7):

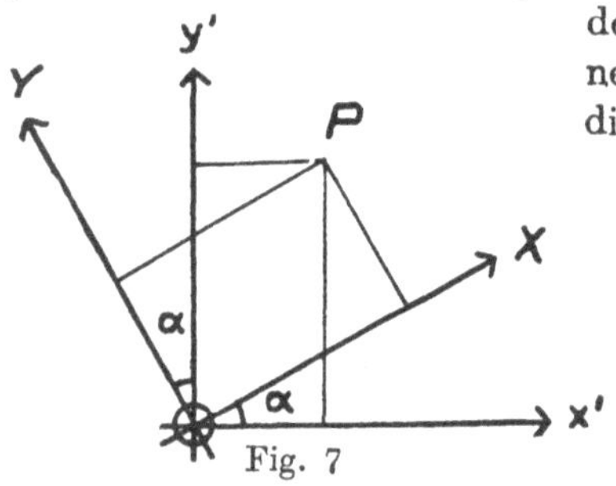

Fig. 7

$$x' = X \cdot \cos\alpha + Y \cdot \cos(90^\circ + \alpha);$$
$$y' = X \cdot \sin\alpha + Y \cdot \sin(90^\circ + \alpha)$$

$$\boxed{\begin{aligned} x' &= X \cdot \cos\alpha - Y \cdot \sin\alpha \\ y' &= X \cdot \sin\alpha + Y \cdot \cos\alpha \end{aligned}}$$

Hieraus ergibt sich

$$x' \cdot \cos\alpha + y' \cdot \sin\alpha = X \cdot \cos^2\alpha + X \cdot \sin^2\alpha$$
$$-x' \cdot \sin\alpha + y' \cdot \cos\alpha = Y \cdot \sin^2\alpha + Y \cdot \cos^2\alpha$$

$$\boxed{\begin{aligned} X &= x' \cdot \cos\alpha + y' \cdot \sin\alpha \\ Y &= -x' \cdot \sin\alpha + y' \cdot \cos\alpha \end{aligned}}$$

(3) Beliebige Bewegung des rechtwinkligen Koordinatensystems. Jede Bewegung eines rechtwinkligen Koordinatensystems in der Ebene läßt sich zerlegen in eine Parallelverschiebung und eine Drehung um den neuen Anfangspunkt. Sind x_M, y_M dessen Koordinaten in bezug auf das ursprüngliche System und α der Drehungswinkel, so gelten also die Transformationsgleichungen

$$\boxed{\begin{aligned} x &= X \cdot \cos\alpha - Y \cdot \sin\alpha + x_M \\ y &= X \cdot \sin\alpha + Y \cdot \cos\alpha + y_M \end{aligned}}$$

$$\boxed{\begin{aligned} X &= (x - x_M) \cdot \cos\alpha + (y - y_M) \cdot \sin\alpha \\ Y &= -(x - x_M) \cdot \sin\alpha + (y - y_M) \cdot \cos\alpha \end{aligned}}$$

Beispiel 1: Aus dem (x, y)-System entsteht durch Parallelverschiebung in den Punkt $M: 2, 5$ und anschließende Drehung um 30° das (X, Y)-System. Die neuen Koordinaten des Punktes $P_1: x_1 = 1$, $y_1 = 8$ sind

$$X_1 = -\frac{1}{2}\sqrt{3} + 3 \cdot \frac{1}{2} = 0{,}63, \qquad Y_1 = \frac{1}{2} + 3 \cdot \frac{1}{2}\sqrt{3} = 3{,}10.$$

Beispiel 2: Das (X, Y)-System ist aus dem (x, y)-System durch Translation in den Punkt $M: -3, -2$ und Drehung um 135° entstanden. Die alten Koordinaten des Punktes $P_1: X_1 = 2,\ Y_1 = 1$ sind

$$x_1 = -2 \cdot \frac{1}{2}\sqrt{2} - \frac{1}{2}\sqrt{2} - 3 = -5{,}12, \quad y_1 = 2 \cdot \frac{1}{2}\sqrt{2} - \frac{1}{2}\sqrt{2} - 2 = -1{,}29.$$

§ 3. Entfernung zweier Punkte

Gesucht ist der Abstand d zweier Punkte, deren Koordinaten gegeben sind.

(1) Rechtwinklige Koordinaten. $P_1: x_1, y_1$ und $P_2: x_2, y_2$. Aus Fig. 8 folgt nach Pythagoras

$$\boxed{d = \sqrt{(x_1 - x_2)^2 + (y_1 - y_2)^2}}$$

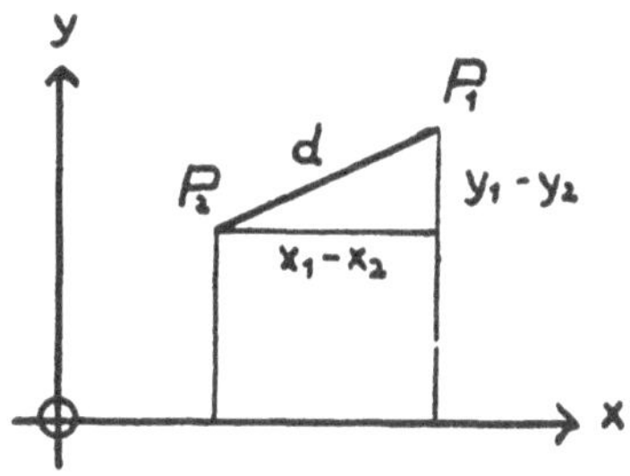

Fig. 8

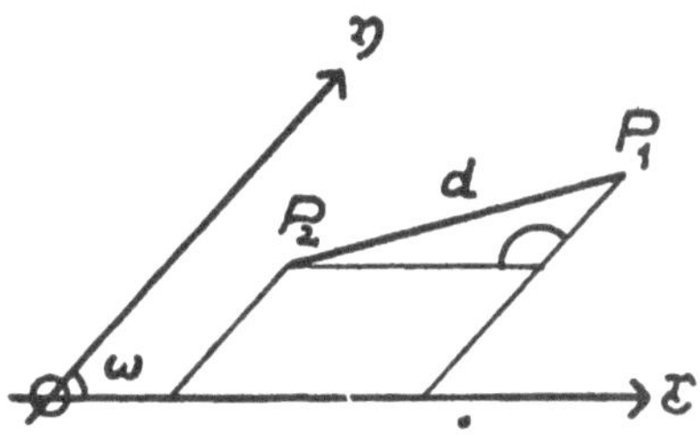

Fig. 9

(2) Schiefwinklige Koordinaten. $P_1: \mathfrak{x}_1, \mathfrak{y}_1$ und $P_2: \mathfrak{x}_2, \mathfrak{y}_2$. In Fig. 9 liefert der Kosinussatz

$$d^2 = (\mathfrak{x}_1 - \mathfrak{x}_2)^2 + (\mathfrak{y}_1 - \mathfrak{y}_2)^2 - 2(\mathfrak{x}_1 - \mathfrak{x}_2)(\mathfrak{y}_1 - \mathfrak{y}_2) \cdot \cos(180° - \omega),$$

also

$$\boxed{d = \sqrt{(\mathfrak{x}_1 - \mathfrak{x}_2)^2 + (\mathfrak{y}_1 - \mathfrak{y}_2)^2 + 2(\mathfrak{x}_1 - \mathfrak{x}_2)(\mathfrak{y}_1 - \mathfrak{y}_2)\cos\omega}}$$

(3) Polarkoordinaten. $P_1: r_1, \varphi_1$ und $P_2: r_2, \varphi_2$. Nach dem auf das Dreieck OP_1P_2 in Fig. 10 angewandten Kosinussatz ist

$$\boxed{d = \sqrt{r_1^2 + r_2^2 - 2 r_1 r_2 \cdot \cos(\varphi_2 - \varphi_1)}}$$

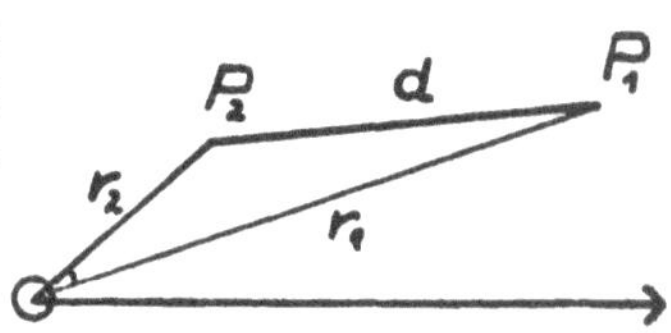

Fig. 10

Beispiel 1: Die Seitenlängen des Dreiecks $\triangle$, dessen Eckpunkte A: 2, 5; B: -3, -4; C: 4, -1 in rechtwinkligen Koordinaten gegeben sind, sind

$$a = \sqrt{58} = 7{,}61, \quad b = \sqrt{40} = 6{,}33, \quad c = \sqrt{106} = 10{,}30.$$

Beispiel 2: Die Entfernung der Punkte $P_1: 3, 2$ und $P_2: -5, 3$ in schiefwinkligen Koordinaten mit dem Achsenwinkel $\omega = 120°$ ist

$$d = \sqrt{64 + 1 + 8} = 8{,}54.$$

Beispiel 3: Die Entfernung der Punkte $P_1: 4, \frac{\pi}{3}$ und $P_2: 5, \frac{3\pi}{2}$ in Polarkoordinaten beträgt

$$d = \sqrt{16 + 25 + 20 \cdot \sqrt{3}} = 8{,}70.$$

Das Ergebnis erscheint in allen Beispielen in der Maßeinheit, in der die Koordinaten der Punkte gegeben sind.

§ 4. Teilung einer Strecke

(1) Koordinaten des Mittelpunktes einer Strecke. Gegeben sind die rechtwinkligen oder schiefwinkligen Koordinaten zweier Punkte $P_1: \mathfrak{x}_1, \mathfrak{y}_1$ und $P_2: \mathfrak{x}_2, \mathfrak{y}_2$, gesucht sind die Koordinaten des Mittelpunktes der Strecke $P_1 P_2$.

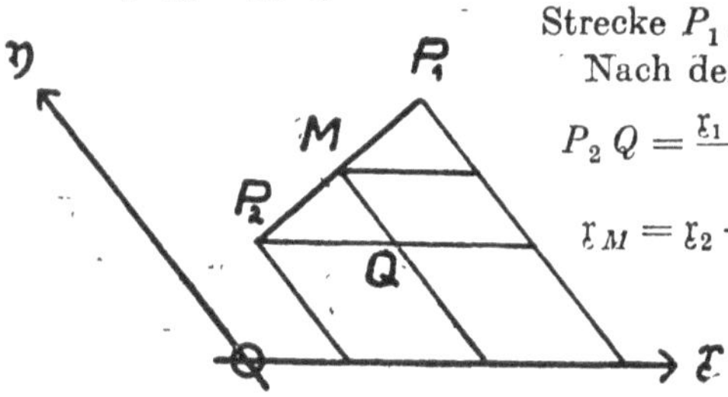

Fig. 11

Nach dem Strahlensatz ist (vgl. Fig. 11)

$$P_2 Q = \frac{\mathfrak{x}_1 - \mathfrak{x}_2}{2}, \qquad Q M = \frac{\mathfrak{y}_1 - \mathfrak{y}_2}{2},$$

$$\mathfrak{x}_M = \mathfrak{x}_2 + \frac{\mathfrak{x}_1 - \mathfrak{x}_2}{2}, \quad \mathfrak{y}_M = \mathfrak{y}_2 + \frac{\mathfrak{y}_1 - \mathfrak{y}_2}{2}.$$

$$\boxed{\begin{aligned} \mathfrak{x}_M &= \frac{\mathfrak{x}_1 + \mathfrak{x}_2}{2} \\ \mathfrak{y}_M &= \frac{\mathfrak{y}_1 + \mathfrak{y}_2}{2} \end{aligned}}$$

(2) Teilverhältnis. Unter dem Teilverhältnis der 3 Punkte T, A, B

$$(T;\ A, B) = \lambda$$

versteht man den Quotienten aus den Maßzahlen der Strecken AT und TB unter Berücksichtigung der Orientierung.

$$\lambda = \frac{AT}{TB}$$

Der Punkt T teilt die Strecke AB im Verhältnis $m : n$, und es ist $\frac{m}{n} = \lambda$.

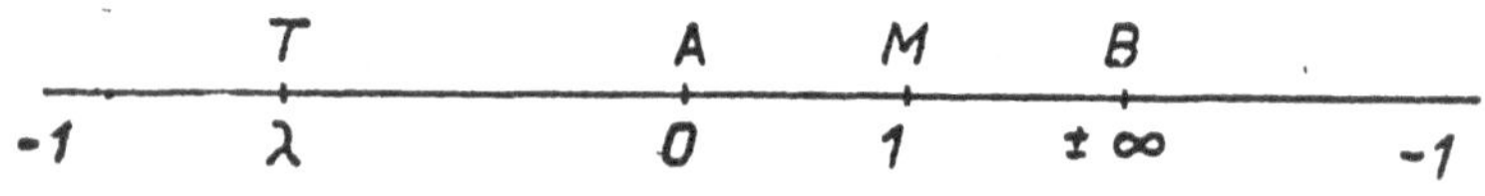

Fig. 12

Durchläuft T die Gerade AB, so nimmt das Teilverhältnis alle positiven und negativen Werte an, die Zuordnung zeigt Fig. 12.

(3) Koordinaten des Teilpunktes einer Strecke. Gesucht sind die Koordinaten des Punktes T, der mit den gegebenen Punkten P_1 und P_2 ein gegebenes Teilverhältnis bildet, d. h. der die Strecke $P_1 P_2$ im Verhältnis $m : n = \lambda$ teilt.

Nach dem Strahlensatz ist (vgl. Fig. 13)

$$\frac{P_1 Q}{\mathfrak{x}_2 - \mathfrak{x}_1} = \frac{m}{m+n}, \quad \frac{QT}{\mathfrak{y}_2 - \mathfrak{y}_1} = \frac{m}{m+n},$$

$$\mathfrak{x}_T = \mathfrak{x}_1 + \frac{m}{m+n} \cdot (\mathfrak{x}_2 - \mathfrak{x}_1),$$

$$\mathfrak{y}_T = \mathfrak{y}_1 + \frac{m}{m+n} \cdot (\mathfrak{y}_2 - \mathfrak{y}_1).$$

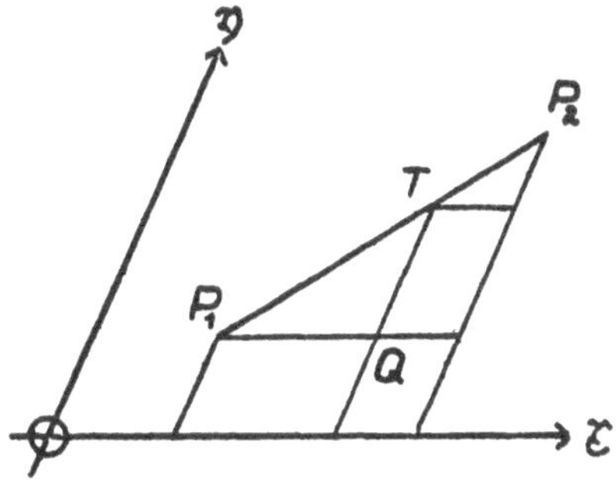

Fig. 13

$$\boxed{\begin{aligned} \mathfrak{x}_T &= \frac{n\mathfrak{x}_1 + m\mathfrak{x}_2}{m+n} = \frac{\mathfrak{x}_1 + \lambda\mathfrak{x}_2}{1+\lambda} \\ \mathfrak{y}_T &= \frac{n\mathfrak{y}_1 + m\mathfrak{y}_2}{m+n} = \frac{\mathfrak{y}_1 + \lambda\mathfrak{y}_2}{1+\lambda} \end{aligned}}$$

Beispiel: Die Koordinaten des Schwerpunktes S des Dreiecks $\triangle$ sind zu bestimmen.

S teilt die Strecke zwischen A und dem Mittelpunkt der Seite BC im Verhältnis $2 : 1$. Es ist

$$x_M = \frac{1}{2}, \; y_M = -\frac{5}{2}, \text{ also } x_S = \frac{2 + 2 \cdot \frac{1}{2}}{3} = 1, \quad y_S = \frac{5 - 2 \cdot \frac{5}{2}}{3} = 0.$$

§ 5. Determinanten

(1) Permutationen. Unter einer Permutation der n Elemente $a_1, a_2, \ldots a_n$ versteht man eine beliebige Anordnung dieser Elemente. Darin bilden zwei Elemente eine Inversion, wenn sie in umgekehrter Reihenfolge als in der ursprünglichen Anordnung stehen. Die Permutation heißt gerade oder ungerade, je nachdem die Anzahl der Inversionen darin gerade oder ungerade ist.

Bei Vertauschung zweier benachbarter Elemente in einer Permutation ändert sich die Anzahl ihrer Inversionen um 1, denn die Stellung dieser beiden Elemente zu den übrigen ändert sich dadurch nicht, die beiden Elemente selbst bildeten aber entweder vorher keine und nachher eine Inversion oder umgekehrt.

Bei Vertauschung zweier beliebiger Elemente ändert sich die Anzahl der Inversionen um eine ungerade Zahl. Stehen die beiden Elemente nämlich um p Stellen voneinander entfernt, so wird das erste von ihnen zunächst durch p Nachbarvertauschungen hinter das zweite gebracht, sodann dieses durch $p - 1$ Nachbarvertauschungen an die freie Stelle des ersten Elementes. Insgesamt ist somit die Inversionenzahl $(2p - 1)$ mal um 1 geändert worden.

(2) Definition der Determinante. Die n-reihige Determinante

$$D_n = \begin{vmatrix} a_{11}\, a_{12} \ldots\ldots a_{1n} \\ a_{21}\, a_{22} \ldots\ldots a_{2n} \\ \ldots\ldots\ldots\ldots \\ a_{n1}\, a_{n2} \ldots\ldots a_{nn} \end{vmatrix} = \sum \pm\, a_{1\alpha}\, a_{2\beta}\, a_{3\gamma} \ldots\ldots a_{n\nu}$$

ist gleich der Summe aller Produkte $\pm\, a_{1\alpha} \ldots a_{n\nu}$, in denen $\alpha\,\beta\,\gamma \ldots \nu$ alle Permutationen der Zahlen $1\ 2\ 3 \ldots n$ durchlaufen. Je nachdem die Permutation gerade oder ungerade ist, gilt das positive oder negative Vorzeichen. Die Zahlen a_{ik} heißen Elemente, die Horizontalreihen Zeilen, die Vertikalreihen Spalten der Determinante.

(3) Die 2-reihige Determinante. Es ist

$$D_2 = \begin{vmatrix} a_{11}\, a_{12} \\ a_{21}\, a_{22} \end{vmatrix} = a_{11}\, a_{22} - a_{12}\, a_{21}.$$

Die von links oben nach rechts unten verlaufende Diagonale heißt in jeder Determinante die Hauptdiagonale, die von rechts oben nach links unten verlaufende Nebendiagonale.

Der Wert einer 2-reihigen Determinante ist also gleich dem Produkt der Elemente in der Hauptdiagonalen vermindert um das Produkt der Elemente in der Nebendiagonalen.

(4) Die 3-reihige Determinante.

$$D_3 = \begin{vmatrix} a_{11}\, a_{12}\, a_{13} \\ a_{21}\, a_{22}\, a_{23} \\ a_{31}\, a_{32}\, a_{33} \end{vmatrix} \begin{matrix} = a_{11}\, a_{22}\, a_{33} + a_{12}\, a_{23}\, a_{31} + a_{13}\, a_{21}\, a_{32} \\ - a_{11}\, a_{23}\, a_{32} - a_{12}\, a_{21}\, a_{33} - a_{13}\, a_{22}\, a_{31}. \end{matrix}$$

Zu ihrer Berechnung wendet man zweckmäßig die Sarrussche Regel an: Schreibt man die beiden ersten Spalten noch einmal hinter die dritte, so ergeben die Produkte aus den Elementen der Hauptdiagonale und ihrer Parallelen die positiven Glieder, die der Nebendiagonale und ihrer Parallelen die negativen Glieder.

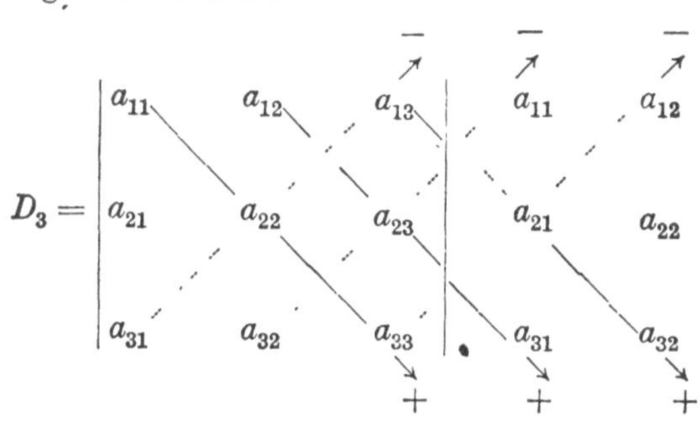

(5) Eigenschaften der Determinanten. Eine Determinante ändert ihren Wert nicht, wenn die Zeilen mit den Spalten vertauscht werden, da

$$\sum \pm a_{1\alpha} a_{2\beta} \ldots a_{n\nu} = \sum \pm a_{\alpha 1} a_{\beta 2} \ldots a_{\nu n}.$$

Werden zwei Zeilen oder zwei Spalten miteinander vertauscht, so multipliziert sich der Wert der Determinante mit — 1, denn es ist

$$\sum \pm a_{1\alpha} \ldots a_{k\varkappa} \ldots a_{l\lambda} \ldots a_{n\nu} = - \sum \pm a_{1\alpha} a_{2\beta} \ldots a_{l\varkappa} \ldots a_{k\lambda} \ldots a_{n\nu},$$

da sich bei Vertauschung zweier Elemente einer Permutation ihr Vorzeichen umkehrt.

Eine Determinante hat den Wert Null, wenn zwei Zeilen oder zwei Spalten einander gleich sind, denn bei Vertauschung dieser beiden Reihen muß die Determinante ihr Vorzeichen ändern, es entsteht dabei aber wieder die ursprüngliche Determinante, also gilt $-D = D$, woraus $D = 0$ folgt.

Multipliziert man eine Zeile oder Spalte mit einer Zahl, so multipliziert sich der Wert der Determinante mit diesem Faktor, denn es ist

$$\sum \pm a_{1\alpha} a_{2\beta} \ldots p\, a_{k\varkappa} \ldots a_{n\nu} = p \cdot \sum \pm a_{1\alpha} a_{2\beta} \ldots a_{k\varkappa} \ldots a_{n\nu}.$$

Eine Determinante hat den Wert Null, wenn zwei Zeilen oder zwei Spalten proportional sind, denn sie ist dann gleich dem Produkt aus dem Proportionalitätsfaktor und einer Determinante mit zwei gleichen Zeilen oder Spalten.

Eine Determinante, in der die Elemente einer Zeile oder Spalte Summen sind, ist gleich der Summe der Determinanten, die in dieser Zeile bzw. Spalte die einzelnen Summanden enthalten, sonst aber mit der ursprünglichen Determinante übereinstimmen. Es ist nämlich

$$\sum \pm a_{1\alpha} a_{2\beta} \ldots (a_{k\varkappa} + b_{k\varkappa}) \ldots a_{n\nu}$$
$$= \sum \pm a_{1\alpha} \ldots a_{k\varkappa} \ldots a_{n\nu} + \sum \pm a_{1\alpha} \ldots b_{k\varkappa} \ldots a_{n\nu}.$$

Eine Determinante ändert ihren Wert nicht, wenn man zu einer Zeile oder Spalte beliebige Vielfache anderer Zeilen bzw. Spalten addiert. Die neue Determinante kann nämlich als Summe aus der ursprünglichen und lauter verschwindenden Determinanten dargestellt werden.

(6) Unterdeterminanten. Die Unterdeterminante A_{ik} der n-reihigen Determinante D_n ist die mit $(-1)^{i+k}$ multiplizierte Determinante, die aus D_n durch Streichung der i. Zeile und der k. Spalte entsteht.

$$A_{ik} = (-1)^{i+k} \begin{vmatrix} a_{11} \ldots a_{1\,k-1} \; a_{1\,k+1} \ldots a_{1n} \\ \ldots\ldots\ldots\ldots\ldots\ldots \\ a_{i-1\,1} \ldots\ldots\ldots\ldots a_{i-1\,n} \\ a_{i+1\,1} \ldots\ldots\ldots\ldots a_{i+1\,n} \\ \ldots\ldots\ldots\ldots\ldots\ldots \\ a_{n1} \ldots a_{n\,k-1} \; a_{n\,k+1} \ldots a_{nn} \end{vmatrix}$$

(7) Entwicklung der Determinante nach einer Reihe. Es gilt

$$D_n = a_{11} A_{11} + a_{12} A_{12} + \cdots + a_{1n} A_{1n},$$

weil

$$\sum_{\alpha \ldots \nu}^{12 \ldots n} \pm a_{1\alpha} \ldots a_{n\nu} = a_{11} \sum_{\beta \ldots \nu}^{23 \ldots n} \pm a_{2\beta} \ldots a_{n\nu} + a_{12} \sum_{\beta \ldots \nu}^{13 \ldots n} \pm a_{2\beta} \ldots a_{n\nu}$$
$$+ \cdots + a_{1n} \sum_{\beta \ldots \nu}^{12 \ldots n-1} \pm a_{2\beta} \ldots a_{n\nu}$$

ist. Diese Summen sind aber gleich den Unterdeterminanten A_{11}, A_{12}, $\ldots A_{1n}$, wobei die Vorzeichenänderung jeder zweiten daher rührt, daß z. B. eine Permutation $2\beta \ldots \nu$ eine Inversion mehr hat als die Permutation $\beta \ldots \nu$, während eine Permutation $3\beta \ldots \nu$ zwei Inversionen mehr hat als $\beta \ldots \nu$.

Wegen der Vertauschungsmöglichkeit der Zeilen untereinander sowie der Zeilen und Spalten ergibt sich allgemein der Satz, daß eine Determinante gleich der Summe aus den Produkten der Elemente einer Zeile oder Spalte mit den zugehörigen Unterdeterminanten ist.

$$D_n = \sum_{\lambda=1}^{n} a_{k\lambda} A_{k\lambda} = \sum_{\lambda=1}^{n} a_{\lambda k} A_{\lambda k}$$

Diese Darstellung der Determinante heißt ihre Entwicklung nach den Elementen einer Zeile oder Spalte.

Ersetzt man in einer Determinante D_n eine Zeile oder Spalte, z. B. die i. Zeile, durch eine andere aus derselben Determinante, z. B. die k. Zeile, und entwickelt nach deren Elementen, so erhält man die Summe $a_{k1}A_{i1} + a_{k2}A_{i2} + \cdots + a_{kn}A_{in}$, die den Wert Null haben muß, da in der entstandenen Determinante zwei Zeilen gleich sind. Allgemein gilt also

$$\sum_{\lambda=1}^{n} a_{k\lambda} A_{i\lambda} = \sum_{\lambda=1}^{n} a_{\lambda k} A_{\lambda i} = 0 \quad \text{für} \quad i \neq k.$$

(8) Cramersche Regel. Ein System von n linearen Gleichungen mit n Unbekannten

$$\begin{array}{l} a_{11} x_1 + a_{12} x_2 + \cdots + a_{1n} x_n = b_1 \\ a_{21} x_1 + a_{22} x_2 + \cdots + a_{2n} x_n = b_2 \\ \cdots\cdots\cdots\cdots\cdots\cdots\cdots\cdots \\ a_{n1} x_1 + a_{n2} x_2 + \cdots + a_{nn} x_n = b_n \end{array}$$

läßt sich unter Verwendung der Determinanten einfach auflösen. Setzt man nämlich

$$\begin{vmatrix} a_{11} \ldots a_{1n} \\ \cdots\cdots\cdots \\ a_{n1} \ldots a_{nn} \end{vmatrix} = D,$$

multipliziert die Gleichungen mit den Unterdeterminanten der ersten Spalte von D und addiert, so erhält man

$$D \cdot x_1 = b_1 A_{11} + b_2 A_{21} + \cdots + b_n A_{n1}.$$

Entsprechend ergibt sich mit den Unterdeterminaten der anderen Spalten

$$D \cdot x_2 = b_1 A_{12} + b_2 A_{22} + \cdots + b_n A_{n2},$$
$$\cdots\cdots\cdots\cdots\cdots\cdots\cdots\cdots$$
$$D \cdot x_n = b_1 A_{1n} + b_2 A_{2n} + \cdots + b_n A_{nn}.$$

Die rechten Seiten können auch als Determinanten geschrieben werden, und zwar stellen sie diejenigen Determinanten dar, die aus D dadurch entstehen, daß die Spalten der Reihe nach durch die absoluten Glieder b_1, $b_2, \ldots b_n$ ersetzt werden. So gilt z. B.

$$x_3 = \frac{1}{D} \cdot \begin{vmatrix} a_{11} & a_{12} & b_1 & a_{14} & \ldots & a_{1n} \\ \cdots & & & & & \cdots \\ a_{n1} & a_{n2} & b_n & a_{n4} & \ldots & a_{nn} \end{vmatrix}$$

Man erkennt, daß die Möglichkeit zur Auflösung des Gleichungssystems an die Bedingung $D \neq 0$ geknüpft ist.

§ 6. Inhalt von Polygonen

(1) Dreiecksinhalt im rechtwinkligen Koordinatensystem. Gesucht ist der Inhalt Δ des Dreiecks, dessen Eckpunkte P_1, P_2, P_3 durch ihre rechtwinkligen Koordinaten gegeben sind. Die Dreiecksfläche setzt sich nach Fig. 14 folgendermaßen aus Trapezen zusammen

$$\Delta = P_1 P_2 Q_2 Q_1 + P_3 P_1 Q_1 Q_3 - P_3 P_2 Q_2 Q_3.$$

Nach der Trapez-Inhaltsformel ist dann

$$\Delta = \frac{y_1 + y_2}{2}(x_1 - x_2) + \frac{y_1 + y_3}{2}(x_3 - x_1) - \frac{y_2 + y_3}{2}(x_3 - x_2)$$
$$= \frac{1}{2} \cdot [x_1 \cdot (y_2 - y_3) + x_2 \cdot (y_3 - y_1) + x_3 \cdot (y_1 - y_2)],$$

$$\boxed{\Delta = \frac{1}{2} \begin{vmatrix} x_1 & x_2 & x_3 \\ y_1 & y_2 & y_3 \\ 1 & 1 & 1 \end{vmatrix}}$$

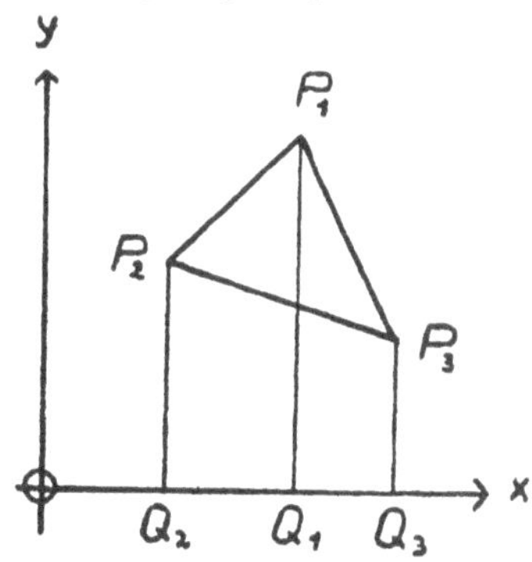

Fig. 14

Vertauscht man zwei Punkte, so ändert die rechte Seite ihr Vorzeichen, d. h. man erhält nur dann für den Dreiecksinhalt Δ einen positiven Wert, wenn das Dreieck in der Reihenfolge P_1, P_2, P_3 der Ecken im positiven Sinne umlaufen wird.

Beispiel 1: Der Inhalt des Dreiecks $\triangle$ ist

$$\varDelta = \frac{1}{2} \begin{vmatrix} 2 & -3 & 4 \\ 5 & -4 & -1 \\ 1 & 1 & 1 \end{vmatrix} = 24.$$

(2) Dreiecksinhalt im schiefwinkligen Koordinatensystem. Sind die Ecken des Dreiecks in schiefwinkligen Koordinaten gegeben, so sind die Höhen der Trapeze in Fig. 15 $(\mathfrak{x}_\varkappa - \mathfrak{x}_\lambda) \cdot \sin\omega$. Wie in (1) ergibt sich hier

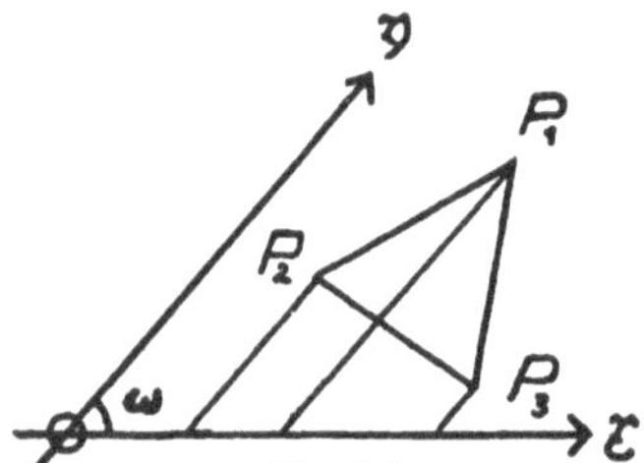

Fig. 15

$$\varDelta = \frac{1}{2} \cdot \sin\omega \cdot \begin{vmatrix} \mathfrak{x}_1 & \mathfrak{x}_2 & \mathfrak{x}_3 \\ \mathfrak{y}_1 & \mathfrak{y}_2 & \mathfrak{y}_3 \\ 1 & 1 & 1 \end{vmatrix}.$$

(3) Bedingung für 3 Punkte in einer Geraden. Die notwendige und hinreichende Bedingung dafür, daß die 3 Punkte P_1, P_2, P_3 in einer Geraden liegen, ist

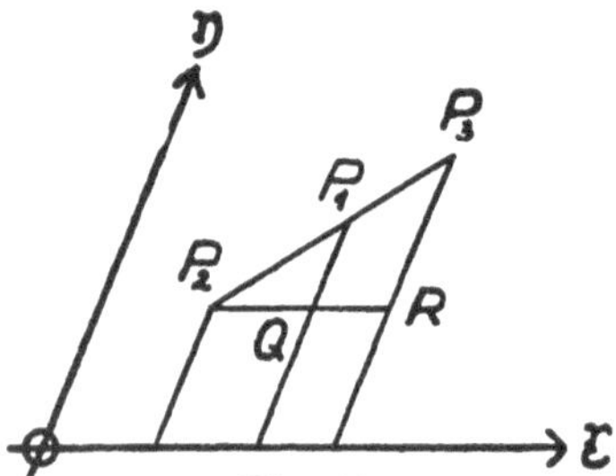

Fig. 16

$$\boxed{\begin{vmatrix} \mathfrak{x}_1 & \mathfrak{x}_2 & \mathfrak{x}_3 \\ \mathfrak{y}_1 & \mathfrak{y}_2 & \mathfrak{y}_3 \\ 1 & 1 & 1 \end{vmatrix} = 0.}$$

Die Bedingung ist notwendig, denn liegen die Punkte auf einer Geraden, so ist der Inhalt des Dreiecks $P_1 P_2 P_3$ gleich Null, also auch die Determinante. Die Bedingung ist auch hinreichend, denn aus dem Verschwinden der Determinante, d. h. aus

$$\mathfrak{x}_1(\mathfrak{y}_2 - \mathfrak{y}_3) + \mathfrak{x}_2(\mathfrak{y}_3 - \mathfrak{y}_1) + \mathfrak{x}_3(\mathfrak{y}_1 - \mathfrak{y}_2) = 0$$

folgt

$$\mathfrak{x}_3(\mathfrak{y}_1 - \mathfrak{y}_2) - \mathfrak{x}_2(\mathfrak{y}_1 - \mathfrak{y}_2) = \mathfrak{x}_1(\mathfrak{y}_3 - \mathfrak{y}_2) - \mathfrak{x}_2(\mathfrak{y}_3 - \mathfrak{y}_1 + \mathfrak{y}_1 - \mathfrak{y}_2)$$

oder

$$\frac{\mathfrak{y}_1 - \mathfrak{y}_2}{\mathfrak{x}_1 - \mathfrak{x}_2} = \frac{\mathfrak{y}_3 - \mathfrak{y}_2}{\mathfrak{x}_3 - \mathfrak{x}_2}.$$

Diese Gleichung bedeutet aber die Ähnlichkeit der Dreiecke $P_1 Q P_2$ und $P_3 R P_2$ in Fig. 16, folglich liegen P_1 und P_3 mit P_2 in einer Geraden.

(4) n-Ecksinhalt. Gesucht ist der Inhalt $\varPi$ des n-Ecks, dessen Ecken durch ihre rechtwinkligen Koordinaten gegeben sind.

Durch die von P_1 aus gezogenen Diagonalen wird das n-Eck der Fig. 17 in $n-2$ Dreiecke zerlegt, und es ist

$$\varPi = P_1P_2P_3 + P_1P_3P_4 + P_1P_4P_5 + \cdots + P_1P_{n-1}P_n,$$

oder nach (1)

$$\begin{aligned}2\Pi = {} & x_1(y_2 - y_3) + x_2(y_3 - y_1) + x_3(y_1 - y_2) \\ & + x_1(y_3 - y_4) \qquad\qquad\qquad + x_3(y_4 - y_1) + x_4(y_1 - y_3) \\ & + \dots\dots\dots\dots\dots\dots\dots\dots\dots\dots \\ & + x_1(y_{n-1} - y_n) \qquad\qquad + x_{n-1}(y_n - y_1) + x_n(y_1 - y_{n-1}).\end{aligned}$$

$$\boxed{\begin{aligned}\Pi = \frac{1}{2} \cdot [& x_1(y_2 - y_n) + x_2(y_3 - y_1) + \cdots + x_\nu(y_{\nu+1} - y_{\nu-1}) \\ & + \cdots + x_n(y_1 - y_{n-1})].\end{aligned}}$$

Umläuft man das Polygon in der Reihenfolge der Ecken im positiven Sinn, so erhält man für Π einen positiven Wert. Die Formel gilt auch für Polygone mit einspringenden Ecken.

Beispiel 2: Der Inhalt des Siebenecks P_1: 3, 1; P_2: 2, 5; P_3: − 2 , 4; P_4: − 4, 1; P_5: − 3, − 4; P_6: 0, − 3; P_7: 2, − 2 ist

$$\Pi = \frac{1}{2} \cdot [3 \cdot 7 + 2 \cdot 3 - 2 \cdot (-4) - 4 \cdot (-8) - 3 \cdot (-4) + 0 + 2 \cdot 4] = 43{,}5.$$

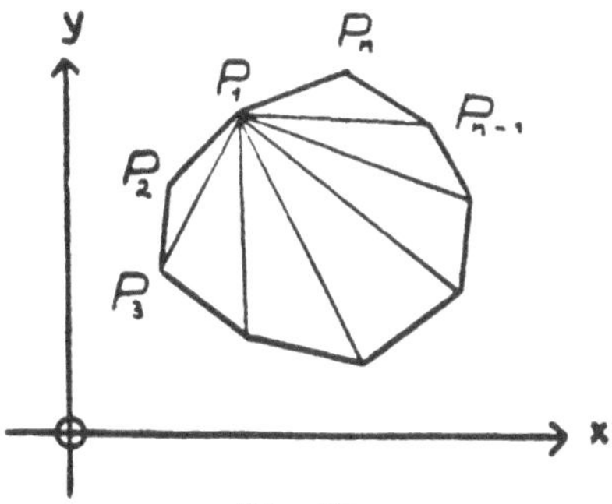

Fig. 17

Zweites Kapitel

Die gerade Linie

§ 7. Die Gleichung der geraden Linie

(1) Grundgleichung der Geraden. Gegeben ist ein rechtwinkliges Koordinatensystem und eine Gerade g. Zwischen den Koordinaten x und y jedes beliebigen Punktes P auf g besteht die Beziehung

$$\operatorname{tg} \alpha = \frac{y - b}{x}$$

unabhängig von der Lage von P und der Richtung von g, denn sind nicht beide Koordinaten von P positiv, so gilt eine der folgenden Beziehungen (siehe Fig. 18 und 19)

$$\operatorname{tg} \alpha = \frac{-y + b}{-x} = \frac{y - b}{x},$$

$$\operatorname{tg} \alpha = -\operatorname{tg}(180^\circ - \alpha) = -\frac{y - b}{-x} = \frac{y - b}{x},$$

$$\operatorname{tg} \alpha = -\operatorname{tg}(180^\circ - \alpha) = -\frac{-y + b}{x} = \frac{y - b}{x}.$$

Ausgenommen sind zunächst noch Parallele zur y-Achse. Darin bedeutet α den Winkel, den die Gerade g mit der positiven x-Achse bildet, und b

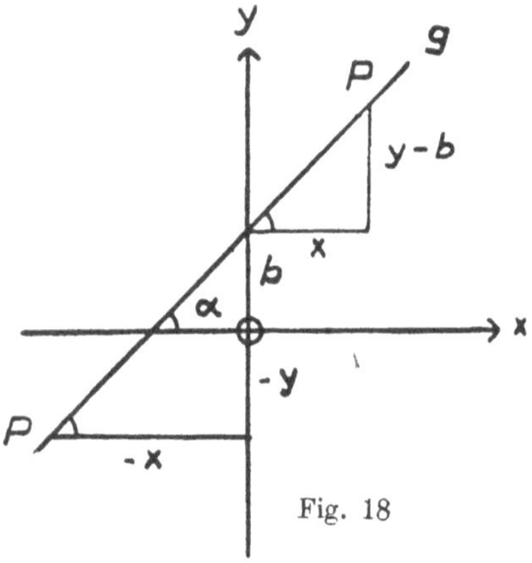

Fig. 18

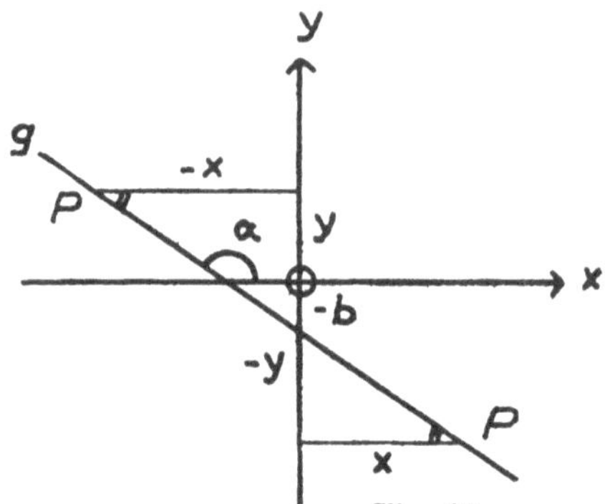

Fig. 19

den Abschnitt der Geraden auf der y-Achse. α wird von der positiven x-Achse aus im positiven Drehungssinn gemessen. Setzt man

$$\operatorname{tg} \alpha = m \text{ (Richtungsfaktor der Geraden),}$$

so gilt für die Koordinaten jedes Punktes P auf g

$$m x = y - b$$

oder

$$\boxed{y = m x + b.}$$

Da g durch die Gesamtheit der Punkte P auf ihr gebildet wird, heißt diese Gleichung die Gleichung der Geraden g. Sie ist eine Funktionsgleichung, x und y werden laufende Koordinaten genannt.

Zu jeder gegebenen Geraden g gehört ein bestimmtes Wertepaar $m = \operatorname{tg} \alpha$ und b, umgekehrt ist durch m und b eine Gerade eindeutig festgelegt.

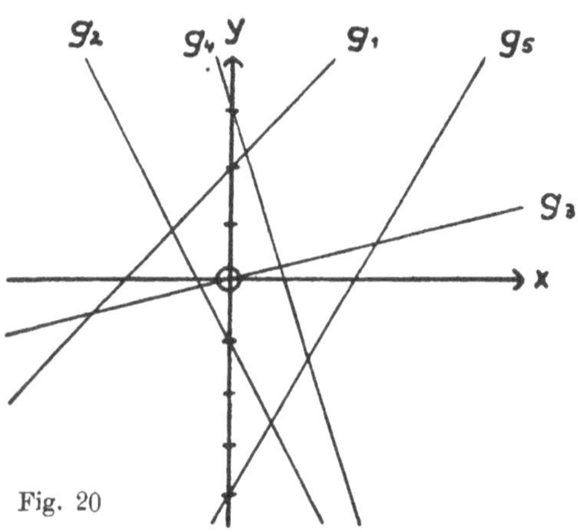

Fig. 20

$y = m x$ ist die Gleichung einer Geraden durch den Koordinatenanfangspunkt.

Beispiel: In Fig. 20 sind die Geraden

$$g_1 : y = x + 2$$

$$g_2 : y = -2x - 1$$

$$g_3 : y = \frac{1}{4} x$$

$$g_4 : y = -3x + 3$$

$$g_5 : y = \sqrt{3} \cdot x - 4$$

gezeichnet.

(2) Achsenparallele. Ist eine Gerade parallel zur x-Achse, so ist ihr Richtungsfaktor $m = \operatorname{tg} \alpha = 0$, ihre Gleichung lautet also $y = b$. Das ist die Gesamtheit der Punkte mit der gleichen Ordinate b. Insbesondere ist die Gleichung der x-Achse $y = 0$.

Eine Parallele zur y-Achse ist die Gesamtheit der Punkte mit derselben Abszisse a, sie wird also durch die Gleichung $x = a$ dargestellt. Die Gleichung der y-Achse ist $x = 0$.

§ 8. Besondere Formen der Geradengleichung

(1) Gerade durch einen Punkt mit gegebener Richtung. Die Gerade ist gegeben durch einen Punkt $P_1 : x_1, y_1$ und ihren Richtungsfaktor m. Ist P ein beliebiger Punkt der Geraden, so folgt aus dem Dreieck $P P_1 Q$ in Fig. 21

$$\operatorname{tg} \alpha = \frac{y - y_1}{x - x_1}.$$

Die Gleichung der Geraden lautet demnach

$$\boxed{\frac{y - y_1}{x - x_1} = m}$$

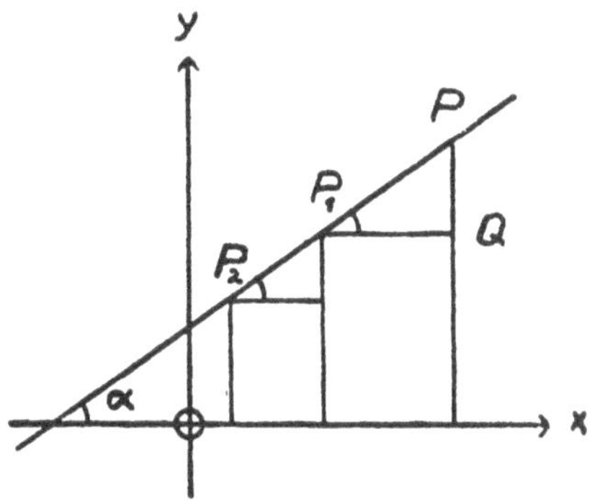

Fig. 21

Beispiel 1: Die Grundgleichung der Geraden ist aufzustellen, die durch den Punkt $P_1 : -3, 2$ geht und mit der x-Achse den Winkel $\alpha = 60°$ bildet.

$$\frac{y - 2}{x + 3} = \sqrt{3}, \quad y = \sqrt{3} \cdot x + 3\sqrt{3} + 2, \quad y = 1{,}73x + 7{,}20.$$

(2) Gerade durch zwei Punkte. Gegeben sind zwei Punkte $P_1 : x_1, y_1$ und $P_2 : x_2, y_2$, durch welche die Gerade hindurchgeht. Dadurch ist die Richtung der Geraden bestimmt, und zwar ist nach Fig. 21

$$m = \operatorname{tg} \alpha = \frac{y_1 - y_2}{x_1 - x_2}.$$

Die Gleichung der Geraden lautet somit nach (1)

$$\boxed{\frac{y - y_1}{x - x_1} = \frac{y_1 - y_2}{x_1 - x_2}}$$

Die Gleichung der Geraden durch zwei Punkte läßt sich wegen

$$y(x_1 - x_2) - x_1 y_1 + x_2 y_1 = x(y_1 - y_2) - x_1 y_1 + x_1 y_2$$
$$x(y_1 - y_2) - y(x_1 - x_2) + x_1 y_2 - x_2 y_1 = 0$$

auch in Form einer Determinante schreiben:

$$\begin{vmatrix} x & x_1 & x_2 \\ y & y_1 & y_2 \\ 1 & 1 & 1 \end{vmatrix} = 0.$$

Beispiel 2: Die Gleichungen der Seiten des Dreiecks △ sind zu bestimmen.

$$\text{a:}\quad \begin{vmatrix} x & -3 & 4 \\ y & -4 & -1 \\ 1 & 1 & 1 \end{vmatrix} = 0, \quad y = \frac{3}{7}\,x - \frac{19}{7}.$$

$$\text{b:}\quad \begin{vmatrix} x & 2 & 4 \\ y & 5 & -1 \\ 1 & 1 & 1 \end{vmatrix} = 0, \quad y = -3x + 11.$$

$$\text{c:}\quad \begin{vmatrix} x & 2 & -3 \\ y & 5 & -4 \\ 1 & 1 & 1 \end{vmatrix} = 0, \quad y = \frac{9}{5}\,x + \frac{7}{5}.$$

(3) Abschnittsgleichung. Ist die Gerade durch ihre Abschnitte a und b auf den beiden Koordinatenachsen gegeben, so lautet ihre Gleichung nach (2)

$$\begin{vmatrix} x & a & 0 \\ y & 0 & b \\ 1 & 1 & 1 \end{vmatrix} = 0 \quad \text{oder} \quad -bx - ay + ab = 0.$$

$$\frac{x}{a} + \frac{y}{b} = 1$$

Beispiel 3: Die Gleichungen der Seiten des Dreiecks △ sind in der Abschnittsform

$$\text{a:}\ \frac{x}{\frac{19}{3}} + \frac{y}{-\frac{19}{7}} = 1, \qquad \text{b:}\ \frac{x}{\frac{11}{3}} + \frac{y}{11} = 1, \qquad \text{c:}\ \frac{x}{-\frac{7}{9}} + \frac{y}{\frac{7}{5}} = 1.$$

(4) Gleichung der Geraden in schiefwinkligen Koordinaten. Ist die Gerade durch zwei Punkte $P_1 : \mathfrak{x}_1, \mathfrak{y}_1$ und $P_2 : \mathfrak{x}_2, \mathfrak{y}_2$ gegeben, so gilt für jeden beliebigen Punkt P auf ihn nach dem Strahlensatz (Fig. 22)

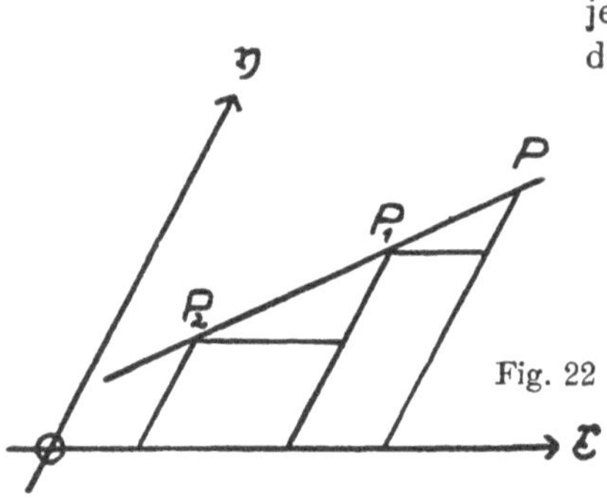

Fig. 22

$$\frac{\mathfrak{y} - \mathfrak{y}_1}{\mathfrak{x} - \mathfrak{x}_1} = \frac{\mathfrak{y}_1 - \mathfrak{y}_2}{\mathfrak{x}_1 - \mathfrak{x}_2}$$

oder in Determinantenform

$$\begin{vmatrix} \mathfrak{x} & \mathfrak{x}_1 & \mathfrak{x}_2 \\ \mathfrak{y} & \mathfrak{y}_1 & \mathfrak{y}_2 \\ 1 & 1 & 1 \end{vmatrix} = 0$$

Ist die Gerade durch ihre Achsenabschnitte a und b gegeben, so erhält man wie in (3)

$$\boxed{\frac{\mathfrak{x}}{a} + \frac{\mathfrak{y}}{b} = 1}$$

Die Gleichungen der Achsenparallelen sind wie in rechtwinkligen Koordinaten $\mathfrak{x} = a$ und $\mathfrak{y} = b$, die Gleichungen der Geraden durch den Koordinatenanfangspunkt $\mathfrak{y} = \mu\,\mathfrak{x}$. Darin ist der Richtungskoeffizient nach Fig. 23

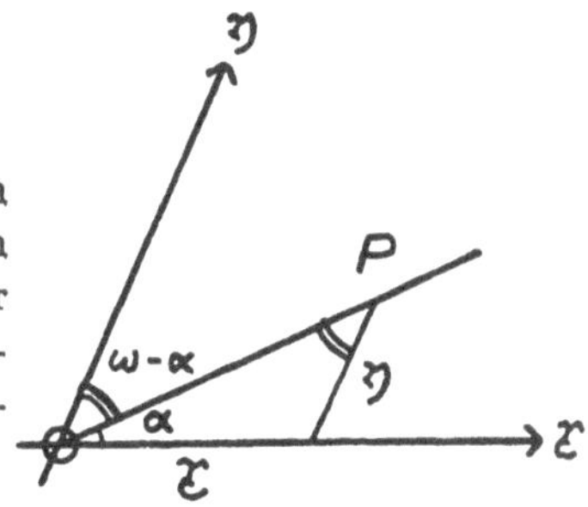

Fig. 23

$$\mu = \frac{\sin\alpha}{\sin(\omega - \alpha)}.$$

(5) Die allgemeine Gleichung 1. Grades. Die Gleichung einer Geraden ergibt immer eine lineare Form in $\mathfrak{x}$ und $\mathfrak{y}$. Es ist nun zu untersuchen, ob jede Gleichung 1. Grades

$$A\,\mathfrak{x} + B\,\mathfrak{y} + C = 0$$

eine Gerade darstellt. Ist

1. $A \neq 0,\ B \neq 0,\ C \neq 0$, so ergibt die Division durch C die Abschnittsgleichung der Geraden mit $a = -\frac{C}{A}$ und $b = -\frac{C}{B}$;
2. $A = 0,\ B \neq 0,\ C \neq 0$, so ergibt die Division durch B die Gleichung einer Parallelen zur $\mathfrak{x}$-Achse $\mathfrak{y} = -\frac{C}{B}$;
3. $A \neq 0,\ B = 0,\ C \neq 0$, so ergibt die Division durch A die Gleichung einer Parallelen zur $\mathfrak{y}$-Achse $\mathfrak{x} = -\frac{C}{A}$;
4. $A \neq 0,\ B \neq 0,\ C = 0$, so ergibt die Division durch B die Gleichung einer Geraden durch den Nullpunkt $\mathfrak{y} = -\frac{A}{B}\,\mathfrak{x}$;
5. $A \neq 0,\ B = 0,\ C = 0$, so wird die $\mathfrak{y}$-Achse $\mathfrak{x} = 0$ dargestellt;
6. $A = 0,\ B \neq 0,\ C = 0$, so wird die $\mathfrak{x}$-Achse $\mathfrak{y} = 0$ dargestellt;
7. $A = 0,\ B = 0$, so wird nichts dargestellt.

Die allgemeine Gleichung 1. Grades

$$\boxed{G \equiv A\,\mathfrak{x} + B\,\mathfrak{y} + C = 0}$$

mit $A, B \neq 0, 0$ stellt stets eine Gerade dar, und umgekehrt läßt sich jede Gerade in dieser Gleichungsform darstellen.

Sollen zwei Gleichungen

$$G \equiv A\mathfrak{x} + B\mathfrak{y} + C = 0 \quad \text{und} \quad G' \equiv A'\mathfrak{x} + B'\mathfrak{y} + C' = 0$$

dieselbe Gerade darstellen, so muß sich in beiden Gleichungen für jedes feste $\mathfrak{x}_0$ dasselbe $\mathfrak{y}_0$ ergeben, d. h. für jedes $\mathfrak{x}_0$ muß sein

$$-\frac{A}{B}\mathfrak{x}_0 - \frac{C}{B} = -\frac{A'}{B'}\mathfrak{x}_0 - \frac{C'}{B'}.$$

Für $\mathfrak{x}_0 = 0$ folgt hieraus $\frac{C}{B} = \frac{C'}{B'}$, folglich ist auch $\frac{A}{B} = \frac{A'}{B'}$.

Also gilt stets $\frac{A}{A'} = \frac{B}{B'} = \frac{C}{C'}$, d. h. $A' = pA$, $B' = pB$, $C' = pC$.

Die Gleichungen $G = 0$ und $G' = 0$ stellen also dann und nur dann dieselbe Gerade dar, wenn sie sich nur durch einen konstanten Faktor unterscheiden $G' \equiv pG$.

§ 9. Schnitt zweier Geraden

(1) Schnittpunkt zweier Geraden. Gegeben sind zwei Geraden

$$G_1: \ y = m_1 x + b_1, \qquad G_2: \ y = m_2 x + b_2,$$

gesucht sind die Koordinaten ihres Schnittpunktes S. Da S auf der Geraden G_1 liegt, erfüllen seine Koordinaten die Gleichung von G_1, d. h.

$$y_S = m_1 x_S + b_1.$$

Da S auch auf G_2 liegt, erfüllen seine Koordinaten die Gleichung von G_2,

$$y_S = m_2 x_S + b_2.$$

Das sind zwei Gleichungen für die beiden Unbekannten x_S und y_S, aus ihnen ergibt sich

$$x_S = \frac{b_2 - b_1}{m_1 - m_2}, \qquad y_S = \frac{m_1 b_2 - m_2 b_1}{m_1 - m_2}.$$

Dasselbe gilt übrigens auch für schiefwinklige Koordinaten.

Beispiel 1: Gegeben sind die drei Geraden

$$\text{a}: \ y = 2x + 5, \qquad \text{b}: \ y = -3x + 7, \qquad \text{c}: \ y = \frac{1}{2}x + 8.$$

Gesucht sind die Koordinaten der Ecken des dadurch bestimmten Dreiecks.

(b, c): $y_A = -3x_A + 7$	(c, a): $y_B = \frac{1}{2}x_B + 8$	(a, b): $y_C = 2x_C + 5$
$y_A = \frac{1}{2}x_A + 8$	$y_B = 2x_B + 5$	$y_C = -3x_C + 7$
$x_A = -\frac{2}{7}$,	$x_B = 2$,	$x_C = \frac{2}{5}$,
$y_A = \frac{55}{7}$.	$y_B = 9$.	$y_C = \frac{29}{5}$.

(2) Winkel zweier Geraden. Gegeben sind zwei Geraden

$$g' : y = m_1 x + b_1, \qquad g'' : y = m_2 x + b_2,$$

gesucht ist ihr Schnittwinkel φ. Die Winkel, die g' und g'' mit der positiven x-Achse bilden, sind α' und α'', und es ist

$$\operatorname{tg}\alpha' = m_1, \qquad \operatorname{tg}\alpha'' = m_2.$$

Versteht man unter φ den Winkel, um den man g' im positiven Sinne drehen muß, damit sie mit g'' zusammenfällt, so ist (Fig. 24)

$$\varphi = \alpha'' - \alpha' \quad \text{oder} \quad \varphi = 180^\circ + \alpha'' - \alpha',$$

d. h.

$$\operatorname{tg}\varphi = \operatorname{tg}(\alpha'' - \alpha')$$

oder nach dem Additionstheorem der Tangensfunktion

$$\boxed{\operatorname{tg}\varphi = \frac{m_2 - m_1}{1 + m_1 m_2}}$$

Beispiel 2: Die Winkel des Dreiecks $\triangle$ sind zu bestimmen. Nach § 8, Beispiel 2 ist

$$m_a = \frac{3}{7}, \qquad m_b = -3, \qquad m_c = \frac{9}{5},$$

daraus folgt

$$\operatorname{tg}\alpha = \frac{-\frac{24}{5}}{-\frac{22}{5}} = \frac{12}{11} = 1{,}09, \qquad \alpha = 47{,}5^\circ,$$

$$\operatorname{tg}\beta = \frac{\frac{48}{35}}{\frac{62}{35}} = \frac{24}{31} = 0{,}77, \qquad \beta = 37{,}7^\circ,$$

$$\operatorname{tg}\gamma = \frac{\frac{24}{7}}{-\frac{2}{7}} = -12, \qquad \gamma = 94{,}8^\circ.$$

(3) Richtungskosinus. Unter den Richtungskosinus einer Geraden g versteht man die cos der Winkel, die g mit den beiden Koordinatenachsen bildet, d. h. um die jede Achse im positiven Sinne gedreht werden muß, bis sie mit g zusammenfällt. Dabei gilt auch g als orientiert, und zwar so, daß der Winkel α mit der positiven x-Achse $\leq 180^\circ$ ist. Die Richtungskosinus von g in bezug auf ein rechtwinkliges Koordinatensystem sind dann immer $\cos\alpha$ und $\sin\alpha$, denn es ist (Fig. 24)

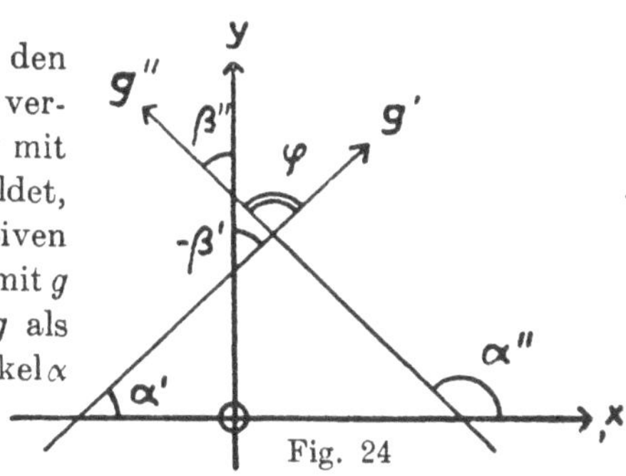

Fig. 24

$$\cos\beta' = \cos(-\beta') = \cos(90^\circ - \alpha') = \sin\alpha',$$
$$\cos\beta'' = \cos(\alpha'' - 90^\circ) = \cos(90^\circ - \alpha'') = \sin\alpha''.$$

Sind $\cos\alpha_1$, $\sin\alpha_1$ und $\cos\alpha_2$, $\sin\alpha_2$ die Richtungskosinus zweier Geraden, so gilt für ihren Schnittwinkel φ:

$$\varphi = \pm(\alpha_2 - \alpha_1), \text{ d. h. } \cos\varphi = \cos(\alpha_2 - \alpha_1)$$

oder nach dem Additionstheorem der Kosinusfunktion

$$\boxed{\cos\varphi = \cos\alpha_1 \cdot \cos\alpha_2 + \sin\alpha_1 \cdot \sin\alpha_2 .}$$

Der Kosinus des Winkels zweier Geraden ist gleich der Summe aus den Produkten der gleichnamigen Richtungskosinus.

§ 10. Lagebeziehungen verschiedener Geraden

(1) Parallelität. Die notwendige und hinreichende Bedingung dafür, daß Geraden parallel sind, ist die Gleichheit ihrer Richtungsfaktoren

$$\boxed{m_1 = m_2}$$

oder auch die Gleichheit ihrer Richtungskosinus.

(2) Orthogonalität. Zwei Geraden stehen dann und nur dann aufeinander senkrecht, wenn ihre Richtungsfaktoren negativ reziprok sind, oder auch, wenn die Summe aus den Produkten ihrer gleichnamigen Richtungskosinus gleich Null ist.

Stehen nämlich die Geraden aufeinander senkrecht, so ist $\varphi = 90°$, also

$$\cos\varphi = 0,$$

d. h.

$$\boxed{\cos\alpha_1 \cdot \cos\alpha_2 + \sin\alpha_1 \cdot \sin\alpha_2 = 0.}$$

Hieraus folgt

$$\frac{\sin\alpha_1}{\cos\alpha_1} = -\frac{\cos\alpha_2}{\sin\alpha_2},$$

$$\boxed{m_1 = -\frac{1}{m_2}.}$$

Sind umgekehrt die Bedingungen erfüllt, so folgt aus

$$\operatorname{tg}\alpha_1 = -\frac{1}{\operatorname{tg}\alpha_2} = -\operatorname{ctg}\alpha_2 = \operatorname{tg}(90° + \alpha_2)$$

$$\alpha_1 = 90° + \alpha_2 \pm n\pi,$$

d. h. die Orthogonalität der Geraden.

Beispiel: Die Koordinaten des Höhenschnittpunktes H und des Umkreiszentrums U des Dreiecks $\triangle$ sind zu berechnen. Es ist zu zeigen, daß H, U und der Schwerpunkt S auf der Eulerschen Geraden liegen und das Teilverhältnis $(S;\, H, U) = 2$ bilden.

Die Höhe h_a geht durch A und steht senkrecht auf a, ihre Gleichung ist also nach § 8, Beispiel 2

$$h_a: \frac{y-5}{x-2} = -\frac{7}{3}, \qquad \text{entsprechend} \qquad h_b: \frac{y+4}{x+3} = \frac{1}{3},$$

also gilt

$$\begin{aligned} y_H &= -\frac{7}{3} x_H + \frac{29}{3} \\ y_H &= \frac{1}{3} x_H - 3 \\ \hline x_H &= \frac{19}{4}, \qquad y_H = -\frac{17}{12}. \end{aligned}$$

Die Mittelsenkrechte m_a geht durch den Mittelpunkt von BC und steht senkrecht auf a, also ist ihre Gleichung

$$m_a: \frac{y+\frac{5}{2}}{x-\frac{1}{2}} = -\frac{7}{3}, \qquad \text{entsprechend} \qquad m_b: \frac{y-2}{x-3} = \frac{1}{3},$$

also

$$\begin{aligned} y_U &= -\frac{7}{3} x_U - \frac{4}{3} \\ y_U &= \frac{1}{3} x_U + 1 \\ \hline x_U &= -\frac{7}{8}, \qquad y_U = \frac{17}{24}. \end{aligned}$$

Nach § 4, Beispiel ist

$$x_S = 1, \quad y_S = 0.$$

Die Punkte H, U und S erfüllen die Bedingung

$$\begin{vmatrix} \frac{19}{4} & \frac{-7}{8} & 1 \\ \frac{-17}{12} & \frac{17}{24} & 0 \\ 1 & 1 & 1 \end{vmatrix} = \frac{1}{8} \cdot \frac{17}{24} \cdot \begin{vmatrix} 38 & -7 & 8 \\ -2 & 1 & 0 \\ 1 & 1 & 1 \end{vmatrix} = \frac{17}{192} \cdot (38 + 0 - 16 - 8 - 14 - 0) = 0,$$

d. h. sie liegen auf einer Geraden.

Die Koordinaten des Punktes T, der HU im Verhältnis $2:1$ teilt, sind

$$x_T = \frac{1}{3} \cdot \left(\frac{19}{4} - \frac{7}{4}\right) = 1, \qquad y_T = \frac{1}{3} \cdot \left(-\frac{17}{12} + \frac{17}{12}\right) = 0,$$

d. h. es ist $T = S$ und $(S;\ H, U) = 2$.

§ 11. Die Hessesche Normalform

(1) Hessesche Normalform der Geraden. Gegeben ist eine Gerade g durch die Länge des vom Koordinatenanfangspunkt auf sie gefällten Lotes $OF = r$ und den Winkel ψ, den die positive x-Achse mit dem Lot OF

bildet. Von einem beliebigen Punkt P_ν der Ebene werden die Lote auf die Gerade, $P_\nu Q_\nu = p_\nu$, und auf die x-Achse, $P_\nu P'_\nu = y_\nu$, gefällt. Ferner werden von P'_ν die Lote $P'_\nu R'_\nu$ auf r und $P'_\nu R''_\nu$ auf p_ν gefällt. Je nach Lage von P_ν gelten dann die Beziehungen (Fig. 25)

$$\begin{aligned} r + p_0 &= OF + Q_0 P_0 = O R'_0 + R''_0 P_0 = x_0 \cos\psi + y_0 \sin\psi, \\ r - p_1 &= OF - Q_1 P_1 = R''_1 P_1 - O R'_1 = y_1 \sin\psi + x_1 \cos\psi, \\ p_2 - r &= Q_2 P_2 - OF = R''_2 P_2 - O R'_2 = - y_2 \sin\psi - x_2 \cos\psi. \end{aligned}$$

Für die Koordinaten jedes Punktes $P: x, y$ auf der Geraden g gilt wegen $p = 0$ die Gleichung

$$\boxed{x \cdot \cos\psi + y \cdot \sin\psi - r = 0.}$$

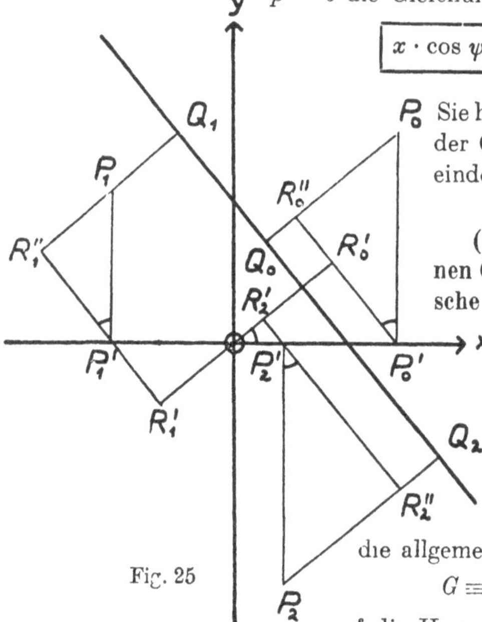

Fig. 25

Sie heißt die Hessesche Normalform der Geraden g. Durch r und ψ ist g eindeutig festgelegt.

(2) Transformation der allgemeinen Geradengleichung auf die Hessesche Normalform. In der Hesseschen Normalform sind die Koeffizienten von x und y gleich dem cos und sin desselben Winkels, d. h. ihre Quadratsumme ist gleich 1, während das absolute Glied stets negatives Vorzeichen hat. Um die allgemeine Geradengleichung

$$G \equiv A x + B y + C = 0$$

auf die Hessesche Normalform zu transformieren, muß sie also mit einem Faktor k multipliziert werden, so daß

$$(kA)^2 + (k B)^2 = 1 \quad \text{und} \quad k C < 0$$

wird. Daraus folgt

$$k = \frac{1}{\sqrt{A^2 + B^2}},$$

und die Wurzel erhält das entgegengesetzte Vorzeichen von C.

Beispiel 1: Um die Geradengleichung $12x - 5y + 8 = 0$ in die Hessesche Normalform umzuwandeln, ist Division durch $-\sqrt{12^2 + 5^2} = -13$ erforderlich, die Hessesche Normalform lautet also

$$-\frac{12}{13}x + \frac{5}{13}y - \frac{8}{13} = 0.$$

(3) Abstand eines Punktes von einer Geraden. Nach (1) gelten für die Abstände der Punkte P_ν von der Geraden g die Gleichungen

$$x_\nu \cos\psi + y_\nu \sin\psi - r = \pm p_\nu,$$

wobei das +-Zeichen gilt, wenn P_ν und der Koordinatenanfangspunkt O auf verschiedenen Seiten der Geraden g liegen, das —-Zeichen, wenn beide in derselben durch g bestimmten Halbebene liegen. Man erhält also den Abstand eines Punktes $P_\nu : x_\nu, y_\nu$ von der Geraden g, indem man seine Koordinaten an Stelle der laufenden Koordinaten in die Hessesche Normalform von g einsetzt.

Beispiel 2: Die Längen der Höhen des Dreiecks $\triangle$ sind zu bestimmen. Die Länge der Höhe ist gleich der Entfernung einer Ecke von der gegenüberliegenden Seite. Die Gleichungen der Dreiecksseiten sind nach § 8, Beispiel 2

$$a: \frac{3}{7}x - y - \frac{19}{7} = 0, \quad b: -3x - y + 11 = 0, \quad c: \frac{9}{5}x - y + \frac{7}{5} = 0,$$

$$3x - 7y - 19 = 0, \qquad 3x + y - 11 = 0, \qquad 9x - 5y + 7 = 0,$$

oder in der Hesseschen Normalform

$$\frac{1}{\sqrt{58}}\cdot(3x - 7y - 19) = 0, \frac{1}{\sqrt{10}}\cdot(3x + y - 11) = 0, \frac{1}{\sqrt{106}}\cdot(-9x + 5y - 7) = 0.$$

Demnach sind die Längen der Höhen

$$h_a = \frac{1}{\sqrt{58}}(6 - 35 - 19) = \frac{-48}{\sqrt{58}} = -6{,}3, \quad h_b = \frac{1}{\sqrt{10}}(-9 - 4 - 11) = \frac{-24}{\sqrt{10}} = -7{,}6,$$

$$h_c = \frac{1}{\sqrt{106}}(-36 - 5 - 7) = \frac{-48}{\sqrt{106}} = -4{,}7.$$

Übrigens gilt

$$h_a : h_b : h_c = \frac{1}{\sqrt{58}} : \frac{1}{\sqrt{40}} : \frac{1}{\sqrt{106}}$$

und nach § 3, Beispiel 1

$$a : b : c = \sqrt{58} : \sqrt{40} : \sqrt{106}.$$

Beispiel 3: Mittelpunkte und Radien des Inkreises und eines Ankreises des Dreiecks $\triangle$ sind zu bestimmen.

Der Mittelpunkt $I : x_I, y_I$ des Inkreises hat von den Dreiecksseiten den Abstand ϱ, d. h. es gelten die Gleichungen

$$\frac{1}{\sqrt{58}}(3x_I - 7y_I - 19) = -\varrho, \qquad 3x_I - 7y_I + \sqrt{58}\,\varrho = 19,$$

$$\frac{1}{\sqrt{10}}(3x_I + y_I - 11) = -\varrho, \text{ oder auch } 3x_I + y_I + \sqrt{10}\,\varrho = 11,$$

$$\frac{1}{\sqrt{106}}(-9x_I + 5y_I - 7) = -\varrho, \qquad -9x_I + 5y_I + \sqrt{106}\,\varrho = 7.$$

Hieraus erhält man

$$D = \begin{vmatrix} 3 & -7 & \sqrt{58} \\ 3 & 1 & \sqrt{10} \\ -9 & 5 & \sqrt{106} \end{vmatrix} = 24 \cdot (\sqrt{106} + 2\sqrt{10} + \sqrt{58}).$$

$$x_I = \frac{1}{D} \begin{vmatrix} 19 & -7 & \sqrt{58} \\ 11 & 1 & \sqrt{10} \\ 7 & 5 & \sqrt{106} \end{vmatrix} = \frac{1}{D} \cdot 24 \cdot (4\sqrt{106} - 6\sqrt{10} + 2\sqrt{58}) = 1{,}54,$$

$$y_I = \frac{1}{D} \begin{vmatrix} 3 & 19 & \sqrt{58} \\ 3 & 11 & \sqrt{10} \\ -9 & 7 & \sqrt{106} \end{vmatrix} = \frac{1}{D} \cdot 24 \cdot (-\sqrt{106} - 8\sqrt{10} + 5\sqrt{58}) = 0{,}10,$$

$$\varrho = \frac{1}{D} \begin{vmatrix} 3 & -7 & 19 \\ 3 & 1 & 11 \\ -9 & 5 & 7 \end{vmatrix} = 1{,}98.$$

Für den Ankreis an die Seite a gelten dieselben Gleichungen mit $-\sqrt{58}$ statt $\sqrt{58}$, also

$$x_z = 0{,}77, \; y_z = -8{,}17, \; \varrho_a = 5{,}32.$$

§ 12. Geradenbüschel

(1) Bedingung für 3 Geraden durch einen Punkt. Die Koordinaten des Schnittpunktes S der Geraden

$$G_1 \equiv A_1 \mathfrak{x} + B_1 \mathfrak{y} + C_1 = 0 \quad \text{und} \quad G_2 \equiv A_2 \mathfrak{x} + B_2 \mathfrak{y} + C_2 = 0$$

sind

$$\mathfrak{x}_S = \frac{\begin{vmatrix} -C_1 & B_1 \\ -C_2 & B_2 \end{vmatrix}^{1}}{\begin{vmatrix} A_1 & B_1 \\ A_2 & B_2 \end{vmatrix}}, \qquad \mathfrak{y}_S = \frac{\begin{vmatrix} A_1 & -C_1 \\ A_2 & -C_2 \end{vmatrix}}{\begin{vmatrix} A_1 & B_1 \\ A_2 & B_2 \end{vmatrix}}.$$

Die Gerade

$$G_3 \equiv A_3 \mathfrak{x} + B_3 \mathfrak{y} + C_3 = 0$$

geht dann und nur dann durch S, wenn

$$A_3 \mathfrak{x}_S + B_3 \mathfrak{y}_S + C_3 = 0 \qquad \text{ist, d. h. für}$$

$$A_3 \cdot \begin{vmatrix} B_1 & C_1 \\ B_2 & C_2 \end{vmatrix} - B_3 \cdot \begin{vmatrix} A_1 & C_1 \\ A_2 & C_2 \end{vmatrix} + C_3 \cdot \begin{vmatrix} A_1 & B_1 \\ A_2 & B_2 \end{vmatrix} = 0 \quad \text{oder}$$

$$\boxed{\begin{vmatrix} A_1 & B_1 & C_1 \\ A_2 & B_2 & C_2 \\ A_3 & B_3 & C_3 \end{vmatrix} = 0.}$$

Beispiel 1: Die 3 Mittelsenkrechten des Dreiecks $\triangle$ schneiden sich in einem Punkt. Nach § 10, Beispiel ist nämlich

$$m_a: 7x + 3y + 4 = 0, \quad m_b: x - 3y + 3 = 0, \quad m_c: 5x + 9y - 2 = 0 \quad \text{und}$$

$$\begin{vmatrix} 7 & 3 & 4 \\ 1 & -3 & 3 \\ 5 & 9 & -2 \end{vmatrix} = 0.$$

(2) **Gerade durch den Schnittpunkt zweier Geraden.** Sind $G_1 = 0$ und $G_2 = 0$ gegebene Gleichungen zweier Geraden und λ eine beliebige Zahl, so ist

$$\boxed{G_1 + \lambda G_2 = 0}$$

als lineare Gleichung ebenfalls die Gleichung einer Geraden ($G_3 = 0$), und zwar geht diese durch den Schnittpunkt S von G_1 und G_2. Setzt man nämlich die Koordinaten von S an Stelle der laufenden Koordinaten ein, so wird $G_1(S) = 0$ und $G_2(S) = 0$, folglich auch $G_1 + \lambda G_2(S) = 0$, d. h. S ist ein Punkt der Geraden G_3.

(3) **Geradenbüschel.** Sind $G_1 = 0$ und $G_2 = 0$ die Gleichungen zweier gegebener Geraden, und läßt man in dem Ausdruck $G_1 + \lambda G_2 = 0$ den sogenannten Parameter λ alle möglichen Zahlen durchlaufen, so erhält man die Gleichungen aller Geraden durch den Schnittpunkt der beiden gegebenen. Eine solche Gesamtheit von Geraden einer Ebene durch einen Punkt heißt ein Geradenbüschel. Zu jedem λ gehört genau eine Gerade und umgekehrt zu jeder Geraden genau eine Zahl λ.

Beispiel 2: Gegeben sind die Geraden $G_1 \equiv 2x - 3y + 5 = 0$; $G_2 \equiv 4x + 3y - 8 = 0$. In dem dadurch bestimmten Büschel sind die zu $\lambda_1 = \frac{1}{2}$ und $\lambda_2 = -3$ gehörigen Geraden zu bestimmen.

$$G_1 + \lambda_1 G_2 \equiv 4x - \frac{3}{2}\,y + 1 = 0, \qquad y = \frac{8}{3}\,x + \frac{2}{3},$$

$$G_1 + \lambda_2 G_2 \equiv -10x - 12y + 29 = 0, \quad y = -\frac{5}{3}\,x + \frac{29}{12}.$$

Bestimmungsstücke des Büschels sind nicht die Geraden G_1 und G_2 an sich, sondern deren Gleichungen $G_1 = 0$ und $G_2 = 0$. Die Gleichungen können mit beliebigen Faktoren multipliziert werden, sie stellen dann immer noch dieselben Geraden dar. Die Parameterwerte λ bestimmen dann aber andere Geraden als vorher. Zur Vermeidung dieser Unbestimmtheit wählt man als Gleichungen der Grundgeraden deren Hessesche Normalformen $H_1 = 0$ und $H_2 = 0$, die ja nicht mehr mit einem Faktor versehen werden dürfen. Dann erst wird die Zuordnung der Parameterwerte λ zu den Geraden eindeutig.

(4) Bedeutung des Parameters. Sind $H_1 = 0$ und $H_2 = 0$ die Hesseschen Normalformen zweier Geraden und λ eine feste Zahl, so wird durch

$$H_1 + \lambda H_2 = 0$$

genau eine Gerade dargestellt. Ist Q ein beliebiger Punkt dieser Geraden, so erfüllen seine Koordinaten die Gleichung

$$H_1(Q) + \lambda \cdot H_2(Q) = 0,$$

hieraus berechnet sich λ als

$$\lambda = -\frac{H_1(Q)}{H_2(Q)}.$$

Nun bedeutet aber $H_1(Q)$ den Abstand des Punktes Q von der Geraden $H_1 = 0$ und $H_2(Q)$ seinen Abstand von der Geraden $H_2 = 0$. λ ist also das negative Abstandsverhältnis der durch λ bestimmten Geraden G_3 von den beiden gegebenen Geraden H_1 und H_2. Gemäß § 11 (3) ist das Abstandsverhältnis von G_3 in bezug auf H_1 und H_2 positiv, wenn G_3 und der Koordinatenanfangspunkt O in demselben Winkelraum liegen.

Beispiel 3: Die zu $\lambda_1 = \frac{1}{2}$ und $\lambda_2 = -3$ gehörigen Geraden des durch

$$H_1 \equiv \frac{1}{\sqrt{13}}(-2x + 3y - 5) = 0$$

und

$$H_2 \equiv \frac{1}{5}(4x + 3y - 8) = 0$$

bestimmten Büschels sind zu bestimmen.

$$H_1 + \lambda_1 H_2 \equiv \frac{-2}{\sqrt{13}}x + \frac{4}{10}x + \frac{3}{\sqrt{13}}y + \frac{3}{10}y - \frac{5}{\sqrt{13}} - \frac{8}{10} = 0,$$

$$(-20 + 4\sqrt{13})x + (30 + 3\sqrt{13})y - 50 - 8\sqrt{13} = 0,$$

$$y = 0{,}14x + 1{,}93.$$

$$H_1 + \lambda_2 H_2 \equiv \frac{-2}{\sqrt{13}}x - \frac{12}{5}x + \frac{3}{\sqrt{13}}y - \frac{9}{5}y - \frac{5}{\sqrt{13}} + \frac{24}{5} = 0,$$

$$(-10 - 12\sqrt{13})x + (15 - 9\sqrt{13})y - 25 + 24\sqrt{13} = 0,$$

$$y = -3{,}06x + 3{,}53.$$

(5) Winkelhalbierende. Die Winkelhalbierenden eines Geradenpaares sind diejenigen Geraden, die von den beiden gegebenen gleichen Abstand, in bezug auf sie also das Abstandsverhältnis ± 1 haben. Die Gleichungen der Winkelhalbierenden der in der Hesseschen Normalform gegebenen Geraden $H_1 = 0$ und $H_2 = 0$ sind somit

$$\boxed{H_1 \pm H_2 = 0.}$$

Beispiel 4: Das Inkreiszentrum I des Dreiecks $\triangle$ ist als Schnittpunkt der Winkelhalbierenden zu bestimmen.

Da der Koordinatenanfangspunkt O im Innern von $\triangle$ liegt, liegen die Winkelhalbierenden der Innenwinkel mit O in den durch a, b, c bestimmten Winkelräumen, es ist also das Abstandsverhaltnis der Innenwinkelhalbierenden zu den Seiten gleich $+1$, und ihre Gleichungen sind von der Form $H_1 - H_2 = 0$. Nach § 11, Beispiel 2 sind nun

$$w_\alpha \equiv b - c \equiv \left(\frac{3}{\sqrt{10}} + \frac{9}{\sqrt{106}}\right) x - \left(\frac{1}{\sqrt{10}} - \frac{5}{\sqrt{106}}\right) y - \frac{11}{\sqrt{10}} + \frac{7}{\sqrt{106}} = 0,$$

$$w_\gamma \equiv a - b \equiv \left(\frac{3}{\sqrt{58}} - \frac{3}{\sqrt{10}}\right) x + \left(-\frac{7}{\sqrt{58}} - \frac{1}{\sqrt{10}}\right) y - \frac{19}{\sqrt{58}} + \frac{11}{\sqrt{10}} = 0.$$

Der Schnittpunkt I der Winkelhalbierenden bestimmt sich demnach aus den Gleichungen

$$(3\sqrt{106} + 9\sqrt{10})\, x_I + (\sqrt{106} - 5\sqrt{10})\, y_I - 11\sqrt{106} + 7\sqrt{10} = 0$$

$$(3\sqrt{10} - 3\sqrt{58})\, x_I - (7\sqrt{10} + \sqrt{58})\, y_I - 19\sqrt{10} + 11\sqrt{58} = 0.$$

$$x_I = 1{,}54, \qquad y_I = 0{,}10.$$

§ 13. Merkwürdige Punkte des Dreiecks

(1) Bedingung für 3 Geraden durch einen Punkt. Die drei durch $G_1 = 0$, $G_2 = 0$, $G_3 = 0$ gegebenen Geraden gehen dann und nur dann durch einen Punkt, wenn sich drei von Null verschiedene Zahlen $\lambda_1, \lambda_2, \lambda_3$ so angeben lassen, daß $\lambda_1 G_1 + \lambda_2 G_2 + \lambda_3 G_3 \equiv 0$ ist.

Die Gerade G_3 gehört dem durch G_1 und G_2 bestimmten Geradenbüschel an, wenn sich nach § 8 (5) die Ausdrücke G_3 und $G_1 + \lambda G_2$ nur durch einen konstanten Faktor μ unterscheiden. Es muß also gelten

$$G_1 + \lambda G_2 \equiv \mu G_3,$$

oder wenn man $\lambda = \frac{\lambda_2}{\lambda_1}$ und $\mu = \frac{-\lambda_3}{\lambda_1}$ setzt,

$$\boxed{\lambda_1 G_1 + \lambda_2 G_2 + \lambda_3 G_3 \equiv 0.}$$

Lassen sich umgekehrt $\lambda_1, \lambda_2, \lambda_3$ so bestimmen, daß die Identität gilt, so gehen G_1, G_2 und G_3 durch einen Punkt, denn setzt man die Koordinaten des Schnittpunktes S von G_1 und G_2 in die Identität ein, so folgt wegen $G_1(S) = 0$ und $G_2(S) = 0$ daraus $\lambda_3 G_3(S) = 0$ oder $G_3(S) = 0$, d. h. S liegt auch auf G_3.

(2) Schwerpunkt. Die Seitenhalbierenden des Dreiecks $P_1 P_2 P_3$ haben die Gleichungen

$$\frac{y - y_1}{x - x_1} = \frac{y_1 - \frac{y_2 + y_3}{2}}{x_1 - \frac{x_2 + x_3}{2}} \quad \text{usw.}$$

$$x(2y_1 - y_2 - y_3) - y(2x_1 - x_2 - x_3) - x_1(2y_1 - y_2 - y_3) + y_1(2x_1 - x_2 - x_3) = 0 \quad \text{usw.}$$

oder im einzelnen

$$\begin{aligned} s_1 &\equiv x(2y_1 - y_2 - y_3) - y(2x_1 - x_2 - x_3) \\ &\quad + x_1(y_2 + y_3) - y_1(x_2 + x_3) = 0, \\ s_2 &\equiv x(2y_2 - y_3 - y_1) - y(2x_2 - x_3 - x_1) \\ &\quad + x_2(y_3 + y_1) - y_2(x_3 + x_1) = 0, \\ s_3 &\equiv x(2y_3 - y_1 - y_2) - y(2x_3 - x_1 - x_2) \\ &\quad + x_3(y_1 + y_2) - y_3(x_1 + x_2) = 0. \end{aligned}$$

Daraus folgt durch Addition

$$s_1 + s_2 + s_3 \equiv 0,$$

d. h. die 3 Seitenhalbierenden eines Dreiecks gehen durch einen Punkt S.

(3) Orthozentrum. Die Höhen des Dreiecks $P_1 P_2 P_3$ haben die Gleichungen

$$\frac{y - y_1}{x - x_1} = - \frac{x_2 - x_3}{y_2 - y_3} \text{ usw.}$$

oder im einzelnen

$$\begin{aligned} h_1 &\equiv x(x_2 - x_3) + y(y_2 - y_3) - x_1(x_2 - x_3) - y_1(y_2 - y_3) = 0, \\ h_2 &\equiv x(x_3 - x_1) + y(y_3 - y_1) - x_2(x_3 - x_1) - y_2(y_3 - y_1) = 0. \\ h_3 &\equiv x(x_1 - x_2) + y(y_1 - y_2) - x_3(x_1 - x_2) - y_3(y_1 - y_2) = 0, \end{aligned}$$

Daraus folgt durch Addition

$$h_1 + h_2 + h_3 \equiv 0,$$

d. h. die 3 Höhen eines Dreiecks gehen durch einen Punkt H.

(4) Umkreiszentrum. Die Mittelsenkrechten auf den Seiten des Dreiecks $P_1 P_2 P_3$ haben die Gleichungen

$$\frac{y - \frac{y_2 + y_3}{2}}{x - \frac{x_2 + x_3}{2}} = - \frac{x_2 - x_3}{y_2 - y_3} \quad \text{usw.}$$

oder im einzelnen

$$\begin{aligned} m_1 &\equiv x(x_2 - x_3) + y(y_2 - y_3) - \tfrac{1}{2}(x_2^2 - x_3^2) - \tfrac{1}{2}(y_2^2 - y_3^2) = 0, \\ m_2 &\equiv x(x_3 - x_1) + y(y_3 - y_1) - \tfrac{1}{2}(x_3^2 - x_1^2) - \tfrac{1}{2}(y_3^2 - y_1^2) = 0, \\ m_3 &\equiv x(x_1 - x_2) + y(y_1 - y_2) - \tfrac{1}{2}(x_1^2 - x_2^2) - \tfrac{1}{2}(y_1^2 - y_2^2) = 0. \end{aligned}$$

Daraus folgt durch Addition

$$m_1 + m_2 + m_3 \equiv 0,$$

d. h. die 3 Mittelsenkrechten gehen durch einen Punkt U.

(5) Inkreiszentrum. Da man den Koordinatenanfangspunkt immer in das Innere des Dreiecks $P_1 P_2 P_3$ verschieben kann, dessen Seiten in der Hesseschen Normalform $H_1 = 0$, $H_2 = 0$, $H_3 = 0$ gegeben sind, lauten die Gleichungen der Innenwinkelhalbierenden

$$w_1 \equiv H_2 - H_3 = 0, \quad w_2 \equiv H_3 - H_1 = 0, \quad w_3 \equiv H_1 - H_2 = 0.$$

Daraus folgt durch Addition

$$w_1 + w_2 + w_3 \equiv 0,$$

d. h. die Halbierenden der drei Innenwinkel eines Dreiecks gehen durch einen Punkt I.

(6) Ankreiszentra. Die Gleichungen der Außenwinkelhalbierenden des Dreiecks $P_1 P_2 P_3$ lauten entsprechend (5)

$$w_1' \equiv H_2 + H_3 = 0, \quad w_2' \equiv H_3 + H_1 = 0, \quad w_3' \equiv H_1 + H_2 = 0.$$

Es gelten dann die Identitäten

$$w_1' - w_2' + w_3 \equiv 0, \quad w_3' - w_1' + w_2 \equiv 0, \quad w_2' - w_3' + w_1 \equiv 0,$$

d. h. die Halbierenden zweier Außenwinkel und des dritten Innenwinkels eines Dreiecks schneiden sich in je einem Punkt.

(7) Die Halbierenden der drei Außenwinkel eines Dreiecks schneiden die Gegenseiten in drei Punkten einer Geraden.

Sind $H_1 = 0$, $H_2 = 0$, $H_3 = 0$ die Hesseschen Normalformen der Dreiecksseiten, so ist $H_1 + H_2 + H_3 = 0$ die Gleichung einer Geraden. Sie geht durch die Schnittpunkte von w_1' mit H_1, w_2' mit H_2 und w_3' mit H_3, denn z. B. aus $H_1(S) = 0$ und $H_2(S) + H_3(S) = 0$ folgt $H_1(S) + H_2(S) + H_3(S) = 0$ usw.

(8) Die Halbierenden zweier Innenwinkel und des dritten Außenwinkels eines Dreiecks schneiden die Gegenseiten in drei Punkten einer Geraden.

$H_1 - H_2 - H_3 = 0$ ist die Gleichung einer Geraden, die durch die Schnittpunkte von w_1' mit H_1 sowie von w_2 mit H_2 und w_3 mit H_3 geht.

$H_2 - H_3 - H_1 = 0$ ist die Gleichung einer Geraden, die durch die Schnittpunkte von w_2' mit H_2 sowie von w_1 mit H_1 und w_3 mit H_3 geht.

$H_3 - H_1 - H_2 = 0$ ist die Gleichung einer Geraden, die durch die Schnittpunkte von w_3' mit H_3 sowie von w_1 mit H_1 und w_2 mit H_2 geht.

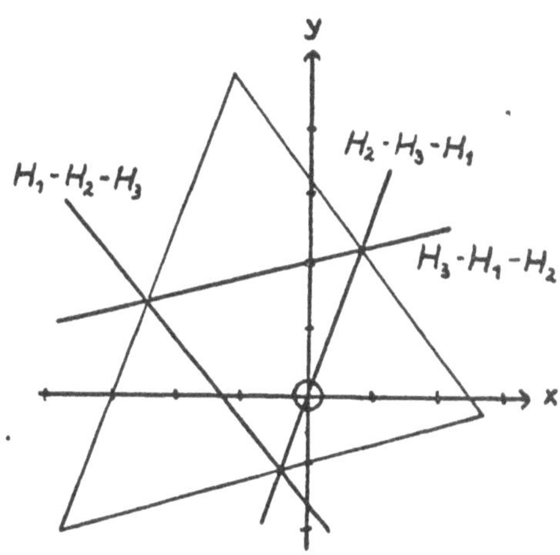

Fig. 26

Beispiel: Die Seiten eines Dreiecks sind durch ihre Hesseschen Normalformen

$$H_1 \equiv \frac{4}{5}x + \frac{3}{5}y - 2 = 0,$$

$$H_2 \equiv -\frac{12}{13}x + \frac{5}{13}y - 3 = 0,$$

$$H_3 \equiv \frac{7}{25}x - \frac{24}{25}y - 1 = 0$$

gegeben. Gesucht sind die Gleichungen der Geraden durch die Schnittpunkte der Winkelhalbierenden mit den Gegenseiten des Dreiecks (Fig. 26).

$$H_1 + H_2 + H_3 \equiv \frac{61}{325}x + \frac{8}{325}y - 6 = 0, \quad \frac{x}{32{,}0} + \frac{y}{243{,}8} = 1,$$

$$H_1 - H_2 - H_3 \equiv \frac{479}{325}x + \frac{382}{325}y + 2 = 0, \quad \frac{x}{-1{,}4} + \frac{y}{-1{,}7} = 1,$$

$$H_2 - H_3 - H_1 \equiv -\frac{661}{325}x + \frac{242}{325}y \quad = 0, \quad y = 2{,}7x,$$

$$H_3 - H_1 - H_2 \equiv \frac{121}{325}x - \frac{632}{325}y + 4 = 0, \quad \frac{x}{-10{,}7} + \frac{y}{2{,}1} = 1.$$

§ 14. Die Sätze von Menelaos und Ceva

(1) Satz von Menelaos. Jede Transversale eines Dreiecks, die durch keine Ecke geht, schneidet die Seiten oder ihre Verlängerungen in 3 Punkten, für die das Produkt der Teilverhältnisse mit den Ecken gleich -1 ist (Fig. 27).

Beh.: $(A^* BC) \cdot (B^* CA) \cdot (C^* AB) = -1.$

Bew.: Betrachtet man zwei verschiedene Transversalen g^* und g°, und versteht man unter Ag^* z. B. den Abstand des Punktes A von der Geraden g^*, so ist auf Grund der Definition des Teilverhältnisses und des Strahlensatzes

$$\frac{(A^* BC)}{(A^\circ BC)} = \frac{BA^* : A^*C}{BA^\circ : A^\circ C} = \frac{Bg^* : Cg^*}{Bg^\circ : Cg^\circ},$$

$$\frac{(B^* CA)}{(B^\circ CA)} = \frac{Cg^* : Ag^*}{Cg^\circ : Ag^\circ},$$

$$\frac{(C^* AB)}{(C^\circ AB)} = \frac{Ag^* : Bg^*}{Ag^\circ : Bg^\circ}.$$

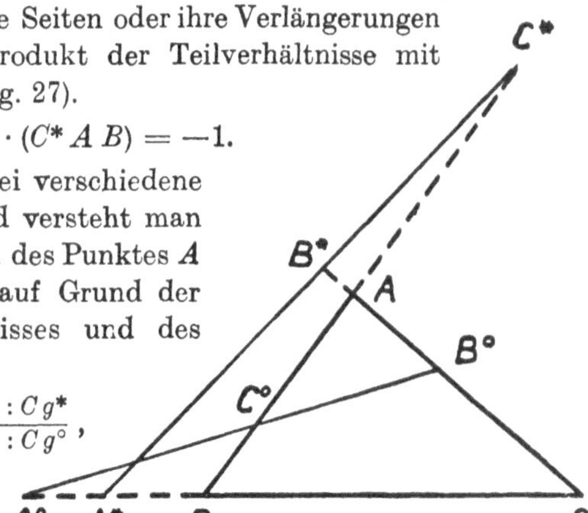

Fig. 27

Durch Multiplikation dieser 3 Gleichungen ergibt sich

$$(A^* BC) \cdot (B^* CA) \cdot (C^* AB) = (A^\circ BC) \cdot (B^\circ CA) \cdot (C^\circ AB),$$

d. h. das Produkt der Teilverhältnisse ist konstant. Wählt man als Transversale die Parallele zu einer Dreiecksseite durch die Mitten der beiden anderen Seiten, so werden 2 Teilverhältnisse gleich 1, das dritte gleich -1, so daß das Produkt stets gleich -1 ist.

(2) Umkehrung des Satzes von Menelaos. Drei Punkte auf den Seiten eines Dreiecks oder ihren Verlängerungen, für die das Produkt der Teilverhältnisse mit den Ecken gleich — 1 ist, liegen auf einer Geraden.

Lägen nämlich die 3 Punkte nicht auf einer Geraden, so würde die Verbindungslinie B^*C^* die Seite BC in einem von A^* verschiedenen Punkt $\bar{A}$ schneiden, und nach Menelaos würde gelten

$$(\bar{A}BC) \cdot (B^*CA) \cdot (C^*AB) = -1.$$

Aus der Voraussetzung $(A^*BC)(B^*CA) \cdot (C^*AB) = -1$

folgt dann $(\bar{A}BC) = (A^*BC)$,

was der Eindeutigkeit des Teilverhältnisses widerspricht.

(3) Satz von Ceva. Drei Ecktransversalen eines Dreiecks, die durch einen Punkt gehen, schneiden die gegenüberliegenden Seiten in 3 Punkten, für die das Produkt der Teilverhältnisse mit den Ecken gleich 1 ist (Fig. 28).

Beh.: $(A'BC) \cdot (B'CA) \cdot (C'AB) = 1.$

Bew.: Betrachtet man zwei verschiedene Ecktransversalentripel mit den Schnittpunkten O' und O'', so ergeben sich ähnlich wie in (1) die Gleichungen

$$\frac{(A'BC)}{(A''BC)} = \frac{BA' : A'C}{BA'' : A''C} = \frac{A'c}{A''c} : \frac{A'b}{A''b} = \frac{O'c : O'b}{O''c : O''b},$$

$$\frac{(B'CA)}{(B''CA)} = \frac{O'a : O'c}{O''a : O''c}, \quad \frac{(C'AB)}{(C''AB)} = \frac{O'b : O'a}{O''b : O''a},$$

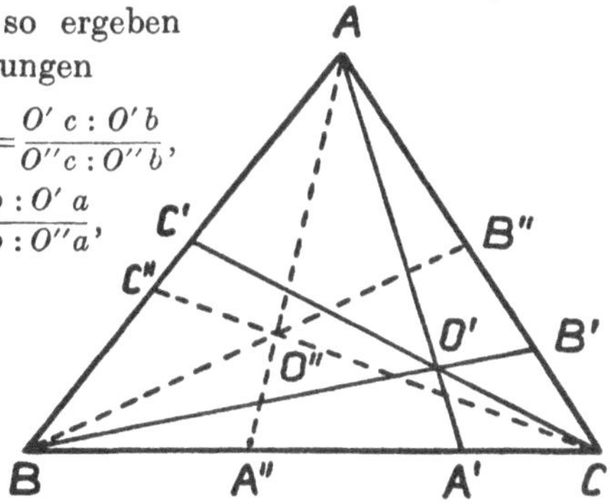

Fig. 28

aus denen man durch Multiplikation erhält

$$(A'BC) \cdot (B'CA) \cdot (C'AB) = (A''BC) \cdot (B''CA) \cdot (C''AB),$$

was besagt, daß das Produkt der 3 Teilverhältnisse konstant ist, sofern sich nur die Transversalen in einem Punkt schneiden. Wählt man als Transversalen die 3 Seitenhalbierenden des Dreiecks, so werden die Teilverhältnisse gleich 1, also auch deren Produkt gleich 1.

(4) Umkehrung des Satzes von Ceva. Schneiden 3 Ecktransversalen eines Dreiecks die Gegenseiten in 3 Punkten, für die das Produkt der Teilverhältnisse mit den Ecken gleich 1 ist, so gehen die Transversalen durch einen Punkt.

Ginge nämlich die Ecktransversale durch A nicht durch den Schnittpunkt O' der beiden anderen, so müßte der Schnittpunkt der Geraden AO' mit BC ein von A' verschiedener Punkt $\bar{A}$ sein, und nach Ceva müßte gelten

$$(\bar{A}BC) \cdot (B'CA) \cdot (C'AB) = 1.$$

Aus der Voraussetzung $(A'BC) \cdot (B'CA) \cdot (C'AB) = 1$

folgt dann $(\bar{A}BC) = (A'BC)$

im Widerspruch zur Eindeutigkeit des Teilverhältnisses.

(5) Die Verbindungslinien der Ecken eines Dreiecks mit den Berührungspunkten des Inkreises schneiden sich in einem Punkt (Fig. 29).

Als Tangenten an den Inkreis sind folgende Strecken gleich:

$$B'A = AC', \qquad C'B = BA', \qquad A'C = CB'.$$

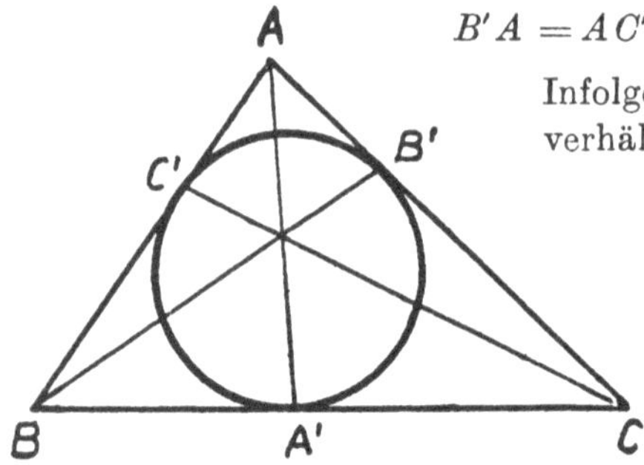

Fig. 29

Infolgedessen ist das Produkt der 3 Teilverhältnisse

$$(A'BC) \cdot (B'CA) \cdot (C'AB) = \frac{BA'}{A'C} \cdot \frac{CB'}{B'A} \cdot \frac{AC'}{C'B} = 1,$$

d. h. aber nach der Umkehrung des Satzes von Ceva, daß AA', BB' und CC' durch einen Punkt gehen.

§ 15. Das vollständige Viereck

(1) Doppelverhältnis von vier Punkten. Unter dem Doppelverhältnis $\delta = (A, B; C, D)$ der 4 Punkte A, B, C, D einer Geraden versteht man den Quotienten aus den Teilverhältnissen $(A; C, D)$ und $(B; C, D)$

$$\delta = \frac{(ACD)}{(BCD)} = \frac{CA : AD}{CB : BD} = \frac{AC \cdot BD}{AD \cdot BC}.$$

Es ist positiv, wenn C und D beide innerhalb oder beide außerhalb der Strecke AB liegen, negativ, wenn C und D durch A und B getrennt werden. Durchläuft D die Gerade ACB, so nimmt δ alle positiven und negativen Werte an, die Zuordnung zeigt Fig. 30 an.

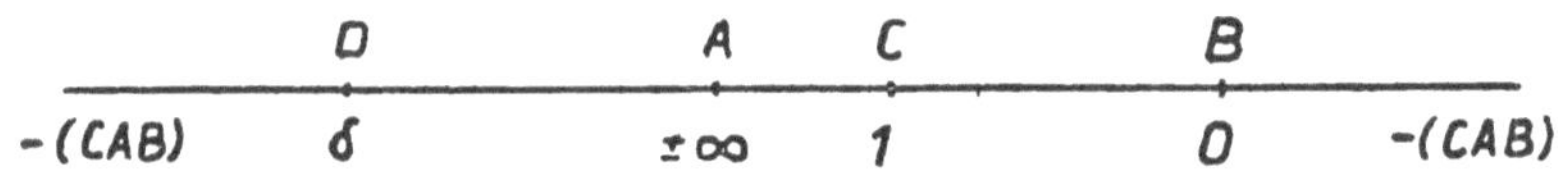

Fig. 30

Das Doppelverhältnis ändert sich nicht, wenn man die beiden ersten Punkte mit den beiden letzten vertauscht, denn

$$(CDAB) = \frac{CA \cdot DB}{CB \cdot DA} = \frac{AC \cdot BD}{AD \cdot BC},$$

oder wenn man die beiden ersten Punkte und die beiden letzten unter sich vertauscht, denn

$$(BADC) = \frac{BD \cdot AC}{BC \cdot AD} = \frac{AC \cdot BD}{AD \cdot BC},$$

oder wenn man die Reihenfolge der Punkte umkehrt, denn

$$(DCBA) = \frac{DB \cdot CA}{DA \cdot CB} = \frac{AC \cdot BD}{AD \cdot BC},$$

d. h.

$$(ABCD) = (BADC) = (CDAB) = (DCBA).$$

Durch Permutation der 4 Punkte erhält man also nur 6 verschiedene Werte für das Doppelverhältnis, und zwar

$$(A\,B\,C\,D) = \delta,$$

$$(A\,B\,D\,C) = \frac{AD\cdot BC}{AC\cdot BD} = \frac{1}{\delta},$$

$$(A\,C\,B\,D) = \frac{AB\cdot CD}{AD\cdot CB} = \frac{AD\cdot CB + AC\cdot BD}{AD\cdot CB} = 1-\delta,$$

denn es ist

$$\begin{aligned} AB\cdot CD &= (AC + CB)\cdot(CB + BD) = \\ &= AC\cdot CB + AC\cdot BD + CB\cdot CB + CB\cdot BD = \\ &= (AC + CB + BD)\cdot CB + AC\cdot BD = \\ &= AD\cdot CB + AC\cdot BD. \end{aligned}$$

$$(A\,C\,D\,B) = \frac{AD\cdot CB}{AB\cdot CD} = \frac{1}{1-\delta},$$

$$(A\,D\,B\,C) = \frac{AB\cdot DC}{AC\cdot DB} = \frac{AB\cdot CD}{AC\cdot BD} = \frac{AC\cdot BD + AD\cdot CB}{AC\cdot BD} = 1 - \frac{1}{\delta} = \frac{\delta-1}{\delta},$$

$$(A\,D\,C\,B) = \frac{AC\cdot DB}{AB\cdot DC} = \frac{\delta}{\delta-1}.$$

(2) Doppelverhältnis von vier Geraden. Unter dem Doppelverhältnis $(a\,b\,c\,d)$ der 4 Geraden a, b, c, d eines Büschels versteht man den Quotienten aus den Abstandsverhältnissen $(a\,c\,d)$ und $(b\,c\,d)$. Da nach Fig. 31 das Abstandsverhältnis gleich dem Quotienten der Sinus der Zwischenwinkel ist, gilt

$$(a\,b\,c\,d) = \frac{(a\,c\,d)}{(b\,c\,d)} = \frac{\sin(c,a):\sin(a,d)}{\sin(c,b):\sin(b,d)}$$

$$= \frac{\sin(a,c)\cdot\sin(b,d)}{\sin(a,d)\cdot\sin(b,c)}.$$

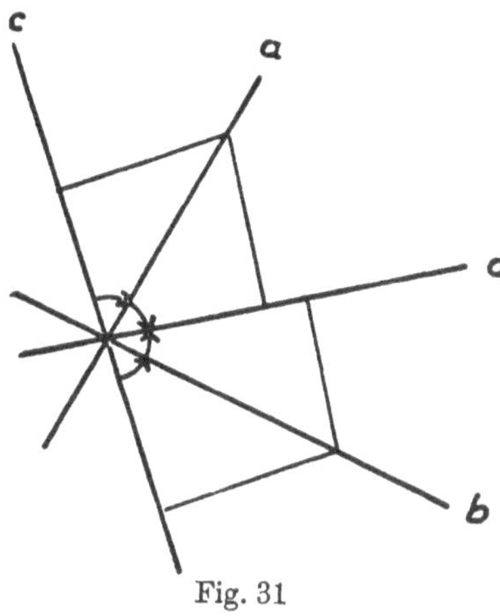

Fig. 31

Dabei muß der Drehungssinn berücksichtigt werden. Das Doppelverhältnis ist positiv, wenn c und d in demselben Winkelraum von a und b liegen, dann haben nach § 12 (4) nämlich die Abstandsverhältnisse gleiches Vorzeichen. Das Doppelverhältnis ist negativ, wenn c und d durch a und b getrennt werden.

Das Doppelverhältnis der 4 Geraden $G_1 = 0$, $G_2 = 0$, $G_1 + \lambda G_2 = 0$ und $G_1 + \mu G_2 = 0$ ist gleich λ/μ, denn wählt man G_1 und G_2 als Achsen eines beliebigen cartesischen Koordinatensystems, so werden die Gleichungen

$$G_1 = 0 \text{ durch } \mathfrak{y} = 0, \qquad G_2 = 0 \text{ durch } \mathfrak{x} = 0$$

ersetzt. Dann sind $-\lambda$ und $-\mu$ die Richtungskoeffizienten der Geraden $G_3 \equiv G_1 + \lambda G_2$ und $G_4 \equiv G_1 + \mu G_2$, denn es sind die Gleichungen

$$G_3 = 0 \text{ durch } \mathfrak{y} = -\lambda\,\mathfrak{x}, \qquad G_4 = 0 \text{ durch } \mathfrak{y} = -\mu\,\mathfrak{x}$$

zu ersetzen. Nach § 8 (4) ist aber

$$-\lambda = \frac{\sin(G_1, G_3)}{\sin(G_2, G_3)}, \qquad -\mu = \frac{\sin(G_1, G_4)}{\sin(G_2, G_4)},$$

und daraus folgt

$$(G_1\, G_2\, G_3\, G_4) = \frac{\sin(G_1, G_3) \cdot \sin(G_2, G_4)}{\sin(G_1, G_4) \cdot \sin(G_2, G_3)} = \frac{\lambda}{\mu}.$$

(3) Harmonische Punkte und harmonische Büschel. 4 Punkte, deren Doppelverhältnis -1 ist, heißen harmonische Punkte. Ist $(A\,B\,C\,D) = -1$, so wird die Strecke AB durch C und D harmonisch, d. h. innen und außen in demselben Verhältnis geteilt. Ebenso wird auch die Strecke CD durch A und B harmonisch geteilt. Sowohl A und B als auch C und D heißen konjugierte Punkte. Ist ein Paar konjugierter Punkte, z. B. A und B gegeben, so gehört zu jedem Punkt C auf der Geraden AB genau ein vierter harmonischer Punkt D. Ist C der Mittelpunkt der Strecke AB, so muß $(D\,A\,B) = -1$ sein, diese Bedingung erfüllt aber kein im Endlichen gelegener Punkt der Geraden, der Wert des Teilverhältnisses $(D\,A\,B)$ nähert sich nur -1, wenn sich D nach irgendeiner Seite immer weiter von A und B entfernt. Damit also auch zum Mittelpunkt von AB ein vierter harmonischer Punkt gehört, wird auf der Geraden ein sogenannter uneigentlicher oder unendlich ferner Punkt eingeführt, in dem sich rein anschaulich die Gerade zu schließen scheint.

4 Geraden, deren Doppelverhältnis -1 ist, bilden ein harmonisches Büschel. Insbesondere bilden zwei Geraden mit ihren beiden Winkelhalbierenden ein harmonisches Büschel, denn die Winkelhalbierenden W und W' der durch $H_1 = 0$ und $H_2 = 0$ gegebenen Geraden haben die Gleichungen $H_1 - H_2 = 0$ und $H_1 + H_2 = 0$, also ist $(H_1\, H_2\, W\, W') = -1$.

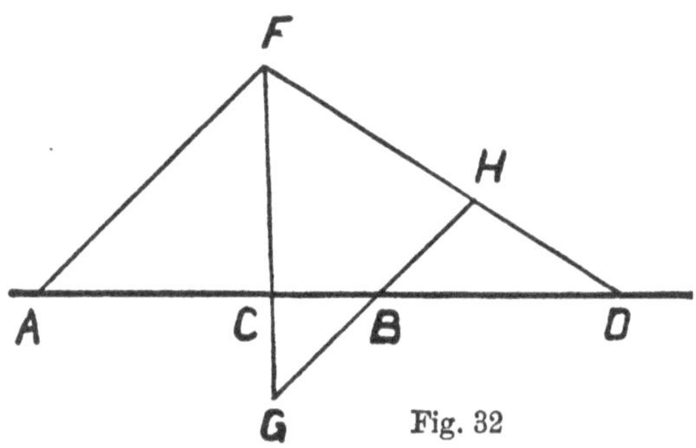

Fig. 32

(4) Konstruktion des 4. harmonischen Punktes. Ist der 4. harmonische Punkt zu A, B, C gesucht, so zeichnet man durch A und B zwei beliebige Parallelen, die eine ebenfalls beliebige Transversale durch C in F und G schneiden (Fig. 32). Wird dann auf der einen Parallelen $BH = BG$ abgetragen, so schneidet FH die Gerade AB in dem gesuchten Punkt D.

Es ist nämlich

$$(CAB) = \frac{AC}{CB} = \frac{AF}{BG} = \frac{AF}{BH} = \frac{DA}{DB} = -\frac{AD}{DB} = -(DAB).$$

Ist C Mittelpunkt von AB, so wird FH parallel zu AB. Man erkennt hieraus, daß parallele Geraden denselben unendlich fernen Punkt haben.

(5) Satz von Pappus. Werden 4 Geraden a, b, c, d eines Büschels von einer Geraden in den Punkten A, B, C, D geschnitten, so ist

$$(A\,B\,C\,D) = (a\,b\,c\,d).$$

Bew. (Fig. 33): Sind die von A und B auf c und d gefällten Senkrechten AP, AQ und BR, BS, so ist

$$(A\,BCD) = \frac{AC \cdot BD}{AD \cdot BC} = \frac{AC}{BC} \cdot \frac{BD}{AD} = \frac{AP}{BR} \cdot \frac{BS}{AQ} = \frac{AP}{AQ} \cdot \frac{BS}{BR}$$

$$= \frac{\sin(a, c)}{\sin(a, d)} \cdot \frac{\sin(b, d)}{\sin(b, c)} = (a\,b\,c\,d).$$

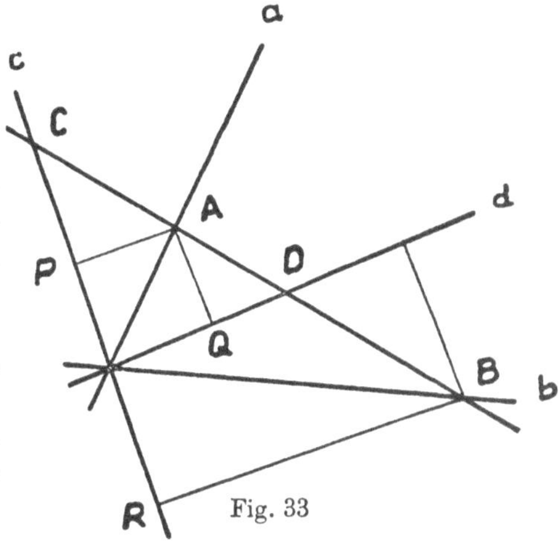

Fig. 33

Alle Geraden werden von den 4 Strahlen des Büschels in 4 Punkten mit gleichem Doppelverhältnis geschnitten. Faßt man den Schnittpunkt des Geradenbüschels als ein Projektionszentrum auf, so kann man den Satz auch in der Form aussprechen: Das Doppelverhältnis ist invariant gegenüber Projektionen, d. h. es ändert sich nicht, wenn man die 4 Punkte auf eine andere Gerade projiziert.

(6) Das vollständige Viereck. 4 Punkte, von denen nicht 3 in einer Geraden liegen, bilden ein vollständiges Viereck $A\,B\,C\,D$ mit den 6 Seiten AB, CD; AC, BD; AD, BC. Die Schnittpunkte dieser 3 Seitenpaare E, F, G heißen Diagonalpunkte, ihre Verbindungslinien Diagonalen.

(7) Satz vom vollständigen Viereck. Die durch einen Diagonalpunkt gehenden Seiten und Diagonalen eines vollständigen Vierecks bilden ein harmonisches Büschel.

Bew.: Wählt man in Fig. 34 $E\,B$ und $E\,C$ als Achsen eines cartesischen Koordinatensystems und bezeichnet die Koordinaten der Ecken mit

$$A: a, 0; \qquad B: b, 0; \qquad C: 0, c; \qquad D: 0, d;$$

so lauten die Gleichungen der Seiten

$$AC: \frac{\mathfrak{x}}{a} + \frac{\mathfrak{y}}{c} - 1 = 0, \quad AD: \frac{\mathfrak{x}}{a} + \frac{\mathfrak{y}}{d} - 1 = 0,$$

$$BD: \frac{\mathfrak{x}}{b} + \frac{\mathfrak{y}}{d} - 1 = 0, \quad BC: \frac{\mathfrak{x}}{b} + \frac{\mathfrak{y}}{c} - 1 = 0.$$

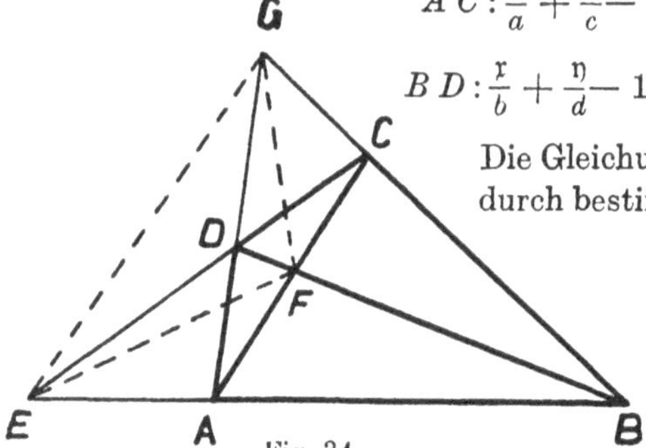

Fig. 34

Die Gleichungen der Diagonalen, die den dadurch bestimmten Büscheln angehören, sind

$$FE \equiv AC + \lambda \cdot BD = 0,$$

$$GE \equiv AD + \mu \cdot BC = 0,$$

und da beide durch den Koordinatenanfangspunkt gehen, müssen die absoluten Glieder darin verschwinden, d. h.

$$\lambda = -1, \qquad \mu = -1.$$

$$FE: \left(\frac{1}{a} - \frac{1}{b}\right)\mathfrak{x} + \left(\frac{1}{c} - \frac{1}{d}\right)\mathfrak{y} = 0, \qquad GE: \left(\frac{1}{a} - \frac{1}{b}\right)\mathfrak{x} + \left(\frac{1}{d} - \frac{1}{c}\right)\mathfrak{y} = 0,$$

oder wenn

$$\left(\frac{1}{c} - \frac{1}{d}\right) : \left(\frac{1}{a} - \frac{1}{b}\right) = k$$

gesetzt wird, $FE: \mathfrak{x} + k\mathfrak{y} = 0$, $GE: \mathfrak{x} - k\mathfrak{y} = 0$.

Nach (2) bilden sie mit den Seiten $EC: \mathfrak{x} = 0$ und $EB: \mathfrak{y} = 0$ das Doppelverhältnis $(+k):(-k) = -1$, d. h. ein harmonisches Büschel.

Drittes Kapitel

Der Kreis

§ 16. Die Mittelpunktsgleichung des Kreises.

(1) Mittelpunktsgleichung. Gegeben ist ein Kreis mit dem Radius r um den Koordinatenanfangspunkt O als Mittelpunkt. Da der Kreis der geometrische Ort für alle Punkte ist, die vom Mittelpunkt die gleiche Entfernung r haben, gilt für jeden Punkt $P: x, y$ des Kreises nach Pythagoras die Gleichung

$$\boxed{x^2 + y^2 = r^2.}$$

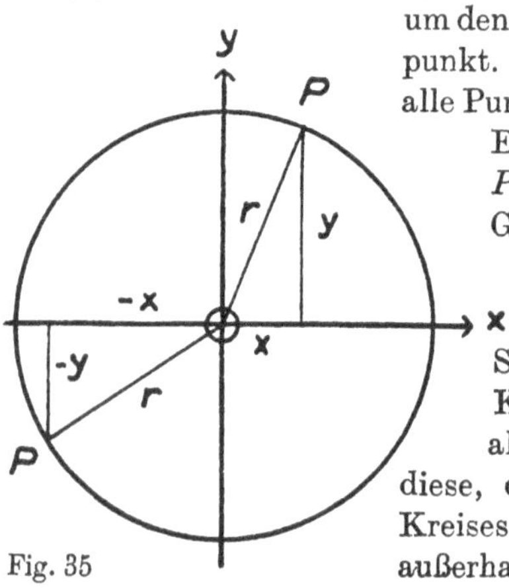

Fig. 35

Sie heißt die Mittelpunktsgleichung des Kreises. Sie gilt für die Koordinaten aller Punkte des Kreises, aber auch nur für diese, denn für jeden Punkt P_1 innerhalb des Kreises ist $x_1^2 + y_1^2 < r^2$, für jeden Punkt P_2 außerhalb des Kreises ist $x_2^2 + y_2^2 > r^2$ (Fig. 35).

Beispiel 1: Die Lage der Punkte $P_1 : -2, 6$ und $P_2 : -3, -2$ in bezug auf den Kreis $x^2 + y^2 = 28$ ist zu bestimmen.

Da $r^2 = 28$ und $x_1^2 + y_1^2 = 4 + 36 = 40 > 28$ ist, liegt P_1 außerhalb, da $x_2^2 + y_2^2 = 9 + 4 = 13 < 28$ ist, liegt P_2 innerhalb des Kreises.

(2) Gleichung einer Kurve. Unter der Gleichung einer Kurve in bezug auf ein gegebenes Koordinatensystem versteht man eine Gleichung zwischen den Veränderlichen x und y, die dann und nur dann erfüllt ist, wenn x und y die Koordinaten eines Punktes der Kurve sind.

(3) Allgemeine Mittelpunktsgleichung. Gegeben ist ein Kreis mit dem Radius r, dessen Mittelpunkt M die rechtwinkligen Koordinaten x_M, y_M hat. Wird das Koordinatensystem (x, y) parallel verschoben, so daß der Anfangspunkt des neuen Systems (x', y') gleich $M : x_M, y_M$ ist, dann lautet die Gleichung des Kreises in bezug auf dieses System nach (1)

$$x'^2 + y'^2 = r^2.$$

Nach § 2 (1) bestehen die Beziehungen

$$x' = x - x_M, \qquad y' = y - y_M,$$

so daß die Gleichung des Kreises in bezug auf das alte System

$$\boxed{(x - x_M)^2 + (y - y_M)^2 = r^2}$$

ist.

Beispiel 2: Die Gleichung des Kreises mit dem Radius $r = 4$ um den Punkt $M : -2, 3$ ist

$$(x + 2)^2 + (y - 3)^2 = 16.$$

Beispiel 3: Gesucht sind die Ordinaten der Punkte des Kreises $(x - 4)^2 + (y + 5)^2 = 32$, deren Abszissen gleich 6 sind.

$$4 + (y_1 + 5)^2 = 32, \qquad y_1 + 5 = \pm\sqrt{28}, \qquad y_1 = \pm\sqrt{28} - 5,$$

$$y_1' = 0{,}3, \qquad y_1'' = -10{,}3.$$

Beispiel 4: Die Schnittpunkte der Kreise

$$x^2 + y^2 = 20 \quad \text{und} \quad (x + 2)^2 + (y - 4)^2 = 24$$

sind zu bestimmen.

Die Koordinaten eines gesuchten Punktes S müssen die beiden Gleichungen erfüllen, d. h.

$$\text{I.} \quad x_S^2 + y_S^2 = 20,$$

$$\text{II.} \quad x_S^2 + 4x_S + 4 + y_S^2 - 8y_S + 16 = 24,$$

durch Subtraktion ergibt sich

$$4x_S - 8y_S = -16, \qquad x_S = 2y_S - 4$$

und aus I.

$$(2y_S - 4)^2 + y_S^2 = 20, \qquad 5y_S^2 - 16y_S = 4,$$

$$y_S = \frac{8}{5} \pm \sqrt{\frac{64}{25} + \frac{4}{5}}\,.$$

$$y'_S = 3{,}5, \quad x'_S = 3{,}0. \qquad y''_S = -0{,}3, \quad x''_S = -4{,}6.$$

Beispiel 5: Die Gleichung des Kreises um den Punkt $M: 5, 3$, der durch den Punkt $P_1: 1, -2$ geht, lautet wegen

$$(1-5)^2 + (-2-3)^2 = r^2$$

$$(x-5)^2 + (y-3)^2 = 41.$$

§ 17. Weitere Formen der Kreisgleichung

(1) Scheitelgleichung. Hat der Mittelpunkt des Kreises die Koordinaten $r, 0$, so wird die y-Achse Tangente an den Kreis und seine Gleichung

$$(x-r)^2 + y^2 = r^2$$

oder

$$\boxed{y^2 = 2rx - x^2}$$

(2) Allgemeine Kreisgleichung. Die Gleichung eines Kreises in bezug auf ein rechtwinkliges Koordinatensystem ist allgemein eine quadratische Form in x und y, in der x^2 und y^2 gleiche Koeffizienten haben und das gemischt quadratische Glied xy nicht auftritt. Es ist zu untersuchen, ob umgekehrt jede Gleichung 2. Grades von der Form

$$x^2 + y^2 + Ax + By + C = 0$$

einen Kreis darstellt. Durch Addition der quadratischen Ergänzungen läßt sie sich auf die Form

$$\left(x + \frac{A}{2}\right)^2 + \left(y + \frac{B}{2}\right)^2 = \frac{A^2}{4} + \frac{B^2}{4} - C$$

bringen, oder wenn man

$$-\frac{A}{2} = x_M, \qquad -\frac{B}{2} = y_M, \qquad \frac{1}{2}\sqrt{A^2 + B^2 - 4C} = r$$

setzt,

$$(x - x_M)^2 + (y - y_M)^2 = r^2,$$

das ist aber die Gleichung eines Kreises mit dem Mittelpunkt x_M, y_M und dem Radius r.

1. Ist $A^2 + B^2 - 4C > 0$, so ist r reell und es wird tatsächlich ein Kreis dargestellt.
2. Ist $A^2 + B^2 - 4C = 0$, so ist $r = 0$ und es wird nur der Punkt $-\frac{A}{2}, -\frac{B}{2}$ dargestellt.

3. Ist $A^2 + B^2 - 4C < 0$, so gibt es keinen Punkt, dessen Koordinaten die Gleichung erfüllen.

Die Gleichung 2. Grades

$$\boxed{K \equiv x^2 + y^2 + Ax + By + C = 0}$$

stellt also für $A^2 + B^2 - 4C > 0$ genau einen Kreis dar, und umgekehrt läßt sich jede Gleichung eines Kreises in dieser Form darstellen.

Beispiel 1: Die Gleichung $x^2 + y^2 - 6x + 5y - 8 = 0$ stellt einen Kreis mit den Mittelpunktskoordinaten $x_M = 3$, $y_M = -\frac{5}{2}$ und dem Radius $r = \frac{1}{2}\sqrt{93}$ dar.

Beispiel 2: Die Gleichung für den Umkreis des Dreiecks $\triangle$ ist aufzustellen, sein Radius r zu berechnen.

Nach § 10, Beispiel sind die Koordinaten des Umkreiszentrums $x_U = -\frac{7}{8}$, $y_U = \frac{17}{24}$. Da z. B. A auf dem Kreis liegt, muß gelten

$$x_A^2 + y_A^2 + \frac{7}{4}x_A - \frac{17}{12}y_A + C = 0, \text{ d. h. } C = -\frac{305}{12}.$$

Die Gleichung des Umkreises lautet also

$$12x^2 + 12y^2 + 21x - 17y - 305 = 0,$$

sein Radius ist

$$r = \frac{1}{2}\sqrt{\frac{49}{16} + \frac{289}{144} + \frac{305}{3}} = \frac{1}{24}\sqrt{15370} = 5{,}1.$$

(3) Kreis durch drei Punkte. Gegeben ist ein Kreis durch 3 Punkte in rechtwinkligen Koordinaten $P_1: x_1, y_1$; $P_2: x_2, y_2$; $P_3: x_3, y_3$. Es müssen also die 3 Gleichungen

$$K(P_\nu) \equiv x_\nu^2 + y_\nu^2 + Ax_\nu + By_\nu + C = 0 \quad \text{für} \quad \nu = 1, 2, 3$$

erfüllt sein. Daraus berechnen sich die Unbekannten A, B, C nach § 5 (8)

$$A = \frac{\begin{vmatrix} -(x_1^2 + y_1^2) & y_1 & 1 \\ -(x_2^2 + y_2^2) & y_2 & 1 \\ -(x_3^2 + y_3^2) & y_3 & 1 \end{vmatrix}}{\begin{vmatrix} x_1 & y_1 & 1 \\ x_2 & y_2 & 1 \\ x_3 & y_3 & 1 \end{vmatrix}}, \quad B = \frac{\begin{vmatrix} x_1 & -(x_1^2 + y_1^2) & 1 \\ x_2 & -(x_2^2 + y_2^2) & 1 \\ x_3 & -(x_3^2 + y_3^2) & 1 \end{vmatrix}}{\begin{vmatrix} x_1 & y_1 & 1 \\ x_2 & y_2 & 1 \\ x_3 & y_3 & 1 \end{vmatrix}}, \quad C = \frac{\begin{vmatrix} x_1 & y_1 & -(x_1^2 + y_1^2) \\ x_2 & y_2 & -(x_2^2 + y_2^2) \\ x_3 & y_3 & -(x_3^2 + y_3^2) \end{vmatrix}}{\begin{vmatrix} x_1 & y_1 & 1 \\ x_2 & y_2 & 1 \\ x_3 & y_3 & 1 \end{vmatrix}}.$$

Die Determinante im Nenner verschwindet nur dann, wenn P_1, P_2, P_3 in einer Geraden liegen, andernfalls erhält man 3 bestimmte endliche Werte für A, B, C und die Gleichung des Kreises lautet

$$(x^2 + y^2)\begin{vmatrix} x_1 & y_1 & 1 \\ x_2 & y_2 & 1 \\ x_3 & y_3 & 1 \end{vmatrix} - x\begin{vmatrix} x_1^2 + y_1^2 & y_1 & 1 \\ x_2^2 + y_2^2 & y_2 & 1 \\ x_3^2 + y_3^2 & y_3 & 1 \end{vmatrix} + y\begin{vmatrix} x_1^2 + y_1^2 & x_1 & 1 \\ x_2^2 + y_2^2 & x_2 & 1 \\ x_3^2 + y_3^2 & x_3 & 1 \end{vmatrix} - \begin{vmatrix} x_1^2 + y_1^2 & x_1 & y_1 \\ x_2^2 + y_2^2 & x_2 & y_2 \\ x_3^2 + y_3^2 & x_3 & y_3 \end{vmatrix} = 0,$$

oder nach § 5 (6)

$$\begin{vmatrix} x^2+y^2 & x & y & 1 \\ x_1^2+y_1^2 & x_1 & y_1 & 1 \\ x_2^2+y_2^2 & x_2 & y_2 & 1 \\ x_3^2+y_3^2 & x_3 & y_3 & 1 \end{vmatrix} = 0.$$

Beispiel 3: Die Gleichung des Feuerbach-Kreises des Dreiecks $\triangle$ ist als Kreis durch die 3 Seitenmitten aufzustellen. Es ist zu zeigen, daß sein Radius gleich der Hälfte des Umkreisradius ist, daß sein Mittelpunkt F auf der Eulerschen Geraden liegt, sowie $(F;\ H, U) = 1$ ist, und daß er durch die Höhenfußpunkte und die Mitten der oberen Höhenabschnitte hindurchgeht.

Die Koordinaten der Seitenmitten sind

$$M_a: \frac{1}{2}, -\frac{5}{2}; \qquad M_b: 3,\ 2; \qquad M_c: -\frac{1}{2}, \frac{1}{2};$$

der Kreis hierdurch hat die Gleichung

$$\begin{vmatrix} x^2+y^2 & x & y & 1 \\ \frac{13}{2} & \frac{1}{2} & -\frac{5}{2} & 1 \\ 13 & 3 & 2 & 1 \\ \frac{1}{2} & -\frac{1}{2} & \frac{1}{2} & 1 \end{vmatrix} = 0,$$

$$12\,(x^2+y^2) - \frac{93}{2}\,x + \frac{17}{2}\,y - \frac{67}{2} = 0,$$

$$x^2+y^2 - \frac{93}{24}\,x + \frac{17}{24}\,y - \frac{67}{24} = 0,$$

oder in der allgemeinen Mittelpunktsform

$$\left(x - \frac{93}{48}\right)^2 + \left(y + \frac{17}{48}\right)^2 = \frac{15370}{48^2},$$

hieraus wird abgelesen

$$x_F = \frac{93}{48} = \frac{31}{16}, \quad y_F = -\frac{17}{48}, \quad r_F = \frac{1}{48}\sqrt{15370} = \frac{r_U}{2},$$

wobei r_U den in Beispiel 2 berechneten Umkreisradius bedeutet.

Nach § 10, Beispiel erfüllen F, H, U die Bedingung

$$\begin{vmatrix} \frac{31}{16} & \frac{19}{4} & \frac{-7}{8} \\ \frac{-17}{48} & \frac{-17}{12} & \frac{17}{24} \\ 1 & 1 & 1 \end{vmatrix} = \frac{17}{48}\cdot\frac{1}{16}\begin{vmatrix} 31 & 76 & -14 \\ -1 & -4 & 2 \\ 1 & 1 & 1 \end{vmatrix} = 0,$$

d. h. sie liegen auf einer Geraden. Der Mittelpunkt von HU hat die Koordinaten $\frac{31}{16}, -\frac{17}{48}$, er ist also gleich F, oder auch $(F;\ H, U) = 1$.

Der Mittelpunkt von AH hat die Koordinaten $\frac{27}{8}, \frac{43}{24}$, sie genügen der Kreisgleichung

$$\left(\frac{27}{8}-\frac{31}{16}\right)^2+\left(\frac{43}{24}+\frac{17}{48}\right)^2=\frac{15370}{48^2}.$$

Für den Höhenfußpunkt Q der Höhe h_b ist nach § 8, Beispiel 2 und § 10, Beispiel

$$y_Q=-3\,x_Q+11$$
$$3\,y_Q+12=x_Q+3\,,$$

seine Koordinaten sind demnach

$$x_Q=\frac{21}{5},\quad y_Q=-\frac{8}{5},$$

sie erfüllen ebenfalls die Kreisgleichung

$$\left(\frac{21}{5}-\frac{31}{16}\right)^2+\left(-\frac{8}{5}+\frac{17}{48}\right)^2=\frac{15370}{48^2}.$$

(4) Kreisgleichung in schiefwinkligen Koordinaten. Die Mittelpunktsgleichung $x^2+y^2=r^2$ des Kreises lautet in bezug auf schiefwinklige Koordinaten nach den in § 1, Beispiel 4 entwickelten Transformationsgleichungen

$$(\mathfrak{x}+\mathfrak{y}\cos\omega)^2+(\mathfrak{y}\sin\omega)^2=r^2$$

$$\boxed{\mathfrak{x}^2+\mathfrak{y}^2+2\mathfrak{x}\,\mathfrak{y}\cos\omega=r^2.}$$

§ 18. Die Tangentialbedingung

(1) Tangentialbedingung für die Grundgleichung der Geraden. Für die Schnittpunkte S der Geraden $y=mx+b$ mit dem Kreis $x^2+y^2=r^2$ gelten die Gleichungen

$$y_S=mx_S+b$$
$$x_S^2+y_S^2=r^2.$$

Daraus folgt

$$x_S^2+m^2\,x_S^2+2b\,m\,x_S+b^2=r^2,$$

$$x_S^2+\frac{2b\,m}{1+m^2}\,x_S=\frac{r^2-b^2}{1+m^2},$$

$$x_S=\frac{-b\,m\pm\sqrt{b^2\,m^2+(r^2-b^2)\,(1+m^2)}}{1+m^2}=\frac{-b\,m\pm\sqrt{r^2\,(1+m^2)-b^2}}{1+m^2}.$$

Kreis und Gerade haben also nur gemeinsame Punkte, wenn $r^2\cdot(1+m^2)-b^2\geqq0$ ist. Insbesondere ist die Bedingung dafür, daß die Gerade Tangente an den Kreis ist,

$$\boxed{r^2\cdot(1+m^2)=b^2.}$$

Beispiel 1: Die Schnittpunkte des Kreises $(x-3)^2+(y+1)^2=20$ mit der Geraden $x-5y=2$ sind zu bestimmen.

$$(5y_S-1)^2+(y_S+1)^2=20,$$

$$y_S^2-\frac{4}{13}y_S=\frac{9}{13}, \qquad y_S=\frac{2\pm 11}{13}.$$

$$y_S'=1, \qquad y_S''=-\frac{9}{13},$$

$$x_S'=7. \qquad x_S''=-\frac{19}{13}.$$

Beispiel 2: Die Gleichungen der Tangenten an den Kreis $x^2+y^2=16$ sind zu bestimmen, die mit der x-Achse den Winkel $\alpha=60°$ bilden.

Es ist $m=\operatorname{tg} 60°=\sqrt{3}$, also lautet die Tangentialbedingung $16\cdot(1+3)=b^2$, daraus folgt $b=\pm 8$, und die Gleichungen der Tangenten sind

$$y=\sqrt{3}\,x+8, \qquad y=\sqrt{3}\,x-8.$$

Beispiel 3: Die Gleichungen der Tangenten an den Kreis $x^2+y^2=20$ durch den Punkt $P_0: 7, -4$ sind zu bestimmen.

Da die Tangenten durch P_0 gehen, haben sie die Gleichungen $\frac{y+4}{x-7}=m$, oder als Grundgleichung $y=mx-7m-4$.

Die Tangentialbedingung liefert nun

$$20\cdot(1+m^2)=(-7m-4)^2,$$

$$29m^2+56m-4=0,$$

$$m_1=\frac{2}{29}, \qquad m_2=-2.$$

Somit lauten die Gleichungen der Tangenten

$$y=\frac{2}{29}x-\frac{130}{29}, \qquad y=-2x+10.$$

(2) Tangentialbedingung für die Abschnittsgleichung der Geraden. Ist die Gerade durch ihre Abschnittsgleichung

$$\frac{x}{a}+\frac{y}{b}=1$$

gegeben, so ist die Bedingung dafür, daß sie mit dem Kreis $x^2+y^2=r^2$ 2 oder 1 Punkt gemeinsam hat,

$$r^2\left(1+\frac{b^2}{a^2}\right)-b^2\geq 0, \quad r^2\cdot\frac{a^2+b^2}{a^2}\geq b^2, \quad r^2\geq\frac{a^2\cdot b^2}{a^2+b^2}, \quad \frac{1}{r^2}\leq\frac{1}{a^2}+\frac{1}{b^2}.$$

Die Tangentialbedingung lautet dann also

$$\boxed{\frac{1}{a^2}+\frac{1}{b^2}=\frac{1}{r^2}.}$$

Beispiel 4: Die Gleichung des Kreises um den Nullpunkt ist zu bestimmen, der die Gerade $\frac{x}{-3} + \frac{y}{5} = 1$ berührt.

Auf Grund der Tangentialbedingung ist

$$\frac{1}{r^2} = \frac{1}{9} + \frac{1}{25} = \frac{34}{225}, \qquad r = \frac{15}{\sqrt{34}},$$

und die Kreisgleichung $x^2 + y^2 = 6{,}62$.

§ 19. Gleichung der Tangente

(1) Gleichung der Tangente an den Nullpunktskreis. Gegeben ist ein Punkt P_1: x_1, y_1 auf dem Kreise $x^2 + y^2 = r^2$, gesucht die Gleichung der Tangente an den Kreis im Punkte P_1. Die Gleichung einer Geraden durch P_1 ist

$$\frac{y - y_1}{x - x_1} = m \text{ oder } y = mx + y_1 - mx_1.$$

Diese Gerade ist Tangente, wenn

$$r^2 (1 + m^2) = (y_1 - m\, x_1)^2$$

ist, hieraus ist m zu bestimmen. Da P_1 auf dem Kreis liegt, gilt

$$x_1^2 + y_1^2 = r^2$$

und für m die Gleichung

$$(x_1^2 + y_1^2)(1 + m^2) = y_1^2 - 2m\, x_1 y_1 + m^2 x_1^2,$$

$$x_1^2 + m^2 y_1^2 = -2m\, x_1 y_1,$$

$$(x_1 + m\, y_1)^2 = 0, \qquad m = -\frac{x_1}{y_1}.$$

Diese Beziehung hätte auch unmittelbar aus der Tatsache gewonnen werden können, daß die Tangente senkrecht auf dem Durchmesser durch P mit dem Richtungsfaktor $m_D = y_1 : x_1$ steht.

Demnach lautet die Gleichung der Tangente

$$\frac{y - y_1}{x - x_1} = -\frac{x_1}{y_1}, \qquad y y_1 + x x_1 = y_1^2 + x_1^2,$$

$$\boxed{x_1\, x + y_1\, y = r^2.}$$

Beispiel 1: An den Kreis $x^2 + y^2 = 49$ sind in den auf seiner Peripherie liegenden Punkten $P_{1,2}$ mit der Abszisse -4 die Tangenten gelegt. Ihre Gleichungen sind zu bestimmen.

Für die Ordinaten der Punkte $P_{1,2}$ gilt

$$16 + y_{1,2}^2 = 49, \qquad y_{1,2} = \pm \sqrt{33},$$

also sind die Gleichungen der Tangenten

$$-4x \pm \sqrt{33}\, y = 49.$$

(2) Gleichung der Tangente an einen beliebigen Kreis. Gegeben ist der Kreis $(x - x_M)^2 + (y - y_M)^2 = r^2$ und darauf ein Punkt $P_1: x_1, y_1$. Gesucht ist die Gleichung der Tangente im Punkte P_1. In bezug auf ein zu (x, y) paralleles Koordinatensystem (x', y') durch den Mittelpunkt des Kreises $M: x_M, y_M$ lautet die Kreisgleichung $x'^2 + y'^2 = r^2$ und die der Tangente in P_1

$$x_1' x' + y_1' y' = r^2 .$$

Auf Grund der in § 2 (1) entwickelten Transformationsgleichungen erhält man als Tangentengleichung, bezogen auf das ursprüngliche (x, y)-System

$$\boxed{(x_1 - x_M)(x - x_M) + (y_1 - y_M)(y - y_M) = r^2.}$$

Beispiel 2: Die Gleichungen der Tangenten an den Kreis

$$x^2 + y^2 + 8x + 4y - 5 = 0$$

in den Punkten $P_{1,2}$ mit der Abszisse -1 sind zu bestimmen.

Als Ordinaten der Punkte $P_{1,2}$ ergeben sich

$$y_1 = 2, \quad y_2 = -6.$$

Die Kreisgleichung wird umgeformt in

$$(x + 4)^2 + (y + 2)^2 = 25.$$

Die Gleichungen der Tangenten sind also

$$(-1 + 4)(x + 4) + (2 + 2)(y + 2) = 25,$$
$$3x + 4y - 5 = 0,$$
$$(-1 + 4)(x + 4) + (-6 + 2)(y + 2) = 25,$$
$$3x - 4y - 21 = 0.$$

§ 20. Pol und Polare

(1) Gleichung der Polare. Gegeben ist der Kreis $x^2 + y^2 = r^2$ und ein beliebiger Punkt $P_0: x_0, y_0$. Durch P_0 sind Geraden gezeichnet, die den Kreis in 2 Punkten K und L schneiden, und zu K, L, P_0 ist jedesmal der vierte harmonische Punkt Q auf den Geraden bestimmt. Gesucht ist der geometrische Ort aller dieser Punkte $Q: x, y$ (Fig. 36).

Ist das Teilverhältnis $(KP_0Q) = \lambda$, so ist nach § 4 (3)

$$x_K = \frac{x_0 + \lambda x}{1 + \lambda}, \qquad y_K = \frac{y_0 + \lambda y}{1 + \lambda},$$

und wegen $(KLP_0Q) = -1$ muß dann $(LP_0Q) = -\lambda$ sein, d. h.

$$x_L = \frac{x_0 - \lambda x}{1 - \lambda}, \qquad y_L = \frac{y_0 - \lambda y}{1 - \lambda}.$$

Da die Punkte K und L auf dem Kreis liegen, erfüllen ihre Koordinaten die Kreisgleichung

$$\left(\frac{x_0 + \lambda x}{1 + \lambda}\right)^2 + \left(\frac{y_0 + \lambda y}{1 + \lambda}\right)^2 = r^2$$

$$\left(\frac{x_0 - \lambda x}{1 - \lambda}\right)^2 + \left(\frac{y_0 - \lambda y}{1 - \lambda}\right)^2 = r^2,$$

$$(x_0 + \lambda x)^2 + (y_0 + \lambda y)^2 = r^2 (1 + \lambda)^2$$

$$(x_0 - \lambda x)^2 + (y_0 - \lambda y)^2 = r^2 (1 - \lambda)^2$$

Durch Subtraktion beider Gleichungen ergibt sich für die Koordinaten x, y der Punkte Q die Beziehung

$$4\lambda (x_0 x + y_0 y - r^2) = 0,$$

und da im allgemeinen $\lambda \neq 0$ ist,

$$\boxed{x_0 x + y_0 y = r^2.}$$

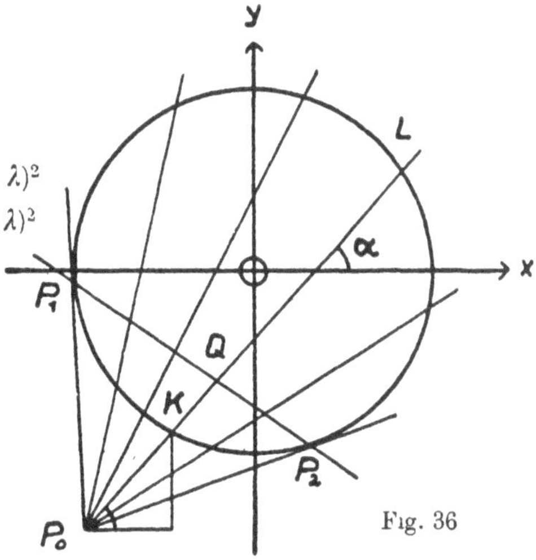

Fig. 36

Da dies die Gleichung einer Geraden ist, ist der gesuchte Ort für die Punkte Q eine Gerade, die die Polare des Punktes P_0 in bezug auf den gegebenen Kreis heißt. P_0 heißt der Pol der Geraden in bezug auf den Kreis.

Liegt P_0 innerhalb des Kreises, so schneidet die Polare den Kreis nicht, liegt P_0 außerhalb, so schneidet sie den Kreis in zwei Punkten. Liegt P_0 auf dem Kreis, so wird die Polare von P_0 zur Tangente im Punkte P_0.

(2) **Polare als Berührungssehne.** Die Polare eines außerhalb des Kreises liegenden Punktes ist mit der Berührungssehne identisch, d. h. sie geht durch die Berührungspunkte der von dem Punkt aus an den Kreis gezogenen Tangenten.

Von $P_0 : x_0, y_0$ außerhalb des Kreises $x^2 + y^2 = r^2$ werden die Tangenten an den Kreis gelegt (Fig. 36). Sind $P_1 : x_1, y_1$ und $P_2 : x_2, y_2$ deren Berührungspunkte, so lauten die Gleichungen der Tangenten

$$x_1 x + y_1 y = r^2, \qquad x_2 x + y_2 y = r^2.$$

Da diese durch P_0 gehen, gelten die Beziehungen

$$x_1 x_0 + y_1 y_0 = r^2, \qquad x_2 x_0 + y_2 y_0 = r^2,$$

welche aber aussagen, daß P_1 und P_2 auf der Polaren

$$x_0 x + y_0 y = r^2$$

von P_0 liegen. Da eine Gerade durch 2 Punkte bestimmt ist, sind Polare und Berührungssehne identisch.

Beispiel 1: Die Gleichungen der Tangenten vom Punkt $P_0 : 5, -3$ an den Kreis $x^2 + y^2 = 16$ sind anzugeben.

Die Gleichung der Polare von P_0 ist $5x - 3y = 16$, die Berührungspunkte der gesuchten Tangenten erfullen also die Gleichungen

$$5x_{1,2} - 3y_{1,2} = 16$$

$$x_{1,2}^2 + y_{1,2}^2 = 16,$$

woraus folgt

$$x_{1,2}^2 + \left(\frac{5}{3}x_{1,2} - \frac{16}{3}\right)^2 = 16$$

$$x_{1,2}^2 - \frac{80}{17}x_{1,2} + \frac{56}{17} = 0$$

$$x_{1,2} = \frac{40 \pm 18\sqrt{2}}{17}, \qquad y_{1,2} = \frac{-24 \pm 30\sqrt{2}}{17}.$$

$$x_1 = 3{,}85, \quad y_1 = 1{,}08. \qquad x_2 = 0{,}86, \quad y_2 = -3{,}91.$$

Demnach sind die Gleichungen der Tangenten

$$3{,}85x + 1{,}08y = 16, \qquad 0{,}86x - 3{,}91y = 16.$$

(3) Koordinaten des Pols. Die Koordinaten des Pols P_0 der Geraden $Ax + By + C = 0$ in bezug auf den Kreis $x^2 + y^2 = r^2$ sind

$$\boxed{x_0 = -\frac{A}{C}r^2, \qquad y_0 = -\frac{B}{C}r^2.}$$

Sollen nämlich $x_0x + y_0y - r^2 = 0$ und $Ax + By + C = 0$ dieselbe Gerade darstellen, so muß $x_0 = kA$, $y_0 = kB$ und $-r^2 = kC$ sein, die letzte Gleichung ergibt aber den Faktor

$$k = -\frac{r^2}{C}.$$

Beispiel 2: Der Pol der Geraden

$$\frac{x}{2} - \frac{y}{3} = 1$$

in bezug auf den Kreis $x^2 + y^2 = 12$ hat die Koordinaten $x_0 = 6$, $y_0 = 4$.

(4) Unendlich ferne Punkte und Gerade. In bezug auf einen festen Kreis gehört zu jeder Geraden genau ein Pol; je näher die Gerade dem Mittelpunkt des Kreises rückt, um so weiter entfernt sich der Pol vom Kreis. Als Pol eines Durchmessers ergibt sich somit der unendlich ferne Punkt auf dem zum gegebenen Durchmesser senkrechten.

Umgekehrt gehört zu jedem Punkt genau eine Polare. Die Polare des Kreismittelpunktes ist die Gesamtheit aller unendlich fernen Punkte der Ebene, die sogenannte uneigentliche oder unendlich ferne Gerade der Ebene.

§ 21. Chordalen

(1) Potenz eines Punktes in bezug auf einen Kreis. Gegeben ist der Kreis $x^2 + y^2 = r^2$ und ein beliebiger Punkt P_0. Durch P_0 werden Geraden gezogen, die den Kreis im allgemeinen in 2 Punkten K und L schneiden, deren Abstände von P_0 k und l heißen (Fig. 36). Bildet eine Gerade mit der x-Achse den Winkel α, so gelten für die Koordinaten von K und L

$$x_K = x_0 + k\cos\alpha, \qquad y_K = y_0 + k\sin\alpha,$$
$$x_L = x_0 + l\cos\alpha, \qquad y_L = y_0 + l\sin\alpha.$$

Da K und L auf dem Kreis liegen, ist

$$(x_0 + k\cos\alpha)^2 + (y_0 + k\sin\alpha)^2 = r^2$$
$$(x_0 + l\cos\alpha)^2 + (y_0 + l\sin\alpha)^2 = r^2,$$

$$k^2 + 2k(x_0\cos\alpha + y_0\sin\alpha) + x_0^2 + y_0^2 - r^2 = 0$$
$$l^2 + 2l(x_0\cos\alpha + y_0\sin\alpha) + x_0^2 + y_0^2 - r^2 = 0,$$

d. h. k und l sind Wurzeln derselben quadratischen Gleichung, und es ist das Produkt der Wurzeln gleich dem absoluten Glied

$$k \cdot l = x_0^2 + y_0^2 - r^2$$

unabhängig von dem Winkel α, den die Gerade mit der Abszissenachse bildet. Dieses Produkt $k \cdot l$, das für alle Geraden durch P_0, die den Kreis schneiden, konstant ist, heißt die Potenz des Punktes P_0 in bezug auf den Kreis. Sie ist gleich der Differenz aus dem Quadrat des Mittelpunktsabstandes von P_0 und dem Quadrat des Radius.

Durch Parallelverschiebung des Koordinatensystems ergibt sich für die Potenz des Punktes P_0 in bezug auf den Kreis

$$(x - x_M)^2 + (y - y_M)^2 = r^2$$

der Wert

$$(x_0 - x_M)^2 + (y_0 - y_M)^2 - r^2.$$

Beispiel 1: Die Potenz des Punktes $P_0: 1, -1$ in bezug auf den Kreis $x^2 + y^2 = 25$ ist -23, die des Punktes $P_1: 3, 4$ ist 0 und die des Punktes $P_2: 6, 4$ ist $+27$.

(2) Chordale. Gegeben sind die Gleichungen zweier Kreise

$$K_1 \equiv (x - u_1)^2 + (x - v_1)^2 - r_1^2 = 0,$$
$$K_2 \equiv (x - u_2)^2 + (y - v_2)^2 - r_2^2 = 0.$$

Gesucht ist der Ort für alle Punkte, die in bezug auf beide Kreise die gleiche Potenz haben. Die Potenzen eines beliebigen Punktes $P: x, y$ in bezug auf die beiden Kreise sind K_1 und K_2. Für die gesuchten Punkte gilt also $K_1 = K_2$, d. h. die Gleichung

$$K_1 - K_2 \equiv -2(u_1 - u_2)x - 2(v_1 - v_2)y + u_1^2 - u_2^2 + v_1^2 - v_2^2 - r_1^2 + r_2^2 = 0.$$

Diese Gleichung stellt eine Gerade dar, welche die Potenzlinie oder Chordale der beiden Kreise heißt. Ihre Gleichung ist

$$\boxed{K_1 - K_2 = 0.}$$

Schneiden oder berühren sich die beiden Kreise, so ist die Chordale ihre gemeinsame Sekante oder Tangente, denn für die gemeinsamen Punkte S verschwindet sowohl $K_1(S)$ als auch $K_2(S)$, folglich auch $K_1(S) - K_2(S)$.

Beispiel 2: Die Chordale der Kreise

$$K_1 \equiv x^2 + (y - 4)^2 - 20 = 0$$

und

$$K_2 \equiv (x - 3)^2 + (y + 5)^2 - 48 = 0$$

ist

$$K_1 - K_2 \equiv -6x - 18y + 10 = 0$$

oder

$$y = -\frac{1}{3}x + \frac{5}{9}.$$

(3) **Die Chordale zweier Kreise steht senkrecht auf ihrer Zentrale.** Aus der Chordalengleichung in (2) ergibt sich nämlich für deren Richtungsfaktor

$$m_{Ch} = -\frac{u_1 - u_2}{v_1 - v_2},$$

während der Richtungsfaktor der Zentrale beider Kreise

$$m_Z = \frac{v_1 - v_2}{u_1 - u_2}$$

ist.

(4) **Die Chordale zweier konzentrischer Kreise ist die unendlich ferne Gerade.** Es ist nämlich nur für die unendlich fernen Punkte

$$x_0^2 + y_0^2 - r_1^2 = x_0^2 + y_0^2 - r_2^2.$$

(5) **Potenzpunkt.** Gegeben sind die Gleichungen dreier Kreise $K_1 = 0$, $K_2 = 0$, $K_3 = 0$. Die Gleichungen der Chordalen je zweier Kreise sind

$$K_2 - K_3 = 0, \qquad K_3 - K_1 = 0, \qquad K_1 - K_2 = 0.$$

Durch Addition dieser Gleichungen verschwindet die linke Seite identisch, das bedeutet nach § 13 (1), daß die 3 Geraden durch einen Punkt gehen.

Die 3 Potenzlinien je zweier von 3 Kreisen schneiden sich also in einem Punkt, dem Potenzpunkt der 3 Kreise.

Beispiel 3: Der Potenzpunkt der Kreise

$$K_1 \equiv (x - 2)^2 + (y + 3)^2 - 4 = 0$$
$$K_2 \equiv (x + 4)^2 + (y - 4)^2 - 9 = 0$$
$$K_3 \equiv (x + 5)^2 + (y + 4)^2 - 1 = 0$$

ist zu bestimmen.

Die Gleichungen zweier Potenzlinien sind

$$K_1 - K_2 \equiv -12x + 14y - 14 = 0$$
$$K_2 - K_3 \equiv -2x - 16y - 17 = 0.$$

Für ihren Schnittpunkt gilt

$$6x_s = 7y_s - 7,$$
$$6x_s = -48y_s - 51.$$
$$y_s = -\frac{4}{5}, \qquad x_s = -\frac{21}{10}.$$

§ 22. Kreisbüschel

(1) Kreisbüschel. Sind $K_1 = 0$ und $K_2 = 0$ gegebene Gleichungen zweier Kreise und $\lambda \neq -1$ eine beliebige Zahl, so ist

$$\boxed{K_1 + \lambda K_2 = 0}$$

die Gleichung eines Kreises ($K_3 = 0$), die nach Division durch $1 + \lambda$ die allgemeine Mittelpunktsform annimmt. Dieser Kreis geht durch die Schnittpunkte von K_1 und K_2. Läßt man den Parameter λ alle möglichen Zahlen durchlaufen, so erhält man die Gleichungen aller Kreise durch die Schnittpunkte der gegebenen; für $\lambda = -1$ ergibt sich die Chordale, die als ausgearteter Kreis gezählt wird. Eine solche Gesamtheit von Kreisen heißt ein Kreisbüschel. Auch wenn K_1 und K_2 keine gemeinsamen Punkte haben, bezeichnet man die Gesamtheit der durch die Gleichung $K_1 + \lambda K_2 = 0$ dargestellten Kreise als ein Kreisbüschel.

Zur Erzeugung des Büschels sind je 2 seiner Kreise gleichberechtigt. Wählt man nämlich irgend zwei Kreise des Büschels

$$K' \equiv K_1 + \lambda' K_2 = 0 \text{ und } K'' \equiv K_1 + \lambda'' K_2 = 0$$

als Grundkreise eines neuen Büschels

$$K' + \mu K'' = 0,$$

so hat dieses die Form

$$K_1 + \lambda' K_2 + \mu K_1 + \mu \lambda'' K_2 = 0$$

oder

$$K_1 + \frac{\lambda' + \mu\lambda''}{1 + \mu} \cdot K_2 \equiv K_1 + \nu K_2 = 0,$$

d. h. es ist mit dem alten Büschel $K_1 + \lambda K_2 = 0$ identisch.

(2) Chordale eines Kreisbüschels. Alle Kreispaare eines Büschels haben dieselbe Potenzlinie.

Die Potenzlinie zweier beliebiger Kreise

$$K_1 + \lambda' K_2 = 0 \text{ und } K_1 + \lambda'' K_2 = 0$$

eines Büschels hat nämlich nach § 21 (2) die Gleichung

$$\frac{K_1 + \lambda' K_2}{1 + \lambda'} - \frac{K_1 + \lambda'' K_2}{1 + \lambda''} = 0,$$

oder auch

$$(K_1 + \lambda' K_2)(1 + \lambda'') - (K_1 + \lambda'' K_2)(1 + \lambda') \equiv (\lambda'' - \lambda') K_1 + (\lambda' - \lambda'') K_2 = 0,$$

oder

$$K_1 - K_2 = 0,$$

d. h. sie ist auch Potenzlinie von K_1 und K_2 und von λ' und λ'' unabhängig.

Jeder Punkt dieser Chordalen hat in bezug auf alle Kreise des Büschels die gleiche Potenz. Die von irgendeinem festen Punkt der Chordale an die Kreise des Büschels gelegten Tangenten sind sämtlich gleich lang, da die Potenz eines Punktes in bezug auf einen Kreis nach § 21 (1) auch als Länge der Tangente vom Punkt an den Kreis gedeutet werden kann.

(3) Vier Typen von Kreisbüscheln. Je nach der Lage der erzeugenden Kreise K_1 und K_2 eines Büschels sind 4 Arten zu unterscheiden:

I. K_1 und K_2 schneiden sich in 2 Punkten. Macht man die Zentrale zur x-Achse und die Chordale zur y-Achse (Fig. 37), so lauten die Glei-

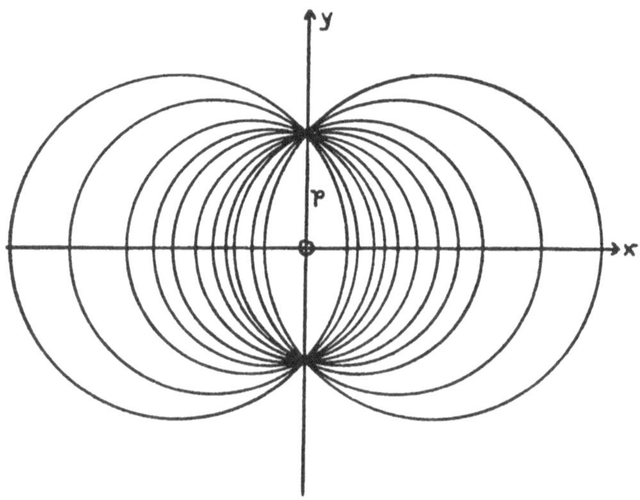

Fig. 37

chungen der Grundkreise in bezug auf dieses rechtwinklige Koordinatensystem

$$K_1 \equiv (x - u_1)^2 + y^2 - r_1^2 = 0$$
$$K_2 \equiv (x - u_2)^2 + y^2 - r_2^2 = 0,$$

und es ist

$$u_1^2 - r_1^2 = u_2^2 - r_2^2 = - p^2$$

als Potenz des Koordinatenanfangspunktes in bezug auf die Kreise. Die Gleichung des Büschels $K_1 + \lambda K_2 = 0$ ist dann

$$x^2 (1 + \lambda) - 2x (u_1 + \lambda u_2) + y^2 (1 + \lambda) + u_1^2 - r_1^2 + \lambda (u_2^2 - r_2^2) = 0,$$

$$x^2 - 2 \frac{u_1 + \lambda u_2}{1 + \lambda} x + y^2 - p^2 = 0,$$

$$x^2 - 2\mu x + y^2 - p^2 = 0.$$

Darin bedeutet der Parameter

$$\mu = \frac{u_1 + \lambda u_2}{1 + \lambda}$$

die variable Mittelpunktsabszisse und $\pm p$ die konstanten Ordinaten der gegebenen Schnittpunkte von K_1 und K_2. Das Büschel besteht aus allen Kreisen durch zwei feste Punkte und wird elliptisches Kreisbüschel genannt.

II. K_1 und K_2 berühren sich in einem Punkt. Bei gleicher Wahl des Koordinatensystems wie in I (Fig. 38) wird die Gleichung des Kreisbüschels wegen

$$u_1 = r_1, \qquad u_2 = r_2, \qquad x^2 - 2\mu x + y^2 = 0.$$

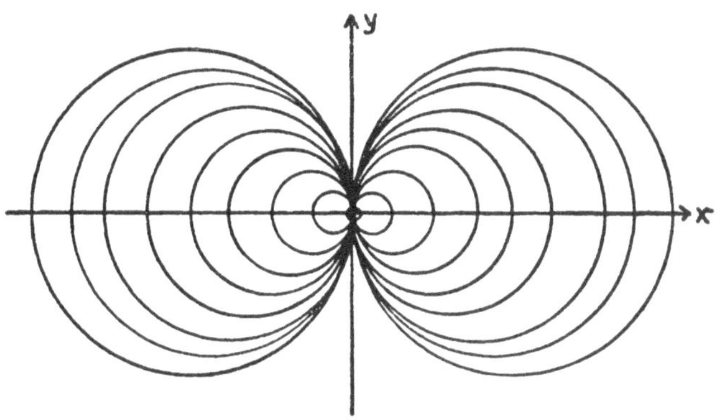

Fig. 38

Der Koordinatenanfangspunkt gehört als Nullkreis auch dem Büschel an, er heißt Grenzpunkt des Büschels. Das Büschel besteht aus allen Kreisen durch einen Punkt, deren Mittelpunkte auf einer Geraden liegen, es wird als parabolisches Kreisbüschel bezeichnet.

III. K_1 und K_2 haben keine gemeinsamen Punkte, ohne konzentrisch zu sein. Macht man wieder Zentrale und Chordale zu Koordinatenachsen (Fig. 39), so ist die Potenz des Nullpunktes in bezug auf die Kreise

$$u_1^2 - r_1^2 = u_2^2 - r_2^2 = + p^2,$$

und die Gleichung des Büschels

$$x^2 - 2\mu x + y^2 + p^2 = 0.$$

Der Parameter μ stellt die Mittelpunktsabszisse dar, für $\mu = \pm p$ ergeben sich 2 Nullkreise, die Grenzpunkte des Büschels mit den Abszissen $\pm p$. Das Kreisbüschel heißt hyperbolisch.

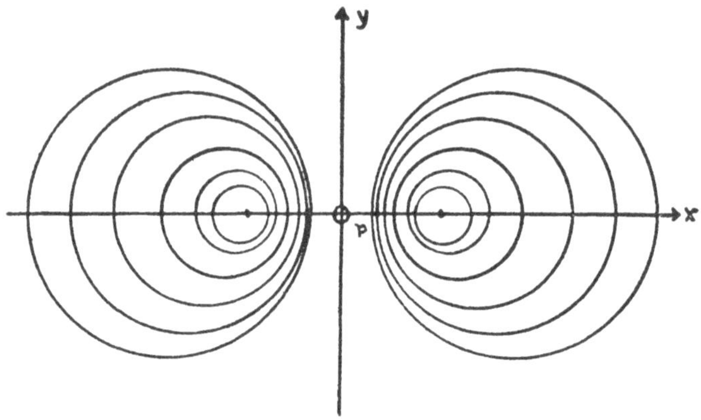

Fig. 39

IV. K_1 und K_2 sind konzentrisch. Wird der Mittelpunkt zum Koordinatenanfangspunkt gemacht, so lauten die Gleichungen der Grundkreise

$$K_1 \equiv x^2 + y^2 - r_1^2 = 0$$

$$K_2 \equiv x^2 + y^2 - r_2^2 = 0,$$

die Gleichung des Büschels also

$$x^2 (1 + \lambda) + y^2 (1 + \lambda) - r_1^2 - \lambda r_2^2 = 0,$$

oder wenn

$$\frac{r_1^2 + \lambda r_2^2}{1 + \lambda} = \nu$$

gesetzt wird,

$$x^2 + y^2 - \nu = 0.$$

Das Büschel besteht aus allen Kreisen mit dem gleichen Mittelpunkt und heißt ausgeartet. Die Chordale aller Kreispaare ist die unendlich ferne Gerade.

(4) Im hyperbolischen Kreisbüschel ist die Polare eines Grenzpunktes in bezug auf alle Kreise des Büschels die Senkrechte auf der Zentrale im anderen Grenzpunkt.

Ein beliebiger Kreis des hyperbolischen Büschels hat die Gleichung

$$x^2 - 2\mu x + y^2 + p^2 = 0$$

oder

$$(x - \mu)^2 + y^2 = \mu^2 - p^2.$$

Die Gleichung der Polare des Punktes $P_0 : x_0, y_0$ in bezug auf diesen Kreis ist

$$(x_0 - \mu)(x - \mu) + y_0 y = \mu^2 - p^2,$$

also hat die Polare des Grenzpunktes $G_2 : p, 0$ die Gleichung

$$(p - \mu)(x - \mu) = \mu^2 - p^2,$$
$$x - \mu = -(\mu + p),$$
$$x = -p.$$

Diese stellt die Senkrechte auf der Zentrale in dem anderen Grenzpunkt G_1 dar.

(5) Konstruktion des hyperbolischen Kreisbüschels. Sind die beiden Grenzpunkte G_1, G_2 des Büschels gegeben, so errichtet man in einem von ihnen die Senkrechte auf $G_1 G_2$ (Fig. 40). Sie wird von dem Halbkreis über der Verbindungslinie des anderen Grenzpunktes mit einem beliebigen Punkt M der Zentrale in einem Punkt des Kreises geschnitten, dessen Mittelpunkt M ist, und der dem Büschel angehört. Der Beweis folgt ohne weiteres aus (4).

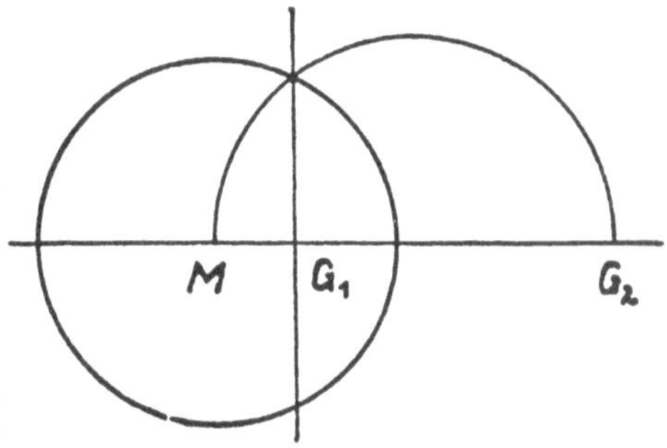

Fig. 40

Sind 2 Grundkreise K_1 und K_2 des Büschels gegeben, so zeichnet man ihre Zentrale und Chordale, die sich in O schneiden. Die Längen der Tangenten von O aus an die beiden Kreise sind dann gleich p, und der Kreis um O mit p schneidet die Zentrale in den Grenzpunkten G_1 und G_2.

(6) Orthogonalbüschel. Da die Kreispaare eines Büschels sämtlich dieselbe Chordale haben, sind die Tangenten von irgendeinem festen Punkt dieser Chordale an alle Kreise gleich lang. Die Berührungspunkte liegen demnach wieder auf einem Kreis, und zwar schneidet dieser alle Kreise des Büschels rechtwinklig. Die Kreise, die alle Kreise eines Büschels rechtwinklig schneiden, bilden wieder ein Büschel, das Orthogonalbüschel des gegebenen.

I. Ist das gegebene Büschel elliptisch, so lautet seine Gleichung

$$x^2 - 2\mu x + y^2 - p^2 = 0$$

und die Gleichung des dazu orthogonalen Kreises um den Punkt $0, \nu$, da dessen Radiusquadrat gleich der Potenz $\nu^2 - p^2$ des Punktes $0, \nu$ in bezug auf

$$x^2 - 2\mu x + y^2 - p^2 = 0$$

ist,

$$x^2 + (y - \nu)^2 = \nu^2 - p^2$$

oder

$$x^2 + y^2 - 2\nu y + p^2 = 0.$$

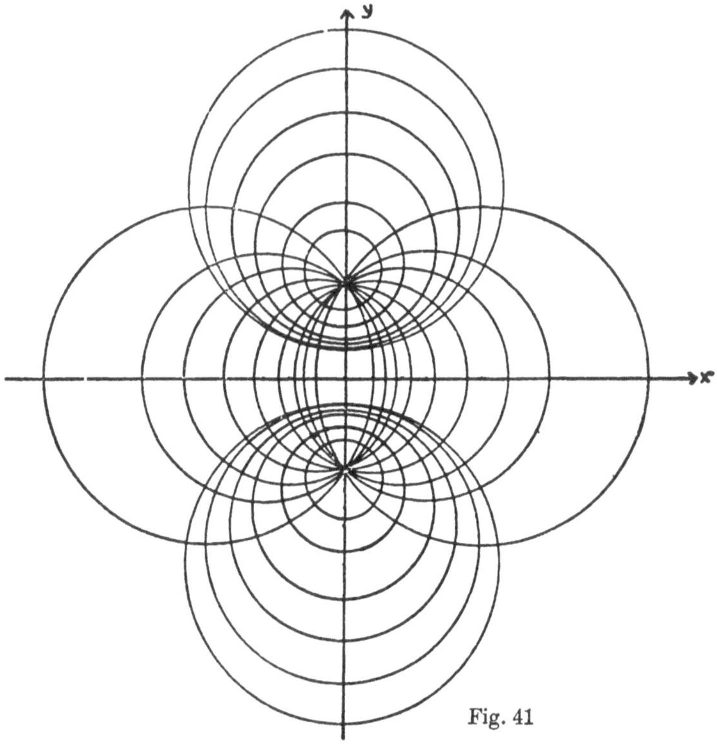

Fig. 41

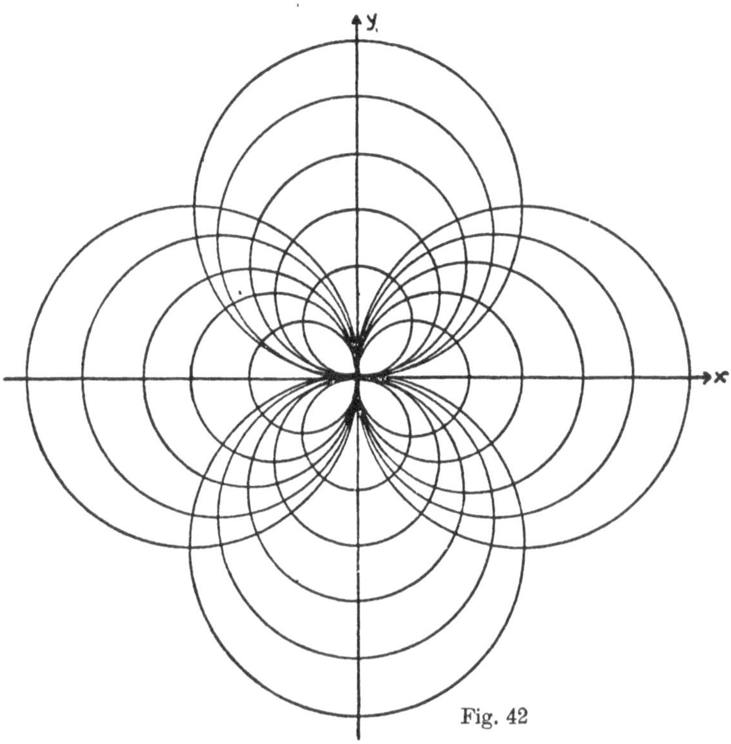

Fig. 42

Bedeutet ν einen variablen Parameter, so erhält man also als Orthogonalbüschel ein hyperbolisches Kreisbüschel, dessen Grenzpunkte die Schnittpunkte des gegebenen Büschels sind (Fig. 41).

II. Ist das gegebene Büschel parabolisch, seine Gleichung

$$x^2 - 2\mu\, x + y^2 = 0,$$

so ist die des Orthogonalbüschels

$$x^2 + y^2 - 2\nu\, y = 0,$$

d. h. es ist ebenfalls parabolisch mit demselben Grenzpunkt, und seine Zentrale steht senkrecht auf der des gegebenen Büschels (Fig. 42).

III. Ist das gegebene Büschel hyperbolisch, so hat es die Gleichung

$$x^2 - 2\mu\, x + y^2 + p^2 = 0,$$

folglich das Orthogonalbüschel

$$x^2 + y^2 - 2\nu\, y - p^2 = 0,$$

d. h. es ist elliptisch und seine Schnittpunkte sind die Grenzpunkte des gegebenen Büschels (Fig. 43).

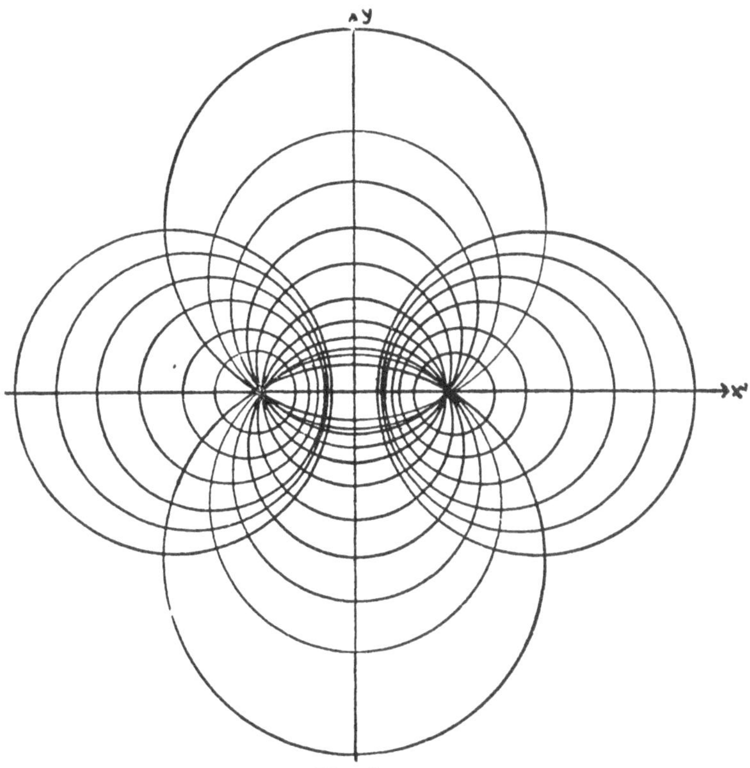

Fig. 43

IV. Ist das gegebene Büschel ausgeartet, so liegen die Mittelpunkte der dazu orthogonalen Kreise auf der unendlich fernen Geraden, d. h. das Orthogonalbüschel ist das Geradenbüschel durch den Mittelpunkt des gegebenen Büschels (Fig. 44).

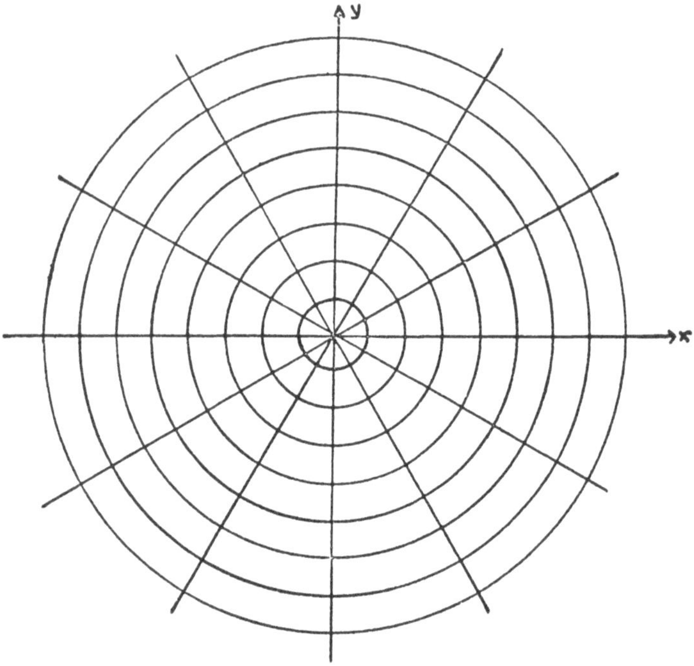

Fig. 44

Viertes Kapitel

Kegelschnitte

§ 23. Affine Abbildungen

(1) Senkrechte Parallelprojektion geneigter Ebenen. Gegeben sind zwei beliebig zueinander geneigte Ebenen $\mathfrak{E}$ und $\mathfrak{E}'$. Projiziert man $\mathfrak{E}$ auf $\mathfrak{E}'$ durch parallele auf $\mathfrak{E}$ oder $\mathfrak{E}'$ senkrechte Strahlen, d. h. ordnet man jedem Punkt P der Ebene $\mathfrak{E}$ den Schnittpunkt P' der Senkrechten auf $\mathfrak{E}$ oder $\mathfrak{E}'$ durch P mit der Ebene $\mathfrak{E}'$ zu, so wird die Ebene $\mathfrak{E}$ auf $\mathfrak{E}'$ affin abgebildet.

Die Schnittgerade der beiden Ebenen entspricht dabei sich selbst, sie heißt Affinitätsachse. Ferner heißt P Originalpunkt, P' Bildpunkt.

Das Abstandsverhältnis von Bild- und Originalpunkt von der Affinitätsachse ist für alle Punkte konstant gleich $b:a$.

Wird nun die Ebene $\mathfrak{E}'$ um die Affinitätsachse in die Ebene $\mathfrak{E}$ geklappt, so erhält man eine affine Abbildung der Ebene $\mathfrak{E}$ auf sich selbst, die

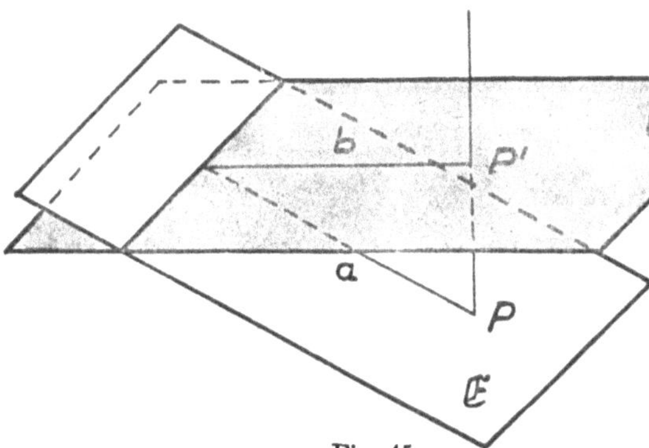

Fig. 45

geometrisch eine Verzerrung in der zur Affinitätsachse senkrechten Richtung bedeutet, und zwar eine Stauchung, wenn $b:a < 1$ ist (Fig. 45), eine Dehnung für $b:a > 1$ (Fig. 46). Macht man also die Affinitätsachse zur x-Achse eines rechtwinkligen Koordinatensystems, so hat der Bildpunkt P' des Originalpunktes P: x, y die Koordinaten

$$x' = x, \qquad y' = \frac{b}{a}\, y.$$

Somit gelten für die Koordinaten von Original- und Bildpunkt die Transformationsgleichungen

$$x = x', \qquad y = \frac{a}{b}\, y'.$$

$\frac{b}{a}$ heißt das Affinitätsverhältnis.

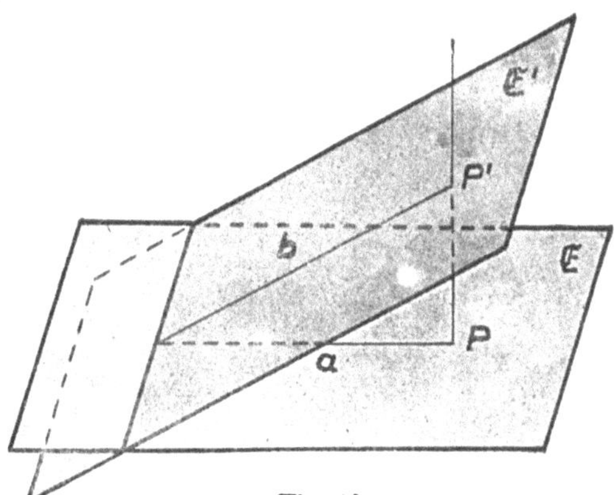

Fig. 46

(2) Schräge Parallelprojektion geneigter Ebenen. Die senkrechte Parallelprojektion ist nur ein Spezialfall einer allgemeinen affinen Abbildung. Bei einer solchen stehen die Projektionsstrahlen nicht senkrecht auf der Bild- oder der Originalebene, sondern sind beliebig dazu geneigt, sie brauchen nicht einmal mehr senkrecht auf der Schnittgeraden der beiden Ebenen zu stehen. Allerdings sind diejenigen Abbildungen ausgeschlossen, bei denen die Projektionsstrahlen einer Ebene $\mathfrak{E}$ oder $\mathfrak{E}'$ parallel sind.

Aus der Fig. 47 kann man folgende Tatsachen entnehmen:

Jede Gerade g in der Originalebene 𝔈 geht wieder in eine Gerade g' in 𝔈′ über, denn g und die Projektionsstrahlen bestimmen eine Ebene, die 𝔈′ in einer Geraden schneiden muß.

Die Schnittgerade der beiden Ebenen bleibt auch hierbei als Affinitätsachse erhalten.

Eine auf ihr senkrechte Gerade in der Originalebene wird jedoch auf eine Gerade abgebildet, die nicht mehr senkrecht auf ihr steht.

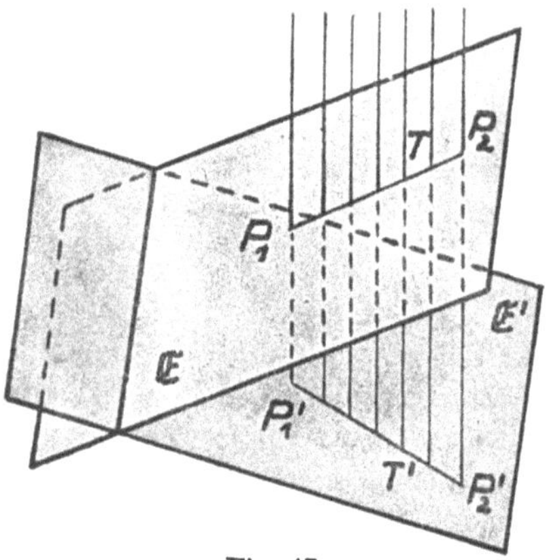

Fig. 47

Überhaupt bilden 2 Bildgeraden im allgemeinen einen anderen Winkel miteinander als ihre Originalgeraden.

Da die Projektionsstrahlen parallel sind, werden parallele Geraden wieder in parallele Geraden übergeführt.

Der Strahlensatz liefert ferner wegen der Parallelität der Projektionsstrahlen, daß das Teilverhältnis dreier Bildpunkte gleich dem ihrer Originalpunkte ist, wohingegen aber die Entfernung zweier Punkte bei affiner Abbildung nicht gleich bleibt.

Der Flächeninhalt einer Figur verändert ebenfalls bei affiner Abbildung seinen Wert.

Zusammengefaßt läßt sich das folgendermaßen ausdrücken: Geradlinigkeit, Parallelität und Teilverhältnis sind invariant gegenüber affinen Abbildungen, Länge, Orthogonalität, Winkel und Flächeninhalt nicht.

Die Aufsuchung solcher Invarianten gegenüber irgendwelchen Abbildungen ist Aufgabe der Geometrie. Die Abbildungen selbst liefern ein Einteilungsprinzip der Geometrie, insofern, als ein Satz z. B. in die affine Geometrie gehört, wenn er bei affiner Abbildung der Figur für diese gültig bleibt, d. h. wenn er nur Aussagen über affine Invarianten enthält.

§ 24. Mittelpunktsgleichung der Ellipse

(1) Die Ellipse als affines Bild des Kreises. Durch senkrechte Parallelprojektion eines Kreises entsteht eine Ellipse (Fig. 48). Dabei bedeutet es keine Einschränkung der Allgemeinheit, wenn man den Kreis in der Originalebene parallel verschiebt, so daß sein Mittelpunkt auf die Affinitätsachse zu liegen kommt. Das rechtwinklige Koordinatensystem wird nun so gelegt, daß sein Anfangspunkt der Kreismittelpunkt und seine x-Achse die Affinitätsachse ist.

Die Gleichung des Kreises lautet dann

$$x^2 + y^2 = a^2,$$

wenn der Radius in diesem Falle mit a bezeichnet wird. Ist das Affinitätsverhältnis gleich $b:a$, so gilt für die Koordinaten der Ellipsenpunkte auf Grund der Transformationsgleichungen des § 23 (1)

$$x'^2 + \frac{a^2}{b^2} \cdot y'^2 = a^2 \quad \text{oder} \quad \frac{x'^2}{a^2} + \frac{y'^2}{b^2} = 1,$$

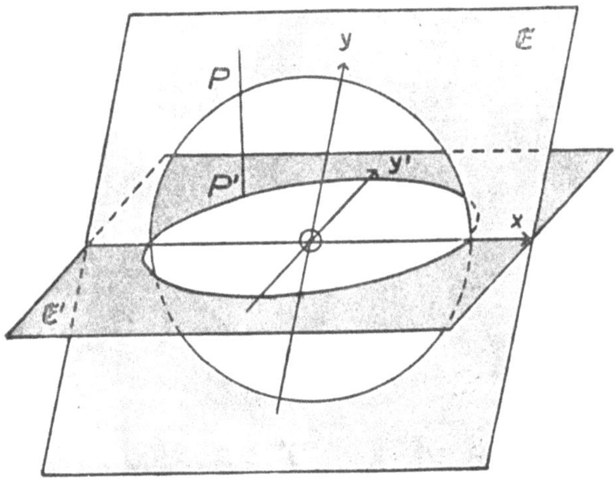

Fig. 48.

d. h. die Mittelpunktsgleichung der Ellipse lautet

$$\boxed{\frac{x^2}{a^2} + \frac{y^2}{b^2} = 1.}$$

Der Mittelpunkt des Kreises bleibt Mittelpunkt der Ellipse, jede Gerade durch ihn heißt ein Durchmesser. Der längste Durchmesser liegt in der Affinitätsachse, er hat die Länge 2a und bildet die große Achse der Ellipse, seine Endpunkte sind die Hauptscheitel. Senkrecht auf ihm im Mittelpunkt steht der kürzeste Durchmesser von der Länge 2b, die kleine Achse der Ellipse, dessen Endpunkte die Nebenscheitel sind.

Die Ellipse ist das affine Bild ihres Umkreises in bezug auf die große Achse als Affinitätsachse, das Affinitätsverhältnis ist $b:a$.

Die Ellipse und ihr Inkreis sind in bezug auf die kleine Achse zueinander affin, das Affinitätsverhältnis ist dabei $a:b$. Zu diesem Ergebnis gelangt man dadurch, daß man einen Kreis vom Radius b durch Strahlen projiziert, die auf der Originalebene senkrecht stehen.

(2) Konstruktion der Ellipse aus ihren Halbachsen. Zur Konstruktion der Ellipse aus a und b zeichnet man um den Schnittpunkt O zweier

Senkrechten die Kreise mit den Radien a und b, die ein beliebiger Strahl von O aus in A und B schneidet (Fig. 49). Die Parallele durch A zur kleinen Achse und die durch B zur großen Achse schneiden sich in einem Punkt P der Ellipse, denn wegen

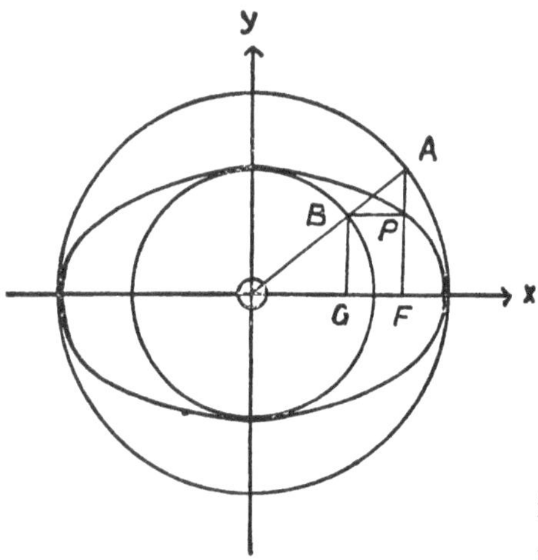

Fig. 49

$$FP : FA = GB : FA$$
$$= OB : OA = b : a$$

ist P das affine Bild des Punktes A mit dem Affinitätsverhältnis $b : a$.

Auf diese Weie kann also die Ellipse Punkt für Punkt konstruiert werden.

(3) Exzentrische Anomalie. Aus der Mittelpunktsgleichung der Ellipse

$$\left(\frac{x}{a}\right)^2 + \left(\frac{y}{b}\right)^2 = 1$$

ist zu erkennen, daß $\frac{x}{a}$ und $\frac{y}{b}$ als cos und sin eines Winkels v zwischen 0° und 360° gedeutet werden können. Die Gleichungen

$$x = a \cdot \cos v \qquad y = b \cdot \sin v$$

sind also der Ellipsengleichung äquivalent. Durch die Koordinaten x, y jedes Punktes der Ellipse ist der Winkel v eindeutig bestimmt, ebenso sind umgekehrt x und y durch einen bestimmten Winkel v eindeutig festgelegt. Die beiden Gleichungen sind also eine Parameterdarstellung der Ellipse, worin v den Parameter bedeutet. Aus Fig. 49 ist zu ersehen, daß v der Winkel des Strahls OBA mit der Abszissenachse ist, er heißt die exzentrische Anomalie des Punktes P.

Die exzentrische Anomalie eines Ellipsenpunktes ist die Amplitude des affinen Punktes auf dem Um- oder Inkreis.

Beispiel 1: Die exzentrische Anomalie des Punktes $3, \frac{-8}{5}$ der Ellipse $\frac{x^2}{25} + \frac{y^2}{4} = 1$ ist wegen $\cos v = \frac{3}{5}$ und $\sin v = -\frac{4}{5}$

$$v = 306{,}9°.$$

Beispiel 2: Die Koordinaten des Punktes mit der exzentrischen Anomalie $v = 45°$ der Ellipse $\frac{x^2}{25} + \frac{y^2}{9} = 1$ sind

$$x_1 = \frac{5}{2}\sqrt{2}, \qquad y_1 = \frac{3}{2}\sqrt{2}.$$

§ 25. Die Schnitte des geraden Kreiskegels

(1) Ellipse. Die Ellipse entsteht auch durch ebenen Schnitt eines geraden Kreiskegels mit dem Öffnungswinkel 2ω, solange der spitze Winkel α der schneidenden Ebene $\mathfrak{E}$ mit der Kegelmittellinie größer als ω ist (Fig. 50).

Legt man die beiden Dandelinschen Kugeln in das Kegelinnere, die $\mathfrak{E}$ in je einem Punkt F_1 und F_2, den Kegel in je einem Kreis $\mathfrak{K}_1$ und $\mathfrak{K}_2$

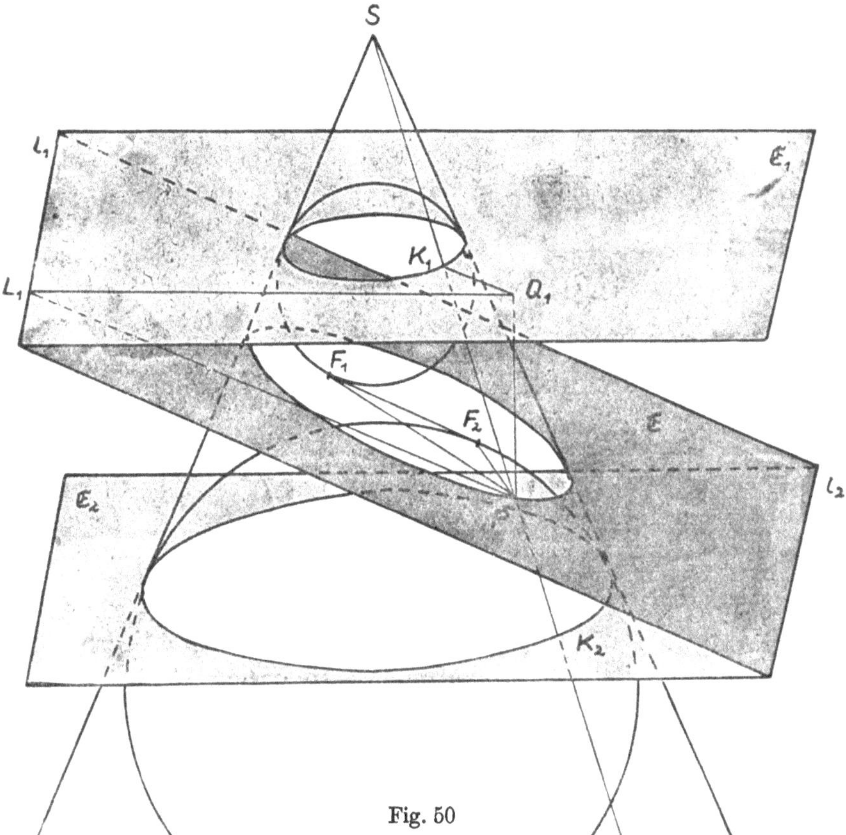

Fig. 50

berühren, legt man ferner die Ebenen $\mathfrak{E}_1$ und $\mathfrak{E}_2$ durch diese beiden Kreise, so schneidet $\mathfrak{E}$ diese Ebenen in zwei Geraden l_1 und l_2. $\mathfrak{E}_1$ und $\mathfrak{E}_2$ sind parallel und senkrecht auf der Kegelmittellinie.

Der Schnitt der Ebene $\mathfrak{E}$ mit dem Kegel ist eine Ellipse; daß diese geschlossene Kurve mit der in § 24 definierten übereinstimmt, wird später durch Ableitung ihrer Gleichung gezeigt. Zieht man durch einen beliebigen ihrer Punkte P die Mantellinie durch die Kegelspitze S, die die Kreise $\mathfrak{K}_1$ und $\mathfrak{K}_2$ in K_1 und K_2 schneidet, und die Verbindungslinien von P mit den Berührungspunkten F_1 und F_2, so gilt, da alle Tangenten an eine Kugel von einem Punkte außerhalb derselben gleich lang sind,

$$PF_1 = PK_1 \qquad PF_2 = PK_2,$$

daraus folgt

$$PF_1 + PF_2 = K_1K_2.$$

Wegen der Parallelität von $\mathfrak{E}_1$ und $\mathfrak{E}_2$ ist diese Strecke K_1K_2 für alle Punkte P konstant, sie wird gleich $2a$ gesetzt. Somit ergibt sich für die Ellipse folgende Definition:

Die Ellipse ist der geometrische Ort für alle Punkte, für die die Summe der Abstände von zwei festen Punkten konstant ist.

$$\boxed{PF_1 + PF_2 = 2a.}$$

Zieht man durch P die Parallele zur Kegelmittellinie, die $\mathfrak{E}_1$ und $\mathfrak{E}_2$ in Q_1 und Q_2 schneidet, sowie die Senkrechten auf die Geraden l_1 und l_2 bis zu den Punkten L_1 und L_2, so folgt aus den rechtwinkligen Dreiecken PQ_1K_1 und PQ_1L_1, in denen die Winkel bei P gleich ω und α sind,

$$PQ_1 = PK_1 \cdot \cos\omega \qquad PQ_1 = PL_1 \cdot \cos\alpha$$

und wegen $PK_1 = PF_1$

$$\frac{PF_1}{PL_1} = \frac{\cos\alpha}{\cos\omega},$$

d. h. das Verhältnis $PF_1 : PL_1$ ist für alle Punkte P der Ellipse konstant und wird gleich ε gesetzt. Da $\alpha > \omega$ vorausgesetzt wurde, gilt für die Ellipse stets

$$\frac{\cos\alpha}{\cos\omega} = \varepsilon < 1.$$

Für $PF_2 : PL_2$ ergibt sich derselbe Wert. Eine weitere Definition der Ellipse ist also folgende:

Die Ellipse ist der geometrische Ort aller Punkte, für die das Verhältnis der Abstände von einem festen Punkt und einer festen Geraden konstant, und zwar kleiner als 1 ist.

$$\boxed{PF_1 : PL_1 = PF_2 : PL_2 = \varepsilon < 1.}$$

Die festen Punkte F_1 und F_2 heißen die Brennpunkte der Ellipse, ihre Entfernung wird gleich $2e$ gesetzt und e heißt die lineare Exzentrizität (weil für den Kreis F_1 und F_2 in den Mittelpunkt zusammenfallen). Aus der Definition ergibt sich, daß die Brennpunkte auf der großen Achse und zur kleinen Achse symmetrisch liegen. Aus dem Dreieck OB_1F_1 in Fig. 51 entnimmt man die Beziehung

$$\boxed{e^2 = a^2 - b^2.}$$

Die Länge der zur kleinen Achse parallelen Sehne durch jeden der Brennpunkte wird gleich $2p$ gesetzt. $2p$ heißt der Parameter der Ellipse. Aus dem Dreieck $P_1F_1F_2$ ergibt sich

$$(2a - p)^2 = 4e^2 + p^2,$$
$$a^2 - e^2 = ap,$$
$$\boxed{p = \frac{b^2}{a}.}$$

Aus der symmetrischen Lage der Brennpunkte zum Mittelpunkt folgt $A_1A_2 = 2a$.

Die Geraden l_1 und l_2 heißen die Leitlinien der Ellipse.

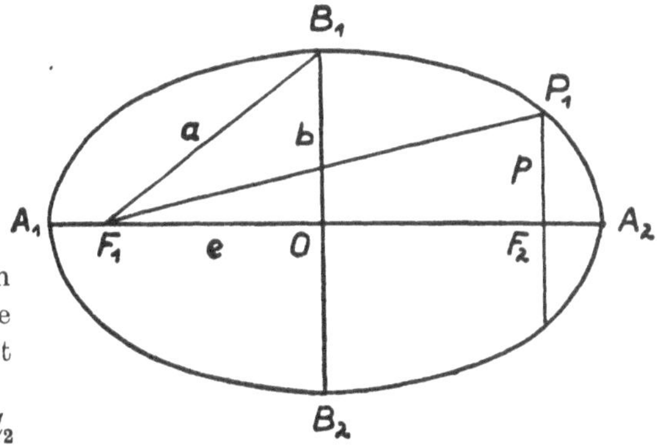

Fig. 51

ε heißt die numerische Exzentrizität (weil für den Kreis wegen $\alpha = 90°$ $\varepsilon = 0$ ist). Die geometrische Bedeutung von ε erhält man, wenn man die große Achse auf die zugehörige Mantellinie des Kegels projiziert. Es ist (Fig. 52) $A_1A_2 = 2a$ und $A_1Q = 2e$ wegen $A_1K_1 = A_1F_1$ und $A_2K_2' = A_2F_2$. Demnach liefert der Sinussatz, auf das Dreieck A_1A_2Q angewendet,

$$\frac{A_1Q}{A_1A_2} = \frac{2e}{2a} = \frac{e}{a} = \frac{\sin(90° - \alpha)}{\sin(90° - \omega)} = \frac{\cos\alpha}{\cos\omega} = \varepsilon.$$

$$\boxed{\varepsilon = \frac{e}{a}.}$$

Infolge der 3 Gleichungen ist eine Ellipse durch zwei der 5 Größen a, b, e, p, ε vollständig bestimmt.

Beispiel 1: Die Ellipse mit den Halbachsen $a = 5$ und $b = 3$ hat die lineare Exzentrizität $e = 4$, den Halbparameter $p = \frac{9}{5}$ und die numerische Exzentrizität $\varepsilon = \frac{4}{5}$.

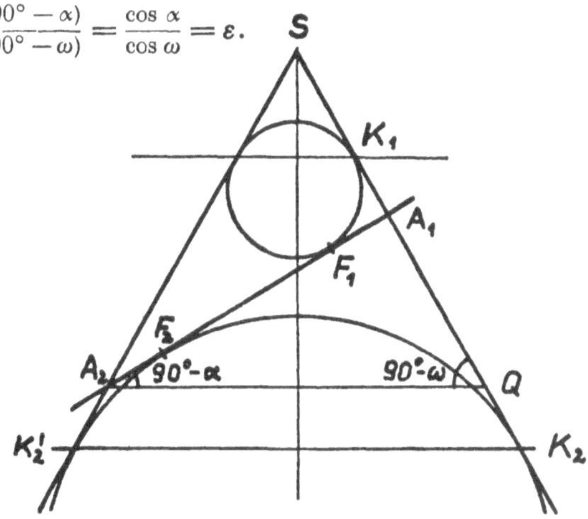

Fig. 52

Beispiel 2: Die numerische Exzentrizität der Erdbahn ist aus der Angabe zu bestimmen, daß sich der kürzeste zum längsten Abstand Erde—Sonne wie 29 : 30 verhalten.

$$\frac{a-e}{a+e} = \frac{29}{30}, \qquad a = 59e, \qquad \varepsilon = \frac{1}{59} = 0{,}017.$$

(2) **Parabel.** Liegt die den Kegel schneidende Ebene 𝔈 parallel zu einer Mantellinie, d. h. wird der Winkel α, den sie mit der Kegelmittellinie bildet, gleich dem halben Öffnungswinkel ω, so entsteht als Schnittlinie eine sich ins Unendliche erstreckende, nicht geschlossene Kurve, eine Parabel.

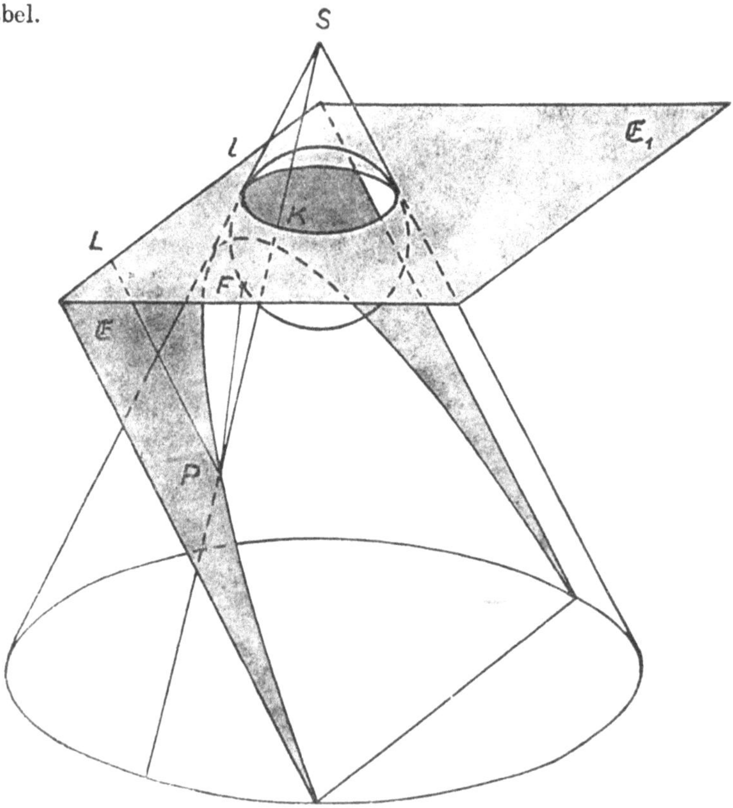

Fig. 53

Es läßt sich in diesem Falle nur eine der Dandelinschen Kugeln in das Kegelinnere legen, sie berührt 𝔈 in einem Punkt F, bestimmt nur einen Kreis 𝔎, eine Ebene $\mathfrak{E}_1$ und eine Gerade l. Es ist

$$PF = PK$$

als Tangenten an dieselbe Kugel, ferner wegen $\alpha = \omega$

$$PK = PL,$$

also ergibt sich folgende Definition der Parabel:

Die Parabel ist der geometrische Ort aller Punkte, die von einem festen Punkt und einer festen Geraden gleichen Abstand haben.

$$\boxed{PF = PL}$$

Der feste Punkt F heißt Brennpunkt, die feste Gerade l Leitlinie der Parabel. Die Senkrechte von F auf l heißt die Achse der Parabel, ihr Schnittpunkt mit der Kurve der Scheitel, er liegt infolge der Definition in der Mitte zwischen Brennpunkt und Leitlinie. Die Länge der im Brennpunkt auf der Achse senkrechten Sehne wird gleich $2p$ gesetzt und Parameter genannt. Aus der Definition der Parabel ergibt sich, daß der Abstand des Brennpunktes von der Leitlinie gleich p ist (Fig. 54).

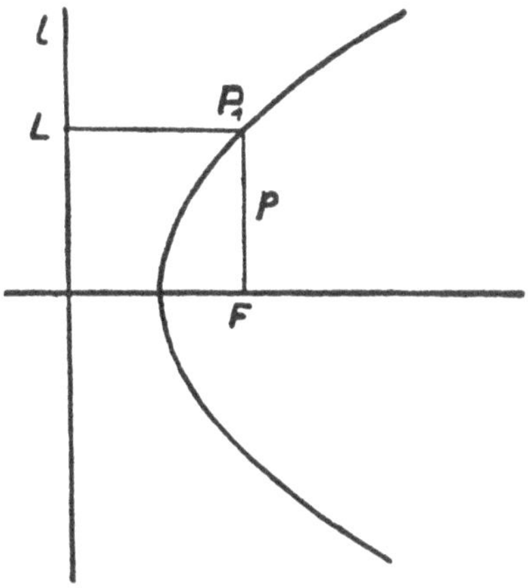

Fig. 54

Durch den Halbparameter p ist eine Parabel vollständig bestimmt.

Die numerische Exzentrizität der Parabel ist $\varepsilon = 1$.

(3) **Hyperbel.** Ist der Schnittwinkel α der Ebene $\mathfrak{E}$ mit der Kegelmittellinie kleiner als der halbe Öffnungswinkel ω, so erhält man als Schnittlinie mit dem Doppelkegel eine aus 2 Ästen bestehende **Kurve,** eine Hyperbel (Fig. 55).

Die beiden Dandelinschen Kugeln liegen in diesem Fall in den beiden durch die Spitze getrennten Hälften des Kegels. Sie bestimmen wie im Falle der Ellipse 2 Brennpunkte F_1 und F_2 sowie 2 Leitlinien l_1 und l_2.

Für jeden Punkt P der Hyperbel gilt wieder $PF_1 = PK_1$ und $PF_2 = PK_2$, daraus folgt, je nachdem sich P auf dem einen oder anderen Ast der Hyperbel befindet,

$$PF_2 - PF_1 = K_1K_2 \text{ oder } PF_1 - PF_2 = K_1K_2.$$

Die für alle Mantellinien konstante Strecke K_1K_2 wird gleich 2a gesetzt. Daraus ergibt sich für die Hyperbel folgende Definition:

Die Hyperbel ist der geometrische Ort aller Punkte, für die die Differenz der Abstände von zwei festen Punkten konstant ist.

$$\boxed{PF_1 - PF_2 = \pm 2a.}$$

Wird von P aus die Senkrechte auf die Ebenen $\mathfrak{E}_1$ und $\mathfrak{E}_2$ gefällt, so ergibt sich aus den rechtwinkligen Dreiecken wie bei der Ellipse

$$\frac{PF_1}{PL_1} = \frac{PF_2}{PL_2} = \frac{\cos\alpha}{\cos\omega} = \varepsilon > 1,$$

da hier $\alpha < \omega$ vorausgesetzt wurde. Die zweite Definition der Hyperbel ist demnach:

Die Hyperbel ist der geometrische Ort aller Punkte, für die das Verhältnis der Abstände von einem festen Punkt und einer festen Geraden

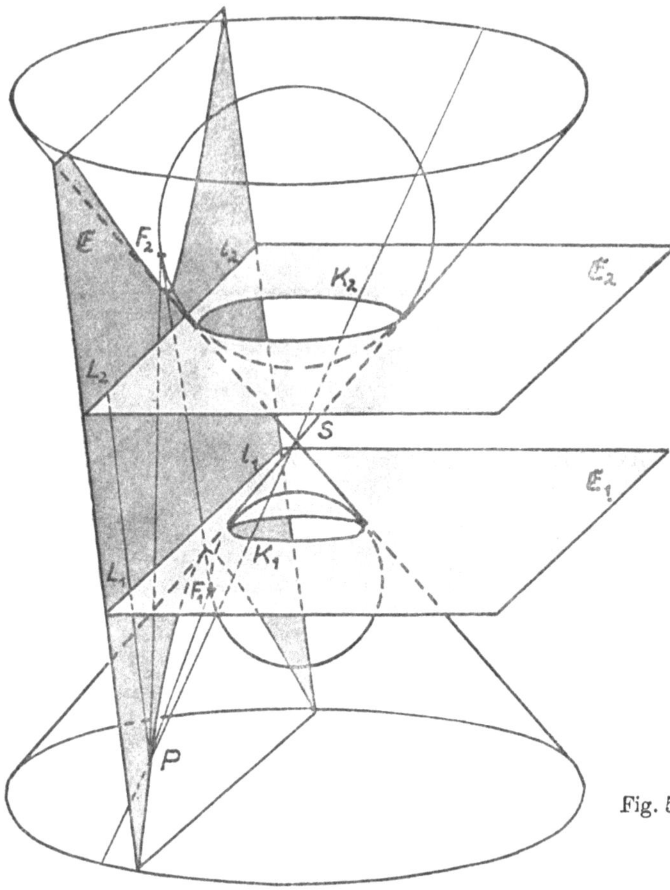

Fig. 55

konstant, und zwar größer als 1 ist.

$$\boxed{PF_1 : PL_1 = PF_2 : PL_2 = \varepsilon > 1}$$

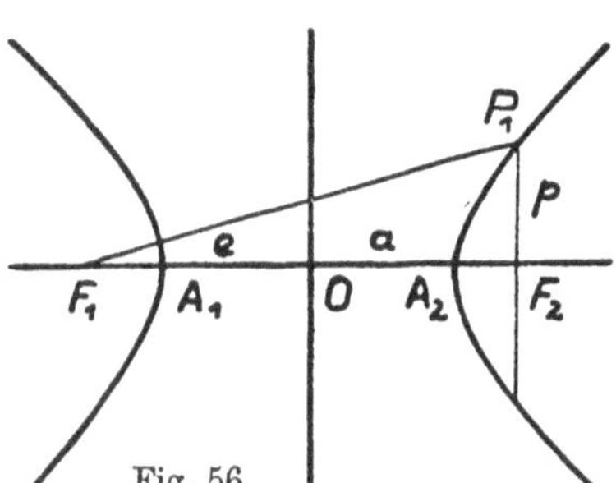

Fig. 56

Die Entfernung der Brennpunkte F_1 und F_2 wird wieder gleich $2e$ gesetzt und e heißt die lineare Exzentrizität. Die Gerade $F_1\,F_2$ heißt die Hauptachse der Hyperbel, sie schneidet die Kurve in ihren beiden Scheiteln A_1 und A_2. Aus der Definition folgt, daß die Hyperbel symmetrisch zur Hauptachse und symmetrisch zur Senkrechten darauf im Mittelpunkt O der Strecke $F_1 F_2$ ist. Letztere heißt die Nebenachse, O der Mittelpunkt der Hyperbel. Aus der Definition folgt ferner

$$A_1 A_2 = 2a.$$

In Analogie zur Ellipse setzt man bei der Hyperbel

$$\boxed{e^2 = a^2 + b^2.}$$

Die Länge der auf der Hauptachse senkrechten Sehne in einem Brennpunkt heißt der Parameter $2p$ der Hyperbel Aus dem Dreieck $P_1 F_1 F_2$ in Fig. 56 ergibt sich

$$(2a + p)^2 = 4e^2 + p^2, \qquad e^2 - a^2 = a\,p,$$

$$\boxed{p = \frac{b^2}{a}.}$$

Die numerische Exzentrizität ε ist wie bei der Ellipse wegen

$$A_1 A_2 = 2a \qquad \text{und}$$

$$A_1 Q = 2e \quad \text{(Fig. 57)}$$

$$\frac{e}{a} = \frac{\cos\alpha}{\cos\omega},$$

$$\boxed{\varepsilon = \frac{e}{a}.}$$

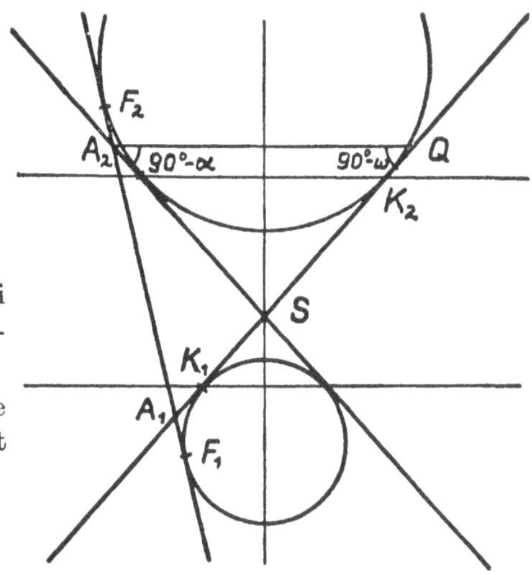

Fig. 57

Die Hyperbel ist durch zwei der 5 Größen a, b, e, p, ε vollständig bestimmt.

Ist $b = a$, so nennt man die Hyperbel gleichseitig, für sie ist

$$e = a\sqrt{2}, \qquad p = a,$$

$$\varepsilon = \sqrt{2}.$$

Beispiel 3: Für die Hyperbel mit der Hauptachse $2a = 8$ und der linearen Exzentrizität $e = 5$ ist $b = 3$, der Halbparameter $p = \frac{9}{4}$ und die numerische Exzentrizität $\varepsilon = \frac{5}{4}$.

Beispiel 4: Der Oktoberkomet 1855 bewegte sich auf einer hyperbolischen Bahn mit der numerischen Exzentrizität $\varepsilon = 1\frac{1}{800}$, sein kürzester Abstand von der im Brennpunkt stehenden Sonne betrug $25 \cdot 10^6$ **km.** Die Hauptachse der Bahn ist zu bestimmen.

$$e - a = 25 \cdot 10^6, \qquad e = \frac{801}{800}a, \qquad \frac{a}{800} = 25 \cdot 10^6, \qquad a = 2 \cdot 10^{10}\,\text{km}.$$

§ 26. Scheitelgleichungen der Kegelschnitte

(1) Scheitelgleichung der Kegelschnitte. Auf Grund der Definitionen der Kegelschnitte als Ort aller Punkte, für die das Verhältnis der Abstände von einem festen Punkt und einer festen Geraden gleich ε ist, gilt für jeden Punkt P des Kegelschnitts $PF : PL = \varepsilon$. Wählt man einen Hauptscheitel des Kegelschnitts als Anfangspunkt O eines rechtwinkligen Koordinatensystems und die y-Achse parallel zur Leitlinie (Fig. 58), so ist

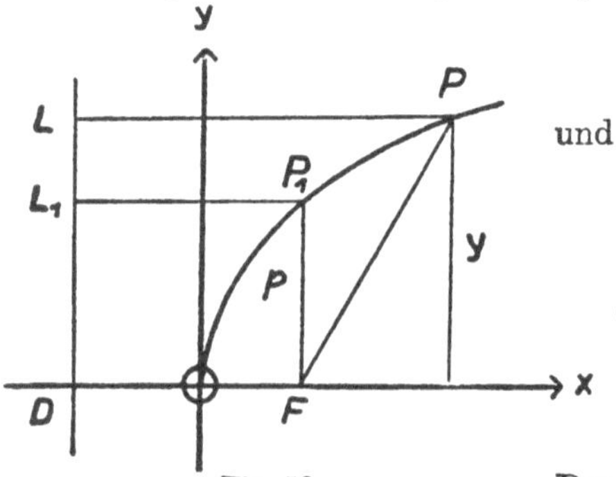

Fig. 58

$$\frac{OF}{OD} = \varepsilon, \quad \frac{OF}{DF} = \frac{OF}{OD + OF} = \frac{\varepsilon}{1+\varepsilon}$$

und wegen

$$\frac{P_1F}{P_1L_1} = \frac{p}{DF} = \varepsilon$$

$$DF = \frac{p}{\varepsilon}, \quad \text{also} \quad OF = \frac{p}{1+\varepsilon},$$

$$OD = \frac{p}{\varepsilon(1+\varepsilon)}.$$

Demnach gilt nun

$$\frac{\sqrt{y^2 + \left(x - \frac{p}{1+\varepsilon}\right)^2}}{x + \frac{p}{\varepsilon(1+\varepsilon)}} = \varepsilon,$$

$$y^2 + x^2 - \frac{2px}{1+\varepsilon} + \frac{p^2}{(1+\varepsilon)^2} = \varepsilon^2 x^2 + \frac{2px \cdot \varepsilon}{1+\varepsilon} + \frac{p^2}{(1+\varepsilon)^2},$$

$$\boxed{y^2 = 2px - (1-\varepsilon^2) \cdot x^2.}$$

Das ist die gemeinsame Gleichung aller 3 Kegelschnitte in bezug auf die Hauptachse und die Scheiteltangente als Koordinatenachsen. Je nachdem $\varepsilon \lesseqgtr 1$ ist, wird eine Ellipse, Parabel oder Hyperbel dargestellt.

Wegen $\varepsilon = \frac{e}{a}$ wird

$$1 - \varepsilon^2 = \frac{a^2 - e^2}{a^2} = \begin{cases} \frac{b^2}{a^2} = \frac{p}{a} \text{ für die Ellipse,} \\ -\frac{b^2}{a^2} = -\frac{p}{a} \text{ für die Hyperbel.} \end{cases}$$

Infolgedessen lauten die Scheitelgleichungen

für die Ellipse $\boxed{E \quad y^2 = 2px - \frac{p}{a} x^2,}$

für die Parabel $\boxed{P \quad y^2 = 2px,}$

für die Hyperbel $\boxed{H \quad y^2 = 2px + \frac{p}{a} x^2.}$

Hieraus erklären sich auch die Namen für die 3 Kegelschnitte: $\varepsilon\kappa\lambda\varepsilon\iota\psi\iota\varsigma$ = fehlen, $\pi\alpha\varrho\alpha\beta o\lambda\eta$ = treffen, $\upsilon\pi\varepsilon\varrho\beta o\lambda\eta$ = überschießen.

(2) Scheitelgleichung der Parabel. Die analytische Darstellung der Parabel erfolgt im allgemeinen durch ihre Scheitelgleichung $y^2 = 2p\,x$. Aus dieser Gleichung ist zu erkennen, daß die Parabel symmetrisch zur x-Achse ist ($y = \pm\sqrt{2p\,x}$) und in der positiven Richtung der x-Achse, d. h. nach rechts hin geöffnet ist (für wachsendes $x \geqq 0$ wächst auch $|y|$).

Die Gleichung der nach links geöffneten Parabel mit dem gleichen Scheitelpunkt ist

$$y^2 = -\,2p\,x,$$

wie sich aus § 2 (2) für $\alpha = 180°$ ergibt.

Entsprechend erhält man für $\alpha = 90°$ als Gleichung der nach oben geöffneten Parabel

$$x^2 = 2p\,y$$

und für $\alpha = 270°$ die Gleichung der nach unten geöffneten Parabel

$$x^2 = -\,2p\,y \text{ (Fig. 59).}$$

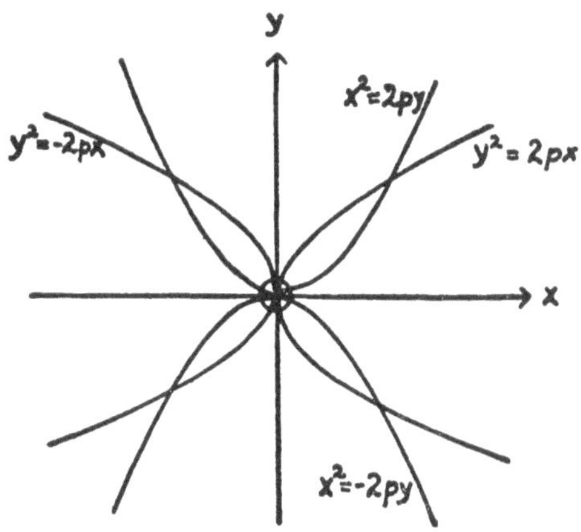

Fig. 59

Die Gleichung der Parabel mit horizontaler Achse, deren Scheitelpunkt die Koordinaten x_S, y_S hat, lautet

$$(y - y_S)^2 = 2p\,(x - x_S),$$

wie sich nach § 2 (1) ergibt.

Beispiel 1: Die Scheitelgleichung der Parabel, deren Brennpunkt von der Leitlinie den Abstand 3 hat, ist $y^2 = 6x$, da nach § 25 (3) dann $p = 3$ sein muß.

Beispiel 2: Die Scheitelgleichung der nach unten geöffneten Parabel durch den Punkt P_1: 6, $-\,4{,}5$ hat die Form $x^2 = -\,2p\,y$ und es gilt $36 = 9p$, d. h. sie lautet $x^2 = -\,8y$.

Beispiel 3: Der Parameter eines parabolischen Bogens, der eine Brücke von 240 m Länge mit 8 m Höhe überspannt, ist wegen

$$120^2 = 2p\cdot 8,\qquad 2p = 1800.$$

(3) Allgemeine Gleichung der Parabel mit vertikaler Achse. Jede beliebige Parabel mit vertikaler Achse hat eine Gleichung von der Form

$$\boxed{y = A\,x^2 + B\,x + C}\qquad\text{mit}\qquad A \neq 0.$$

Ihre Gleichung lautet nämlich, wenn die Koordinaten des Scheitelpunktes mit u, v bezeichnet werden,

$$(x-u)^2 = \pm 2p(y-v), \qquad x^2 - 2ux + u^2 = \pm 2py \mp 2pv,$$

$$y = \pm \frac{1}{2p} \cdot x^2 \mp \frac{u}{p} \cdot x \pm \frac{u^2}{2p} + v.$$

Umgekehrt wird durch jede Gleichung $y = Ax^2 + Bx + C$ mit $A \neq 0$, da diese sich in der Form

$$x^2 + \frac{B}{A}x = \frac{y}{A} - \frac{C}{A}, \qquad \left(x + \frac{B}{2A}\right)^2 = \frac{1}{A}\left(y - C + \frac{B^2}{4A}\right)$$

schreiben läßt, eine Parabel mit vertikaler Achsenrichtung dargestellt, deren Parameter $2p = \frac{1}{A}$ ist, und deren Scheitelpunkt die Koordinaten $-\frac{B}{2A}$, $C - \frac{B^2}{4A}$ hat. Sie ist nach oben oder nach unten geöffnet, je nachdem A positiv oder negativ ist, und C bedeutet ihren Abschnitt auf der y-Achse.

Beispiel 4: Die Gleichung der nach unten geöffneten Parabel mit dem Scheitel $S: 3{,}5$ und dem Parameter 4 ist

$$(x-3)^2 = -4(y-5), \qquad x^2 - 6x + 9 = -4y + 20,$$

$$y = -\frac{1}{4}x^2 + \frac{3}{2}x + \frac{11}{4}.$$

Beispiel 5: Zur Beschreibung der durch $y = 5x^2 + 6x - 7$ dargestellten Parabel wird die Gleichung auf die Form der Scheitelgleichung gebracht:

$$x^2 + \frac{6}{5}x = \frac{y}{5} + \frac{7}{5}. \qquad \left(x + \frac{3}{5}\right)^2 = \frac{1}{5}\left(y + \frac{44}{5}\right),$$

Die Parabel ist also nach oben geöffnet, ihr Parameter ist $\frac{1}{5}$, ihr Scheitel $-\frac{3}{5}, -\frac{44}{5}$.

(4) Parabel mit vertikaler Achse durch drei Punkte. Durch 3 Punkte, die nicht in einer Geraden liegen, und von denen nicht zwei in derselben Vertikalen liegen, läßt sich genau eine Parabel mit vertikaler Achse legen.

Gegeben sind 3 Punkte $P_\nu: x_\nu, y_\nu$ $(\nu = 1, 2, 3)$. Dann gelten die 3 Gleichungen

$$\begin{aligned} x_1^2 \cdot A + x_1 \cdot B + C &= y_1 \\ x_2^2 \cdot A + x_2 \cdot B + C &= y_2 \\ x_3^2 \cdot A + x_3 \cdot B + C &= y_3 \end{aligned}$$

für die 3 Unbekannten A, B, C. Die Lösung heißt

$$A = \frac{\begin{vmatrix} y_1 & x_1 & 1 \\ y_2 & x_2 & 1 \\ y_3 & x_3 & 1 \end{vmatrix}}{\begin{vmatrix} x_1^2 & x_1 & 1 \\ x_2^2 & x_2 & 1 \\ x_3^2 & x_3 & 1 \end{vmatrix}}, \qquad B = \frac{\begin{vmatrix} x_1^2 & y_1 & 1 \\ x_2^2 & y_2 & 1 \\ x_3^2 & y_3 & 1 \end{vmatrix}}{\begin{vmatrix} x_1^2 & x_1 & 1 \\ x_2^2 & x_2 & 1 \\ x_3^2 & x_3 & 1 \end{vmatrix}}, \qquad C = \frac{\begin{vmatrix} x_1^2 & x_1 & y_1 \\ x_2^2 & x_2 & y_2 \\ x_3^2 & x_3 & y_3 \end{vmatrix}}{\begin{vmatrix} x_1^2 & x_1 & 1 \\ x_2^2 & x_2 & 1 \\ x_3^2 & x_3 & 1 \end{vmatrix}}.$$

Die Nennerdeterminante hat den Wert

$$x_1^2 x_2 + x_1 x_3^2 + x_2^2 x_3 - x_2 x_3^2 - x_1 x_2^2 - x_1^2 x_3 = (x_1 - x_2)(x_1 - x_3)(x_2 - x_3),$$

d. h. sie kann nur verschwinden, wenn 2 oder 3 Punkte gleiche Abszissen haben. Der Koeffizient A des quadratischen Gliedes wird dann und nur dann gleich 0, wenn seine Zählerdeterminante verschwindet, d. h. nach § 6 (3), wenn die 3 Punkte in einer Geraden liegen. Andernfalls gibt es genau eine Lösung A, B, C mit $A \neq 0$ und genau eine Parabel durch die 3 Punkte.

Dieser Satz spielt in der Analysis bei der Approximation einer Kurve durch Parabeln eine Rolle.

Beispiel 6: Die Gleichung der Parabel mit vertikaler Achse durch die Punkte $P_1: 2, 7;$ $P_2: \frac{5}{2}, 5;$ $P_3: 3, 6$ ist zu bestimmen.

$$4A + 2B + C = 7$$
$$\frac{25}{4}A + \frac{5}{2}B + C = 5$$
$$9A + 3B + C = 6$$

Die Determinante ist $10 + 18 + \frac{75}{4} - \frac{45}{2} - \frac{25}{2} - 12 = -\frac{1}{4}$, also wird

$$A = -4\begin{vmatrix} 7 & 2 & 1 \\ 5 & \frac{5}{2} & 1 \\ 6 & 3 & 1 \end{vmatrix} = 6, \quad B = -4\begin{vmatrix} 4 & 7 & 1 \\ \frac{25}{4} & 5 & 1 \\ 9 & 6 & 1 \end{vmatrix} = -31, \quad C = -4\begin{vmatrix} 4 & 2 & 7 \\ \frac{25}{4} & \frac{5}{2} & 5 \\ 9 & 3 & 6 \end{vmatrix} = 45$$

und die Parabelgleichung $y = 6x^2 - 31x + 45$ oder

$$\left(x - \frac{31}{12}\right)^2 = \frac{1}{6}\left(y - \frac{119}{24}\right).$$

§ 27. Konstruktionen der Kegelschnitte

(1) Zirkelkonstruktion der Ellipse. Gegeben sind die Brennpunkte F_1 und F_2 und die große Achse $2a$ der Ellipse. Man zeichnet um einen der Brennpunkte Kreise mit beliebigen Radien $\varrho < 2a$ und um den anderen Brennpunkt mit den Radien $2a - \varrho$. Die Schnittpunkte zweier entsprechender Kreise sind Punkte der Ellipse.

Beweis folgt aus der Definition der Ellipse in § 25 (1).

(2) Fadenkonstruktion der Ellipse. Gegeben sind die Brennpunkte F_1, F_2 und die große Achse $2a$ der Ellipse. Man befestigt in F_1 und F_2 die Enden eines Fadens von der Länge $2a$ und führt einen Stift so längs des Fadens, daß dieser dauernd gespannt bleibt, er beschreibt dann eine Ellipse.

Beweis folgt aus der Definition der Ellipse in § 25 (1).

(3) Papierstreifenkonstruktion der Ellipse (Ellipsenzirkel). Gegeben sind die beiden Achsen der Ellipse und ihre Längen a und b. Bezeichnet man auf einem Papierstreifen die Punkte A, B und P so, daß $PA = a$ und $PB = b$ ist, und verschiebt ihn so, daß sich A auf der kleinen und B auf der großen Achse bewegt, dann beschreibt P die Ellipse.

Bew. (Fig. 60): Zeichnet man durch P die Parallele zum Schenkel seiner exzentrischen Anomalie, so haben deren Schnittpunkte mit den Achsen von P die Abstände a und b.

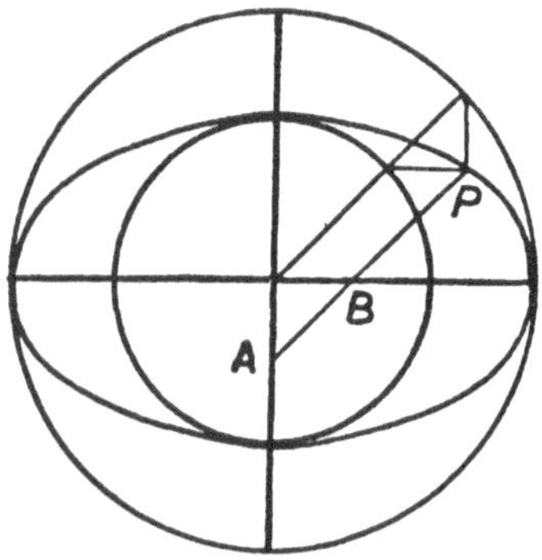

Fig. 60.

(4) Parabelkonstruktion aus der Ortsdefinition. Gegeben ist der Brennpunkt F und die Leitlinie l der Parabel. Man zeichnet um F Kreise mit beliebigen Radien ϱ und zu l die Parallelen im Abstand ϱ. Die Schnittpunkte eines Kreises mit der entsprechenden Parallelen sind Punkte der Parabel.

Beweis folgt aus der Definition der Parabel in § 25 (2).

(5) Parabelkonstruktion aus der Scheitelgleichung. Gegeben sind Scheitel, Achse und Parameter $2p$ der Parabel. Trägt man auf der Achse vom Scheitelpunkt O aus eine beliebige Strecke OQ und die Strecke $QR = 2p$ ab, so schneidet die Senkrechte in Q auf der Achse den Halbkreis über OR in einem Punkt der Parabel.

Beweis: Nach der Scheitelgleichung ist die Ordinate eines Parabelpunktes mittlere Proportionale zu seiner Abszisse und dem Parameter.

(6) Zirkelkonstruktion der Hyperbel. Gegeben sind die Brennpunkte F_1, F_2 und die große Achse $2a$ der Hyperbel. Man zeichnet um einen der beiden Brennpunkte Kreise mit beliebigen Radien ϱ und um den anderen Brennpunkt mit den Radien $2a + \varrho$. Die Schnittpunkte zweier entsprechender Kreise sind Punkte der Hyperbel.

Beweis folgt aus der Definition der Hyperbel in § 25 (3).

§ 28. Mittelpunkts- und Polargleichungen

(1) Mittelpunktsgleichung von Ellipse und Hyperbel. Aus den in § 26 abgeleiteten Scheitelgleichungen ergeben sich durch Parallelverschiebung des Koordinatensystems die Gleichungen von Ellipse und Hyperbel in bezug auf die beiden Hauptachsen und den Mittelpunkt als Koordinatenanfangspunkt. Die als η-Achse bezeichnete Scheiteltangente wird dabei um die Länge a nach rechts bzw. links verschoben, so daß sie in die als y-Achse bezeichnete Vertikalachse der Kurve übergeht.

Die Scheitelgleichung der Ellipse ist

$$\eta^2 = 2p\,\xi - \frac{p}{a}\,\xi^2.$$

Wegen $p = \frac{b^2}{a}$ und $\xi = x + a$, $\eta = y$ wird daraus

$$y^2 = 2\frac{b^2}{a}\,x + 2b^2 - \frac{b^2}{a^2}\,x^2 - 2\frac{b^2}{a}\,x - b^2, \qquad \frac{b^2}{a^2}\,x^2 + y^2 = b^2,$$

$$\boxed{E \quad \frac{x^2}{a^2} + \frac{y^2}{b^2} = 1}$$

die Mittelpunktsgleichung der Ellipse. Hieraus folgt, daß die in § 24 und § 25 gegebenen Definitionen der Ellipse als affines Bild des Kreises und als Kegelschnitt äquivalent sind.

Aus der Scheitelgleichung der Hyperbel

$$\eta^2 = 2p\,\xi + \frac{p}{a}\,\xi^2$$

ergibt sich durch die Transformation

$$\xi = x - a, \qquad \eta = y$$

ihre Mittelpunktsgleichung

$$y^2 = 2\frac{b^2}{a}\,x - 2b^2 + \frac{b^2}{a^2}\,x^2 - 2\frac{b^2}{a}\,x + b^2, \qquad \frac{-b^2}{a^2}\,x^2 + y^2 = -b^2,$$

$$\boxed{H \quad \frac{x^2}{a^2} - \frac{y^2}{b^2} = 1.}$$

Die Gleichungen von Ellipse und Hyperbel, deren Mittelpunkte die Koordinaten x_M, y_M haben, und deren Hauptachsen den Koordinatenachsen parallel sind, lauten

$$\frac{(x - x_M)^2}{a^2} \pm \frac{(y - y_M)^2}{b^2} = 1.$$

Beispiel 1: Der Kegel mit dem Öffnungswinkel $2\omega = 90°$ wird von 2 Ebenen geschnitten, die mit der Kegelachse die Winkel $\alpha_1 = 60°$ und $\alpha_2 = 30°$ im Abstand 10 von der Kegelspitze bilden. Die Mittelpunktsgleichungen der dadurch entstandenen Ellipse und Hyperbel sind zu bestimmen.

Es ist

$$\varepsilon_1 = \frac{\cos\alpha_1}{\cos\omega} = \frac{1}{\sqrt{2}} \quad \text{und} \quad \varepsilon_2 = \frac{\cos\alpha_2}{\cos\omega} = \sqrt{\frac{3}{2}}\,.$$

Aus Fig. 61a und b ergibt sich

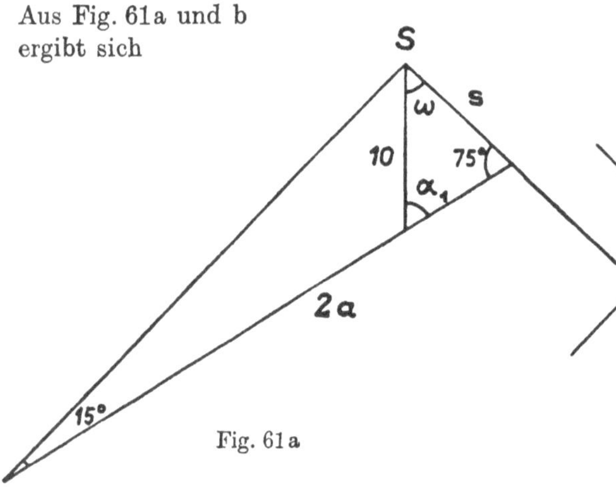

Fig. 61a

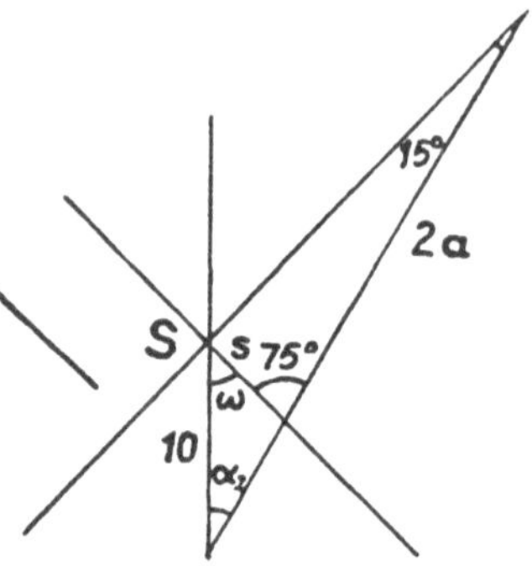

Fig. 61b

$$\frac{s}{\sin 60^\circ} = \frac{10}{\sin 75^\circ}$$

$$2a = \frac{s}{\cos 75^\circ} = \frac{10 \cdot \sin 60^\circ}{\sin 75^\circ \cdot \cos 75^\circ} =$$

$$= \frac{10 \cdot \sin 60^\circ}{\frac{1}{2} \cdot \sin 150^\circ} = \frac{20 \cdot \sin 60^\circ}{\cos 60^\circ} = 20\sqrt{3},$$

$$e = a\,\varepsilon_1 = 10\sqrt{\frac{3}{2}},$$

$$b^2 = a^2 - e^2 = 300 - 150 = 150,$$

$$\frac{x^2}{300} + \frac{y^2}{150} = 1.$$

$$\frac{s}{\sin 30^\circ} = \frac{10}{\sin 105^\circ} = \frac{10}{\sin 75^\circ}$$

$$2a = \frac{s}{\cos 75^\circ} = \frac{10 \cdot \sin 30^\circ}{\sin 75^\circ \cdot \cos 75^\circ} =$$

$$= \frac{10 \cdot \sin 30^\circ}{\frac{1}{2} \cdot \sin 150^\circ} = \frac{20 \cdot \sin 30^\circ}{\sin 30^\circ} = 20,$$

$$e = a\,\varepsilon_2 = 10\sqrt{\frac{3}{2}},$$

$$b^2 = e^2 - a^2 = 150 - 100 = 50,$$

$$\frac{x^2}{100} - \frac{y^2}{50} = 1.$$

Beispiel 2: Die Mittelpunktsgleichung der Ellipse mit $\varepsilon = \frac{2}{3}$ und $2p = 10$ ist zu bestimmen.

$$\varepsilon = \frac{e}{a} = \frac{\sqrt{a^2 - b^2}}{a}, \qquad p = \frac{b^2}{a},$$

$$a^2\varepsilon^2 = a^2 - a\,p, \qquad b^2 = a\,p,$$

$$a = \frac{p}{1-\varepsilon^2}, \qquad b = \frac{p}{\sqrt{1-\varepsilon^2}}.$$

$$a = \frac{5}{1-\frac{4}{9}} = 9, \qquad b = \frac{5}{\sqrt{\frac{5}{9}}} = 3\sqrt{5}$$

$$\frac{x^2}{81} + \frac{y^2}{45} = 1.$$

(2) Polargleichungen in bezug auf den Mittelpunkt. Aus den Mittelpunktsgleichungen von Ellipse und Hyperbel

$$\frac{x^2}{a^2} \pm \frac{y^2}{b^2} = 1$$

erhält man ihre Gleichungen in Polarkoordinaten r, φ, deren Pol der Mittelpunkt ist, durch die Beziehungen $x = r \cdot \cos\varphi$, $y = r \cdot \sin\varphi$ aus § 1 (5)

$$\frac{r^2\cos^2\varphi}{a^2} \pm \frac{r^2\sin^2\varphi}{b^2} = 1,$$

$$\frac{1}{r^2} = \frac{\cos^2\varphi}{a^2} \pm \frac{\sin^2\varphi}{b^2},$$

$$r^2 = \frac{a^2 b^2}{b^2\cos^2\varphi \pm a^2\sin^2\varphi} = \frac{a^2 b^2}{b^2\cos^2\varphi \pm a^2 \mp a^2\cos^2\varphi} = \frac{a^2 b^2}{\pm a^2 \mp e^2\cos^2\varphi}$$

$$= \frac{\pm b^2}{1 - \frac{e^2}{a^2}\cos^2\varphi}$$

Die Polargleichungen der Kegelschnitte mit Mittelpunkt lauten also

$$\text{E} \quad r^2 = \frac{b^2}{1 - \varepsilon^2\cos^2\varphi} \qquad\qquad \text{H} \quad r^2 = \frac{-b^2}{1 - \varepsilon^2\cos^2\varphi}.$$

Die Polargleichungen geben Aufschluß über die Gestalt der beiden Kegelschnitte. Für die Ellipse ist wegen $\varepsilon < 1$ r^2 stets positiv, da ja $\cos^2\varphi \leq 1$ für alle φ ist, d. h. läßt man φ von $0°$ bis $360°$ wachsen, so erhält man für jedes φ einen reellen Wert r, die Ellipse ist also eine geschlossene Kurve. Die größten Werte für r ergeben sich bei $\varphi = 0°$ und $\varphi = 180°$, da der Nenner dann seinen kleinsten Wert $1 - \varepsilon^2$ erhält; die kleinsten r-Werte bekommt man für $\varphi = 90°$ und $\varphi = 270°$, da der Nenner dann seinen größten Wert 1 annimmt.

Bei der Hyperbel ist $\varepsilon^2 > 1$. Für $\varphi = 0°$ ist der Nenner $1 - \varepsilon^2 < 0$ am kleinsten, d. h. r erhält einen minimalen Wert. Wächst nun φ, so nimmt r ebenfalls zu, und zwar solange, bis der Nenner gleich Null wird, d. h. $\cos\varphi = \frac{1}{\varepsilon}$. Bei Annäherung an diesen φ-Wert wächst r über alle Grenzen. Läßt man φ noch größer werden, so wird r^2 negativ, also r nicht reell, und bleibt es solange, bis φ den durch $\cos\varphi = -\frac{1}{\varepsilon}$ bestimmten Wert im zweiten Quadranten überschreitet. Für $\varphi = 180°$ erhält r den zweiten Minimalwert, und für $180° < \varphi < 360°$ gilt dasselbe wie für $0° < \varphi < 180°$.

Beispiel 3: Die Polargleichung der Ellipse mit den Halbachsen $a = 5$ und $b = 3$ ist

$$r^2 = \frac{225}{25 - 16 \cdot \cos^2\varphi},$$

die der Hyperbel mit $a = 4$ und $b = 3$ ist

$$r^2 = \frac{144}{25 \cdot \cos^2\varphi - 16}.$$

(3) Die Summe der reziproken Quadrate zweier senkrechter Halbmesser der Ellipse oder der Hyperbel ist konstant.

Versteht man unter einem Halbmesser der Kurve die Strecke zwischen Mittelpunkt und einem Punkt der Kurve, so gilt nach (2) für jeden Halbmesser

$$\frac{1}{r^2} = \frac{\cos^2\varphi}{a^2} \pm \frac{\sin^2\varphi}{b^2}.$$

Für den darauf senkrecht stehenden Radius r' gilt

$$\frac{1}{r'^2} = \frac{\cos^2\varphi'}{a^2} \pm \frac{\sin^2\varphi'}{b^2},$$

wobei sich φ und φ' um 90° unterscheiden, also

$$\cos^2\varphi' = \sin^2\varphi \quad \text{und} \quad \sin^2\varphi' = \cos^2\varphi$$

ist. Durch Addition der beiden Gleichungen ergibt sich

E H	$\frac{1}{r^2} + \frac{1}{r'^2} = \frac{1}{a^2} \pm \frac{1}{b^2}.$

Beispiel 4: Für die Länge der beiden Halbmesser, die die Achsenwinkel der Hyperbel

$$\frac{x^2}{3} - \frac{y^2}{5} = 1$$

halbieren, folgt aus der Symmetrie der Kurve $r' = r$, also gilt

$$\frac{2}{r^2} = \frac{1}{3} - \frac{1}{5},$$

$$r = \sqrt{15}.$$

(4) Polargleichungen in bezug auf den Brennpunkt. Wählt man einen Brennpunkt als Pol und das auf die dazu gehörige Leitlinie gefällte Lot als Polarachse, so erhält man aus den Definitionen in § 25 eine gemeinsame Gleichung aller 3 Kegelschnitte in Polarkoordinaten f, ψ.

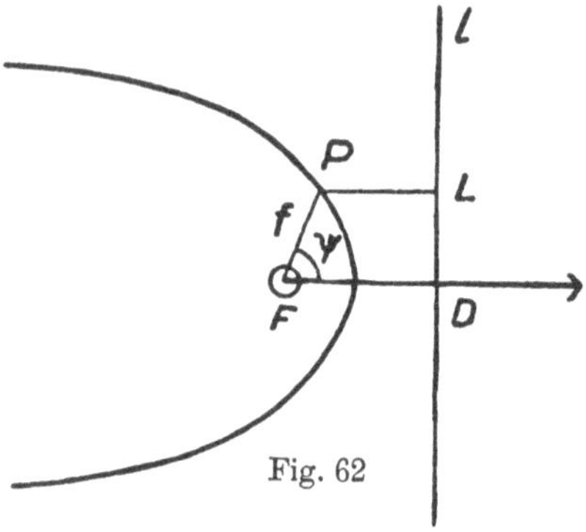

Fig. 62

Für jeden Punkt P des Kegelschnitts ist

$$\frac{PF}{PL} = \varepsilon,$$

nach § 26 (1) ist ferner

$$DF = \frac{p}{\varepsilon},$$

es gilt also $PF = \varepsilon \cdot PL$ und nach Fig. 62 $PL = DF - FP \cdot \cos\psi$, folglich

$$f = p - \varepsilon f \cdot \cos\psi$$

E, P, H	$f = \frac{p}{1 + \varepsilon \cdot \cos\psi}.$

Von der Hyperbel wird hierdurch nur der zu dem betrachteten Brennpunkt gehörige Ast dargestellt. Die Gleichung des anderen Astes ist

$$f = \frac{p}{\varepsilon \cdot \cos\psi - 1}\,.$$

Beispiel 5: Die auf den Brennpunkt bezogenen Polargleichungen der

Ellipse	$\frac{x^2}{25} + \frac{y^2}{9} = 1$	$p = \frac{9}{5}$,	$\varepsilon = \frac{4}{5}$	$f = \frac{9}{5 + 4\cos\psi}$
Parabel	$y^2 = 6x$ sind wegen	$p = 3$,	$\varepsilon = 1$	$f = \frac{3}{1 + \cos\psi}$
Hyperbel	$\frac{x^2}{16} - \frac{y^2}{9} = 1$	$p = \frac{9}{4}$,	$\varepsilon = \frac{5}{4}$	$f = \frac{9}{4 + 5\cos\psi}$

Beispiel 6: Gegeben ist ein Brennpunkt und die Hauptachsenrichtung eines Kegelschnittes sowie in den hierauf bezogenen Polarkoordinaten die Punkte $A: 2, 240°$; $B_1: 5, 135°$; $B_2: 2 + \sqrt{2}, 135°$; $B_3: 3, 135°$. Die durch A und je einen der Punkte B_ν gehenden Kegelschnitte sind zu bestimmen.

Aus den Polargleichungen

$$2 = \frac{p_{1,2,3}}{1 - \frac{1}{2}\varepsilon_{1,2,3}}$$

und

$$5 = \frac{p_1}{1 - \frac{\varepsilon_1}{2} \cdot \sqrt{2}}, \qquad 2 + \sqrt{2} = \frac{p_2}{1 - \frac{\varepsilon_2}{2} \cdot \sqrt{2}}, \qquad 3 = \frac{p_3}{1 - \frac{\varepsilon_3}{2} \cdot \sqrt{2}}$$

folgt

$$2 - \varepsilon_1 = 5 - \varepsilon_1 \frac{5}{2}\sqrt{2}, \qquad 2 - \varepsilon_2 = 2 + \sqrt{2} - \varepsilon_2\sqrt{2} - \varepsilon_2,$$

$$2 - \varepsilon_3 = 3 - \varepsilon_3 \frac{3}{2}\sqrt{2},$$

$$\varepsilon_1 = 1{,}18, \qquad \varepsilon_2 = 1, \qquad \varepsilon_3 = 0{,}89,$$
$$p_1 = 0{,}82. \qquad p_2 = 1. \qquad p_3 = 1{,}11.$$

(5) Ähnlichkeit der Kegelschnitte. Alle Kegelschnitte mit derselben numerischen Exzentrizität sind einander ähnlich.

Stimmen 2 Kegelschnitte in ε überein, so sind sie außerdem noch durch ihre Parameter $2p_1$ und $2p_2$ gegeben. Auf Grund der Polargleichung gelten nun für die Brennstrahlen der beiden Kurven, welche die gleiche Amplitude ψ haben, die Proportionen

$$f_1 : f_2 = p_1 : p_2.$$

unabhängig von der Größe von ψ. Damit ist aber die Ähnlichkeit der Kurven nachgewiesen.

Insbesondere sind alle Parabeln einander ähnlich.

Ähnliche Ellipsen oder Hyperbeln sind bei gleichem Mittelpunkt auch in ähnlicher Lage.

Beispiel 7: Die Bahn des Planeten Merkur hat die numerische Exzentrizität $\varepsilon = 0{,}2$. Die der Merkurbahn ähnliche Ellipse mit der großen Achse $2a = 10$ hat wegen $e = \varepsilon a = 1$ die kleine Halbachse

$$b = \sqrt{24} = 4{,}898.$$

§ 29. Kegelschnitt und Gerade

(1) Durchmesser der Ellipse und Hyperbel. Durchmesser eines Kegelschnitts mit Mittelpunkt heißt jede Gerade durch den Mittelpunkt. Unter seiner Länge versteht man die Strecke, die die Kurve auf dieser Geraden abschneidet.

Da die Ellipse eine geschlossene endliche Kurve ist, hat jeder ihrer Durchmesser eine bestimmte Länge. Die Koordinaten ihrer Schnittpunkte mit einem Durchmesser ergeben sich aus den Gleichungen

$$\frac{x_S^2}{a^2} + \frac{y_S^2}{b^2} = 1 \qquad \text{und} \qquad y_S = m x_S,$$

$$b^2 x_S^2 + a^2 m^2 x_S^2 = a^2 b^2, \qquad x_S = \pm \frac{a b}{\sqrt{b^2 + a^2 m^2}}.$$

Es gibt also zwei verschiedene, symmetrisch zum Mittelpunkt gelegene Schnittpunkte.

Für die Schnittpunkte der Hyperbel

$$\frac{x^2}{a^2} - \frac{y^2}{b^2} = 1 \qquad \text{mit dem Durchmesser} \qquad y = m x$$

gelten die Gleichungen

$$b^2 x_S^2 - a^2 m^2 x_S^2 = a^2 b^2, \qquad x_S = \pm \frac{a b}{\sqrt{b^2 - a^2 m^2}}.$$

Es ergeben sich also nur dann reelle Schnittpunkte, wenn $b^2 - a^2 m^2 > 0$, d. h. $|m| < \frac{b}{a}$ ist. Die beiden Geraden

$$y = \frac{b}{a} x \qquad \text{und} \qquad y = -\frac{b}{a} x$$

sind somit Grenzlagen, die die Ebene in zwei Winkelräume zerlegen. Alle Durchmesser, die in demselben Winkelraum wie die x-Achse liegen, schneiden die Hyperbel in zwei zum Mittelpunkt symmetrischen Punkten, sie heißen Hauptdurchmesser. Alle Durchmesser im Winkelraum der Nebenachse haben keinen Punkt mit der Hyperbel gemein, sie heißen Nebendurchmesser der Hyperbel.

Die Längen der Ellipsendurchmesser und der Hauptdurchmesser der Hyperbel lassen sich am bequemsten aus den Polargleichungen der Kegelschnitte in bezug auf ihren Mittelpunkt [§ 28 (2)] bestimmen.

(2) Asymptoten. Aus den Betrachtungen in (1) ist zu erkennen, daß die Hyperbel

$$\frac{x^2}{a^2} - \frac{y^2}{b^2} = 1$$

mit den Geraden

$$y = \frac{b}{a}\,x \quad \text{und} \quad y = -\frac{b}{a}\,x$$

deren unendlich ferne Punkte gemeinsam hat.

Löst man die Hyperbelgleichung nach y auf,

$$y = \pm\frac{b}{a}\,x\sqrt{1-\left(\frac{a}{x}\right)^2},$$

so erkennt man, daß sich mit wachsender Abszisse x der Quotient $\frac{a}{x}$ immer mehr der Null nähert und die Ordinate y der Hyperbel sich immer mehr dem Werte $\pm\frac{b}{a}\,x$ nähert. Der Unterschied zwischen den Punkten der Hyperbel und der Geraden

$$y = \pm\frac{b}{a}\,x$$

wird also mit wachsendem x immer kleiner, dasselbe geschieht auch, wenn x immer höhere negative Werte annimmt, d. h. die Geraden nähern sich für $x \to \pm\infty$ der Hyperbel, ohne sie zu erreichen. Diese Geraden heißen die Asymptoten der Hyperbel (Fig. 63). Ihre Gleichungen sind

$$\boxed{y = \pm\frac{b}{a}\,x.}$$

Die Asymptoten der gleichseitigen Hyperbel stehen aufeinander senkrecht, denn für die gleichseitige Hyperbel ist $b = a$, ihre Asymptoten haben also die Gleichungen $y = x$ und $y = -x$, d. h. sie sind senkrecht und halbieren die Achsenwinkel.

(3) Komplementäre Hyperbeln. Für einen Nebendurchmesser der Hyperbel

$$\frac{x^2}{a^2} - \frac{y^2}{b^2} = 1$$

ist die Größe, die sich aus der auf den Mittelpunkt bezogenen Polargleichung nach § 28 (2) ergibt,

$$r^2 = \frac{a^2\,b^2}{b^2\cos^2\varphi - a^2\sin^2\varphi}$$

negativ. Trägt man auf dem Nebendurchmesser mit der Amplitude φ vom Koordinatenanfangspunkt aus nach beiden Seiten die Strecke

$$r^* = \sqrt{-r^2}$$

ab, so erhält man zwei zu O symmetrische Punkte, für deren Radiusvektor $r^{*2} = -r^2$ gilt. Durchläuft φ alle Werte $\frac{1}{\varepsilon} > \cos\varphi > -\frac{1}{\varepsilon}$, so entsteht eine Kurve mit der Polargleichung

$$-r^{*2} = \frac{a^2 b^2}{b^2 \cos^2\varphi - a^2 \sin^2\varphi}$$

oder

$$\frac{1}{r^{*2}} = \frac{\sin^2\varphi}{b^2} - \frac{\cos^2\varphi}{a^2}.$$

In rechtwinkligen Koordinaten x, y lautet deren Gleichung wegen der Beziehungen $x = r^* \cdot \cos\varphi$, $y = r^* \cdot \sin\varphi$

$$\frac{y^2}{b^2} - \frac{x^2}{a^2} = 1,$$

d. h. die Kurve ist eine Hyperbel mit der y-Achse als Hauptachse, deren Scheitel die Koordinaten $0, \pm b$ haben, und deren lineare Exzentrizität $e = \sqrt{a^2 + b^2}$ gleich der der ursprünglichen Hyperbel ist. Die beiden Hyperbeln heißen komplementär (Fig. 63).

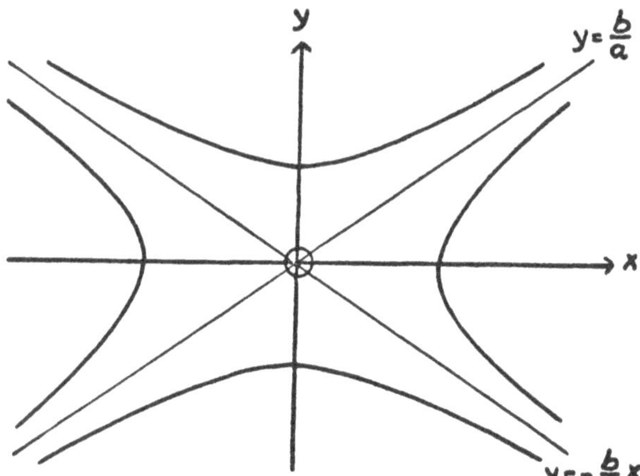

Fig. 63

Komplementäre Hyperbeln haben dieselben Asymptoten und die Hauptdurchmesser der einen sind die Nebendurchmesser der anderen. Die Mittelpunktsgleichungen komplementärer Hyperbeln sind

$$\boxed{\frac{x^2}{a^2} - \frac{y^2}{b^2} = \pm 1.}$$

(4) **Die Differenz der reziproken Quadrate zweier senkrechter Halbmesser komplementärer Hyperbeln ist konstant.** Für einen Radius der Hyperbel

$$\frac{x^2}{a^2} - \frac{y^2}{b^2} = 1$$

gilt nach § 28 (3)

$$\frac{1}{r^2} = \frac{\cos^2\varphi}{a^2} - \frac{\sin^2\varphi}{b^2}.$$

Für den darauf senkrechten Radius der komplementären Hyperbel gilt nach (3)

$$\frac{1}{r^{*2}} = \frac{\sin^2\varphi'}{b^2} - \frac{\cos^2\varphi'}{a^2},$$

und es ist $\sin^2\varphi' = \cos^2\varphi$ und $\cos^2\varphi' = \sin^2\varphi$. Folglich ergibt sich durch Subtraktion

$$\boxed{\frac{1}{r^2} - \frac{1}{r^{*2}} = \frac{1}{a^2} - \frac{1}{b^2}.}$$

(5) Durchmesser der Parabel. Unter einem Durchmesser der Parabel versteht man jede zur Parabelachse parallele Gerade.

Die Parabel $y^2 = 2p\,x$ wird von jedem ihrer Durchmesser $y = b$ in genau einem Punkt geschnitten, seine Koordinaten sind

$$x_S = \frac{b^2}{2p}, \quad y_S = b.$$

Die Parabel $y^2 = 2p\,x$ hat mit der Senkrechten auf ihrer Achse im Scheitelpunkt $x = 0$ zwei zusammenfallende Punkte $x_s = 0$, $y_s = 0$ gemeinsam, die Gerade ist also Tangente an die Parabel und heißt deren Scheiteltangente.

(6) Tangentialbedingung der Ellipse. Für die Schnittpunkte der Geraden

$$y = m\,x + q$$

mit der Ellipse

$$\frac{x^2}{a^2} + \frac{y^2}{b^2} = 1$$

gelten die Gleichungen

$$y_S = m\,x_S + q \quad \text{und} \quad b^2 x_S^2 + a^2 y_S^2 = a^2 b^2,$$

folglich

$$b^2 x_S^2 + a^2 m^2 x_S^2 + 2a^2 m q\,x_S = a^2 b^2 - a^2 q^2,$$

$$x_S = \frac{-a^2 mq \pm a\sqrt{a^2 m^2 q^2 + (b^2 - q^2)\,(b^2 + a^2 m^2)}}{b^2 + a^2 m^2}$$

$$= \frac{-a^2 m\,q \pm a\,b\sqrt{b^2 + a^2 m^2 - q^2}}{b^2 + a^2 m^2}.$$

Die Realität von x_S hängt von dem Vorzeichen des Radikanden $b^2 + a^2 m^2 - q^2$ ab. Ellipse und Gerade haben zwei verschiedene, zwei zusammenfallende, d. h. einen, oder keinen gemeinsamen Punkt, je nachdem

$$b^2 + a^2 m^2 - q^2 \gtreqless 0$$

ist. Die Bedingung dafür, daß die Gerade Tangente an die Ellipse ist, lautet somit

$$\boxed{\text{E} \quad a^2 m^2 + b^2 = q^2.}$$

Beispiel 1: Die Gleichungen der Tangenten an die Ellipse

$$\frac{x^2}{20} + \frac{y^2}{12} = 1$$

durch den Punkt $P_0: -5, 2$ sind zu bestimmen.

Die Gleichungen sind von der Form

$$\frac{y-2}{x+5} = m, \qquad \text{d. h.} \qquad y = mx + 5m + 2.$$

m wird mit Hilfe der Tangentialbedingung bestimmt:

$$20m^2 + 12 = 25m^2 + 20m + 4, \qquad m_1 = 0{,}37, \quad m_2 = -4{,}37.$$

Demnach sind die Tangentengleichungen

$$y = 0{,}37x - 3{,}85, \qquad y = -4{,}37x - 19{,}85.$$

(7) Eine Gerade schneidet die Ellipse, berührt sie oder liegt außerhalb, je nachdem der Fußpunkt des von einem Brennpunkt auf die Gerade gefällten Lotes innerhalb, auf der Peripherie oder außerhalb des Umkreises liegt.

Bew.: Ist $y = mx + q$ die Gleichung der Geraden, so sind die Gleichungen der Senkrechten auf ihr durch die Brennpunkte

$$\frac{y}{x \pm e} = -\frac{1}{m}.$$

Für die Koordinaten der Fußpunkte $Q_{1,2}$ gilt also

$$m x_Q + q = -\frac{x_Q}{m} \mp \frac{e}{m},$$

$$x_Q\left(m + \frac{1}{m}\right) = -q \mp \frac{e}{m},$$

$$x_Q = \frac{-mq \mp e}{m^2+1} \text{ und}$$

$$y_Q = \frac{-m^2 q \mp me}{m^2+1} + q = \frac{\mp me + q}{m^2+1}.$$

Das Quadrat ihres Abstandes vom Nullpunkt ist

$$x_Q^2 + y_Q^2 = \frac{1}{(m^2+1)^2}(m^2q^2 \pm 2emq + e^2 + m^2e^2 \mp 2emq + q^2)$$

$$= \frac{q^2+e^2}{m^2+1} = \frac{q^2+a^2-b^2}{m^2+1}.$$

Die Punkte $Q_{1,2}$ liegen also innerhalb, auf der Peripherie oder außerhalb des Umkreises, je nachdem

$$\frac{q^2+a^2-b^2}{m^2+1} \lesseqgtr a^2$$

ist, d. h. $q^2 - b^2 \lesseqgtr a^2m^2$ oder $b^2 + a^2m^2 - q^2 \gtreqless 0$,

das ist aber die Bedingung dafür, daß die Gerade die Ellipse schneidet, berührt oder nicht trifft.

(8) Tangentialbedingung der Hyperbel. Für die Schnittpunkte der Geraden $y = mx + q$

mit der Hyperbel $\frac{x^2}{a^2} - \frac{y^2}{b^2} = 1$ gilt

$$b^2 x_S^2 - a^2 m^2 x_S^2 - 2a^2 m q x_S = a^2 b^2 + a^2 q^2,$$

$$x_S = \frac{a^2 mq \pm a\sqrt{a^2m^2q^2 + (b^2+q^2)(b^2-a^2m^2)}}{b^2 - a^2m^2} = \frac{a^2mq \pm ab\sqrt{b^2 - a^2m^2 + q^2}}{b^2-a^2m^2}.$$

1. Fall: $b^2 - a^2m^2 > 0$, d. h. $m^2 < \frac{b^2}{a^2}$. Die Gerade ist einem Hauptdurchmesser parallel.

Da dann erst recht $b^2 - a^2m^2 + q^2 > 0$ ist, existieren zwei verschiedene Schnittpunkte, die sogar auf verschiedenen Hyperbelästen liegen, denn das Produkt der Wurzeln $x_{S_1} \cdot x_{S_2}$ ist nach algebraischen Sätzen gleich dem absoluten Glied $-\frac{a^2 b^2 + a^2 q^2}{b^2 - a^2 m^2}$, also negativ, d. h. x_{S_1} und x_{S_2} haben entgegengesetzte Vorzeichen.

2. Fall: $b^2 - a^2 m^2 < 0$, d. h. $m^2 > \frac{b^2}{a^2}$. Die Gerade ist einem Nebendurchmesser parallel.

Je nachdem dann $b^2 - a^2 m^2 + q^2 \gtreqless 0$ ist, existieren zwei verschiedene Schnittpunkte, die auf demselben Hyperbelast liegen, da $x_{S_1} \cdot x_{S_2}$ hier positiv ist, zwei zusammenfallende Schnittpunkte, d. h. ein Berührungspunkt, oder keine Schnittpunkte.

3. Fall: $b^2 - a^2 m^2 = 0$, d. h. $m^2 = \frac{b^2}{a^2}$. Die Gerade ist einer Asymptote parallel.

Die Wurzeln der quadratischen Gleichung $Ax^2 + 2Bx + C = 0$ lassen sich auf folgende Form bringen

$$x_{1,2} = \frac{-B \pm \sqrt{B^2 - AC}}{A} = \frac{(-B \pm \sqrt{B^2 - AC})(-B \mp \sqrt{B^2 - AC})}{A(-B \mp \sqrt{B^2 - AC})}$$
$$= \frac{C}{-B \mp \sqrt{B^2 - AC}}.$$

Für $A = 0$ wird $x_1 = -\frac{C}{2B}$, $x_2 = \infty$; für $A = B = 0$ wird $x_1 = \infty$, $x_2 = \infty$.

Diese Betrachtungen führen, auf die quadratische Gleichung für x_S angewendet, zu folgendem Ergebnis: Jede zu einer Asymptote parallele Gerade schneidet die Hyperbel in einem endlichen und in ihrem unendlich fernen Punkt. Die Asymptoten selbst haben mit der Hyperbel zwei zusammenfallende, unendlich ferne Punkte gemeinsam, d. h. sie sind als Tangenten an die Hyperbel in ihren unendlich fernen Punkten aufzufassen. Demnach müssen die im 1. und 3., sowie die im 2. und 4. Quadranten liegenden Hyperbeläste als im Unendlichen zusammenhängend betrachtet werden.

Die Tangentialbedingung der Hyperbel lautet somit

$$\boxed{\text{H} \quad a^2 m^2 - b^2 = q^2.}$$

Beispiel 2: Es sind die Gleichungen der Tangenten an die Hyperbel

$$\frac{x^2}{14} - \frac{y^2}{5} = 1$$

zu bestimmen, die mit der x-Achse den Winkel $\alpha = 45°$ bilden.

$$m = \operatorname{tg} 45° = 1, \qquad 14 \cdot 1 - 5 = q^2, \qquad q = \pm 3.$$
$$y = x + 3, \qquad y = x - 3.$$

(9) Eine Gerade schneidet die Hyperbel, berührt sie oder hat mit ihr keine gemeinsamen Punkte, je nachdem der Fußpunkt des von einem Brennpunkt auf die Gerade gefällten Lotes außerhalb, auf der Peripherie oder innerhalb des Scheitelkreises liegt.

Beweis: Die Gleichungen der Senkrechten auf der Geraden $y = mx + q$ durch die Brennpunkte sind

$$\frac{y}{x \pm e} = -\frac{1}{m}.$$

Das Abstandsquadrat der Fußpunkte vom Nullpunkt ergibt sich wie in (7) zu

$$x_Q^2 + y_Q^2 = \frac{q^2 + e^2}{m^2 + 1} = \frac{q^2 + a^2 + b^2}{m^2 + 1}.$$

Die Punkte $Q_{1,2}$ liegen also außerhalb, auf der Peripherie oder innerhalb des Kreises, der die Hyperbel in ihren Scheiteln berührt, je nachdem

$$q^2 + b^2 \gtreqless a^2 m^2 \qquad \text{oder}$$

$$b^2 - a^2 m + q^2 \gtreqless 0$$

ist, und das ist die Bedingung dafür, daß die Gerade die Hyperbel schneidet, berührt oder nicht trifft.

(10) Tangentialbedingung der Parabel. Für die Schnittpunkte der Geraden $y = mx + q$

mit der Parabel $y^2 = 2px$

gilt $y_S^2 = \frac{2p}{m} y_S - \frac{2p}{m} q,$

$$y_S = \frac{p}{m} \pm \sqrt{\frac{p^2}{m^2} - \frac{2pq}{m}} = \frac{p}{m} \pm \frac{\sqrt{p}}{m} \sqrt{p - 2mq},$$

für $m \neq 0$ existieren also 2 Schnittpunkte, 1 Berührungspunkt oder kein gemeinsamer Punkt, je nachdem

$$p - 2mq \gtreqless 0$$

ist. Insbesondere lautet die Tangentialbedingung

$$\boxed{\mathrm{P} \quad \frac{p}{2} = mq.}$$

Beispiel 3: Die Scheitelgleichung der Parabel, die die Gerade $y = \frac{1}{4} x + 5$ berührt, ist wegen der Tangentialbedingung

$$\frac{p}{2} = \frac{1}{4} \cdot 5, \qquad y^2 = 5x.$$

(11) Eine Gerade schneidet die Parabel, berührt sie oder liegt außerhalb, je nachdem der Fußpunkt des vom Brennpunkt auf die Gerade gefällten Lotes vom Brennpunkt aus gesehen vor, auf oder hinter der Scheiteltangente liegt.

Beweis: Die Gleichung der Senkrechten auf der Geraden $y = mx + q$ durch den Brennpunkt ist

$$\frac{y}{x - \frac{p}{2}} = -\frac{1}{m}.$$

Die Abszisse des Fußpunktes Q wird wegen

$$m x_Q + q = -\frac{x_Q}{m} + \frac{p}{2m},$$
$$x_Q \cdot (m^2 + 1) = \frac{p}{2} - mq,$$
$$x_Q = \frac{\frac{p}{2} - mq}{m^2 + 1}.$$

Sie ist positiv, gleich Null oder negativ, je nachdem $\frac{p}{2} - mq \gtreqless 0$ ist, das ist aber die Bedingung dafür, daß die Gerade mit der Parabel 2, 1 oder keinen Punkt gemeinsam hat.

(12) Konstruktion der Tangenten an einen Kegelschnitt von einem Punkt außerhalb der Kurve. Die Konstruktion beruht auf den Sätzen (7), (9) und (11). Gegeben ist ein Kegelschnitt mit seinen Brennpunkten und ein Punkt P außerhalb desselben. Der Halbkreis über der Verbindungsstrecke von P mit einem Brennpunkt schneidet den Umkreis der Ellipse bzw. die Scheiteltangente der Parabel bzw. den Scheitelkreis der Hyperbel in Q_1 und Q_2. PQ_1 und PQ_2 sind die gesuchten Tangenten (Fig. 64).

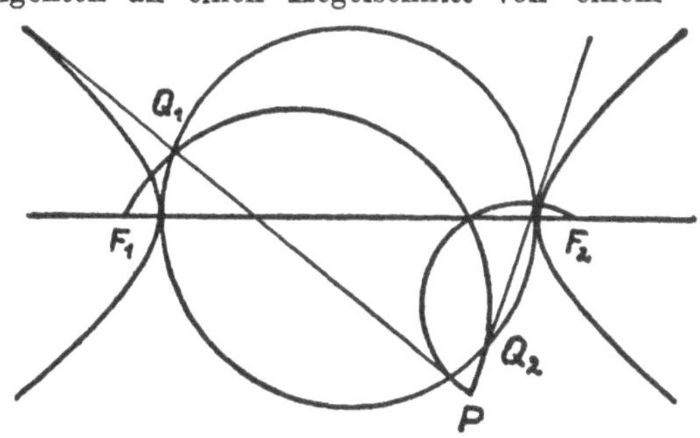

Fig. 64

(13) Konstruktion der Schnittpunkte Ellipse-Gerade. Die Konstruktion beruht auf der Überlegung, daß eine Gerade und ein von ihr geschnittener Kreis bei affiner Abbildung in eine Gerade und eine von ihr geschnittene Ellipse übergehen. Gegeben ist eine Ellipse durch ihre Halbachsen a, b und eine Gerade g. Da die Ellipse das affine Bild ihres Umkreises in bezug auf die große Achse mit dem Affinitätsverhältnis $b : a$ ist, zeichnet man die Achsen der Ellipse und das affine Bild von g mit dem Affinitätsverhältnis $a : b$. Dessen Schnittpunkte mit dem Umkreis der Ellipse sind P' und Q'. Ihre affinen Bilder sind die gesuchten Punkte P und Q auf der Geraden g (Fig. 65).

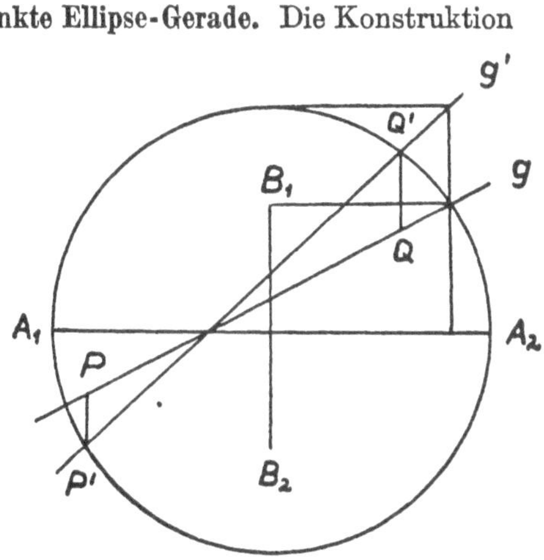

Fig. 65

§ 30. Konjugierte Durchmesser

(1) Konjugierte Durchmesser der Ellipse. Unter zwei konjugierten Durchmessern der Ellipse versteht man die Bilder zweier aufeinander senkrechter Durchmesser des Kreises, aus dem die Ellipse durch affine Abbildung entsteht.

Die beiden Kreisdurchmesser stehen auch in der Beziehung zueinander, daß der eine der Ort für die Mittelpunkte der zum anderen parallelen Sehnen ist. Bei affiner Abbildung gehen Kreissehnen in Sehnen der Ellipse über. Da Parallelität und Teilverhältnis gegenüber affiner Abbildung invariant sind, ist jeder zweier konjugierter Durchmesser der Ellipse der Ort für die Mittelpunkte aller Sehnen, die dem anderen parallel sind.

Die Richtungen zweier konjugierter Durchmesser heißen konjugierte Richtungen.

(2) Konjugierte Durchmesser der Hyperbel. Die Mittelpunkte paralleler Sehnen einer Hyperbel liegen auf einem Durchmesser, dieser heißt konjugiert zu dem der Sehnenschar parallelen Durchmesser.

Bew.: Die Schnittpunkte einer Geraden $y = mx + q$ mit der Hyperbel

$$\frac{x^2}{a^2} - \frac{y^2}{b^2} = 1$$

erfüllen nach § 29 (8) die quadratische Gleichung

$$x_S^2 (b^2 - a^2 m^2) - 2a^2 mq x_S - a^2 b^2 - a^2 q^2 = 0.$$

Die Abszisse des Mittelpunktes M der Sehne $S_1 S_2$ ist

$$x_M = \frac{x_{S_1} + x_{S_2}}{2} = \frac{a^2 mq}{b^2 - a^2 m^2},$$

da die Summe der Wurzeln einer quadratischen Gleichung gleich dem negativen Koeffizienten des linearen Gliedes ist, die Ordinate ist

$$y_M = \frac{a^2 m^2 q}{b^2 - a^2 m^2} + \frac{b^2 q - a^2 m^2 q}{b^2 - a^2 m^2} = \frac{b^2 q}{b^2 - a^2 m^2}.$$

Hieraus folgt durch Division

$$y_M = \frac{b^2}{a^2 m} \cdot x_M.$$

Diese von q unabhängige Gleichung gilt für die Mittelpunkte aller Sehnen der Hyperbel, die den gleichen Richtungsfaktor m haben. Der Ort für die Mittelpunkte aller parallelen Sehnen wird also durch die Gleichung

$$y = \frac{b^2}{a^2 m} x$$

dargestellt, und das bedeutet einen Durchmesser der Hyperbel.

(3) Richtungsfaktoren konjugierter Durchmesser. Sind m und m' die Richtungsfaktoren zweier konjugierter Durchmesser der Ellipse, so sind die Richtungsfaktoren der Kreisdurchmesser, aus denen diese entstanden sind, nach § 23 (1) $\frac{a}{b}\,m$ und $\frac{a}{b}\,m'$. Da die Kreisdurchmesser aber aufeinander senkrecht stehen, ist

$$\frac{a}{b}\,m = -\frac{b}{a\,m'}, \qquad \text{d. h.} \qquad m \cdot m' = -\frac{b^2}{a^2}.$$

Für die konjugierten Durchmesser der Hyperbel gilt nach (2)

$$m' = \frac{b^2}{a^2\,m}.$$

Bei der Ellipse und Hyperbel ist also das Produkt der Richtungsfaktoren zweier konjugierter Durchmesser konstant.

$$\begin{matrix}\text{E}\\ \text{H}\end{matrix}\quad m \cdot m' = \mp \frac{b^2}{a^2}.$$

(4) Lage der konjugierten Durchmesser. Aus der Gleichung

$$m m' = -\frac{b^2}{a^2} < 0$$

für die konjugierten Durchmesser der Ellipse folgt, daß der eine der beiden Durchmesser einen spitzen, der andere einen stumpfen Winkel mit der positiven x-Achse bildet. Konjugierte Durchmesser der Ellipse werden also durch die Achsen getrennt.

Ist $m > 0$, so muß $m' < 0$ sein, und für den Winkel ω der beiden konjugierten Durchmesser gilt

$$\operatorname{tg}\omega = \frac{m' - m}{1 + m\,m'} = \frac{m' - m}{1 - \frac{b^2}{a^2}} < 0,$$

d. h. ω ist ein stumpfer Winkel. Die kleine Achse der Ellipse liegt im Innern des stumpfen Winkels der konjugierten Durchmesser.

Bei der Hyperbel ist

$$m m' = \frac{b^2}{a^2} > 0,$$

d. h. die beiden konjugierten Durchmesser bilden entweder beide spitze oder beide stumpfe Winkel mit der positiven x-Achse. Konjugierte Durchmesser der Hyperbel liegen also stets in denselben Quadranten.

Ist $m < \frac{b}{a}$, so muß $m' > \frac{b}{a}$ sein und umgekehrt. Für $m = \pm\frac{b}{a}$ ist auch $m' = \pm\frac{b}{a}$. Bei der Hyperbel ist stets ein Hauptdurchmesser einem Nebendurchmesser konjugiert. Jede Asymptote kann als ein Paar zusammengefallener konjugierter Durchmesser aufgefaßt werden.

Bei der Ellipse trennen sich stets zwei Paare konjugierter Durchmesser, bei der Hyperbel nie.

Die einzigen aufeinander senkrechten konjugierten Durchmesser sind bei der Ellipse die Achsen, bei der Hyperbel Haupt- und Nebenachse.

(5) Je zwei konjugierte Durchmesser einer Hyperbel sind auch konjugierte Durchmesser der komplementären Hyperbel.

Beweis:

$$y = mx \quad \text{und} \quad y = \frac{b^2}{a^2 m} x$$

sind die Gleichungen zweier konjugierter Durchmesser der Hyperbel

$$\frac{x^2}{a^2} - \frac{y^2}{b^2} = 1.$$

In bezug auf das um 90° gedrehte Koordinatensystem ξ, η lauten wegen

$$x = -\eta, \qquad y = \xi$$

ihre Gleichungen $\eta = -\frac{1}{m}\xi$ und $\eta = -\frac{a^2 m}{b^2}\xi$.

Die Gleichung der komplementären Hyperbel

$$\frac{x^2}{a^2} - \frac{y^2}{b^2} = -1 \quad \text{ist} \quad \frac{\xi^2}{b^2} - \frac{\eta^2}{a^2} = 1.$$

Das Produkt der beiden Richtungsfaktoren ist

$$\left(-\frac{1}{m}\right) \cdot \left(-\frac{a^2 m}{b^2}\right) = \frac{a^2}{b^2},$$

d. h. die beiden Geraden sind konjugierte Durchmesser der komplementären Hyperbel.

Beispiel 1: Die Gleichung des zum Durchmesser $y = \frac{3}{4}x$ konjugierten Durchmessers der Ellipse $\frac{x^2}{24} + \frac{y^2}{10} = 1$ ist wegen $\frac{3}{4}m' = -\frac{10}{24}$

$$y = -\frac{5}{9}x.$$

Beispiel 2: Die Gleichung des Durchmessers der Hyperbel

$$\frac{x^2}{16} - \frac{y^2}{8} = 1,$$

der zu dem durch den Punkt $-3, -4$ gehenden Durchmesser konjugiert ist, lautet wegen $m = \frac{4}{3}$ und $\frac{4}{3}m' = \frac{8}{16}$ $\quad y = \frac{3}{8}x$.

(6) Verbindet man einen Punkt der Ellipse oder Hyperbel mit den Endpunkten eines Durchmessers, so sind die zu diesen Verbindungslinien parallelen Durchmesser konjugiert.

Beweis: Wegen $O D_1 = O D_2$ werden die Sehnen P_1D_1 und P_1D_2 von den dazu parallelen Durchmessern halbiert, d.h. die Durchmesser sind konjugiert (Fig. 66a und 66b).

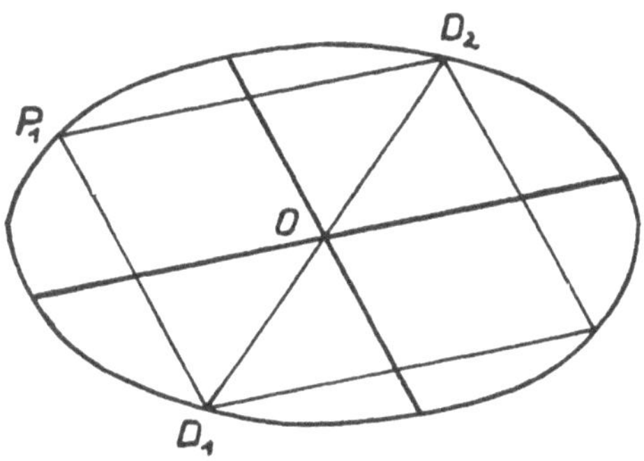

Fig. 66a

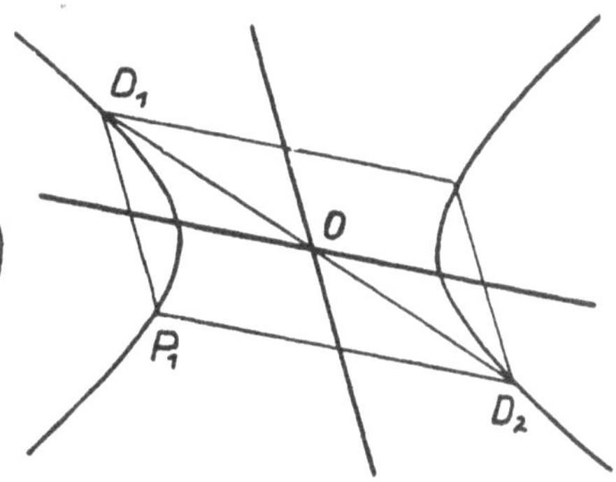

Fig. 66b

(7) Die Mittellinien des einer Ellipse oder Hyperbel einbeschriebenen Parallelogramms sind konjugierte Durchmesser.

Beweis: Die Mittellinien des Parallelogramms sind nach (1) und (2) Durchmesser, und da sie den Seiten parallel sind, konjugierte Durchmesser (Figur 66a und 66b).

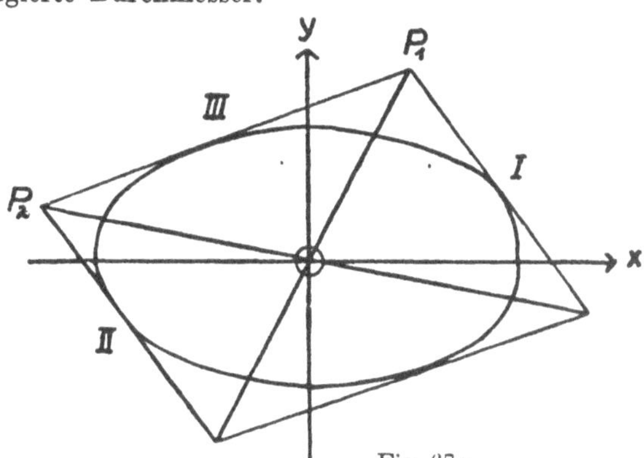

Fig. 67a

(8) Die Diagonalen des einer Ellipse oder Hyperbel umbeschriebenen Parallelogramms sind konjugierte Durchmesser.

Beweis: Die Gleichungen der Parallelogrammseiten sind (Fig. 67a und 67b)

$$\text{I:} \quad y = m_1 x + q_1$$

$$\text{II:} \quad y = m_1 x - q_1$$

$$\text{III:} \quad y = m_2 x + q_2$$

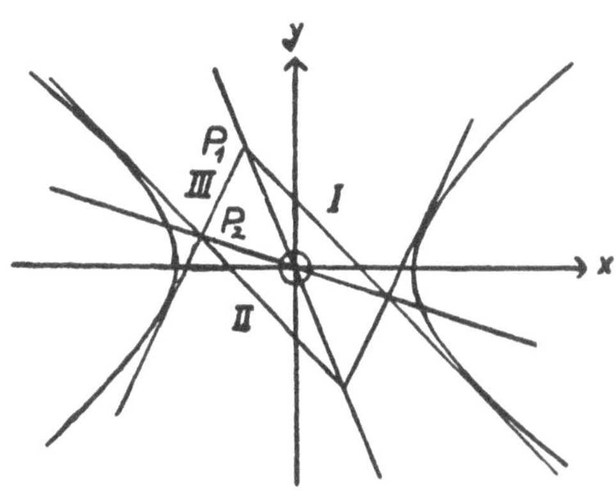

Fig. 67b

Dann berechnen sich die Koordinaten der Eckpunkte P_1, P_2 wie folgt:

$$x_1 = \frac{q_2 - q_1}{m_1 - m_2}, \qquad x_2 = \frac{q_2 + q_1}{m_1 - m_2},$$

$$y_1 = m_2 \frac{q_2 - q_1}{m_1 - m_2} + q_2 = \frac{m_1 q_2 - m_2 q_1}{m_1 - m_2}, \qquad y_2 = \frac{m_1 q_2 + m_2 q_1}{m_1 - m_2}.$$

Das Produkt aus den Richtungsfaktoren der beiden Diagonalen ist

$$\frac{y_1}{x_1} \cdot \frac{y_2}{x_2} = \frac{m_1 q_2 - m_2 q_1}{q_2 - q_1} \cdot \frac{m_1 q_2 + m_2 q_1}{q_2 + q_1} = \frac{m_1^2 q_2^2 - m_2^2 q_1^2}{q_2^2 - q_1^2}.$$

Die Seiten des Parallelogramms erfüllen als Tangenten die Tangentialbedingung

$$a^2 m_1^2 \pm b^2 = q_1^2, \qquad a^2 m_2^2 \pm b^2 = q_2^2.$$

Demnach wird

$$\frac{y_1}{x_1} \cdot \frac{y_2}{x_2} = \frac{a^2 m_1^2 m_2^2 \pm b^2 m_1^2 - a^2 m_1^2 m_2^2 \mp b^2 m_2^2}{a^2 m_2^2 - a^2 m_1^2} = \mp \frac{b^2}{a^2},$$

d. h die Diagonalen sind konjugierte Durchmesser.

(9) Konstruktion der Achsen von Ellipse und Hyperbel. Um die Achsen der gezeichnet vorliegenden Kegelschnitte zu konstruieren, zeichnet man einen beliebigen Durchmesser als Verbindungslinie der Mittelpunkte paralleler Sehnen. Der Halbkreis über diesem Durchmesser schneidet den Kegelschnitt in einem Punkt P_1, der mit den Endpunkten des Durchmessers verbunden wird. Die zu diesen Verbindungslinien parallelen Durchmesser sind die Achsen, denn sie sind nach (6) konjugierte Durchmesser, nach der Konstruktion aufeinander senkrecht.

(10) Endpunkte konjugierter Halbmesser. Sind x_1, y_1 die Koordinaten des Endpunktes eines Halbmessers der Ellipse oder Hyperbel, so hat der Endpunkt des dazu konjugierten Halbmessers die Koordinaten

$$\frac{a}{b} y_1, \mp \frac{b}{a} x_1.$$

Dabei gilt für die Hyperbel der Schnittpunkt des konjugierten Halbmessers mit der komplementären Hyperbel als Endpunkt.

Beweis: Die Gleichungen der konjugierten Halbmesser sind

$$y = \frac{y_1}{x_1} x \quad \text{und} \quad y = \mp \frac{b^2 x_1}{a^2 y_1} x.$$

Für die Schnittpunkte des zweiten Halbmessers mit der Ellipse bzw. komplementären Hyperbel gilt

$$\frac{x_2^2}{a^2} \pm \frac{b^2 x_1^2 x_2^2}{a^4 y_1^2} = \pm 1, \qquad \frac{x_2^2}{a^4 y_1^2} \cdot (a^2 y_1^2 \pm b^2 x_1^2) = \pm 1, \qquad x_2^2 \frac{b^2}{a^2 y_1^2} = 1,$$

$$x_2 = \frac{a}{b} y_1, \qquad y_2 = \mp \frac{b}{a} x_1.$$

(11) Satz von Apollonius. Die Summe bzw. Differenz der Quadrate zweier konjugierter Halbmesser der Ellipse bzw. Hyperbel ist konstant.

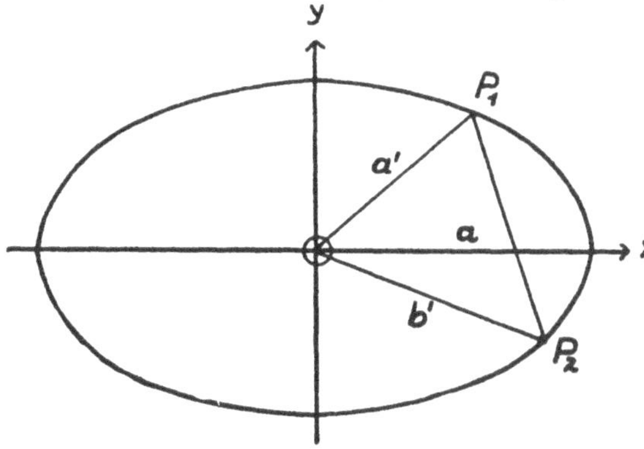

Fig. 68a

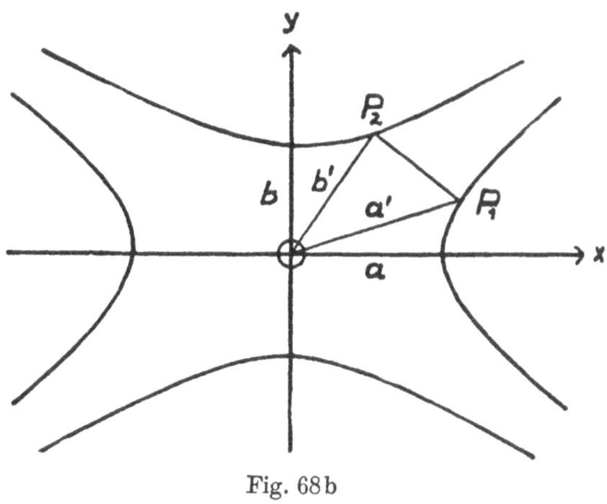

Fig. 68b

Beweis (Fig. 68a und 68b): Sind a' und b' die Längen zweier konjugierter Halbmesser mit den Endpunkten $P_1 : x_1, y_1$ und $P_2 : \frac{a}{b} y_1, \quad \mp \frac{b}{a} x_1$, so gilt für die Ellipse

$$a'^2 + b'^2 = x_1^2 + y_1^2 + \frac{a^2}{b^2} y_1^2 + \frac{b^2}{a^2} x_1^2 = (b^2 x_1^2 + a^2 y_1^2)\left(\frac{1}{a^2} + \frac{1}{b^2}\right)$$
$$= a^2 b^2 \left(\frac{1}{a^2} + \frac{1}{b^2}\right) = a^2 + b^2,$$

für die Hyperbel

$$a'^2 - b'^2 = x_1^2 + y_1^2 - \frac{a^2}{b^2} y_1^2 - \frac{b^2}{a^2} x_1^2 = (b^2 x_1^2 - a^2 y_1^2)\left(-\frac{1}{a^2} + \frac{1}{b^2}\right)$$
$$= a^2 b^2 \cdot \left(-\frac{1}{a^2} + \frac{1}{b^2}\right) = a^2 - b^2.$$

$$\boxed{{}^{\mathrm{E}}_{\mathrm{H}}\; a'^2 \pm b'^2 = a^2 \pm b^2.}$$

(12) Das durch Verbindung der Endpunkte zweier konjugierter Halbmesser der Ellipse oder Hyperbel entstehende Dreieck hat einen konstanten Inhalt.

Beweis: Der Inhalt des Dreiecks OP_1P_2 ist

$$\triangle = \frac{1}{2} \cdot \begin{vmatrix} 0 & x_1 & \mp \frac{a}{b} y_1 \\ 0 & y_1 & \frac{b}{a} x_1 \\ 1 & 1 & 1 \end{vmatrix} = \frac{1}{2}\left(\frac{b}{a} x_1^2 \pm \frac{a}{b} y_1^2\right) = \frac{1}{2ab}(b^2 x_1^2 \pm a^2 y_1^2)$$

$$= \frac{1}{2ab} \cdot a^2 b^2, \qquad \triangle = \frac{1}{2} ab.$$

(13) Konjugierte Richtungen der Parabel. Die Mittelpunkte paralleler Sehnen der Parabel liegen auf einem Durchmesser, dieser heißt der zur Richtung der Sehnenschar konjugierte Durchmesser.

Beweis: Für die Schnittpunkte der Geraden $y = mx + q$ mit der Parabel $y^2 = 2px$ gilt die quadratische Gleichung

$$y_S^2 - \frac{2p}{m} y_S + \frac{2p}{m} q = 0.$$

Die Ordinaten der Mittelpunkte aller zu dieser Geraden parallelen Sehnen sind

$$y_M = \frac{y_{S1} + y_{S2}}{2} = \frac{p}{m},$$

d. h. der Ort für die Mittelpunkte der parallelen Sehnen mit dem Richtungsfaktor m ist der Durchmesser mit der Gleichung

$$y = \frac{p}{m}.$$

(14) Konstruktion der Parabelachse. Zur Konstruktion der Achse einer gezeichnet vorliegenden Parabel zeichnet man einen beliebigen Durchmesser durch die Mitten paralleler Sehnen sowie eine auf dem Durchmesser senkrechte Sehne; deren Mittelsenkrechte ist die Achse der Parabel. Sie ist nämlich der Durchmesser, der durch den Scheitel der Parabel geht.

§ 31. Tangente und Normale

(1) Tangentengleichung der Kegelschnitte. Die Gleichung der Tangente in einem Punkt P_1 der Ellipse, Hyperbel oder Parabel an diese Kurve ist

$$\frac{y - y_1}{x - x_1} = m \quad \text{oder} \quad y = mx + y_1 - mx_1.$$

Der Richtungsfaktor m bestimmt sich aus der Tangentialbedingung

$a^2m^2 + b^2 = (y_1 - mx_1)^2,$	$a^2m^2 - b^2 = (y_1 - mx_1)^2,$
$m^2(a^2 - x_1^2) + 2x_1y_1m + b^2 - y_1^2 = 0.$	$m^2(a^2 - x_1^2) + 2x_1y_1m - b^2 - y_1^2 = 0.$

$$\frac{p}{2} = m(y_1 - mx_1),$$

$$x_1m^2 - y_1m + \frac{p}{2} = 0.$$

Die Koordinaten von P_1 erfüllen die Gleichung der Kurve, somit ist

$$a^2 - x_1^2 = \frac{1}{b^2}\cdot(a^2b^2 - b^2x_1^2) = \frac{a^2y_1^2}{b^2} \qquad\Bigg|\qquad a^2 - x_1^2 = \frac{1}{b^2}\cdot(a^2b^2 - b^2x_1^2) = \frac{-a^2y_1^2}{b^2}$$

$$b^2 - y_1^2 = \frac{1}{a^2}\cdot(a^2b^2 - a^2y_1^2) = \frac{b^2x_1^2}{a^2} \qquad\Bigg|\qquad b^2 + y_1^2 = \frac{1}{a^2}\cdot(a^2b^2 + a^2y_1^2) = \frac{b^2x_1^2}{a^2}$$

$$x_1 = \frac{y_1^2}{2p}$$

und die Gleichungen der Richtungsfaktoren werden

$$m^2\cdot\frac{a^2y_1^2}{b^2} + 2m\,x_1y_1 + \frac{b^2x_1^2}{a^2} = 0, \qquad\Bigg|\qquad -m^2\cdot\frac{a^2y_1^2}{b^2} + 2m\,x_1y_1 - \frac{b^2x_1^2}{a^2} = 0,$$

$$\left(m\frac{a\,y_1}{b} + \frac{b\,x_1}{a}\right)^2 = 0, \qquad\Bigg|\qquad \left(m\frac{a\,y_1}{b} - \frac{b\,x_1}{a}\right)^2 = 0,$$

$$m = -\frac{b^2x_1}{a^2y_1}. \qquad\Bigg|\qquad m = \frac{b^2x_1}{a^2y_1}.$$

$$m^2\cdot\frac{y_1^2}{2p} - m\,y_1 + \frac{p}{2} = 0,$$

$$m^2y_1^2 - 2m\,p\,y_1 + p^2 = 0,$$

$$(m\,y_1 - p)^2 = 0,$$

$$m = \frac{p}{y_1}.$$

Die Gleichung der Tangente lautet also

$$\frac{y-y_1}{x-x_1} = -\frac{b^2x_1}{a^2y_1}, \qquad\Bigg|\qquad \frac{y-y_1}{x-x_1} = \frac{b^2x_1}{a^2y_1}, \qquad\Bigg|\qquad \frac{y-y_1}{x-x_1} = \frac{p}{y_1},$$

$$\frac{y_1y}{b^2} - \frac{y_1^2}{b^2} = -\frac{x_1x}{a^2} + \frac{x_1^2}{a^2}, \qquad\Bigg|\qquad \frac{y_1y}{b^2} - \frac{y_1^2}{b^2} = \frac{x_1x}{a^2} - \frac{x_1^2}{a^2}, \qquad\Bigg|\qquad y_1y - y_1^2 = px - px_1,$$

und da $P_1: x_1, y_1$ ein Punkt auf dem Kegelschnitt ist,

E $\frac{x_1x}{a^2} + \frac{y_1y}{b^2} = 1$	H $\frac{x_1x}{a^2} - \frac{y_1y}{b^2} = 1$	P $y_1y = p\,(x + x_1)$

Beispiel: Die Gleichungen der Tangenten an die Parabel $y^2 = 6x$ in den Parabelpunkten mit der Abszisse $\frac{2}{3}$ sind zu bestimmen.

Die Ordinaten der Punkte $P_{1,2}$ sind wegen $y_{1,2}^2 = 6\cdot\frac{2}{3}$, $y_{1,2} = \pm 2$, folglich die Tangentengleichungen $\pm 2y = 3\left(x + \frac{2}{3}\right)$ oder

$$y = \frac{3}{2}x + 1, \qquad y = -\frac{3}{2}x - 1.$$

(2) Tangenten in den Endpunkten eines Durchmessers. Die Tangenten in den Endpunkten eines Durchmessers sind der Sehnenschar parallel, der der Durchmesser konjugiert ist.

Beweis: Ist $P_1: x_1, y_1$ der Endpunkt eines Durchmessers, so ist dessen Richtungsfaktor bei Ellipse und Hyperbel

$$m_D = \frac{y_1}{x_1},$$

dessen Gleichung bei der Parabel

$$y = y_1.$$

Der Richtungsfaktor der Tangente im Punkte P_1 ist nach (1)

$$m_T = \mp \frac{b^2 x_1}{a^2 y_1} \quad \text{bzw.} \quad m_T = \frac{p}{y_1}.$$

Also ist für die Ellipse

$$m_T \cdot m_D = -\frac{b^2}{a^2},$$

für die Hyperbel

$$m_T m_D = \frac{b^2}{a^2}$$

und für die Parabel ist

$$y = \frac{p}{m_T}$$

identisch mit $y = y_1$, d. h. Tangentenrichtung und Durchmesserrichtung sind konjugiert.

(3) Die Schnittpunkte der Tangenten in den Endpunkten konjugierter Durchmesser der Ellipse bilden eine der gegebenen Ellipse ähnliche.

Beweis: Mit Hilfe der exzentrischen Anomalie lassen sich die Endpunkte zweier konjugierter Durchmesser in der Form $P_1: a \cdot \cos v,\ b \cdot \sin v$ und $P_2: -a \cdot \sin v,\ b \cdot \cos v$, die Gleichungen der Tangenten in diesen Punkten in der Form

$$\frac{x \cdot \cos v}{a} + \frac{y \cdot \sin v}{b} = 1, \qquad -\frac{x \cdot \sin v}{a} + \frac{y \cdot \cos v}{b} = 1$$

schreiben. Für die Koordinaten des Schnittpunktes S gilt somit

$$x_S^2 \frac{\cos^2 v}{a^2} + 2 x_S y_S \frac{\sin v \cdot \cos v}{a b} + y_S^2 \frac{\sin^2 v}{b^2} = 1$$

und

$$x_S^2 \frac{\sin^2 v}{a^2} - 2 x_S y_S \frac{\sin v \cdot \cos v}{a b} + y_S^2 \frac{\cos^2 v}{b^2} = 1.$$

Daraus folgt durch Addition

$$\frac{x_S^2}{a^2} + \frac{y_S^2}{b^2} = 2,$$

d. h. die Punkte S erfüllen die Ellipsengleichung

$$\frac{x^2}{2a^2} + \frac{y^2}{2b^2} = 1.$$

(4) Die Schnittpunkte der Tangenten in den Endpunkten konjugierter Durchmesser der Hyperbel und ihrer komplementären Hyperbel bilden das Asymptotenpaar.

Beweis: Ist $P_1: x_1, y_1$ der Endpunkt eines Hauptdurchmessers der Hyperbel

$$\frac{x^2}{a^2} - \frac{y^2}{b^2} = 1,$$

so ist nach § 30 (10) der Endpunkt des konjugierten Durchmessers

$$P_2: \frac{a}{b} y_1, \frac{b}{a} x_1.$$

Die Gleichung der Tangente in P_1 an die Hyperbel ist somit

$$\frac{x_1 x}{a^2} - \frac{y_1 y}{b^2} = 1,$$

die der Tangente in P_2 an die komplementäre Hyperbel ist

$$\frac{y_1 x}{a b} - \frac{x_1 y}{a b} = -1.$$

Für die Koordinaten des Schnittpunktes S beider Tangenten gelten also die quadratischen Gleichungen

$$\frac{x_1^2 x_S^2}{a^4} - 2\frac{x_1 y_1 x_S y_S}{a^2 b^2} + \frac{y_1^2 y_S^2}{b^4} = 1$$

und

$$\frac{y_1^2 x_S^2}{a^2 b^2} - 2\frac{x_1 y_1 x_S y_S}{a^2 b^2} + \frac{x_1^2 y_S^2}{a^2 b^2} = 1.$$

Daraus folgt durch Subtraktion

$$\frac{x_S^2}{a^2}\left(\frac{x_1^2}{a^2} - \frac{y_1^2}{b^2}\right) - \frac{y_S^2}{b^2}\left(\frac{x_1^2}{a^2} - \frac{y_1^2}{b^2}\right) = 0,$$

und da P_1 ein Punkt der Hyperbel ist,

$$\frac{x_S^2}{a^2} - \frac{y_S^2}{b^2} = 0,$$

d. h. die Koordinaten der Punkte S erfüllen die Gleichung

$$\left(\frac{x}{a} + \frac{y}{b}\right)\left(\frac{x}{a} - \frac{y}{b}\right) = 0.$$

Diese Gleichung kann nur bestehen, wenn entweder

$$\frac{x}{a} + \frac{y}{b} = 0 \quad \text{oder} \quad \frac{x}{a} - \frac{y}{b} = 0$$

ist, das sind aber die Gleichungen der Asymptoten.

(5) Die Tangenten in den Endpunkten konjugierter Durchmesser an die Ellipse bilden ein Parallelogramm von konstantem Inhalt.

Die Tangenten in den Endpunkten eines Hauptdurchmessers der Hyperbel und in den Endpunkten des konjugierten Durchmessers an die komplementäre Hyperbel bilden ein Parallelogramm von konstantem Inhalt.

Beweis: Nach § 30 (12) ist der Inhalt des Dreiecks $O\,P_1\,P_2$ (Fig. 69a und 69b)

$$\triangle = \frac{1}{2}\,ab.$$

Da die Tangenten den konjugierten Durchmessern parallel sind, ergibt sich daraus für den Inhalt des Parallelogramms

$$\Pi = 4a\,b.$$

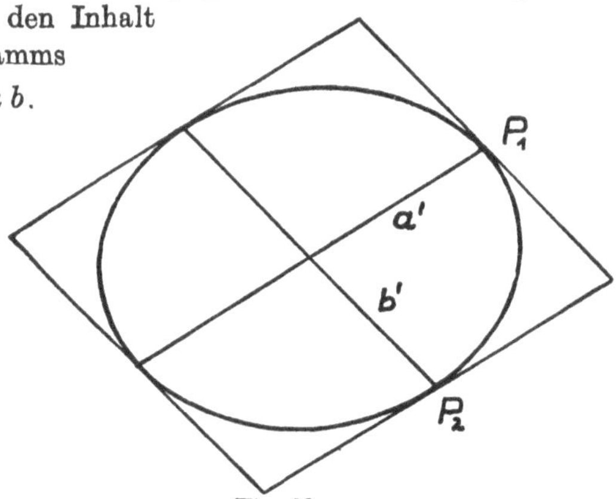

Fig. 69a

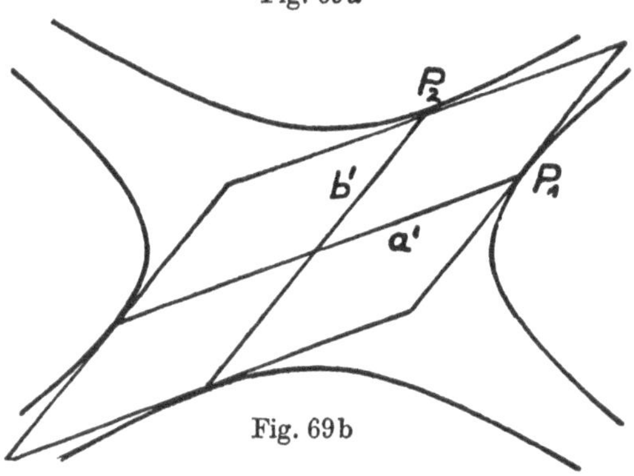

Fig. 69b

(6) Der Ort für die Schnittpunkte aufeinander senkrechter Tangenten der Ellipse, Hyperbel oder Parabel ist der Kreis um den Mittelpunkt mit dem Radius $\sqrt{a^2+b^2}$ bzw. $\sqrt{a^2-b^2}$ bzw. die Leitlinie.

Beweis: Ist $P_0: x_0, y_0$ der Schnittpunkt zweier senkrechter Tangenten, so sind deren Gleichungen

$$\frac{y-y_0}{x-x_0} = m_{1,2},$$

wobei die Richtungsfaktoren der Bedingung $m_1 m_2 = -1$ und der Tangentialbedingung genügen müssen:

$$\begin{aligned}
&\text{E}\quad m^2\cdot(a^2-x_0^2)+2m\,x_0 y_0+b^2-y_0^2=0,\\
&\text{H}\quad m^2\cdot(a^2-x_0^2)+2m\,x_0 y_0-b^2-y_0^2=0,\\
&\text{P}\quad m^2 x_0-m\,y_0+\frac{p}{2}=0.
\end{aligned}$$

Das Produkt der Wurzeln ist gleich dem absoluten Glied, also

$$\text{E}\quad \frac{b^2 - y_0^2}{a^2 - x_0^2} = -1, \qquad \text{H}\quad -\frac{b^2 + y_0^2}{a^2 - x_0^2} = -1, \qquad \text{P}\quad \frac{p}{2x_0} = -1,$$

$$b^2 - y_0^2 = -a^2 + x_0^2, \qquad b^2 + y_0^2 = a^2 - x_0^2, \qquad p = -2x_0,$$

$$x_0^2 + y_0^2 = a^2 + b^2, \qquad x_0^2 + y_0^2 = a^2 - b^2, \qquad x_0 = -\frac{p}{2},$$

d. h. die Koordinaten der Punkte P_0 erfüllen die Gleichungen der Kreise $x^2 + y^2 = a^2 \pm b^2$ bzw. der Leitlinie $x = -\frac{p}{2}$.

(7) Normalengleichungen. Unter der Normale versteht man die Senkrechte auf der Tangente im Berührungspunkt. Unter Berücksichtigung der Richtungsfaktoren der Tangenten ergeben sich für die Normalen der Kegelschnitte die Gleichungen

$$\begin{matrix}\text{E}\\ \text{H}\end{matrix}\quad y - y_1 = \pm\frac{a^2 y_1}{b^2 x_1}(x - x_1), \qquad \text{P}\quad y - y_1 = -\frac{y_1}{p}(x - x_1),$$

$$y - \frac{b^2 y_1}{b^2} = \pm\frac{a^2 y_1}{b^2 x_1}x \mp \frac{a^2 y_1}{b^2}, \qquad -\frac{p}{y_1}y + p = x - x_1,$$

$$\frac{a^2 y_1}{b^2 x_1}x \mp y = \frac{e^2 y_1}{b^2},$$

$$\frac{a^2}{e^2 x_1}x \mp \frac{b^2}{e^2 y_1}y = 1. \qquad x + \frac{p}{y_1}y = p + x_1.$$

(8) Die Ellipsennormale halbiert den Winkel zwischen den Brennstrahlen.

Beweis: Die Abszisse des Normalenschnittpunktes N mit der großen Achse ergibt sich aus der Normalengleichung als

$$\frac{a^2}{e^2 x_1}\cdot x_N = 1, \qquad x_N = \frac{e^2 x_1}{a^2}.$$

Daraus folgt (Fig. 70)

$$F_1 N = e + \frac{e^2 x_1}{a^2} = \varepsilon a + \varepsilon^2 x_1 = \varepsilon(a + \varepsilon x_1),$$

$$F_2 N = e - \frac{e^2 x_1}{a^2} = \varepsilon a - \varepsilon^2 x_1$$
$$= \varepsilon(a - \varepsilon x_1).$$

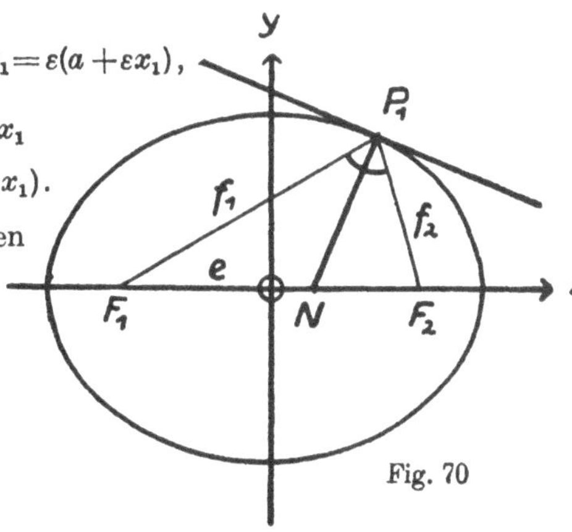

Fig. 70

Für die Länge der Brennstrahlen gilt

$$f_1^2 = (e + x_1)^2 + y_1^2$$

und

$$f_2^2 = (e - x_1)^2 + y_1^2,$$

also

$$f_1^2 - f_2^2 = 4e\,x_1$$

und wegen

$$f_1 + f_2 = 2a, \qquad f_1 - f_2 = \frac{4e\,x_1}{2a} = 2\varepsilon\,x_1.$$

Die beiden letzten Gleichungen liefern

$$f_1 = a + \varepsilon x_1 \quad \text{und} \quad f_2 = a - \varepsilon x_1.$$

Hieraus ergibt sich

$$\frac{F_1 N}{F_2 N} = \frac{f_1}{f_2},$$

d. h. $P_1 N$ ist Winkelhalbierende des Winkels $F_1 P_1 F_2$.

(9) **Die Hyperbeltangente halbiert den Winkel zwischen den Brennstrahlen.**

Beweis: Die Abszisse des Tangentenschnittpunktes T mit der Hauptachse ergibt sich aus der Tangentengleichung als

$$\frac{x_1}{a^2} x_T = 1, \qquad x_T = \frac{a^2}{x_1}.$$

Daraus folgt (Fig. 71)

$$F_1 T = e + \frac{a^2}{x_1} = \frac{a}{x_1}\left(\frac{e}{a} x_1 + a\right) = \frac{a}{x_1}(\varepsilon x_1 + a),$$

$$F_2 T = e - \frac{a^2}{x_1} = \frac{a}{x_1}\left(\frac{e}{a} x_1 - a\right) = \frac{a}{x_1}(\varepsilon x_1 - a).$$

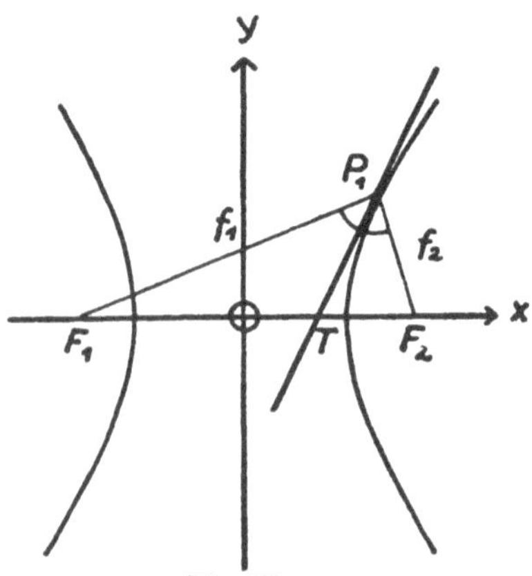

Fig. 71

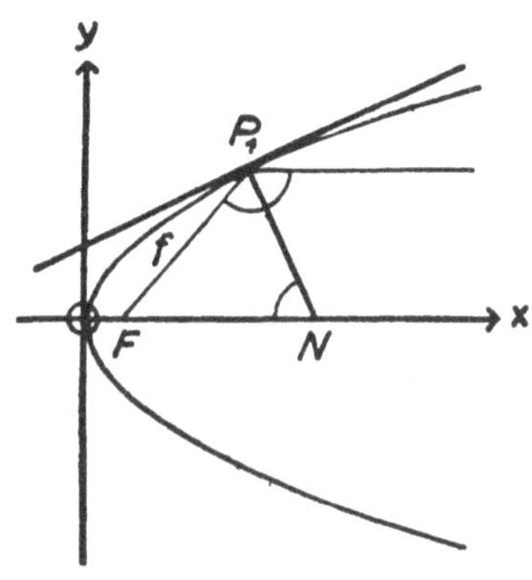

Fig. 72

Für die Länge der Brennstrahlen zu einem Punkt des rechten Hyperbelastes gilt wie bei der Ellipse

$$f_1^2 - f_2^2 = 4e x_1, \qquad f_1 - f_2 = 2a, \qquad f_1 + f_2 = \frac{4e x_1}{2a} = 2\varepsilon x_1,$$

$$f_1 = \varepsilon x_1 + a, \qquad f_2 = \varepsilon x_1 - a,$$

und hieraus ergibt sich

$$\frac{F_1 T}{F_2 T} = \frac{f_1}{f_2},$$

d. h. $P_1 T$ ist Winkelhalbierende des Winkels $F_1 P_1 F_2$.

(10) Die Parabelnormale halbiert den Winkel zwischen dem Brennstrahl und dem Durchmesser des Berührungspunktes.

Beweis: Die Abszisse des Normalenschnittpunktes N mit der Achse ist

$$x_N = p + x_1,$$

daraus folgt (Fig. 72)

$$F\,N = x_1 + \frac{p}{2}.$$

Für die Länge des Brennstrahles gilt

$$f^2 = \left(x_1 - \frac{p}{2}\right)^2 + y_1^2 = x_1^2 - p\,x_1 + \frac{p^2}{4} + 2p\,x_1 = \left(x_1 + \frac{p}{2}\right)^2.$$

Hieraus ergibt sich $F\,N = f$, d. h. $F\,N\,P_1$ ist ein gleichschenkliges Dreieck und $P_1 N$ halbiert den Winkel zwischen $P_1 F$ und dem Durchmesser.

(11) Konstruktion der Tangente in einem Punkt des Kegelschnitts. Nach den Sätzen (8), (9), (10) erhält man die Tangente bzw. Normale in einem Punkt des Kegelschnitts als Winkelhalbierende der beiden Brennstrahlen bzw. bei der Parabel als Winkelhalbierende zwischen Brennstrahl und Durchmesser.

(12) Subtangente und Subnormale der Parabel. Subtangente und Subnormale sind die Projektionen der Abschnitte vom Berührungspunkt bis zum Schnittpunkt mit der x-Achse auf diese. Bei der Parabel ist die Subtangente gleich $2x_1$, die Subnormale gleich p.

Die Abszisse des Tangentenschnittpunktes T mit der Achse ist nämlich (Fig. 73)

$$x_T = -x_1, \quad \text{also} \quad TQ_1 = 2x_1.$$

Die Abszisse des Normalenschnittpunktes N mit der Achse ist

$$x_N = x_1 + p, \quad \text{also} \quad Q_1 N = p.$$

Hieraus ergeben sich zwei weitere Konstruktionen der Parabeltangente bei gegebenem Berührungspunkt:

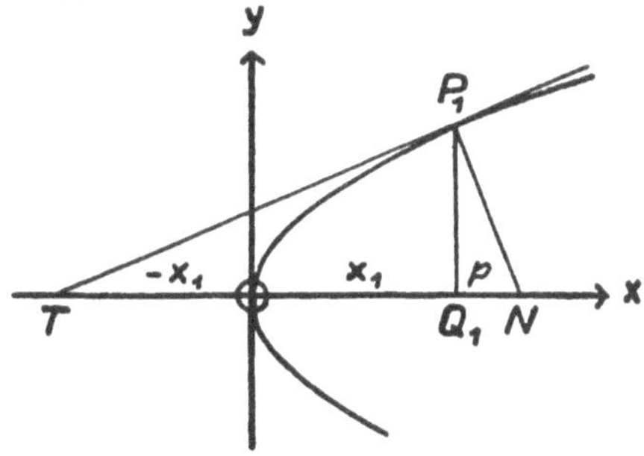

Fig. 73

Man fällt das Lot $P_1 Q_1$ vom Berührungspunkt auf die Achse und verlängert die Strecke vom Fußpunkt zum Scheitel um sich selbst bis zum Punkt T, dann ist $P_1 T$ die Tangente.

Man fällt das Lot $P_1 Q_1$ und trägt auf der Achse von Q_1 aus den Halbparameter p der Parabel bis zum Punkte N ab, dann ist $P_1 N$ die Normale und die Senkrechte darauf in P_1 die Tangente.

§ 32. Kegelschnittgleichungen in schiefwinkligen Koordinaten

(1) Gleichung von Ellipse und Hyperbel in bezug auf zwei konjugierte Durchmesser. Werden zwei konjugierte Durchmesser, die mit der x-Achse die Winkel α und β bilden, und deren Längen $2a'$ und $2b'$ sind (bei der Hyperbel ist die Länge des Nebendurchmessers gleich der des Hauptdurchmessers der komplementären Hyperbel zu nehmen), als Koordinatenachsen $(\mathfrak{x}, \mathfrak{y})$ gewählt, so transformieren sich nach § 1 (3) die Mittelpunktsgleichungen von Ellipse und Hyperbel in

$$\frac{1}{a^2}(\mathfrak{x}^2 \cos^2\alpha + 2\mathfrak{x}\,\mathfrak{y}\cos\alpha\cdot\cos\beta + \mathfrak{y}^2\cos^2\beta)$$
$$\pm\frac{1}{b^2}(\mathfrak{x}^2\sin^2\alpha + 2\mathfrak{x}\,\mathfrak{y}\sin\alpha\cdot\sin\beta + \mathfrak{y}^2\sin^2\beta) = 1$$

oder

$$\mathfrak{x}^2\left(\frac{\cos^2\alpha}{a^2} \pm \frac{\sin^2\alpha}{b^2}\right) + 2\mathfrak{x}\,\mathfrak{y}\cdot\left(\frac{\cos\alpha\cdot\cos\beta}{a^2} \pm \frac{\sin\alpha\cdot\sin\beta}{b^2}\right)$$
$$+\mathfrak{y}^2\left(\frac{\cos^2\beta}{a^2} \pm \frac{\sin^2\beta}{b^2}\right) = 1.$$

Die Bedingung für konjugierte Durchmesser

$$m\cdot m' = \operatorname{tg}\alpha\cdot\operatorname{tg}\beta = \mp\frac{b^2}{a^2}$$

läßt sich auch in der Form

$$\frac{\cos\alpha\cdot\cos\beta}{a^2} \pm \frac{\sin\alpha\cdot\sin\beta}{b^2} = 0$$

schreiben. Aus den Polargleichungen der Kegelschnitte folgt ferner nach § 28 (2) und § 29 (3) für die Längen der Halbmesser a' und b'

$$\frac{1}{a'^2} = \frac{\cos^2\alpha}{a^2} \pm \frac{\sin^2\alpha}{b^2} \quad \text{und} \quad \frac{1}{b'^2} = \frac{\sin^2\beta}{b^2} \pm \frac{\cos^2\beta}{a^2}.$$

Die Gleichungen der Kegelschnitte lauten infolgedessen

$$\boxed{\begin{matrix}\mathrm{E}\\ \mathrm{H}\end{matrix}\ \frac{\mathfrak{x}^2}{a'^2} \pm \frac{\mathfrak{y}^2}{b'^2} = 1.}$$

Beispiel 1: Die Gleichung der Ellipse mit den Halbachsen $a = 7$, $b = 4$, bezogen auf den Durchmesser von der Länge $2a' = 12$ und den dazu konjugierten, ist zu bestimmen.

Für die Längen konjugierter Durchmesser der Ellipse gilt nach dem Satz von Apollonius § 30 (11)

$$a'^2 + b'^2 = a^2 + b^2, \quad \text{d.h.} \quad 36 + b'^2 = 49 + 16, \quad b'^2 = 29,$$

$$\frac{\mathfrak{x}^2}{36} + \frac{\mathfrak{y}^2}{29} = 1.$$

Beispiel 2: Die Gleichung der Hyperbel mit den Halbachsen $a = 7$, $b = 6$, bezogen auf den Durchmesser $y = \frac{2}{7}x$ und den dazu konjugierten, ist aufzustellen.

Für die Schnittpunkte des Durchmessers mit der Hyperbel gilt

$$y_S = \frac{2}{7} x_S \quad \text{und} \quad \frac{x_S^2}{49} - \frac{y_S^2}{36} = 1, \quad \text{d. h.} \quad \frac{x_S^2}{49} - \frac{4\,x_S^2}{49 \cdot 36} = 1, \quad 8 x_S^2 = 9 \cdot 49$$

oder

$$x_S^2 = \frac{441}{8}, \quad y_S^2 = \frac{9}{2}.$$

Daraus ergibt sich

$$a'^2 = x_S^2 + y_S^2 = \frac{477}{8}$$

und nach Apollonius

$$\frac{477}{8} - b'^2 = 49 - 36, \quad b'^2 = \frac{373}{8}.$$

Also lautet die Gleichung der Hyperbel

$$\frac{8\mathfrak{x}^2}{477} - \frac{8\mathfrak{y}^2}{373} = 1.$$

Beispiel 3: Die Gleichung der Ellipse mit den Halbachsen a und b, bezogen auf die beiden symmetrisch zu den Achsen gelegenen konjugierten Durchmesser, ist zu bestimmen.

Die symmetrisch zu den Hauptachsen gelegenen konjugierten Durchmesser sind gleich lang, also ist nach Apollonius

$$2a'^2 = a^2 + b^2$$

und die gesuchte Gleichung

$$\mathfrak{x}^2 + \mathfrak{y}^2 = \frac{a^2 + b^2}{2}.$$

Beispiel 4: Die Gleichung der gleichseitigen Hyperbel in bezug auf zwei konjugierte Durchmesser ist zu bestimmen.

Wegen $a = b$ ist nach Apollonius

$$a'^2 - b'^2 = 0, \quad \text{d. h.} \quad a'^2 = b'^2,$$

also die gesuchte Gleichung

$$\mathfrak{x}^2 - \mathfrak{y}^2 = a'^2.$$

(2) Tangentengleichungen von Ellipse und Hyperbel in bezug auf konjugierte Durchmesser. Aus den Tangentengleichungen

$$\frac{x_1 x}{a^2} \pm \frac{y_1 y}{b^2} = 1$$

in rechtwinkligen Koordinaten ergeben sich mit den Transformationen von § 1 (3)

$$\frac{1}{a^2}\left(\mathfrak{x}_1 \mathfrak{x} \cos^2\alpha + (\mathfrak{x}_1 \mathfrak{y} + \mathfrak{y}_1 \mathfrak{x}) \cos\alpha \cdot \cos\beta + \mathfrak{y}_1 \mathfrak{y} \cos^2\beta\right)$$

$$\pm \frac{1}{b^2}\left(\mathfrak{x}_1 \mathfrak{x} \sin^2\alpha + (\mathfrak{x}_1 \mathfrak{y} + \mathfrak{y}_1 \mathfrak{x}) \sin\alpha \cdot \sin\beta + \mathfrak{y}_1 \mathfrak{y} \sin^2\beta\right) = 1,$$

$$\mathfrak{x}_1 \mathfrak{x} \left(\frac{\cos^2\alpha}{a^2} \pm \frac{\sin^2\alpha}{b^2}\right) + (\mathfrak{x}_1 \mathfrak{y} + \mathfrak{y}_1 \mathfrak{x}) \left(\frac{\cos\alpha \cdot \cos\beta}{a^2} \pm \frac{\sin\alpha \cdot \sin\beta}{b^2}\right)$$

$$+ \mathfrak{y}_1 \mathfrak{y} \left(\frac{\cos^2\beta}{a^2} \pm \frac{\sin^2\beta}{b^2}\right) = 1.$$

Auf Grund der in (1) entwickelten Beziehungen werden die Tangentengleichungen

$$\boxed{\begin{matrix}\mathrm{E}\\ \mathrm{H}\end{matrix}\ \frac{\mathfrak{x}_1\mathfrak{x}}{a'^2} \pm \frac{\mathfrak{y}_1\mathfrak{y}}{b'^2} = 1.}$$

(3) Gleichung der Parabel in bezug auf Durchmesser und Tangente. Um die Gleichung der Parabel in bezug auf eine Tangente als $\mathfrak{y}$-Achse und den Durchmesser durch den Berührungspunkt als $\mathfrak{x}$-Achse aufzustellen (Fig. 74), wird zunächst die Scheitelgleichung $y^2 = 2px$ transformiert in die auf ein parallel verschobenes Koordinatensystem (x', y') durch den Parabelpunkt $P_1: x_1, y_1$ bezogene Gleichung

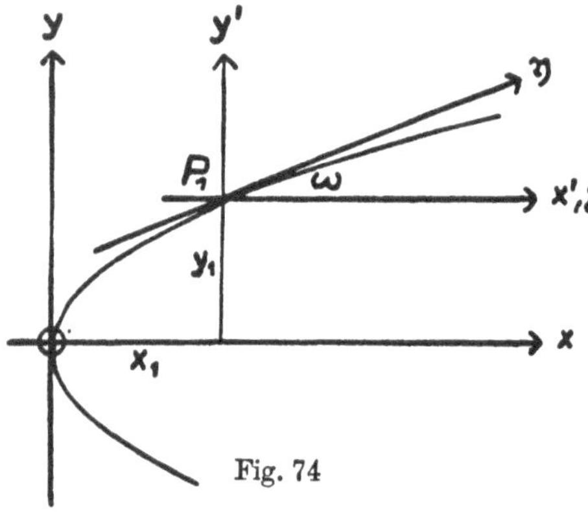

Fig. 74

$$(y' + y_1)^2 = 2p\,(x' + x_1),$$

d. h. $y'^2 + 2y_1y' - 2px' = 0.$

In bezug auf das Koordinatensystem $(\mathfrak{x}, \mathfrak{y})$ mit dem Achsenwinkel ω lautet die Parabelgleichung dann nach § 1 (3)

$$(\mathfrak{y}\sin\omega)^2 + 2y_1\,\mathfrak{y}\sin\omega - 2p\,(\mathfrak{x} + \mathfrak{y}\cos\omega) = 0,$$

$$\mathfrak{y}^2 \cdot \sin^2\omega + 2y_1\mathfrak{y}\cdot\sin\omega - 2p\,\mathfrak{x} - 2p\,\mathfrak{y}\cos\omega = 0.$$

Der Richtungsfaktor der Tangente ist

$$\operatorname{tg}\omega = \frac{p}{y_1},$$

woraus folgt $y_1 \cdot \sin\omega = p\cdot\cos\omega$, also wird die Parabelgleichung

$$\mathfrak{y}^2 = \frac{2p}{\sin^2\omega}\cdot\mathfrak{x},$$

nun ist aber

$$\frac{1}{\sin^2\omega} = 1 + \frac{1}{\operatorname{tg}^2\omega} = 1 + \frac{y_1^2}{p^2}$$

und es wird

$$\frac{p}{\sin^2\omega} = p + \frac{y_1^2}{p} = p + 2x_1 = 2\left(x_1 + \frac{p}{2}\right) = p'$$

gesetzt, dann bedeutet p' den doppelten Abstand des Punktes P_1 von der Leitlinie. Unter Verwendung dieser Abkürzung lautet die Parabelgleichung somit

$$\boxed{\mathrm{P}\ \ \mathfrak{y}^2 = 2p'\,\mathfrak{x}.}$$

Beispiel 5: Die Gleichung der Parabel mit dem Parameter $2p = 5$ in bezug auf Durchmesser und Tangente im Parabelpunkt $\frac{9}{5}$, 3 ist wegen

$$p' = 2\left(\frac{9}{5} + \frac{5}{4}\right) = \frac{61}{10} \qquad \mathfrak{y}^2 = \frac{61}{5}\,\mathfrak{x}.$$

Beispiel 6: Die Gleichung der Parabel mit dem Parameter $2p$ in bezug auf die um 45° gegen die Achse geneigte Tangente und den dazugehörigen Durchmesser ist

$$\mathfrak{y}^2 = 4p\,\mathfrak{x},$$

denn aus $\sin\omega = \frac{1}{2}\sqrt{2}$ folgt $p' = \frac{p}{\frac{1}{2}} = 2p$.

(4) Gleichung der Parabeltangente in bezug auf Durchmesser und Tangente. Die Gleichung der Parabeltangente im Punkt $P_2: x_2, y_2$ bzw. $\mathfrak{x}_2$, $\mathfrak{y}_2$ lautet in rechtwinkligen Koordinaten

$$y_2 y = p(x + x_2).$$

Durch zweimalige Transformation erhält man ihre Gleichung in bezug auf das schiefwinklige Koordinatensystem durch P_1 wie in (3):

$$(y_2' + y_1)(y' + y_1) = p(x' + x_1 + x_2' + x_1),$$

$$y_2' y' + y_1 y' + y_1 y_2' = p x' + p x_2',$$

$$\mathfrak{y}_2\mathfrak{y}\sin^2\omega + y_1\mathfrak{y}\sin\omega + y_1\mathfrak{y}_2\sin\omega = p\mathfrak{x} + p\mathfrak{y}\cos\omega + p\mathfrak{x}_2 + p\mathfrak{y}_2\cos\omega,$$

$$\mathfrak{y}_2\mathfrak{y}\sin^2\omega = p\mathfrak{x} + p\mathfrak{x}_2,$$

$$\boxed{\mathrm{P}\qquad \mathfrak{y}_2\mathfrak{y} = p'(\mathfrak{x} + \mathfrak{x}_2),}$$

(5) Die Tangenten in den Endpunkten einer Kegelschnittsehne schneiden sich auf dem Durchmesser, der diese Sehne halbiert.

Beweis: Macht man den zur Sehnenrichtung parallelen Durchmesser bzw. bei der Parabel die dazu parallele Tangente zur $\mathfrak{y}$-Achse, den dazu konjugierten Durchmesser zur $\mathfrak{x}$-Achse eines schiefwinkligen Koordinatensystems, so haben die Endpunkte der Sehne die Koordinaten $\mathfrak{x}_1, \mathfrak{y}_1$ und $\mathfrak{x}_1, -\mathfrak{y}_1$. Der konjugierte Durchmesser halbiert nämlich diese Sehne. Die Gleichung der Tangente im ersten Punkt ist dann

$$\begin{matrix}\mathrm{E}\\ \mathrm{H}\end{matrix}\ \frac{\mathfrak{x}_1\mathfrak{x}}{a'^2} \pm \frac{\mathfrak{y}_1\mathfrak{y}}{b'^2} = 1, \qquad \mathrm{P} \qquad \mathfrak{y}_1\mathfrak{y} = p'(\mathfrak{x} + \mathfrak{x}_1)$$

und die der Tangente im zweiten Punkt

$$\begin{matrix}\mathrm{E}\\ \mathrm{H}\end{matrix}\ \frac{\mathfrak{x}_1\mathfrak{x}}{a'^2} \mp \frac{\mathfrak{y}_1\mathfrak{y}}{b'^2} = 1, \qquad \mathrm{P} - \mathfrak{y}_1\mathfrak{y} = p'(\mathfrak{x} + \mathfrak{x}_1).$$

Für den Schnittpunkt der beiden Tangenten ergibt sich hieraus durch Subtraktion

$$\mathfrak{y}_S = 0,$$

d. h. er liegt auf dem zur Sehnenrichtung konjugierten Durchmesser.

§ 33. Asymptoten der Hyperbel

(1) Gleichungen der Asymptoten in bezug auf konjugierte Durchmesser. Die Gleichungen der beiden Asymptoten der Hyperbel

$$\frac{x^2}{a^2} - \frac{y^2}{b^2} = 1$$

sind in rechtwinkligen Koordinaten

$$\frac{x}{a} + \frac{y}{b} = 0 \qquad \text{und} \qquad \frac{x}{a} - \frac{y}{b} = 0.$$

Durch Multiplikation beider Gleichungen erhält man als Gleichung des Asymptotenpaares

$$\frac{x^2}{a^2} - \frac{y^2}{b^2} = 0.$$

Durch Anwendung der Transformationen des § 32 (1) ergibt sich als Gleichung des Asymptotenpaares in bezug auf zwei konjugierte Durchmesser der Hyperbel

$$\frac{\mathfrak{x}^2}{a'^2} - \frac{\mathfrak{y}^2}{b'^2} = 0,$$

also lauten die Gleichungen der einzelnen Asymptoten

$$\boxed{\frac{\mathfrak{x}}{a'} \pm \frac{\mathfrak{y}}{b'} = 0.}$$

(2) Die Asymptoten bilden mit jedem Paar konjugierter Durchmesser der Hyperbel ein harmonisches Büschel.

Beweis: Macht man die konjugierten Durchmesser zu Koordinatenachsen $\mathfrak{x} = 0$ und $\mathfrak{y} = 0$, so lauten die Gleichungen der Asymptoten

$$\mathfrak{y} - \frac{b'}{a'}\mathfrak{x} = 0 \qquad \text{und} \qquad \mathfrak{y} + \frac{b'}{a'}\mathfrak{x} = 0.$$

Das Doppelverhältnis dieser 4 Geraden ist aber nach § 15 (2)

$$\left(-\frac{b'}{a'}\right) : \left(+\frac{b'}{a'}\right) = -1.$$

(3) Die Asymptoten sind die Diagonalen des Parallelogramms, dessen Seiten die Parallelen zu zwei konjugierten Durchmessern durch deren Endpunkte sind.

Beweis: Macht man die beiden konjugierten Durchmesser zu Koordinatenachsen, so haben deren Endpunkte die Koordinaten $\pm a', 0$ und $0, \pm b'$. Die Parallelen zu den konjugierten Durchmessern durch deren Endpunkte schneiden sich also in den Punkten $\pm a', \pm b'$. Infolgedessen sind die Gleichungen der Diagonalen dieses Parallelogramms

$$\mathfrak{y} = \pm \frac{b'}{a'}\mathfrak{x};$$

das sind aber die Gleichungen der beiden Asymptoten. Vgl. auch § 31 (4).

(4) Asymptotenwinkel. Der Asymptotenwinkel w der Hyperbel ist der Winkel, den die beiden Asymptoten miteinander bilden, und in dessen Winkelraum die Hyperbel liegt (Fig. 75).

Aus den Gleichungen der Asymptoten

$$y = \pm \frac{b}{a} x$$

und den Beziehungen

$$a^2 + b^2 = e^2, \quad \varepsilon = \frac{e}{a} \text{ folgt}$$

$$\sin \frac{w}{2} = \frac{b}{e} = \sqrt{\frac{e^2 - a^2}{e^2}} = \sqrt{1 - \frac{1}{\varepsilon^2}},$$

$$\cos \frac{w}{2} = \frac{a}{e} = \frac{1}{\varepsilon},$$

$$\operatorname{tg} \frac{w}{2} = \frac{b}{a} = \sqrt{\frac{e^2 - a^2}{a^2}} = \sqrt{\varepsilon^2 - 1}.$$

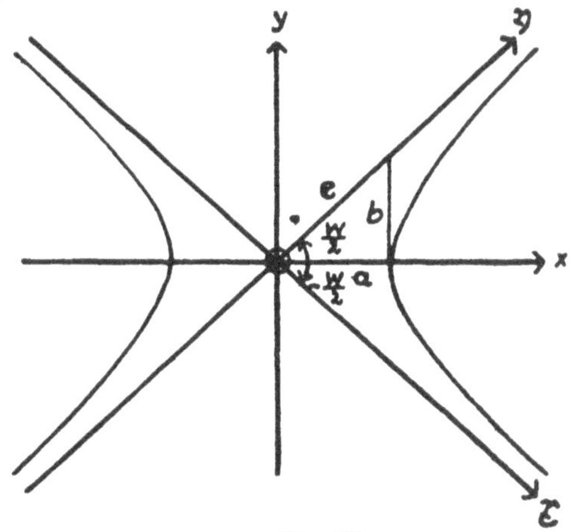

Fig. 75

Beispiel 1: Der Asymptotenwinkel einer Hyperbel mit der numerischen Exzentrizität $\varepsilon = 2$ ist wegen

$$\cos \frac{w}{2} = \frac{1}{2} \qquad w = 120°.$$

Beispiel 2: Der Asymptotenwinkel einer gleichseitigen Hyperbel ist $w = 90°$, denn es ist

$$\operatorname{tg} \frac{w}{2} = \frac{a}{a} = 1 \qquad \text{und} \qquad \frac{w}{2} = 45°.$$

(5) Ähnlichkeit von Hyperbeln. Die notwendige und hinreichende Bedingung für die Ähnlichkeit von Hyperbeln ist die Gleichheit ihrer Asymptotenwinkel.

Nach § 28 (5) sind nämlich Kegelschnitte dann und nur dann ähnlich, wenn sie in der numerischen Exzentrizität ε übereinstimmen. Für die Hyperbel ist das aber wegen $\cos \frac{w}{2} = \frac{1}{\varepsilon}$ gleichbedeutend mit der Übereinstimmung des Asymptotenwinkels w.

(6) Asymptotengleichung der Hyperbel. Macht man die Asymptoten der Hyperbel zu Koordinatenachsen ($\mathfrak{x}$, $\mathfrak{y}$), so daß die Hyperbel im ersten und dritten Quadranten des neuen Systems liegt (Fig. 75), so transformiert sich die Hyperbelgleichung

$$\frac{x^2}{a^2} - \frac{y^2}{b^2} = 1$$

gemäß § 1 (3) und § 33 (4) nach

$$x = \mathfrak{x} \cos\left(-\frac{w}{2}\right) + \mathfrak{y} \cos\frac{w}{2} = (\mathfrak{x} + \mathfrak{y}) \cdot \cos\frac{w}{2} = (\mathfrak{x} + \mathfrak{y}) \cdot \frac{a}{e},$$

$$y = \mathfrak{x} \sin\left(-\frac{w}{2}\right) + \mathfrak{y} \sin\frac{w}{2} = (\mathfrak{y} - \mathfrak{x}) \cdot \sin\frac{w}{2} = (\mathfrak{y} - \mathfrak{x}) \cdot \frac{b}{e}$$

in

$$\frac{(\mathfrak{y} + \mathfrak{x})^2}{e^2} - \frac{(\mathfrak{y} - \mathfrak{x})^2}{e^2} = 1$$

oder

$$4\mathfrak{x}\,\mathfrak{y} = e^2.$$

Die Gleichung der Hyperbel in bezug auf die Asymptoten ist also

$$\boxed{\mathfrak{x}\mathfrak{y} = \frac{e^2}{4}.}$$

Beispiel 3: Die Mittelpunktsgleichung der Hyperbel, deren Asymptotengleichung $\mathfrak{x}\,\mathfrak{y} = 4$, und deren Asymptotenwinkel $w = 120°$ ist, ist zu bestimmen.

Es ist $e^2 = 16$ und $\frac{w}{2} = 60°$ bekannt. Nach (4) ist dann

$$a = e \cdot \cos\frac{w}{2} = 4 \cdot \frac{1}{2} = 2, \qquad b = e \cdot \sin\frac{w}{2} = 4 \cdot \frac{1}{2}\sqrt{3} = 2\sqrt{3},$$

also die Mittelpunktsgleichung

$$\frac{x^2}{4} - \frac{y^2}{12} = 1.$$

(7) Das Parallelogramm, das ein beliebiger Hyperbelpunkt mit den beiden Asymptoten bestimmt, hat konstanten Flächeninhalt.

Beweis: Der Flächeninhalt des Parallelogramms, das der Punkt $P_1 : \mathfrak{x}_1, \mathfrak{y}_1$ der Hyperbel mit den Asymptoten bestimmt, ist (Fig. 76)

$$\Pi = \mathfrak{x}_1\mathfrak{y}_1 \cdot \sin w.$$

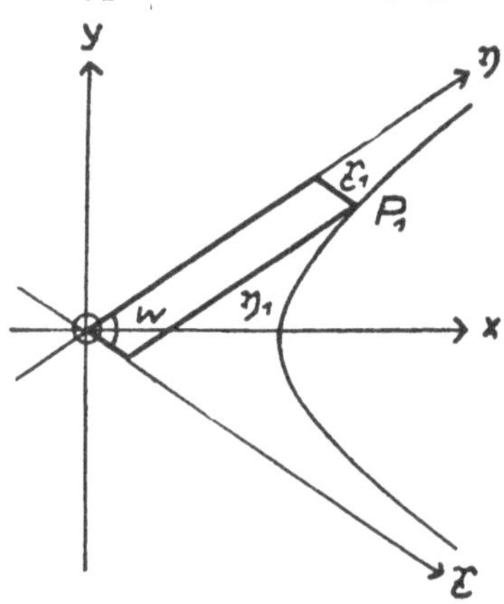

Fig. 76

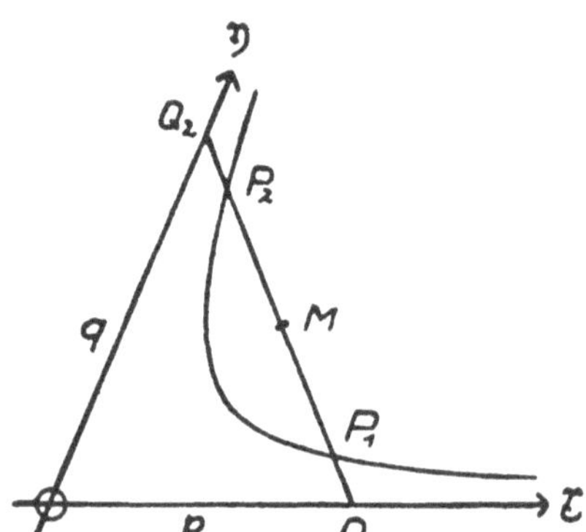

Fig. 77

Dabei sind die Asymptoten Koordinatenachsen. Es ist nun

$$\mathfrak{x}_1\mathfrak{y}_1 = \frac{e^2}{4}$$

und
$$\sin w = 2 \cdot \sin \frac{w}{2} \cdot \cos \frac{w}{2} = 2 \cdot \frac{b}{e} \cdot \frac{a}{e},$$
also
$$\Pi = \frac{1}{2} ab.$$

(8) Der Mittelpunkt jeder Hyperbelsehne ist auch Mittelpunkt der von den Asymptoten auf dieser Sehne abgeschnittenen Strecke.

Beweis (Fig. 77): In bezug auf die Asymptoten als Koordinatenachsen lautet die Gleichung der Hyperbel
$$\mathfrak{x}\mathfrak{y} = \frac{e^2}{4},$$
die Gleichung der Sehne
$$\frac{\mathfrak{x}}{p} + \frac{\mathfrak{y}}{q} = 1.$$
Für die Koordinaten der Endpunkte P_1, P_2 der Sehne gilt dann
$$\mathfrak{x}_P \mathfrak{y}_P = \frac{e^2}{4} \quad \text{und} \quad \frac{\mathfrak{x}_P}{p} + \frac{\mathfrak{y}_P}{q} = 1,$$
d. h.
$$\frac{\mathfrak{x}_P}{p} + \frac{e^2}{4q\,\mathfrak{x}_P} = 1 \quad \text{oder} \quad \mathfrak{x}_P^2 - p\,\mathfrak{x}_P + \frac{e^2 p}{4q} = 0.$$
Hieraus ergeben sich die Koordinaten des Sehnenmittelpunktes M zu
$$\mathfrak{x}_M = \frac{\mathfrak{x}_{P_1} + \mathfrak{x}_{P_2}}{2} = \frac{p}{2}, \quad \mathfrak{y}_M = q\left(1 - \frac{\mathfrak{x}_M}{p}\right) = \frac{q}{2}.$$

Die Schnittpunkte der Sehne mit den Asymptoten sind $Q_1 : p, 0$ und $Q_2 : 0, q$. Der Mittelpunkt der Strecke $Q_1 Q_2$ hat demnach die Koordinaten
$$\frac{\mathfrak{x}_{Q_1} + \mathfrak{x}_{Q_2}}{2} = \frac{p}{2}, \quad \frac{\mathfrak{y}_{Q_1} + \mathfrak{y}_{Q_2}}{2} = \frac{q}{2},$$
d. h. er ist gleich M.

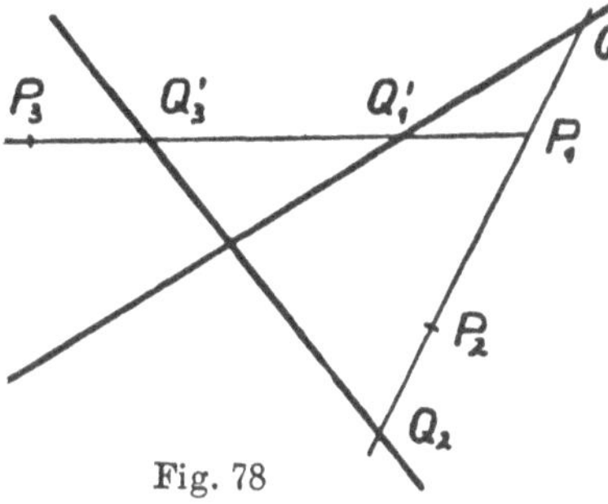

Fig. 78

(9) Konstruktion der Hyperbel aus den Asymptoten und einem Punkt. Gegeben sind die Asymptoten und ein Punkt P_1 der Hyperbel. Zeichnet man eine beliebige Gerade durch P_1, die die Asymptoten in Q_1 und Q_2 schneidet, und trägt darauf $Q_2 P_2 = P_1 Q_1$ ab, so ist nach Satz (8) P_2 ein weiterer Punkt der Hyperbel. Auf diese Weise lassen sich beliebig viele Punkte der Kurve konstruieren (Fig. 78).

(10) Konstruktion der Hyperbel aus einer Asymptote und 3 Punkten. Gegeben ist eine Asymptote und drei Punkte P_1, P_2, P_3 der Hyperbel. Zeichnet man die Sehnen $P_1 P_2$ und $P_1 P_3$, die die Asymptote in Q_1 bzw. Q_1' schneiden und trägt darauf
$$P_2 Q_2 = Q_1 P_1 \quad \text{bzw.} \quad P_3 Q_3' = Q_1' P_1$$
ab, so ist nach Satz (8) $Q_2 Q_3'$ die andere Asymptote und die weitere Konstruktion kann nach (9) erfolgen (Fig. 78).

(11) Die von den Asymptoten abgeschnittene Strecke auf jeder Hyperbeltangente wird vom Berührungspunkt halbiert.

1. Beweis folgt unmittelbar aus Satz (8) als Spezialfall, in dem die Sehne zum Berührungspunkt wird.

2. Beweis (Fig. 79): Nach § 31 (2) hat die Hyperbeltangente AB die konjugierte Richtung zum Durchmesser T_1T_2 durch den Berührungspunkt T_1. Die Tangente in T_2, die die Asymptoten in C und D schneidet, ist zu AB parallel. Da AC und BD Asymptoten sind, ist nach Satz (3) $ABCD$ ein Parallelogramm und AD und BC gehen durch die Endpunkte U_1 und U_2 des zu T_1T_2 konjugierten Durchmessers. T_1T_2 und U_1U_2 sind demnach die Mittellinien des Parallelogramms $ABCD$, d. h. T_1 ist Mittelpunkt von AB.

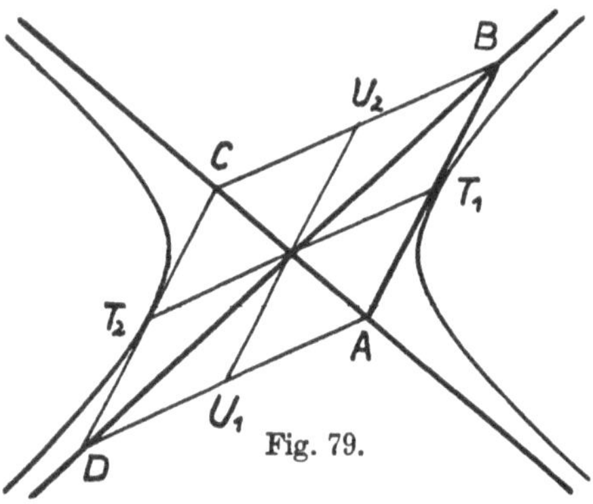

Fig. 79.

(12) Die von den Asymptoten abgeschnittene Strecke jeder Hyperbeltangente hat dieselbe Länge wie der zur Tangente parallele Durchmesser (der komplementären Hyperbel).

Beweis stimmt mit dem für Satz (11) überein, es ist $AB = U_1U_2$.

(13) Jede Hyperbeltangente bildet mit den Asymptoten ein Dreieck von konstantem Flächeninhalt.

Beweis: Nach § 31 (5) ist der Inhalt des Parallelogramms $ABCD$ konstant

$$\Pi = 4ab.$$

Es wird durch die Diagonalen in vier flächengleiche Dreiecke zerlegt,

$$\triangle OAB \cong \triangle OCD \quad \text{und} \quad \triangle OAB = \triangle OBC,$$

da letztere gleiche Grundlinien $OA = OC$ und gleiche Höhen haben. Somit ergibt sich

$$\triangle OAB = ab.$$

(14) Asymptotengleichung der gleichseitigen Hyperbel. Bei der gleichseitigen Hyperbel stehen die Asymptoten aufeinander senkrecht und es ist

$$e^2 = a^2 + a^2,$$

also lautet ihre auf die Asymptoten bezogene Gleichung

$$\boxed{xy = \frac{a^2}{2}.}$$

(15) Jede Gleichung von der Form

$$\mathfrak{y} = \frac{A\mathfrak{x} + B}{C\mathfrak{x} + D} \quad \textbf{mit} \quad AD - BC \neq 0$$

stellt eine Hyperbel dar, deren Asymptoten den Koordinatenachsen parallel sind.

Beweis: Die Gleichung läßt sich folgendermaßen umformen

$$C\mathfrak{x}\mathfrak{y} + D\mathfrak{y} = A\mathfrak{x} + B,$$

$$\mathfrak{x}\mathfrak{y} - \frac{A}{C}\mathfrak{x} + \frac{D}{C}\mathfrak{y} = \frac{B}{C}, \qquad \left(\mathfrak{x} + \frac{D}{C}\right)\left(\mathfrak{y} - \frac{A}{C}\right) = \frac{B}{C} - \frac{AD}{C^2}.$$

Durch die Transformation

$$\mathfrak{x}' = \mathfrak{x} + \frac{D}{C}, \qquad \mathfrak{y}' = \mathfrak{y} - \frac{A}{C},$$

die eine Parallelverschiebung des Koordinatensystems in den Punkt $-\frac{D}{C}, \frac{A}{C}$ bedeutet, geht sie über in

$$\mathfrak{x}'\mathfrak{y}' = \frac{BC - AD}{C^2}.$$

Das ist die Asymptotengleichung der Hyperbel mit der linearen Exzentrizität

$$e = \frac{2}{C}\sqrt{BC - AD}.$$

Ist $BC - AD < 0$, so liegt die Hyperbel im zweiten und vierten Quadranten und es ist

$$e = \frac{2}{C}\sqrt{AD - BC}.$$

Ist $BC - AD = 0$, so werden nur die beiden Geraden

$$\mathfrak{x} = -\frac{D}{C} \quad \text{und} \quad \mathfrak{y} = \frac{A}{C}$$

dargestellt.

Beispiel 4: Mittelpunkt und lineare Exzentrizität der durch

$$y = \frac{6x - 7}{2x - 5}$$

dargestellten gleichseitigen Hyperbel sind

$$M: \frac{5}{2}, 3 \quad \text{und} \quad e = 4.$$

§ 34. Pol und Polare

(1) Gleichung der Polare. Entsprechend der Definition der Kreispolaren versteht man unter der Polare eines Punktes P_0 in bezug auf einen Kegelschnitt den geometrischen Ort der vierten harmonischen Punkte zu den Schnittpunkten aller Geraden durch P_0 mit dem Kegelschnitt und dem Punkt P_0.

Sind $K: x_K, y_K$ und $L: x_L, y_L$ die Schnittpunkte einer Geraden durch $P_0: x_0, y_0$ mit dem Kegelschnitt, und ist $Q: x, y$ der vierte harmonische Punkt zu K, L, P_0, so kann $(K; P_0, Q) = \lambda$ und $(L; P_0, Q) = -\lambda$ gesetzt werden, und es ist

$$x_K = \frac{x_0 + \lambda x}{1 + \lambda}, \quad y_K = \frac{y_0 + \lambda y}{1 + \lambda}, \quad x_L = \frac{x_0 - \lambda x}{1 - \lambda}, \quad y_L = \frac{y_0 - \lambda y}{1 - \lambda}.$$

Da die Punkte K und L auf dem Kegelschnitt liegen, muß gelten

$$\frac{1}{a^2}\left(\frac{x_0+\lambda x}{1+\lambda}\right)^2+\frac{1}{b^2}\left(\frac{y_0+\lambda y}{1+\lambda}\right)^2=1 \qquad \frac{1}{a^2}\left(\frac{x_0+\lambda x}{1+\lambda}\right)^2-\frac{1}{b^2}\left(\frac{y_0+\lambda y}{1+\lambda}\right)^2=1$$

$$\left(\frac{y_0+\lambda y}{1+\lambda}\right)^2=2p\left(\frac{x_0+\lambda x}{1+\lambda}\right)$$

$$\frac{1}{a^2}\left(\frac{x_0-\lambda x}{1-\lambda}\right)^2+\frac{1}{b^2}\left(\frac{y_0-\lambda y}{1-\lambda}\right)^2=1 \qquad \frac{1}{a^2}\left(\frac{x_0-\lambda x}{1-\lambda}\right)^2-\frac{1}{b^2}\left(\frac{y_0-\lambda y}{1-\lambda}\right)^2=1$$

$$\left(\frac{y_0-\lambda y}{1-\lambda}\right)^2=2p\left(\frac{x_0-\lambda x}{1-\lambda}\right).$$

Hieraus folgt durch Subtraktion

$$\frac{1}{a^2}4\lambda\, x_0\, x+\frac{1}{b^2}4\lambda\, y_0\, y=4\lambda \qquad \frac{1}{a^2}4\lambda\, x_0\, x-\frac{1}{b^2}4\lambda\, y_0\, y=4\lambda$$

$$4\lambda\, y_0\, y=2p\,(2\lambda\, x+2\lambda\, x_0).$$

E $\frac{x_0 x}{a^2}+\frac{y_0 y}{b^2}=1$	H $\frac{x_0 x}{a^4}-\frac{y_0 y}{b^2}=1$	P $y_0 y=p\,(x+x_0).$

Der gesuchte Ort für die Punkte Q ist also für alle 3 Kegelschnitte eine Gerade, die Polare des Punktes P_0 in bezug auf den Kegelschnitt.

Der Punkt P_0 heißt der Pol dieser Geraden in bezug auf den Kegelschnitt.

Die Übereinstimmung der Polarengleichung mit der Tangentengleichung zeigt, daß die Polare eines Punktes auf dem Kegelschnitt gleich der Tangente an den Kegelschnitt in diesem Punkt ist.

(2) Die Polaren der Punkte einer Geraden bilden ein Geradenbüschel und umgekehrt liegen die Pole eines Geradenbüschels auf einer Geraden.

Beweis: Liegt der Punkt $Q: x_Q, y_Q$ auf der Polaren des Punktes P_0: x_0, y_0 in bezug auf einen Kegelschnitt, so besteht die Gleichung

$$\frac{x_0 x_Q}{a^2}\pm\frac{y_0 y_Q}{b^2}=1 \quad \text{bzw.} \quad y_0 y_Q=p\,(x_Q+x_0),$$

welche aber besagt, daß P_0 auf der Polaren des Punktes Q in bezug auf den Kegelschnitt liegt. Die Polaren aller Punkte Q der Geraden gehen also durch P_0. Umgekehrt liegen die Pole aller Geraden durch P_0 auf der Polare des Punktes P_0.

(3) Polare als Berührungssehne. Die Polare eines außerhalb des Kegelschnitts gelegenen Punktes ist gleich der Berührungssehne.

Das Äußere eines Kegelschnitts ist dabei der Teil der Ebene, der die Brennpunkte nicht enthält.

Beweis: Ist P_0 ein Punkt außerhalb des Kegelschnitts, so schneidet die Polare von P_0 den Kegelschnitt in zwei Punkten P_1 und P_2. Nach (2) gehen die Polaren dieser Punkte P_1 und P_2, die aber Tangenten an den Kegelschnitt sind, durch P_0. Also ist $P_1 P_2$ die Berührungssehne des Punktes P_0 in bezug auf den Kegelschnitt.

(4) Die Polaren der Punkte eines Durchmessers sind der dazu konjugierten Richtung parallel.

Beweis: Werden in den Endpunkten einer Schar paralleler Sehnen des Kegelschnitts die Tangenten gezeichnet, so schneiden sich nach § 32 (5) je zwei auf dem konjugierten Durchmesser. Die Polaren der Punkte dieses Durchmessers sind also als deren Berührungssehnen sämtlich parallel zur konjugierten Richtung.

(5) Die Polaren der Punkte einer Asymptote der Hyperbel sind dieser parallel.

Beweis folgt aus Satz (4), da die Asymptoten der Hyperbel Durchmesser sind, die mit ihrem konjugierten Durchmesser zusammenfallen.

Beispiel 1: Die Polare des Punktes $P_0: 8, 6$, der auf der Asymptote $y = \frac{3}{4}x$ der Hyperbel $\frac{x^2}{16} - \frac{y^2}{9} = 1$ liegt, hat die Gleichung

$$\frac{8x}{16} - \frac{6y}{9} = 1 \quad \text{oder} \quad y = \frac{3}{4}x - \frac{3}{2},$$

d. h. sie hat denselben Richtungsfaktor wie die Asymptote.

(6) Der Pol eines Kegelschnittdurchmessers ist der unendlich ferne Punkt der konjugierten Richtung.

Beweis: Der Pol eines Durchmessers ist der Schnittpunkt der Polaren aller seiner Punkte. Diese sind aber nach Satz (4) parallel der konjugierten Richtung. Der Schnittpunkt zweier paralleler Geraden ist der unendlich ferne Punkt auf jeder dieser Geraden. Da aber zwei Geraden nur einen Schnittpunkt haben können, ist der unendlich ferne Punkt aller parallelen Geraden derselbe Punkt, der unendlich ferne Punkt ihrer Richtung.

(7) Die Polare des Mittelpunktes eines Kegelschnittes ist die unendlich ferne Gerade.

Beweis: Der Mittelpunkt ist bestimmt durch das Geradenbüschel, das aus allen Durchmessern besteht. Da der Pol jedes Durchmessers ein unendlich ferner Punkt ist, ist die Polare des Mittelpunktes die Gesamtheit aller unendlich fernen Punkte der Ebene, und das ist die unendlich ferne Gerade.

(8) In jedem einem Kegelschnitt einbeschriebenen vollständigen Viereck sind die Diagonalen die Polaren der Diagonalpunkte in bezug auf den Kegelschnitt.

Beweis: Nach dem Satz vom vollständigen Viereck in § 15 (7) bilden die Seiten GA, GB und die Diagonalen GE, GF ein harmonisches Büschel (Fig. 80). Infolgedessen ist

$$(ABEP) = -1$$

und

$$(CDEQ) = -1,$$

d. h. die Gerade PQ oder auch GF ist die Polare des Punktes E in bezug auf den Kegelschnitt.

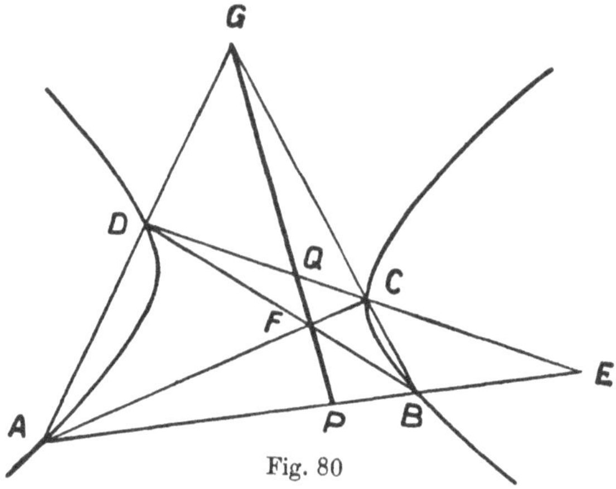

Fig. 80

(9) Koordinaten des Pols. Die Koordinaten des Pols der Geraden $Ax + By + C = 0$ in bezug auf den Kegelschnitt

$$\frac{x^2}{a^2} + \frac{y^2}{b^2} = 1 \qquad \frac{x^2}{a^2} - \frac{y^2}{b^2} = 1 \qquad y^2 = 2px$$

sind

E $\quad x_0 = -\frac{A}{C}a^2,\ y_0 = -\frac{B}{C}b^2$	H $\quad x_0 = -\frac{A}{C}a^2,\ y_0 = \frac{B}{C}b^2$

P $\quad x_0 = \frac{C}{A},\ y_0 = -\frac{B}{A}p$

Bew.: Die Gerade $Ax + By + C = 0$ ist identisch mit der Polaren von P_0

$$\frac{x_0 x}{a^2} + \frac{y_0 y}{b^2} - 1 = 0, \qquad \frac{x_0 x}{a^2} - \frac{y_0 y}{b^2} - 1 = 0, \qquad -px + y_0 y - px_0 = 0,$$

wenn

$$\frac{x_0}{a^2} = k_1 A, \qquad \frac{x_0}{a^2} = k_2 A, \qquad -p = k_3 A,$$

$$\frac{y_0}{b^2} = k_1 B, \qquad -\frac{y_0}{b^2} = k_2 B, \qquad y_0 = k_3 B,$$

$$-1 = k_1 C. \qquad -1 = k_2 C. \qquad -px_0 = k_3 C.$$

Wegen

$$k_1 = -\frac{1}{C} \qquad k_2 = -\frac{1}{C} \qquad k_3 = -\frac{p}{A}$$

folgen hieraus die oben angegebenen Gleichungen.

Beispiel 2: Die Koordinaten der Berührungspunkte der beiden Tangenten sind zu bestimmen, die vom Punkt $P_0: -5, 3$ an die Parabel $y^2 = 8x$ gelegt werden können.

Die Berührungspunkte sind die Schnittpunkte der Parabel $y^2 = 8x$ mit der Polaren des Punktes $P_0: 3y = 4(x - 5)$, für sie gilt also

$$\frac{16}{9}(x_S - 5)^2 = 8x_S, \qquad x_S^2 - \frac{29}{2}x_S + 25 = 0.$$

$$x_{S1} = \frac{25}{2}, \qquad x_{S2} = 2,$$

$$y_{S1} = 10. \qquad y_{S2} = -4.$$

§ 35. Brennpunkte, Leitlinien und Leitkreise

(1) Das Produkt der Brennstrahlen eines Punktes der Ellipse und Hyperbel ist gleich dem Quadrat des zu dem Punkt gehörigen konjugierten Halbmessers.

Beweis: Aus den in § 31 (8) und (9) ermittelten Formeln für die Längen der Brennstrahlen folgt

$$f_1 f_2 = \pm(a^2 - \varepsilon^2 x_1^2) = \pm\left(a^2 - \frac{e^2}{a^2}x_1^2\right) = \pm a^2 \mp \frac{a^2 \mp b^2}{a^2}x_1^2$$
$$= \pm a^2 \mp x_1^2 + \frac{b^2}{a^2}x_1^2.$$

Da P_1 ein Punkt des Kegelschnitts ist, gilt wegen der Mittelpunktsgleichung

$$a^2 - x_1^2 = a^2 \cdot \left(1 - \frac{x_1^2}{a^2}\right) = \pm a^2 \cdot \frac{y_1^2}{b^2}$$

$$f_1 f_2 = \frac{a^2 y_1^2}{b^4} + \frac{b^2 x_1^2}{a^2}.$$

Nach § 30 (10) folgt aber hieraus

$$f_1 f_2 = x_2^2 + y_2^2,$$

wobei P_2 der Endpunkt des zu $OP_1 = a'$ konjugierten Halbmessers b' ist. Also gilt

$$\boxed{f_1 f_2 = b'^2.}$$

(2) Das Produkt der beiden Brennpunktsabstände von einer Tangente der Ellipse oder Hyperbel ist konstant.

Beweis: Sind t_1 und t_2 die Längen der von den Brennpunkten auf eine Tangente gefällten Lote, so sind aus Symmetriegründen die Abstände der parallelen Tangente von F_1 und F_2 gleich t_2 und t_1. Nach den Satzen § 29 (7) und (9) liegen nun die Fußpunkte dieser Lote auf dem Kreis mit dem Radius a um den Mittelpunkt. Das Produkt $t_1 t_2$ ist also gleich der Potenz eines der Brennpunkte in bezug auf diesen Kreis, und deswegen vom Vorzeichen abgesehen für die Ellipse

$$t_1 t_2 = (a + e)(a - e) = a^2 - e^2,$$

für die Hyperbel

$$t_1 t_2 = (e + a)(e - a) = e^2 - a^2,$$

demnach für beide Kurven

$$\boxed{t_1 t_2 = b^2.}$$

(3) Der Schnittpunkt einer Parabeltangente mit der Achse hat denselben Abstand vom Brennpunkt wie der Berührungspunkt.

Beweis: Es ist

$$F P_1 = \sqrt{\left(x_1 - \frac{p}{2}\right)^2 + y_1^2} = x_1 + \frac{p}{2}$$

und wegen

$$x_F = \frac{p}{2}, \qquad x_T = - x_1$$

auch

$$F T = x_1 + \frac{p}{2}.$$

(4) Tangente und Normale eines Kegelschnitts bilden mit den beiden Brennstrahlen des Berührungspunktes ein harmonisches Büschel, dabei wird bei der Parabel der zweite Brennstrahl durch den Durchmesser ersetzt.

Beweis folgt unmittelbar aus den in § 31 (8), (9), (10) bewiesenen Sätzen, daß die Tangente bzw. Normale den Winkel zwischen den Brennstrahlen halbiert, und dem in § 15 (3) hergeleiteten Satz, daß ein Geradenpaar mit seinen Winkelhalbierenden ein harmonisches Büschel bildet.

(5) Die Leitlinien der Kegelschnitte sind die Polaren der entsprechenden Brennpunkte.

Beweis: Nach der Definition der Leitlinie ist für jeden Punkt P_1 des Kegelschnitts (Fig. 81a, b, c)

$$\frac{P_1 F_{1,2}}{P_1 L_{1,2}} = \varepsilon$$

und unter Berücksichtigung der Brennstrahllängen

$$\text{E} \quad P_1 L_{1,2} = \frac{1}{\varepsilon}(a \pm \varepsilon x_1), \qquad \text{H} \quad P_1 L_{1,2} = \frac{1}{\varepsilon}(\varepsilon x_1 \pm a),$$

$$\text{P} \quad P_1 L = x_1 + \frac{p}{2}.$$

Die Gleichungen der Leitlinien sind demnach

$$\text{E, H} \quad \begin{aligned} l_1 &: x = x_1 - \frac{a}{\varepsilon} - x_1, \\ l_2 &: x = x_1 + \frac{a}{\varepsilon} - x_1, \end{aligned} \qquad \text{P} \quad l : x = x_1 - x_1 - \frac{p}{2}.$$

$$\boxed{\text{E, H} \quad x = \mp \frac{a^2}{e}} \qquad \boxed{\text{P} \qquad x = - \frac{p}{2}.}$$

Andererseits ergeben sich als Gleichungen für die Polaren der Brennpunkte $F_1 : -e,\, 0$ und $F_2 : e,\, 0$ bzw. $F : \frac{p}{2},\, 0$

E, H $\quad -\frac{ex}{a^2} = 1$, d. h. $x = -\frac{a^2}{e}$, $\quad \frac{ex}{a^2} = 1$, d. h. $x = \frac{a^2}{e}$, $\qquad$ P $\quad 0 = p\left(x + \frac{p}{2}\right)$, d. h. $x = -\frac{p}{2}$.

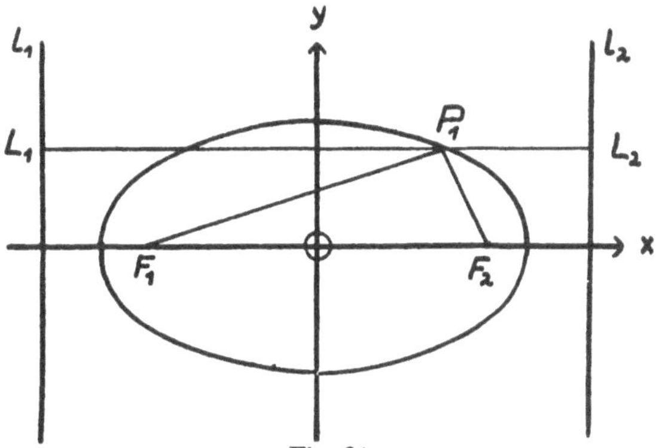

Fig. 81a

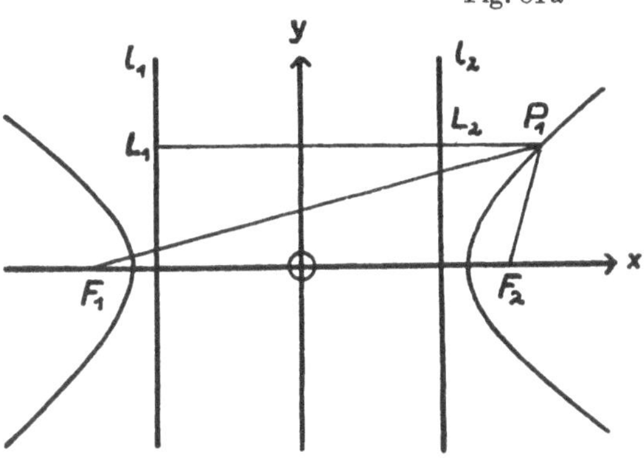

Fig. 81b

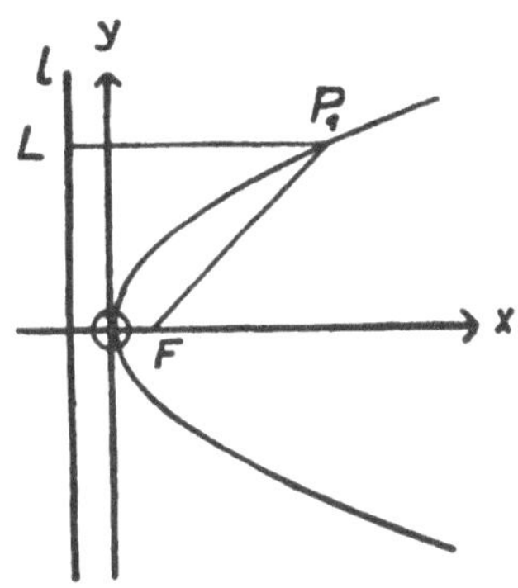

Fig. 81c

(6) Die Verbindungslinie eines Brennpunktes mit dem Pol einer beliebigen Sehne des Kegelschnitts durch den Brennpunkt steht senkrecht auf dieser Sehne.

Beweis: Nach (5) liegen die Pole aller durch einen Brennpunkt gehenden Sehnen auf der dazugehörigen Leitlinie. Die Polaren der Punkte auf der Leitlinie $\mp\frac{a^2}{e},\, y_0$ bzw. $-\frac{p}{2},\, y_0$ haben die Gleichungen

E $\quad \mp\frac{x}{e} + \frac{y_0 y}{b^2} = 1$, $\qquad$ H $\quad \mp\frac{x}{e} - \frac{y_0 y}{b^2} = 1$, $\qquad$ P $\quad y_0 y = p\left(x - \frac{p}{2}\right)$

und die Richtungsfaktoren

$$m_P = \pm\frac{b^2}{e\,y_0}, \qquad m_P = \mp\frac{b^2}{e\,y_0}, \qquad m_P = \frac{p}{y_0}.$$

Die Verbindungslinie des zugehörigen Brennpunktes mit dem Punkt auf der Leitlinie hat den Richtungsfaktor

$$m = \frac{y_0}{\mp\frac{a^2}{e} \pm e} = \mp \frac{e\,y_0}{b^2}\,, \quad m = \frac{y_0}{\mp\frac{a^2}{e} \pm e} = \pm \frac{e\,y_0}{b^2}\,, \quad m = \frac{y_0}{-\frac{p}{2} - \frac{p}{2}} = -\frac{y_0}{p}\,.$$

Damit ist die Orthogonalität der Geraden gezeigt.

(7) Leitkreise. Für Ellipse und Hyperbel liegt der Spiegelpunkt eines Brennpunktes an einer Tangente mit deren Berührungspunkt und dem anderen Brennpunkt auf einer Geraden, da die Tangente den Winkel der beiden Brennstrahlen oder dessen Nebenwinkel halbiert (Fig. 82a, b). Wegen $PF_2 = PF_2'$ ist dann

$$F_1F_2' = F_1P \pm PF_2' = 2a,$$

d. h. der geometrische Ort für die Spiegelpunkte eines Brennpunktes an allen Tangenten ist der Kreis um den anderen Brennpunkt mit der großen Achse als Radius. Dieser Kreis heißt der zu dem ersten Brennpunkt gehörige Leitkreis.

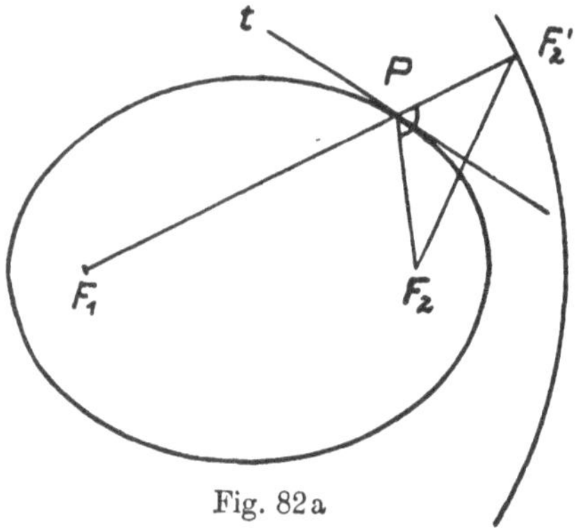

Fig. 82a

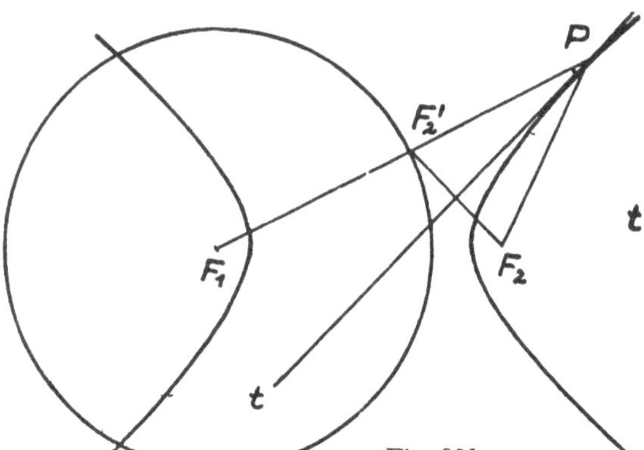

Fig. 82b

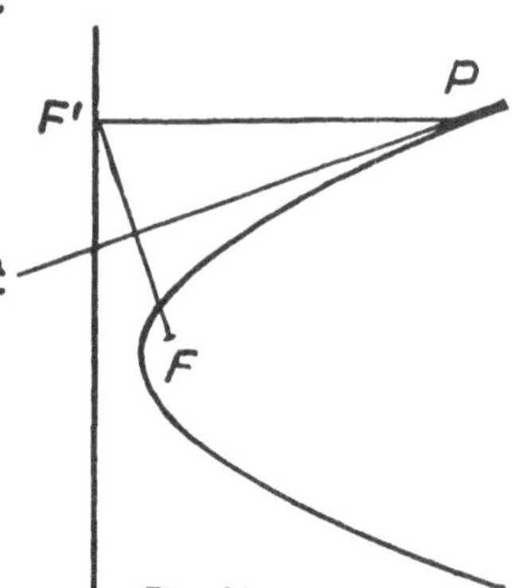

Fig. 82c

Für die Parabel liegt der Spiegelpunkt des Brennpunktes an einer Tangente auf dem Durchmesser durch deren Berührungspunkt (Fig. 82c) und wegen $PF = PF'$ auf der Leitlinie. Der geometrische Ort für die Spiegelpunkte des Brennpunktes an allen Tangenten ist also die Leitlinie.

Für Ellipse und Hyperbel ergeben sich mit Hilfe des Leitkreises folgende weitere Definitionen:

Die Ellipse ist der geometrische Ort aller Punkte, die von einem festen Kreis und einem festen Punkt in dessen Inneren gleichen Abstand haben.

Die Hyperbel ist der geometrische Ort aller Punkte, die von einem festen Kreis und einem festen Punkt außerhalb desselben gleichen Abstand haben.

Beispiel: Die Gleichungen der Leitkreise der Ellipse

$$\frac{x^2}{25}+\frac{y^2}{9}=1 \text{ sind } (x\pm 4)^2+y^2=100,$$

die der Hyperbel

$$\frac{x^2}{16}-\frac{y^2}{9}=1 \quad \text{sind} \quad (x\pm 5)^2+y^2=64.$$

(8) Die Projektion der Normale auf einen zugehörigen Brennstrahl eines Kegelschnitts ist konstant gleich dem Halbparameter p.

Beweis: Die Länge der Normale wird vom Berührungspunkt bis zum Schnittpunkt mit der Hauptachse gerechnet.

Für Ellipse und Hyperbel liefert der Strahlensatz (Fig. 83a, b)

$$\frac{n}{2t_1}=\frac{f_2}{2a}, \qquad \frac{n}{2t_2}=\frac{f_1}{2a}.$$

Hieraus folgt durch Multiplikation

$$\frac{n^2}{t_1\,t_2}=\frac{f_1 f_2}{a^2}$$

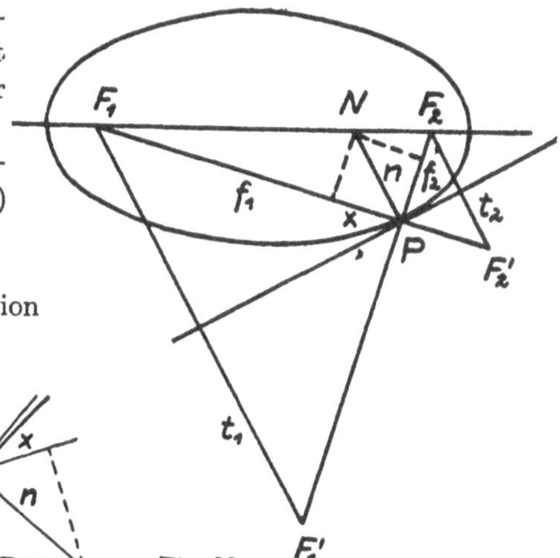

Fig. 83a

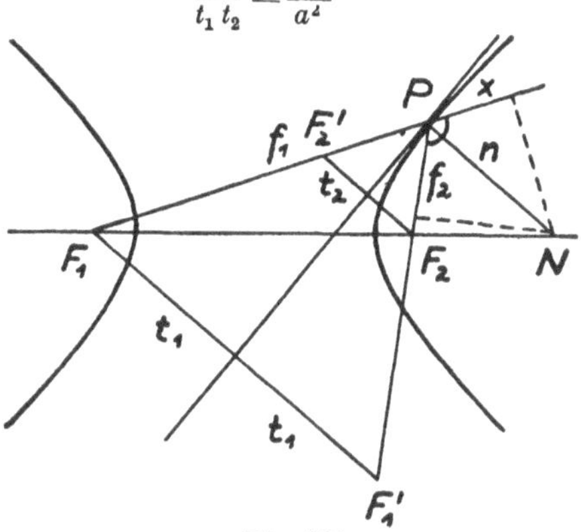

Fig. 83b

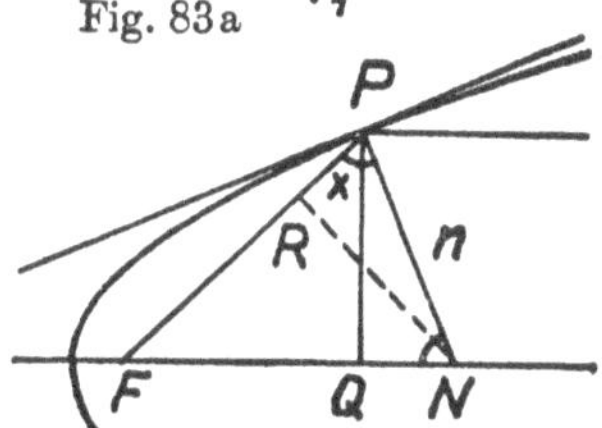

Fig. 83c

und wegen der Relationen

$$f_1 f_2 = b'^2, \qquad t_1 t_2 = b^2$$

$$n=\frac{bb'}{a}.$$

Infolge der Gleichheit der Winkel zwischen den Brennstrahlen und der Normalen sowie den Loten von den Brennpunkten auf die Tangente ist

$$\frac{x}{n}=\frac{t_1}{f_1}=\frac{t_2}{f_2}, \qquad \frac{x^2}{n^2}=\frac{t_1\,t_2}{f_1 f_2}=\frac{b^2}{b'^2}, \qquad x=\frac{b}{b'}\,n=\frac{b^2}{a}=p.$$

Bei der Parabel halbiert die Normale den Winkel zwischen Brennstrahl und Durchmesser, daraus folgt die Gleichheit der Winkel FNP und FPN (Fig. 83c). Somit sind die Dreiecke PQN und NRP kongruent, und da die Subnormale der Parabel $QN = p$ ist, ergibt sich $x = p$.

§ 36. Umhüllungskonstruktionen der Kegelschnitte

(1) Ellipse. Der Schenkel eines rechten Winkels, dessen Scheitel auf einem festen Kreis läuft, während der andere Schenkel durch einen festen Punkt im Innern des Kreises geht, umhüllt eine Ellipse.

Beweis folgt analytisch aus § 29 (7), wonach der Ort für die Fußpunkte der Lote von einem Brennpunkt auf die Tangenten der Umkreis der Ellipse ist.

Planimetrisch liefert der auf Fig. 83a angewandte Stra lensatz, daß die Verbindungslinien des Mittelpunktes mit den Fußpunkten der Lote parallel den verlängerten Brennstrahlen F_2F_1' und F_1F_2' sind und deren halbe Länge a haben.

(2) Hyperbel. Der Schenkel eines rechten Winkels, dessen Scheitel auf einem festen Kreis läuft, während der andere Schenkel durch einen festen Punkt außerhalb des Kreises geht, umhüllt eine Hyperbel.

Beweis folgt analytisch aus § 29 (9), wonach der Ort für die Fußpunkte der Lote von einem Brennpunkt auf die Tangenten der Scheitelkreis der Hyperbel ist.

Der elementargeometrische Beweis verläuft wie in (1).

(3) Parabel. Der Schenkel eines rechten Winkels, dessen Scheitel auf einer festen Geraden läuft, während der andere Schenkel durch einen festen Punkt geht, umhüllt eine Parabel.

Beweis folgt analytisch aus § 29 (11), wonach der Ort für die Fußpunkte der Lote vom Brennpunkt auf die Tangenten die Scheiteltangente ist.

In Fig. 82c ist PFF' ein gleichschenkliges Dreieck und die Tangente in P dessen Höhe. Die Fußpunkte der Lote halbieren also die Verbindungslinie Brennpunkt—Leitlinie, d. h. sie liegen auf der Scheiteltangente.

§ 37. Die allgemeine Gleichung 2. Grades in der Ebene

(1) Kurven, die durch eine Gleichung 2. Grades dargestellt werden. Bei einer beliebigen Bewegung des Koordinatensystems transformieren sich die Gleichungen der Kegelschnitte

$$y^2 = 2p\,x - (1 - \varepsilon^2)\,x^2$$

nach den Transformationsgleichungen des § 2 (3) in eine Gleichung von der Form

$$A\,\xi^2 + B\,\xi\,\eta + C\,\eta^2 + D\xi + E\,\eta + F = 0,$$

d. h. in eine quadratische Form der Koordinaten ξ, η.

Es ist nun umgekehrt zu untersuchen, unter welchen Bedingungen die allgemeine Gleichung 2. Grades in rechtwinkligen Koordinaten

$$a_{11}x^2 + 2a_{12}xy + a_{22}y^2 + 2a_{13}x + 2a_{23}y + a_{33} = 0$$

einen Kegelschnitt darstellt, und die Art dieses Kegelschnitts festzustellen. Die Determinante

$$D = \begin{vmatrix} a_{11} & a_{12} & a_{13} \\ a_{12} & a_{22} & a_{23} \\ a_{13} & a_{23} & a_{33} \end{vmatrix},$$

die in bezug auf die Hauptdiagonale symmetrisch ist, heißt die Determinante der quadratischen Form. Hierbei sind nun verschiedene Fälle zu unterscheiden:

I. $a_{11} \neq 0$, $a_{12} \neq 0$, $a_{22} \neq 0$.

Durch Drehung der Ordinatenachse läßt sich die Gleichung in eine Form ohne gemischtquadratisches Glied xy transformieren. Werden die Funktionen des Winkels ω, den die neuen Achsen miteinander bilden, mit

$$\cos\omega = c \quad \text{und} \quad \sin\omega = s$$

abgekürzt, so gelten nach § 1 (3) die Transformationsgleichungen

$$x = \mathfrak{x} + c\,\mathfrak{y}, \qquad y = s\,\mathfrak{y}.$$

Die Gleichung nimmt dann folgende Form an:

$$a_{11}\mathfrak{x}^2 + 2(c\,a_{11} + s\,a_{12})\,\mathfrak{x}\mathfrak{y} + (c^2 a_{11} + 2cs\,a_{12} + s^2 a_{22})\,\mathfrak{y}^2 + 2a_{13}\mathfrak{x}$$
$$+ 2(c\,a_{13} + s\,a_{23})\,\mathfrak{y} + a_{33} = 0.$$

Wird der Winkel ω so gewählt, daß

$$c\,a_{11} + s\,a_{12} = 0$$

ist, so lautet die Gleichung

$$a_{11}\,\mathfrak{x}^2 + s(c\,a_{12} + s\,a_{22})\,\mathfrak{y}^2 + 2a_{13}\,\mathfrak{x} + 2(c\,a_{13} + s\,a_{23})\,\mathfrak{y} + a_{33} = 0.$$

1. $c\,a_{12} + s\,a_{22} = 0$, d. h.

$$\frac{c}{s} = -\frac{a_{22}}{a_{12}} \text{ und wegen } \frac{c}{s} = -\frac{a_{12}}{a_{11}}$$

$$a_{11}a_{22} = a_{12}^2 \qquad \text{oder} \qquad A_{33} = 0.$$

$$\left(\mathfrak{x} + \frac{a_{13}}{a_{11}}\right)^2 + 2\,\frac{c\,a_{13} + s\,a_{23}}{a_{11}}\,\mathfrak{y} = \frac{a_{13}^2}{a_{11}^2} - \frac{a_{33}}{a_{11}}.$$

a) $c\,a_{13} + s\,a_{23} = 0$, d. h.

$$\frac{c}{s} = -\frac{a_{23}}{a_{13}}, \text{ daraus folgt aber } \frac{a_{12}}{a_{11}} = \frac{a_{22}}{a_{12}} = \frac{a_{23}}{a_{13}} \text{ oder } D = 0.$$

Ist umgekehrt $D = 0$, so folgt aus

$$a_{11} = -\frac{s}{c}\,a_{12} \quad \text{und} \quad a_{22} = -\frac{c}{s}\,a_{12}$$

$$D = a_{11}a_{22}a_{33} + 2a_{12}a_{13}a_{23} - a_{13}^2 a_{22} - a_{12}^2 a_{33} - a_{11}a_{23}^2$$
$$= a_{12}^2 a_{33} + 2a_{12}a_{13}a_{23} + \frac{c}{s}\,a_{12}a_{13}^2 - a_{12}^2 a_{33} + \frac{s}{c}\,a_{12}a_{23}^2$$
$$= \frac{a_{12}}{cs}\,(c^2 a_{13}^2 + 2cs\,a_{13}a_{23} + s^2 a_{23}^2) = \frac{a_{12}}{cs}\,(c\,a_{13} + s\,a_{23})^2$$

und $c a_{13} + s a_{23} = 0$. Die Bedingung $c a_{13} + s a_{23} = 0$ ist in diesem Falle also gleichbedeutend mit

$$\boldsymbol{D = 0}.$$

Die Gleichung lautet dann

$$\left(\mathfrak{x} + \frac{a_{13}}{a_{11}}\right)^2 = -\frac{a_{11}a_{33} - a_{13}^2}{a_{11}^2}.$$

α) Ist nun $a_{11} a_{33} - a_{13}^2 = A_{22} > 0$, so stellt die Gleichung keine reellen Punkte dar.

Da $a_{22} = -\frac{c}{s} a_{12} = \frac{c^2}{s^2} a_{11}$ und $a_{23} = -\frac{c}{s} a_{13}$ ist, so ist auch

$$A_{11} = a_{22} a_{33} - a_{23}^2 = \frac{c^2}{s} (a_{11} a_{33} - a_{13}^2) = \frac{c^2}{s^2} A_{22} > 0,$$

und die Bedingung läßt sich in der Form

$$\boldsymbol{A_{11} + A_{22} > 0}$$

schreiben.

β) $A_{22} = 0$, d. h.

$$\boldsymbol{A_{11} + A_{22} = 0}.$$

Die Gleichung stellt eine Gerade dar.

γ) $A_{22} < 0$, d. h.

$$\boldsymbol{A_{11} + A_{22} < 0}.$$

Die Gleichung hat dann die Form

$$(\mathfrak{x} + u)^2 = v^2$$

und stellt ein Paar paralleler Geraden dar, nämlich die Geraden $\mathfrak{x} + u = v$ und $\mathfrak{x} + u = -v$.

b) $c a_{13} + s a_{23} \neq 0$, d. h.

$$\boldsymbol{D \neq 0}.$$

Dann hat die Gleichung die Form

$$(\mathfrak{x} - u)^2 = 2p\,(\mathfrak{y} - v)$$

und stellt eine Parabel dar.

2. $c a_{12} + s a_{22} \neq 0$, d. h.

$$A_{33} \neq 0.$$

$$a_{11}\left(\mathfrak{x} + \frac{a_{13}}{a_{11}}\right)^2 + s\,(c\,a_{12} + s\,a_{22})\left(\mathfrak{y} + \frac{c a_{13} + s a_{23}}{s\,(c a_{12} + s a_{22})}\right)^2 + a_{33}$$
$$- \frac{a_{13}^2}{a_{11}} - \frac{(c a_{13} + s a_{23})^2}{s\,(c a_{12} + s a_{22})} = 0.$$

Es ist nun

$$a_{33} - \frac{a_{13}^2}{a_{11}} - \frac{(c a_{13} + s a_{23})^2}{s(c a_{12} + s a_{22})} = a_{33} - \frac{a_{13}^2}{a_{11}} - \frac{s^2 \cdot \left(\frac{c}{s} a_{13} + a_{23}\right)^2}{s^2 \cdot \left(\frac{c}{s} a_{12} + a_{22}\right)}$$

$$= a_{33} - \frac{a_{13}^2}{a_{11}} - \frac{\left(-\frac{a_{12}}{a_{11}} a_{13} + a_{23}\right)^2}{-\frac{a_{12}}{a_{11}} a_{12} + a_{22}} = a_{33} - \frac{a_{13}^2}{a_{11}} - \frac{(a_{11} a_{23} - a_{12} a_{13})^2}{a_{11}(a_{11} a_{22} - a_{12}^2)}$$

$$= \frac{1}{a_{11} a_{22} - a_{12}^2} \left(a_{11} a_{22} a_{33} - a_{12}^2 a_{33} - a_{13}^2 a_{22} + \frac{a_{12}^2 a_{13}^2}{a_{11}} \right.$$

$$\left. - a_{11} a_{23}^2 + 2 a_{12} a_{13} a_{23} - \frac{a_{12}^2 a_{13}^2}{a_{11}} \right) = \frac{D}{A_{33}},$$

$$s(c a_{12} + s a_{22}) = s^2 \cdot \left(-\frac{a_{12}}{a_{11}} a_{12} + a_{22}\right) = \frac{s^2}{a_{11}} (a_{11} a_{22} - a_{12}^2) = \frac{s^2}{a_{11}} A_{33}.$$

a) $\boldsymbol{D = 0}$.

Die Gleichung lautet

$$a_{11}\left(\mathfrak{x} + \frac{a_{13}}{a_{11}}\right)^2 + \frac{s^2}{a_{11}} A_{33} \left(\mathfrak{y} + \frac{c a_{13} + s a_{23}}{s(c a_{12} + s a_{22})}\right)^2 = 0.$$

α) $\boldsymbol{A_{33} > 0}$, dann haben a_{11} und $\frac{s^2}{a_{11}} A_{33}$ gleiches Vorzeichen, d. h. die Gleichung hat die Form

$$k^2 \cdot (\mathfrak{x} - u)^2 + l^2 \cdot (\mathfrak{y} - v)^2 = 0$$

und stellt einen Punkt dar.

β) $\boldsymbol{A_{33} < 0}$, dann hat die Gleichung die Form

$$k^2 \cdot (\mathfrak{x} - u)^2 - l^2 (\mathfrak{y} - v)^2 = 0$$

oder $[k(\mathfrak{x} - u) + l(\mathfrak{y} - v)] \cdot [k(\mathfrak{x} - u) - l(\mathfrak{y} - v)] = 0$

und stellt ein Geradenpaar dar.

b) $\boldsymbol{D \neq 0}$.

Die Gleichung heißt

$$a_{11}^2 A_{33}\left(\mathfrak{x} + \frac{a_{13}}{a_{11}}\right)^2 + s^2 A_{33}^2 \left(\mathfrak{y} + \frac{c a_{13} + s a_{23}}{s(c a_{13} + s a_{22})}\right)^2 = - a_{11} D.$$

α) $\boldsymbol{A_{33} > 0}$, dann sind $a_{11}^2 A_{33}$ und $s^2 A_{33}^2$ positiv. Ist noch $\boldsymbol{a_{11} D > 0}$, so hat die Gleichung die Form

$$\frac{(\mathfrak{x} - u)^2}{a^2} + \frac{(\mathfrak{y} - v)^2}{b^2} = -1$$

und stellt keine reellen Punkte dar. Ist dagegen $\boldsymbol{a_{11} D < 0}$, so hat die Gleichung die Form

$$\frac{(\mathfrak{x} - u)^2}{a^2} + \frac{(\mathfrak{y} - v)^2}{b^2} = 1$$

und stellt eine Ellipse dar.

β) $\boldsymbol{A_{33} < 0}$, dann hat die Gleichung die Form

$$\frac{(\mathfrak{x} - u)^2}{a^2} - \frac{(\mathfrak{y} - v)^2}{b^2} = \pm 1$$

und stellt eine Hyperbel dar.

II. $a_{11} = 0$, $a_{12} \neq 0$, $a_{22} \neq 0$.

In diesem Falle ist $D = 2a_{12}a_{13}a_{23} - a_{13}^2 a_{22} - a_{12}^2 a_{33}$ und stets $A_{33} = - a_{12}^2$, also $\quad A_{33} < 0.$

Durch Drehung der Ordinatenachse läßt sich die Gleichung in eine Form ohne rein quadratisches Glied transformieren. Da sie hier

$$2s\,a_{12}\,\mathfrak{x}\,\mathfrak{y} + s\,(2c\,a_{12} + s\,a_{22})\,\mathfrak{y}^2 + 2a_{13}\,\mathfrak{x} + 2\,(c\,a_{13} + s\,a_{23})\,\mathfrak{y} + a_{33} = 0$$

lautet, läßt sich der Winkel ω so wählen, daß

$$2c\,a_{12} + s\,a_{22} = 0, \text{ d. h. } \quad \frac{c}{s} = -\frac{a_{22}}{2a_{12}}$$

wird, sie hat dann die Form

$$\mathfrak{x}\mathfrak{y} + \frac{a_{13}}{s a_{12}}\mathfrak{x} + \frac{c a_{13} + s a_{23}}{s a_{12}}\mathfrak{y} + \frac{a_{33}}{2s\,a_{12}} = 0,$$

$$\left(\mathfrak{x} + \frac{c a_{13} + s a_{23}}{s a_{12}}\right) \cdot \left(\mathfrak{y} + \frac{a_{13}}{s a_{12}}\right) = -\frac{a_{33}}{2s\,a_{12}} + \frac{a_{13}\,(c\,a_{13} + s a_{23})}{s^2 a_{12}^2}.$$

Die rechte Seite ist gleich

$$\frac{-1}{2\,s\,a_{12}\,A_{33}}\left(-a_{12}^2\,a_{33} + 2\frac{c}{s}\,a_{12}\,a_{13}^2 + 2a_{12}\,a_{13}\,a_{23}\right)$$

$$= \frac{-1}{2\,s\,a_{12}\,A_{33}}\left(-a_{12}^2\,a_{33} - a_{13}^2\,a_{22} + 2a_{12}\,a_{13}\,a_{23}\right) = \frac{-D}{2s a_{12} A_{33}}.$$

a) $\boldsymbol{D = 0}$.

Die Gleichung erhält dann die Form

$$(\mathfrak{x} - u)\,(\mathfrak{y} - v) = 0$$

und stellt ein Geradenpaar dar.

b) $\boldsymbol{D \neq 0}$.

Die Gleichungsform ist

$$(\mathfrak{x} - u)\,(\mathfrak{y} - v) = \pm k$$

und stellt eine Hyperbel dar, nämlich als Asymptotengleichung.

III. $a_{11} \neq 0$, $a_{12} \neq 0$, $a_{22} = 0$.

Dieser Fall entspricht vollkommen dem Fall II.

IV. $a_{11} \neq 0$, $a_{12} = 0$, $a_{22} \neq 0$.

Es ist jetzt

$D = a_{11}\,a_{22}\,a_{33} - a_{13}^2\,a_{22} - a_{11}\,a_{23}^2$ und $A_{33} = a_{11}\,a_{22} \neq 0$.

Die Gleichung lautet

$$a_{11}\left(x + \frac{a_{13}}{a_{11}}\right)^2 + a_{22}\left(y + \frac{a_{23}}{a_{22}}\right)^2 + a_{33} - \frac{a_{13}^2}{a_{11}} - \frac{a_{23}^2}{a_{22}} = 0,$$

oder wegen

$$a_{33} - \frac{a_{13}^2}{a_{11}} - \frac{a_{23}^2}{a_{22}} = \frac{1}{a_{11}a_{22}}\left(a_{11}\,a_{22}\,a_{33} - a_{13}^2\,a_{22} - a_{11}\,a_{23}^2\right) = \frac{D}{a_{11}a_{22}} = \frac{D}{A_{33}}$$

$$a_{11}\left(x + \frac{a_{13}}{a_{11}}\right)^2 + a_{22}\left(y + \frac{a_{23}}{a_{22}}\right)^2 = -\frac{D}{A_{33}}.$$

a) $\boldsymbol{D = 0}$.

α) $\boldsymbol{A_{33} > 0}$, d. h. a_{11} und a_{22} haben gleiches Vorzeichen, die Gleichung hat die Form

$$k^2 \cdot (x - u)^2 + l^2 \cdot (y - v)^2 = 0$$

und stellt einen Punkt dar.

β) $\boldsymbol{A_{33} < 0}$, d. h. a_{11} und a_{22} haben verschiedene Vorzeichen, die Gleichung ist von der Form

$$k^2 \cdot (x - u)^2 - l^2 \cdot (y - v)^2 = 0$$

oder $[k\,(x - u) + l\,(y - v)] \cdot [k\,(x - u) - l\,(y - v)] = 0$

und stellt ein Geradenpaar dar.

b) $\boldsymbol{D \neq 0}$.

α) $\boldsymbol{A_{33} > 0}$, die Gleichung lautet

$$a_{11}^2 A_{33}\left(x + \frac{a_{13}}{a_{11}}\right)^2 + A_{33}^2\left(y + \frac{a_{23}}{a_{22}}\right)^2 = - a_{11} D.$$

Ist $\boldsymbol{a_{11} D > 0}$, so bekommt sie die Form

$$\frac{(x - u)^2}{a^2} + \frac{(y - v)^2}{b^2} = - 1$$

und stellt keine reellen Punkte dar. Für $\boldsymbol{a_{11} D < 0}$ ist sie von der Form

$$\frac{(x - u)^2}{a^2} + \frac{(y - v)^2}{b^2} = 1$$

und stellt eine Ellipse dar. Ist überdies noch $a_{11} = a_{22}$, so wird als Spezialfall der Ellipse ein Kreis dargestellt, vgl. § 17 (2).

β) $\boldsymbol{A_{33} < 0}$, dann hat die Gleichung die Form

$$\frac{(x - u)^2}{a^2} - \frac{(y - v)^2}{b^2} = \pm 1$$

und stellt eine Hyperbel dar.

V. $a_{11} = 0$, $a_{12} = 0$, $a_{22} \neq 0$.

Es ist dann $D = - a_{13}^2 a_{22}$, $\boldsymbol{A_{33} = 0}$ und die Gleichung

$$a_{22}\left(y + \frac{a_{23}}{a_{22}}\right)^2 + 2a_{13}\, x + a_{33} - \frac{a_{23}^2}{a_{22}} = 0.$$

a) $\boldsymbol{D = 0}$, d. h. $a_{13} = 0$. Wegen

$$a_{33} - \frac{a_{23}^2}{a_{22}} = \frac{1}{a_{22}}\,(a_{22} a_{33} - a_{23}^2) = \frac{A_{11}}{a_{22}}$$

wird die Gleichung nun

$$\left(y + \frac{a_{23}}{a_{22}}\right)^2 = - \frac{A_{11}}{a_{22}^2}.$$

α) Ist $A_{11} > 0$, so stellt sie **keine reellen Punkte** dar, und da hier
$$A_{22} = a_{11}a_{33} - a_{13}^2 = 0$$
ist, heißt die Bedingung dafür auch $A_{11} + A_{22} > 0$.

β) Ist $A_{11} = 0$, d. h. $A_{11} + A_{22} = 0$, so wird eine Gerade dargestellt.

γ) Ist schließlich $A_{11} < 0$ oder $A_{11} + A_{22} < 0$, so wird ein Paar paralleler Geraden dargestellt.

b) $D \neq 0$, d. h. $a_{13} \neq 0$. Dann hat die Gleichung die Form
$$(y - v)^2 = 2p\,(x - u)$$
und stellt eine Parabel dar.

VI. $a_{11} \neq 0$, $a_{12} = 0$, $a_{22} = 0$.

Es ist dann $D = -a_{11}a_{23}^2$, $A_{33} = 0$ und die Gleichung
$$a_{11}\left(x + \frac{a_{13}}{a_{11}}\right)^2 + 2a_{23}\,y + a_{33} - \frac{a_{13}^2}{a_{11}} = 0.$$
Die weitere Behandlung des Falles verläuft genau so wie im Fall V., nur sind x- und y-Achse miteinander vertauscht.

VII. $a_{11} = a_{22} = 0$, $a_{12} \neq 0$.

In diesem Fall ist
$$D = 2a_{12}a_{13}a_{23} - a_{12}^2 a_{33}, \qquad A_{33} = -a_{12}^2, \quad \text{d. h.} \quad A_{33} < 0.$$
Die Gleichung
$$2a_{12}\,x\,y + 2a_{13}\,x + 2a_{23}\,y + a_{33} = 0$$
läßt sich auch schreiben als
$$\left(x + \frac{a_{23}}{a_{12}}\right)\left(y + \frac{a_{13}}{a_{12}}\right) + \frac{a_{33}}{2a_{12}} - \frac{a_{13}a_{23}}{a_{12}^2} = 0,$$
oder infolge
$$\frac{a_{33}}{2a_{12}} - \frac{a_{13}a_{23}}{a_{12}^2} = -\frac{1}{2a_{12}A_{33}}\left(-a_{12}^2 a_{33} + 2a_{12}a_{13}a_{23}\right) = -\frac{D}{2a_{12}A_{33}}$$
$$\left(x + \frac{a_{23}}{a_{12}}\right)\left(y + \frac{a_{13}}{a_{12}}\right) = \frac{D}{2a_{12}A_{33}}.$$

a) $D = 0$. Die Gleichung hat die Form
$$(x - u)\,(y - v) = 0$$
und stellt ein Geradenpaar dar.

b) $D \neq 0$. Die Gleichung hat die Form
$$(x - u)\,(y - v) = \pm k$$
und stellt eine gleichseitige Hyperbel dar.

VIII. Für $a_{11} = a_{12} = a_{22} = 0$ ist die Gleichung nicht mehr vom 2. Grade, sondern linear und stellt nach § 8 (5) eine Gerade dar.

Zusammenfassung: Die Gleichung 2. Grades stellt im allgemeinen einen Kegelschnitt dar, und zwar für

$D \neq 0, \quad A_{33} > 0, \quad a_{11} D < 0$	eine Ellipse,
$D \neq 0, \quad A_{33} = 0$	eine Parabel,
$D \neq 0, \quad A_{33} < 0$	eine Hyperbel,
$D = 0, \quad A_{33} > 0$	einen Punkt,
$D = 0, \quad A_{33} = 0, \quad A_{11} + A_{22} = 0$	eine Gerade,
$D = 0, \quad A_{33} = 0, \quad A_{11} + A_{22} < 0$	ein Paar paralleler Geraden,
$D = 0, \quad A_{33} < 0$	ein Paar sich schneidender Geraden.

Umgekehrt läßt sich jeder Kegelschnitt in dieser Gleichungsform darstellen.

Die ausgearteten Kegelschnitte Punkt, Gerade und Geradenpaar entstehen auch als Schnitte des Kegels, und zwar mit einer Ebene durch die Kegelspitze; das Parallelgeradenpaar ist der Schnitt einer Ebene mit dem zum Zylinder ausgearteten Kegel.

Beispiel 1: Die Gleichung

$$9x^2 - 6xy + y^2 - 6x + 2y - 8 = 0$$

stellt wegen

$$D = \begin{vmatrix} 9 & -3 & -3 \\ -3 & 1 & 1 \\ -3 & 1 & -8 \end{vmatrix} = 0, \qquad A_{33} = 0, \qquad A_{11} = -9, \qquad A_{22} = -81$$

ein Parallelgeradenpaar dar.

(2) Beschreibung der durch eine Gleichung 2. Grades dargestellten Kurve. Ist ein Kegelschnitt durch eine allgemeine Gleichung 2. Grades gegeben, so lassen sich die ihn bestimmenden Größen (Mittelpunkt, Halbachsen, Parameter usw.) dadurch berechnen, daß das Koordinatensystem in seinen Mittelpunkt bzw. Scheitelpunkt bewegt wird. Diese Bewegung setzt sich zusammen aus einer Drehung und einer Parallelverschiebung. Der Drehungswinkel wird so gewählt, daß das gemischtquadratische Glied verschwindet. Für die Drehung gelten nach § 2 (2) die Transformationsgleichungen

$$x = \xi \cos\alpha - \eta \sin\alpha, \qquad y = \xi \sin\alpha + \eta \cos\alpha.$$

Die Gleichung des Kegelschnitts

$$a_{11} x^2 + 2a_{12} xy + a_{22} y^2 + 2a_{13} x + 2a_{23} y + a_{33} = 0$$

transformiert sich dadurch in

$$\begin{aligned} &\xi^2 (a_{11} \cos^2\alpha + 2a_{12} \cos\alpha \cdot \sin\alpha + a_{22} \sin^2\alpha) \\ &\qquad + 2\xi\eta\,((-a_{11} + a_{22}) \cos\alpha \cdot \sin\alpha + a_{12} (\cos^2\alpha - \sin^2\alpha)) \\ &\qquad + \eta^2 (a_{11} \sin^2\alpha - 2a_{12} \cos\alpha \cdot \sin\alpha + a_{22} \cos^2\alpha) \\ &\qquad + 2\xi (a_{13} \cos\alpha + a_{23} \sin\alpha) + 2\eta (-a_{13} \sin\alpha + a_{23} \cos\alpha) \\ &\qquad + a_{33} = 0. \end{aligned}$$

Der Drehungswinkel α läßt sich nun so wählen, daß

$$(-a_{11}+a_{22})\cos\alpha\cdot\sin\alpha+a_{12}(\cos^2\alpha-\sin^2\alpha)=0$$

wird, d. h.

$$(a_{11}-a_{22})\frac{1}{2}\sin 2\alpha-a_{12}\cos 2\alpha=0,$$

$$\boxed{\operatorname{tg} 2\alpha=\frac{2a_{12}}{a_{11}-a_{22}}.}$$

Die so transformierte Gleichung läßt sich dann durch Parallelverschiebung des Koordinatensystems auf die Form der Mittelpunktsgleichung von Ellipse und Hyperbel oder der Scheitelgleichung der Parabel bringen.

Beispiel 2: Der durch die Gleichung

$$\frac{1}{4}x^2+6xy-\frac{3}{2}y^2-8x-21y+19=0$$

dargestellte Kegelschnitt ist zu beschreiben.

Für den Drehungswinkel gilt

$$\operatorname{tg} 2\alpha=\frac{6}{\frac{1}{4}+\frac{3}{2}}=\frac{24}{7},\qquad \alpha=36{,}9^\circ,\qquad \sin\alpha=\frac{3}{5},\qquad \cos\alpha=\frac{4}{5}.$$

Die Transformationsgleichungen für die Drehung lauten demnach

$$x=\frac{4}{5}\xi-\frac{3}{5}\eta,\qquad y=\frac{3}{5}\xi+\frac{4}{5}\eta.$$

Die Kegelschnittsgleichung wird dann

$$\frac{5}{2}\xi^2-\frac{15}{4}\eta^2-19\xi-12\eta+19=0,$$

$$\frac{5}{2}\left(\xi^2-\frac{38}{5}\xi+\frac{361}{25}\right)-\frac{15}{4}\left(\eta^2+\frac{16}{5}\eta+\frac{64}{25}\right)+19-\frac{361}{10}+\frac{48}{5}=0,$$

$$\frac{(\xi-\frac{19}{5})^2}{3}-\frac{(\eta+\frac{8}{5})^2}{2}=1,$$

d. h. die Gleichung stellt eine Hyperbel mit $a=\sqrt{3}$, $b=\sqrt{2}$, $e=\sqrt{5}$ dar, deren Hauptachse um etwa 37° gegen die x-Achse geneigt ist. Ihr Mittelpunkt hat die Koordinaten

$$\xi_M=\frac{19}{5},\quad \eta_M=-\frac{8}{5}\qquad\text{oder}\qquad x_M=4,\ y_M=1.$$

(3) **Kegelschnitt durch 5 Punkte.** Die einen Kegelschnitt darstellende allgemeine Gleichung 2. Grades nimmt nach Division durch einen von Null verschiedenen Koeffizienten, z. B. a_{33} die Form

$$\frac{a_{11}}{a_{33}}x^2+2\frac{a_{12}}{a_{33}}xy+\frac{a_{22}}{a_{33}}y^2+2\frac{a_{13}}{a_{33}}x+2\frac{a_{23}}{a_{33}}y+1=0$$

an. Sind 5 Punkte des Kegelschnitts gegeben, so lassen sich also 5 Gleichungen für die 5 Unbekannten $\frac{a_{ik}}{a_{33}}$ aufstellen, d. h. der Kegelschnitt ist dadurch vollständig bestimmt. Seine Gleichung lautet wegen

$$x_\nu^2 \frac{a_{11}}{a_{33}} + 2x_\nu y_\nu \frac{a_{12}}{a_{33}} + y_\nu^2 \frac{a_{22}}{a_{33}} + 2x_\nu \frac{a_{13}}{a_{33}} + 2y_\nu \frac{a_{23}}{a_{33}} = -1 \quad (\nu = 1, \ldots 5)$$

$$\begin{vmatrix} -1 & 2x_1 y_1 & y_1^2 & 2x_1 & 2y_1 \\ -1 & 2x_2 y_2 & y_2^2 & 2x_2 & 2y_2 \\ -1 & 2x_3 y_3 & y_3^2 & 2x_3 & 2y_3 \\ -1 & 2x_4 y_4 & y_4^2 & 2x_4 & 2y_4 \\ -1 & 2x_5 y_5 & y_5^2 & 2x_5 & 2y_5 \end{vmatrix} x^2 + 2 \cdot \begin{vmatrix} x_1^2 & -1 & y_1^2 & 2x_1 & 2y_1 \\ \cdot & & & & \\ \cdot & & & & \\ \cdot & & & & \\ \cdot & & & & \end{vmatrix} xy$$

$$+ \begin{vmatrix} x_1^2 & 2x_1 y_1 & -1 & 2x_1 & 2y_1 \\ \cdot & & & & \\ \cdot & & & & \\ \cdot & & & & \\ \cdot & & & & \end{vmatrix} y^2 + 2 \begin{vmatrix} x_1^2 & 2x_1 y_1 & y_1^2 & -1 & 2y_1 \\ \cdot & & & & \\ \cdot & & & & \\ \cdot & & & & \\ \cdot & & & & \end{vmatrix} x$$

$$+ 2 \cdot \begin{vmatrix} x_1^2 & 2x_1 y_1 & y_1^2 & 2x_1 & -1 \\ \cdot & & & & \\ \cdot & & & & \\ \cdot & & & & \\ \cdot & & & & \end{vmatrix} y + \begin{vmatrix} x_1^2 & 2x_1 y_1 & y_1^2 & 2x_1 & 2y_1 \\ \cdot & & & & \\ \cdot & & & & \\ \cdot & & & & \\ \cdot & & & & \end{vmatrix} = 0,$$

oder nach § 5 (7)

$$\boxed{\begin{vmatrix} x^2 & 2xy & y^2 & 2x & 2y & 1 \\ x_1^2 & 2x_1 y_1 & y_1^2 & 2x_1 & 2y_1 & 1 \\ x_2^2 & 2x_2 y_2 & y_2^2 & 2x_2 & 2y_2 & 1 \\ x_3^2 & 2x_3 y_3 & y_3^2 & 2x_3 & 2y_3 & 1 \\ x_4^2 & 2x_4 y_4 & y_4^2 & 2x_4 & 2y_4 & 1 \\ x_5^2 & 2x_5 y_5 & y_5^2 & 2x_5 & 2y_5 & 1 \end{vmatrix} = 0.}$$

Beispiel 3: Der Kegelschnitt durch die 5 Punkte $P_1: 2, 5$; $P_2: 0, 2$; $P_3: -1, -1$; $P_4: 1, -3$; $P_5: 4, 0$ ist zu bestimmen.

Die Gleichung des Kegelschnitts lautet

$$\begin{vmatrix} x^2 & 2xy & y^2 & 2x & 2y & 1 \\ 4 & 20 & 25 & 4 & 10 & 1 \\ 0 & 0 & 4 & 0 & 4 & 1 \\ 1 & 2 & 1 & -2 & -2 & 1 \\ 1 & -6 & 9 & 2 & -6 & 1 \\ 16 & 0 & 0 & 8 & 0 & 1 \end{vmatrix} = 0,$$

$$79x^2 - 75xy + 38y^2 - 254x + 48y - 248 = 0.$$

Für den Winkel α, um den das Koordinatensystem zu drehen ist, gilt

$$\operatorname{tg} 2\alpha = -\frac{75}{41}, \qquad \alpha = 59{,}3^\circ.$$

Hieraus ergeben sich die Transformationsgleichungen

$$x = 0{,}51\xi - 0{,}86\eta, \quad y = 0{,}86\xi + 0{,}51\eta,$$

welche die Kegelschnittsgleichung in

$$\frac{(\xi - 2{,}82)^2}{34{,}51} + \frac{(\eta + 1{,}20)^2}{5{,}13} = 1$$

überführen. Sie stellt also eine Ellipse mit den Halbachsen $a = 5{,}9$; $b = 2{,}3$ und der linearen Exzentrizität $e = 5{,}4$ dar, deren Mittelpunkt die Koordinaten $x_M = 2{,}5$ und $y_M = 1{,}8$ hat, und deren große Achse um $59{,}3^\circ$ gegen die Abszissenachse geneigt ist.

(4) Kegelschnitt durch 3 Punkte mit den Tangenten in zweien davon. Ein Kegelschnitt ist durch 2 Tangenten und deren Berührungspunkte sowie einen dritten Punkt vollständig bestimmt.

Beweis (Fig. 84): Sind P_1, P_2, P_3 drei Punkte eines Kegelschnitts und t_1, t_2 die Tangenten in P_1 und P_2 an den Kegelschnitt, so liegt der Schnittpunkt S der beiden Tangenten nach § 32 (5) auf dem Durchmesser, der

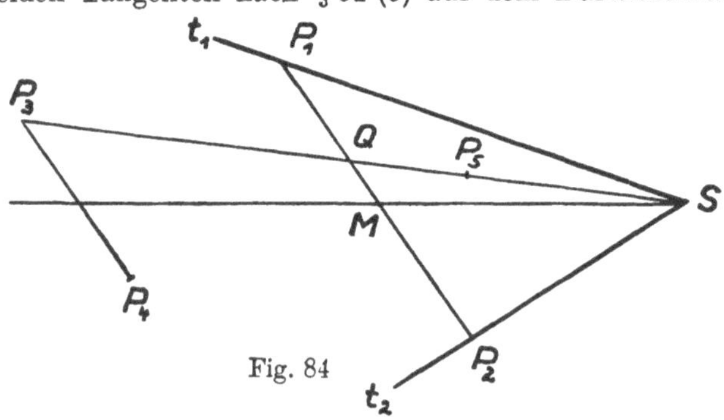

Fig. 84

zur Richtung der Sehne $P_1 P_2$ konjugiert ist. Dieser Durchmesser ist aber nach § 30 (1) als Ort der Mittelpunkte paralleler Sehnen durch S und den Mittelpunkt M von $P_1 P_2$ festgelegt. Auf der Parallelen zu $P_1 P_2$ durch P_3 wird die Strecke von P_3 bis zum Schnittpunkt mit dem Durchmesser um sich selbst verlängert, wodurch ein weiterer Punkt P_4 des Kegelschnitts erhalten wird.

Da $P_1 P_2$ als Berührungssehne des Punktes S nach § 34 (3) die Polare von S in bezug auf den Kegelschnitt ist, muß nach § 34 (1) der Schnittpunkt Q von $P_1 P_2$ mit $S P_3$ der vierte harmonische Punkt zu P_3, dem Schnittpunkt P_5 des Kegelschnitts mit der Sekante $S P_3$ und zu S sein. Somit erhält man P_5 als vierten harmonischen Punkt zu S, Q und P_3, denn nach § 15 (1) ist

$$(P_3 P_5 SQ) = (SQ P_3 P_5).$$

Nunmehr sind 5 Punkte des Kegelschnitts bekannt, also ist er nach (3) eindeutig bestimmt.

§ 38. Perspektive Abbildungen

(1) Zentralprojektion paralleler Ebenen. Gegeben sind zwei parallele Ebenen $\mathfrak{E}$ und $\mathfrak{E}'$ sowie ein Punkt Z außerhalb der beiden Ebenen. Projiziert man $\mathfrak{E}$ von Z aus auf $\mathfrak{E}'$, d. h. ordnet man jedem Punkt P der Ebene $\mathfrak{E}$ den Schnittpunkt P' der Verbindungslinie ZP mit der Ebene $\mathfrak{E}'$ zu, so wird die Ebene $\mathfrak{E}$ auf $\mathfrak{E}'$ äquiform abgebildet. Dabei geht jede Figur der Originalebene $\mathfrak{E}$ in eine ähnliche Figur der Bildebene $\mathfrak{E}'$ über. Z heißt das Projektionszentrum (Fig. 85).

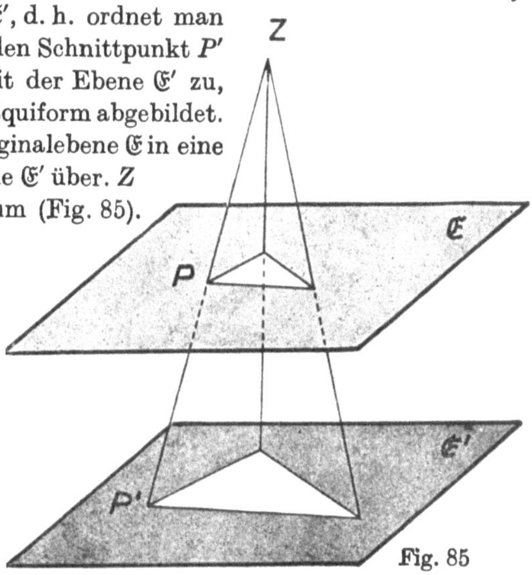

Fig. 85

Werden die beiden Ebenen aufeinandergelegt, so erhält man eine äquiforme oder ähnliche Abbildung der Ebene $\mathfrak{E}$ auf sich selbst. Bei einer solchen Abbildung bleibt jeder Winkel erhalten, dagegen ändern sich die Längen von Strecken und die Flächeninhalte von Figuren. Winkel und Orthogonalität sind also Invarianten der äquiformen Abbildung.

(2) Zentralprojektion geneigter Ebenen. Werden zwei zueinander geneigte Ebenen von einem Projektionszentrum Z aus aufeinander abgebildet, so erhält man eine perspektive Abbildung. Dabei geht nun die Winkelgröße im allgemeinen verloren, nicht einmal die Parallelität bleibt erhalten. Es gehen nur noch Geraden in Geraden über, wobei auch die unendlich ferne Gerade berücksichtigt werden muß. Ferner gehen zwei sich schneidende Geraden wieder in solche über, d. h. das Bild des Schnittpunktes zweier Originalgeraden ist mit dem Schnittpunkt der beiden Bildgeraden identisch. Dieser Sachverhalt wird auch folgendermaßen ausgedrückt: Die Inzidenz von Punkt und Gerade ist invariant gegenüber perspektiven Abbildungen.

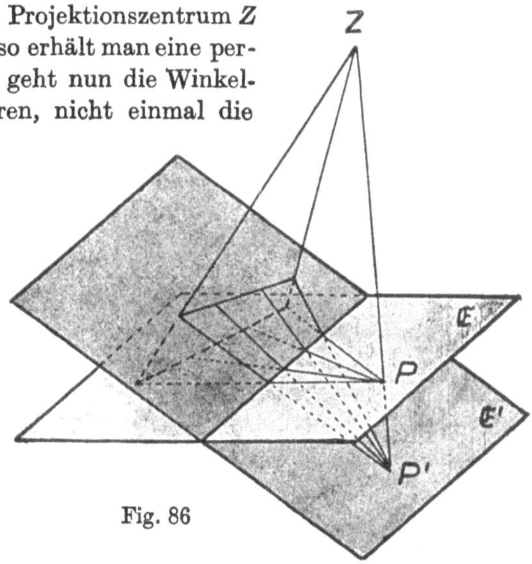

Fig. 86

Man erkennt aus Fig. 86, daß das Teilverhältnis keine perspektive Invariante ist, wohl aber ist es das Doppelverhältnis, was bereits mit dem Satz des Pappus in § 15 (5) bewiesen wurde.

(3) Jeder Kegelschnitt ist das perspektive Bild eines Kreises.

Beweis: Der Kegelschnitt in der Ebene $\mathfrak{E}'$ ist durch zwei Tangenten t_1', t_2', ihre Berührungspunkte P_1', P_2' und einen weiteren Punkt P_3' gegeben

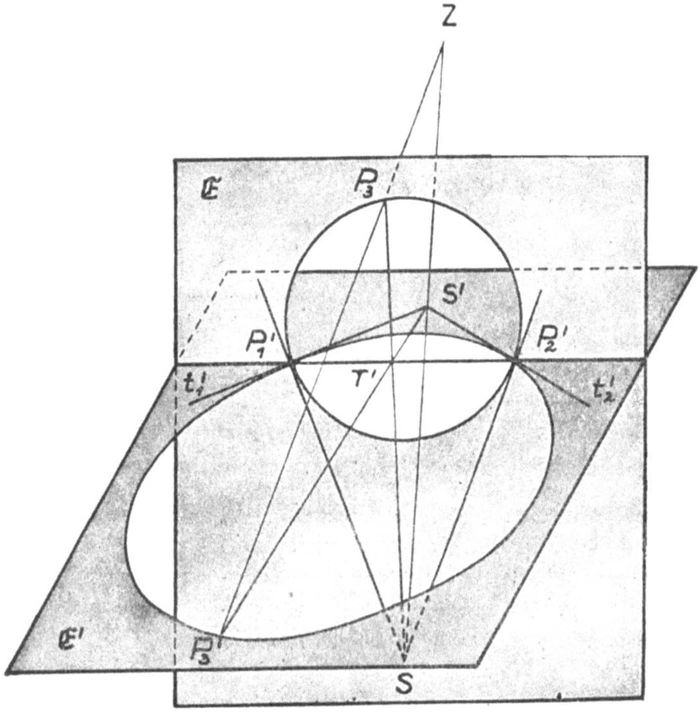

Fig. 87

(Fig. 87). Der Schnittpunkt der beiden Tangenten ist S', der Schnittpunkt von $P_1' P_2'$ mit $P_3' S'$ ist T'. Es wird nun durch P_1' und P_2' ein beliebiger Kreis K in einer beliebigen Ebene $\mathfrak{E}$ gelegt und dessen Tangenten in P_1' und P_2' gezeichnet, diese schneiden sich in S. Wird ein Schnittpunkt von ST' mit dem Kreis K als P_3 und der Schnittpunkt von SS' mit $P_3 P_3'$ als Z bezeichnet, so ist Z das Projektionszentrum einer perspektiven Abbildung, die den Kreis K in eine Kurve durch die Punkte P_1', P_2', P_3' mit den Tangenten t_1', t_2', d. h. in den gegebenen Kegelschnitt überführt.

Die Projektionsstrahlen dieser Abbildung, die durch Kreis und Kegelschnitt gehen, können als Mantellinien eines schiefen Kreiskegels aufgefaßt werden. Demnach können Ellipse, Hyperbel und Parabel auch als ebene

Schnitte eines schiefen Kreiskegels erzeugt werden, womit der Name Kegelschnitte für diese Kurven erst vollständig gerechtfertigt ist.

Da die Polare eines Punktes in bezug auf Kreis und Kegelschnitte der Ort der zu ihm konjugierten Punkte auf den Sekanten durch ihn ist, und das Doppelverhältnis perspektiv invariant ist, werden Pol und Polare eines Kreises auf Pol und Polare des Bildkegelschnittes perspektiv abgebildet. Speziell folgt daraus, daß die Eigenschaft einer Geraden, Tangente zu sein, bei perspektiver Abbildung erhalten bleibt. Die für den Kreis abgeleiteten Sätze über Pol und Polare können hiernach ohne besonderen Beweis auf die Kegelschnitte übertragen werden.

§ 39. Die Sätze von Pascal und Brianchon

(1) Satz von Pascal. Je zwei Gegenseiten eines einem Kegelschnitt einbeschriebenen Sechsecks schneiden sich in drei Punkten auf einer Geraden.

Der Satz wird zunächst für den Kreis bewiesen (Fig. 88): Das Sehnensechseck des Kreises hat die Ecken P_ν ($\nu = 1, \ldots 6$). Die Seiten P_1P_2, P_3P_4, P_5P_6 bilden ein Dreieck mit den Eckpunkten X, Y, Z, für das die übrigen drei Sechsecksseiten Transversalen sind. Werden die Schnittpunkte je zweier Gegenseiten P_1P_2 und P_4P_5, P_2P_3 und P_5P_6, P_3P_4 und P_6P_1 mit Q, R, S bezeichnet, so gilt nach dem Satz des Menelaos in § 14 (1)

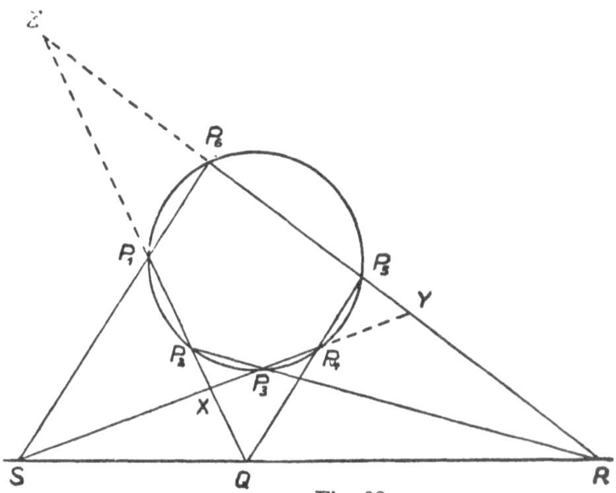

Fig. 88

$$(R\,Y\,Z)\,(P_2\,Z\,X)\,(P_3\,X\,Y) = -1,$$
$$(P_5\,Y\,Z)\,(Q\,Z\,X)\,(P_4\,X\,Y) = -1,$$
$$(P_6\,Y\,Z)\,(P_1\,Z\,X)\,(S\,X\,Y) = -1.$$

Hieraus folgt durch Multiplikation

$$(R\,Y\,Z)\cdot(Q\,Z\,X)\cdot(S\,X\,Y)\cdot\frac{Z P_2}{P_2 X}\cdot\frac{X P_3}{P_3 Y}\cdot\frac{Y P_5}{P_5 Z}\cdot\frac{X P_4}{P_4 Y}\cdot\frac{Y P_6}{P_6 Z}\cdot\frac{Z P_1}{P_1 X} = -1,$$

und da nach § 21 (1) als Potenzen von X, Y, Z in bezug auf den Kreis

$$X P_3 \cdot X P_4 = P_2 X \cdot P_1 X,$$
$$Y P_5 \cdot Y P_6 = P_4 Y \cdot P_3 Y,$$
$$Z P_1 \cdot Z P_2 = P_6 Z \cdot P_5 Z$$

ist,
$$(R\,Y\,Z)\cdot(Q\,Z\,X)\cdot(S\,X\,Y) = -1.$$

Das bedeutet aber nach der Umkehrung des Satzes von Menelaos in § 14 (2), daß die Punkte Q, R und S auf einer Geraden liegen.

Hierbei ist es übrigens gleichgültig, ob das Sehnensechseck überschlagen ist oder parallele Seiten hat.

Der Beweis für einen beliebigen Kegelschnitt folgt daraus ohne weiteres, denn der Kegelschnitt ist nach § 38 (3) das perspektive Bild eines Kreises und bei dieser Abbildung bleiben Geradlinigkeit und Inzidenz erhalten.

(2) Kegelschnittkonstruktion aus 5 Punkten. Um die Punkte des Kegelschnitts durch fünf gegebene Punkte $P_1, \ldots P_5$ zu konstruieren, zeichnet man den Schnittpunkt Q der Geraden $P_1 P_2$ und $P_4 P_5$. Eine beliebige Gerade g durch P_5 schneidet $P_2 P_3$ in R. Die Gerade $Q R$ ist die Pascalsche Gerade. Verbindet man also ihren Schnittpunkt S mit $P_3 P_4$ mit dem Punkt P_1, so schneidet diese Verbindungslinie die Gerade g in einem weiteren Punkt P_6 des Kegelschnittes.

Durch Richtungsveränderung der Geraden g erhält man so beliebig viele Punkte des Kegelschnitts.

(3) Satz von Brianchon. Die drei Verbindungslinien je zweier Gegenecken eines einem Kegelschnitt umbeschriebenen Sechsecks schneiden sich in einem Punkt.

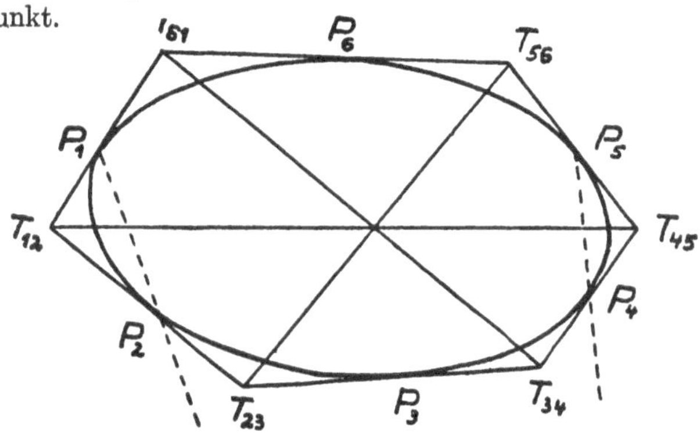

Fig. 89

Beweis (Fig. 89): Sind $P_1, \ldots P_6$ die Berührungspunkte mit dem Kegelschnitt, $T_{12}, \ldots T_{61}$ die Ecken des umbeschriebenen Sechsecks, so ist z. B.

$$P_1 P_2 \text{ Polare des Punktes } T_{12},$$
$$P_4 P_5 \text{ Polare des Punktes } T_{45},$$

ihr Schnittpunkt Q also der Pol der Verbindungslinie $T_{12}T_{45}$. Nach Pascal liegen nun die Punkte Q, R und S auf einer Geraden, also gehen ihre Polaren in bezug auf den Kegelschnitt, und das sind die Verbindungslinien $T_{12} T_{45}$, $T_{23} T_{56}$, $T_{34} T_{61}$, durch einen Punkt.

(4) Kegelschnittkonstruktion aus 5 Tangenten. Um den Kegelschnitt, von dem 5 Tangenten $t_1, \ldots t_5$ gegeben sind, durch Umhüllung zu konstruieren, verbindet man die Schnittpunkte T_{12} und T_{45} von t_1 mit t_2 bzw. t_4 mit t_5 und nimmt auf der Verbindungslinie einen beliebigen Punkt O an. Die Geraden $O\,T_{23}$ und $O\,T_{34}$ schneiden t_5 bzw. t_1 in den Punkten T_{56} und T_{61}. Deren Verbindungslinie ist eine weitere Tangente t_6 des Kegelschnittes.

Fünftes Kapitel

Punkte im Raum

§ 40. Räumliche Koordinatensysteme

(1) Rechtwinklige cartesische Koordinaten. Zur Festlegung eines Punktes im Raum sind drei gerichtete Geraden notwendig, die sich in einem Punkt O schneiden. Sie bilden ein cartesisches Koordinatensystem, und zwar ein Rechtssystem, wenn sie als x-, y- und z-Achse so bezeichnet und orientiert sind wie die ausgestreckten Daumen, Zeigefinger und Mittelfinger der rechten Hand. O heißt Koordinatenanfangspunkt. Stehen die 3 Achsen aufeinander senkrecht, so bilden sie ein rechtwinkliges cartesisches Koordinatensystem. Durch je 2 Achsen wird eine Koordinatenebene bestimmt. Die zu den 3 Koordinatenebenen parallelen Ebenen durch einen Punkt P des Raumes schneiden auf den Achsen die Koordinaten x, y, z des Punktes ab; jedem Punkt P entspricht genau ein Wertetripel x, y, z und umgekehrt jedem Koordinatentripel genau ein Punkt im Raum.

(2) Radiusvektor und Richtungskosinus. Ein Punkt $P: x,\ y,\ z$ kann auch durch seinen Radiusvektor, d. h. die gerichtete Strecke $O\,P$ festgelegt werden. Dieser Radiusvektor ist aber bestimmt durch seine Länge r und die Winkel α, β, γ, die er mit den positiven Richtungen der drei Achsen bildet.

Durch Projektion des Radiusvektors auf die Achsen ergeben sich die Beziehungen (Fig. 90)

$$x = r \cdot \cos\alpha, \quad y = r \cdot \cos\beta,$$

$$z = r \cdot \cos\gamma.$$

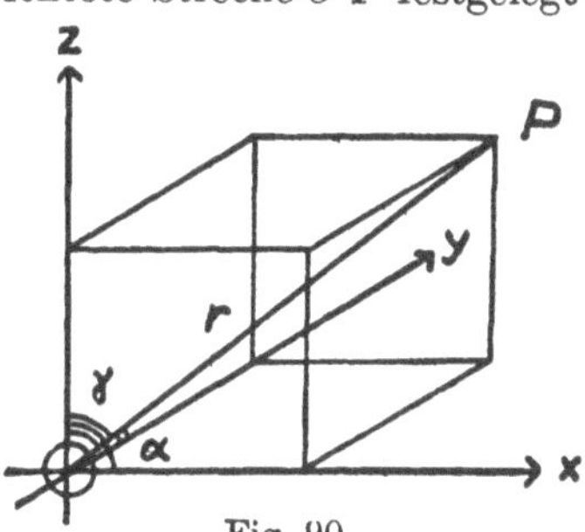

Fig. 90

$\cos\alpha$, $\cos\beta$, $\cos\gamma$ heißen die Richtungskosinus des Vektors $O\,P$. Wegen $r^2 = x^2 + y^2 + z^2$ gilt für die Richtungskosinus

$$\boxed{\cos^2\alpha + \cos^2\beta + \cos^2\gamma = 1}$$

Die Richtungskosinus einer Geraden sind die Kosinus der Winkel, die die Gerade mit den positiven Richtungen der Achsen bildet. Da der Winkel, den zwei windschiefe Geraden miteinander bilden, gleich dem Winkel zweier ihnen paralleler, sich schneidender Geraden ist, sind die Richtungskosinus jeder Geraden im Raum gleich denen der Parallelen zu ihr durch den Nullpunkt. Hierbei muß der Geraden eine Orientierung erteilt werden, bei entgegengesetzter Orientierung multiplizieren sich die Richtungskosinus mit -1.

Die Richtungskosinus einer Ebene sind die Kosinus der Winkel, die das Lot vom Nullpunkt auf die Ebene mit den positiven Richtungen der Achsen bildet. Sie sind auch gleich den Kosinus der Neigungswinkel der Ebene gegen die Koordinatenebenen, denn es ist z. B. die Hilfsebene durch das Lot und die z-Achse, deren Schnittgeraden mit der gegebenen Ebene und der x, y-Ebene ebenfalls den Winkel γ bilden, senkrecht auf der gegebenen Ebene und senkrecht auf der x, y-Ebene, folglich auch senkrecht auf deren Schnittgerade, d. h. γ ist der Neigungswinkel der gegebenen Ebene gegen die x, y-Ebene (Fig. 91).

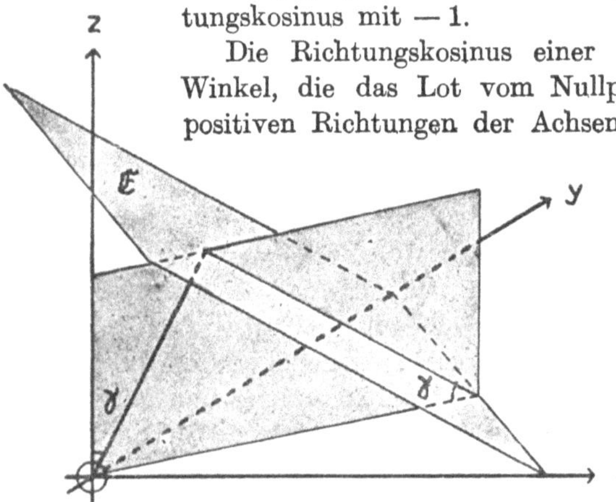

Fig. 91

Beispiel 1: Die Richtungskosinus des Radiusvektors zum Punkt $P: 1, \sqrt{2}, -1$ sind wegen

$$r = \sqrt{1 + 2 + 1} = 2$$

$$\cos\alpha = \frac{1}{2}, \cos\beta = \frac{1}{2}\sqrt{2}, \cos\gamma = -\frac{1}{2}$$

d. h. es ist $\alpha = 60°$, $\beta = 45°$, $\gamma = 120°$.

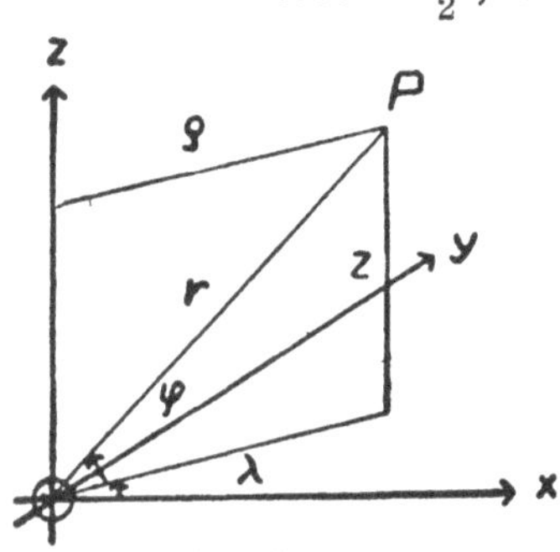

Fig. 92

(3) Kugelkoordinaten. Die Kugelkoordinaten r, φ, λ eines Punktes P (Fig. 92) sind die Länge r seines Radiusvektors OP, der Winkel φ des Radiusvektors gegen die x, y-Ebene, der gegen die positive z-Achse positiv, gegen die negative z-Achse negativ von 0° bis 90° gezählt wird (geographische Breite), und der Winkel λ, den die durch OP und die z-Achse bestimmte Ebene mit der x,z-Ebene bildet, und der von der positiven x-Achse aus im positiven Drehungssinn von 0° bis 360° gezählt wird (geographische Länge).

(4) Beziehungen zwischen rechtwinkligen und Kugelkoordinaten. Zwischen den rechtwinkligen Koordinaten x, y, z und den Kugelkoordinaten r, φ, λ eines Punktes P bestehen die Beziehungen

$$r = \overset{+}{\sqrt{x^2 + y^2 + z^2}} \qquad \sin\varphi = \frac{z}{\overset{+}{\sqrt{x^2 + y^2 + z^2}}} \qquad \operatorname{tg}\lambda = \frac{y}{x}$$

$$x = r \cdot \cos\varphi \cdot \cos\lambda \qquad y = r \cdot \cos\varphi \cdot \sin\lambda \qquad z = r \cdot \sin\varphi$$

Zur genauen Festlegung von λ dienen die Gleichungen

$$\sin\lambda = \frac{y}{\sqrt{x^2 + y^2}} \quad \text{und} \quad \cos\lambda = \frac{x}{\sqrt{x^2 + y^2}}.$$

Beispiel 2: Die Kugelkoordinaten des in rechtwinkligen Koordinaten gegebenen Punktes $P: -3,\ 4,\ -12$ sind

$$r = \sqrt{9 + 16 + 144} = 13, \ \sin\varphi = -\frac{12}{13}, \text{ d. h. } \varphi = -67{,}4°,$$

$$\operatorname{tg}\lambda = -\frac{4}{3}, \lambda = 126{,}9°.$$

Beispiel 3: Die rechtwinkligen Koordinaten des in Kugelkoordinaten gegebenen Punktes $P: 5, \frac{\pi}{3}, \frac{5\pi}{4}$ sind

$$x = -\frac{5}{4}\sqrt{2} = -1{,}77, \quad y = -\frac{5}{4}\sqrt{2} = -1{,}77, \quad z = \frac{5}{2}\sqrt{3} = 4{,}33.$$

(5) Zylinderkoordinaten. Die Zylinderkoordinaten ϱ, λ, z eines Punktes P sind sein Abstand ϱ von der z-Achse, der Winkel λ, den die durch P und die z-Achse bestimmte Ebene mit der x, z-Ebene bildet, und seine Hohe z über der x, y-Ebene (Fig. 92).

(6) Beziehungen zwischen rechtwinkligen und Zylinderkoordinaten. Zwischen den rechtwinkligen Koordinaten x, y, z und den Zylinderkoordinaten ϱ, λ, z eines Punktes P bestehen die Relationen

$$\varrho = \overset{+}{\sqrt{x^2 + y^2}} \qquad \operatorname{tg}\lambda = \frac{y}{x}$$

$$x = \varrho \cdot \cos\lambda \qquad y = \varrho \cdot \sin\lambda$$

Beispiel 4: Die Zylinderkoordinaten des in rechtwinkligen Koordinaten gegebenen Punktes $P: \frac{6}{5}, -\frac{1}{2}, \frac{3}{4}$ sind

$$\varrho = \sqrt{\frac{36}{25} + \frac{1}{4}} = \frac{13}{10}, \quad \operatorname{tg}\lambda = -\frac{5}{12}, \text{ d. h. } \lambda = 337{,}4°, \ z = \frac{3}{4}.$$

Beispiel 5: Die rechtwinkligen Koordinaten des in Zylinderkoordinaten gegebenen Punktes $P\colon 4, \frac{5\pi}{6}, 3$ sind $x = -2\sqrt{3} = -3{,}46$; $y = 2$; $z = 3$.

§ 41. Länge und Teilung von Strecken

(1) Entfernung zweier Punkte. Gegeben sind 2 Punkte $P_1 : x_1, y_1, z_1$ und $P_2 : x_2, y_2, z_2$ durch ihre rechtwinkligen Koordinaten, gesucht ist ihr Abstand d.

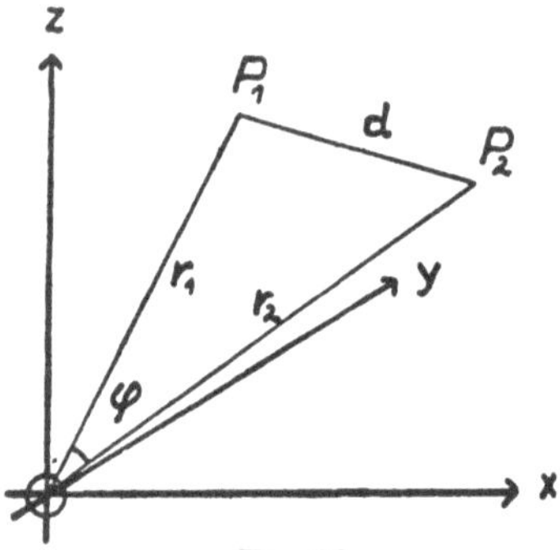

Fig. 93

Als Raumdiagonale des von den Achsenparallelem durch P_1 und P_2 gebildeten Quaders isti

$$d = \sqrt{(x_1 - x_2)^2 + (y_1 - y_2)^2 + (z_1 - z_2)^2}.$$

Beispiel 1: Der Abstand der Punkte $P_1 : 3, 2, 5$ und $P_2 : -4, 6, 1$ ist

$$d = \sqrt{49 + 16 + 16} = 9.$$

(2) Winkel zweier Radienvektoren. Der Kosinus des Winkels zwischen zwei Radienvektoren ist gleich der Summe aus den Produkten ihrer gleichnamigen Richtungskosinus.

Bew.: Sind $P_1 : x_1, y_1, z_1$ und $P_2 : x_2, y_2, z_2$ die Endpunkte der Radienvektoren, so liefert der auf das Dreieck $O\,P_1\,P_2$ angewandte Kosinussatz (Fig. 93)

$$\cos\varphi = \frac{r_1^2 + r_2^2 - d^2}{2 r_1 r_2} =$$

$$= \frac{x_1^2 + y_1^2 + z_1^2 + x_2^2 + y_2^2 + z_2^2 - (x_1 - x_2)^2 - (y_1 - y_2)^2 - (z_1 - z_2)^2}{2 r_1 r_2}$$

$$= \frac{2 x_1 x_2 + 2 y_1 y_2 + 2 z_1 z_2}{2 r_1 r_2} =$$

$$= \frac{x_1}{r_1} \cdot \frac{x_2}{r_2} + \frac{y_1}{r_1} \cdot \frac{y_2}{r_2} + \frac{z_1}{r_1} \cdot \frac{z_2}{r_2}.$$

Hieraus folgt nach § 40 (2)

$$\cos\varphi = \cos\alpha_1 \cdot \cos\alpha_2 + \cos\beta_1 \cdot \cos\beta_2 + \cos\gamma_1 \cdot \cos\gamma_2.$$

Beispiel 2: Der Winkel zwischen den Radienvektoren mit den Richtungskosinus $\frac{4}{13}, \frac{-3}{13}, \frac{12}{13}$ und $\frac{21}{29}, \frac{12}{29}, \frac{-16}{29}$ ist wegen $\cos\varphi = \frac{84 - 36 - 192}{377}$

$$= -0{,}382 \quad \varphi = 112{,}5°.$$

Beispiel 3: Der Winkel zwischen den Radienvektoren zu den Punkten $P_1 : 4, 7, -4$ und $P_2 : 3, 2, 6$ ist wegen $r_1 = 9$, $r_2 = 7$ und

$$\cos\varphi = \frac{12 + 14 - 24}{63} = 0{,}032 \quad \varphi = 88{,}2°.$$

(3) Koordinaten des Teilpunktes einer Strecke. Gesucht sind die Koordinaten des Punktes T, der mit den gegebenen Punkten P_1 und P_2 ein gegebenes Teilverhältnis λ bildet.

Durch senkrechte Projektion der 3 Punkte P_1, P_2, T auf die Koordinatenachsen erhält man die Punkte, die mit P_1, P_2, T in je einer Koordinate übereinstimmen, deren andere Koordinaten aber gleich Null sind. Nun ist jede dieser Projektionen eine affine Abbildung, bei der bekanntlich das Teilverhältnis invariant bleibt. Also gilt nach § 4 (3).

$$\boxed{x_T = \frac{x_1 + \lambda x_2}{1+\lambda}, \quad y_T = \frac{y_1 + \lambda y_2}{1+\lambda}, \quad z_T = \frac{z_1 + \lambda z_2}{1+\lambda}.}$$

§ 42. Projektionen von Strecken und Flächen

(1) Projektion einer Strecke auf die Koordinatenachsen. Ist die Richtung einer Strecke $P_1 P_2 = d$ durch ihre Winkel α, β, γ mit den Achsen gegeben, so gilt für die Längen der Projektionen von d auf die Achsen nach Fig. 94

$$d_x = d \cdot \cos\alpha$$
$$d_y = d \cdot \cos\beta,$$
$$d_z = d \cdot \cos\gamma.$$

Hieraus folgt wegen

$$d^2 = d_x^2 + d_y^2 + d_z^2 =$$
$$= d_x d \cdot \cos\alpha + d_y d \cdot \cos\beta + d_z d \cdot \cos\gamma$$
$$d = d_x \cos\alpha + d_y \cos\beta + d_z \cos\gamma.$$

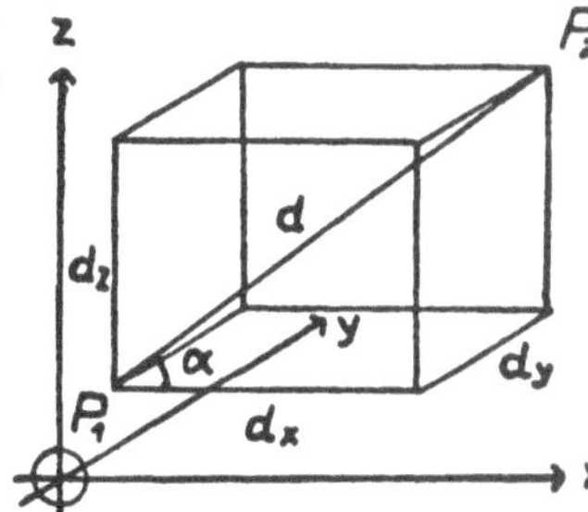

Fig. 94

Handelt es sich um eine orientierte Strecke $P_1 P_2$, so treten auch stumpfe Winkel α, β, γ auf und die Projektionen der Strecke auf die Achsen erhalten positive oder negative Längen, je nachdem sie in der positiven oder negativen Achsenrichtung orientiert sind.

(2) Projektion einer ebenen Fläche auf die Koordinatenebenen. Ist F eine ebene Fläche mit den Richtungskosinus $\cos\alpha$, $\cos\beta$, $\cos\gamma$, so sind nach § 40 (2) α, β, γ gleich den Neigungswinkeln der Ebene der Fläche gegen die Koordinatenebenen. Die senkrechte Projektion von F auf eine Koordinatenebene (Fig. 95) stellt nun eine affine Abbildung dar, deren Verhältnis nach § 23 (1) gleich dem Kosinus des Neigungswinkels von Original- gegen Bildebene ist. Die dort abgeleiteten Transformationsgleichungen er-

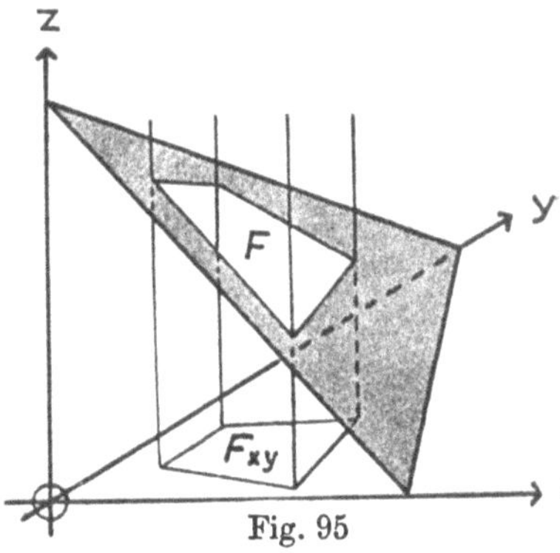

Fig. 95

geben zusammen mit der Formel des § 6 (4), daß sich der Flächeninhalt eines Polygons bei senkrechter Parallelprojektion mit dem Affinitätsverhältnis multipliziert. Da nun jede Fläche durch Polygone approximiert werden kann, gilt allgemein

$$F_{yz} = F \cdot \cos\alpha, \; F_{xz} = F \cdot \cos\beta, \; F_{xy} = F \cdot \cos\gamma .$$

Wegen § 40 (2) folgt hieraus

$$F_{yz}^2 + F_{xz}^2 + F_{xy}^2 = F^2 \cdot (\cos^2\alpha + \cos^2\beta + \cos^2\gamma) = F^2 \quad \text{und weiter}$$

$$F = F_{yz}\cos\alpha + F_{xz}\cos\beta + F_{xy}\cos\gamma .$$

Beispiel 1: Die Fläche der Ellipse mit den Halbachsen a und b ist zu bestimmen.

Die Ellipse ist die Projektion eines Kreises vom Flächeninhalt

$$F = a^2\pi$$

in der um γ gegen die x, y-Ebene geneigten Ebene auf diese, wobei

$$\cos\gamma = \frac{b}{a}$$

ist. Die gesuchte Ellipsenfläche ist demnach

$$F' = a\,b\,\pi .$$

(3) Inhalt eines Dreiecks. Für den Flächeninhalt $\triangle$ des Dreiecks $P_1 P_2 P_3$ gilt nach (2)

$$\triangle^2 = \triangle_{yz}^2 + \triangle_{xz}^2 + \triangle_{xy}^2 = \frac{1}{4} \cdot \begin{vmatrix} y_1 & y_2 & y_3 \\ z_1 & z_2 & z_3 \\ 1 & 1 & 1 \end{vmatrix}^2 + \frac{1}{4} \cdot \begin{vmatrix} z_1 & z_2 & z_3 \\ x_1 & x_2 & x_3 \\ 1 & 1 & 1 \end{vmatrix}^2 + \frac{1}{4} \cdot \begin{vmatrix} x_1 & x_2 & x_3 \\ y_1 & y_2 & y_3 \\ 1 & 1 & 1 \end{vmatrix}^2 .$$

Berücksichtigt man die letzte Formel von (2), so muß $\triangle$ ein Vorzeichen zuerteilt werden, je nachdem die Projektionen der Eckpunkte in den Koordinatenebenen im positiven oder negativen Drehungssinn aufeinander folgen. Um das Vorzeichen allgemein festzulegen, betrachtet man ein Dreieck, dessen 3 Richtungskosinus positiv sind. Die Flächen der Projektionen auf die Koordinatenebenen y, z; z, x und x, y sind dann alle drei positiv oder negativ, d. h. die Dreiecksfläche ist positiv oder negativ zu bezeichnen, je nachdem sie, von dem O enthaltenden Halbraum aus betrachtet, in der Reihenfolge $P_1 P_2 P_3$ im negativen oder positiven Drehungssinn umlaufen wird. Geht die Dreiecksebene durch den Koordinatenanfangspunkt, so bleibt das Vorzeichen unbestimmt.

Beispiel 2: Der Inhalt des Dreiecks $P_1: 2, 3, 1$; $P_2: 1, 5, 3$; $P_3: -3, -4, 2$ ist wegen

$$4\triangle^2 = \begin{vmatrix} 3 & 5 & -4 \\ 1 & 3 & 2 \\ 1 & 1 & 1 \end{vmatrix}^2 + \begin{vmatrix} 1 & 3 & 2 \\ 2 & 1 & -3 \\ 1 & 1 & 1 \end{vmatrix}^2 + \begin{vmatrix} 2 & 1 & -3 \\ 3 & 5 & -4 \\ 1 & 1 & 1 \end{vmatrix}^2 = 16^2 + (-9)^2 + 17^2 = 626$$

$$\triangle = \frac{1}{2} \cdot \underset{+}{\sqrt{626}} = 12{,}51 .$$

§ 43. Volumen des Tetraeders

(1) Das allgemeine Tetraeder. Vier Punkte, die nicht in einer Ebene liegen, bestimmen ein allgemeines Tetraeder. Durch Projektion der Eckpunkte auf die x, y-Ebene entstehen vier schief abgeschnittene, gerade dreiseitige Prismen, deren Volumina sind z. B. nach Fig. 96

$$V_4 = Q_1 Q_2 Q_3 \cdot \frac{z_1 + z_2 + z_3}{3}$$

$$= \frac{1}{2} \cdot \begin{vmatrix} x_1 & x_2 & x_3 \\ y_1 & y_2 & y_3 \\ 1 & 1 & 1 \end{vmatrix} \frac{z_1 + z_2 + z_3}{3} .$$

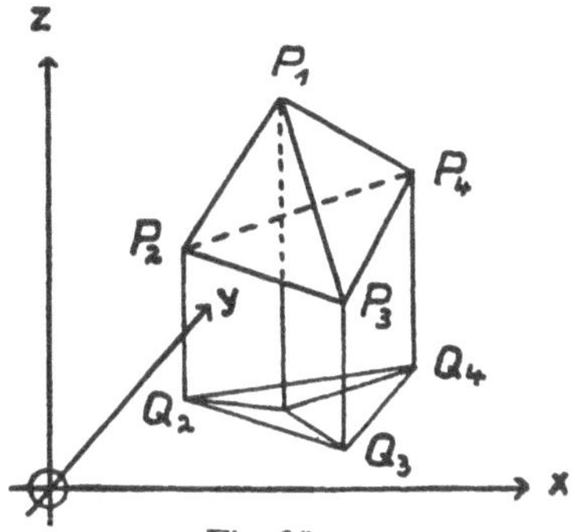

Fig. 96

Das Volumen des Tetraeders ist

$$T = V_4 + V_2 + V_3 - V_1,$$

oder, wenn zur Abkürzung geschrieben wird

$$\triangle_{ikl} = \begin{vmatrix} x_i & x_k & x_l \\ y_i & y_k & y_l \\ 1 & 1 & 1 \end{vmatrix} \quad \text{und} \quad D_{ik} = \begin{vmatrix} x_i & x_k \\ y_i & y_k \end{vmatrix},$$

$$T = \frac{1}{6} \cdot [(z_1 + z_2 + z_3) \cdot \triangle_{123} + (z_1 + z_3 + z_4) \cdot \triangle_{134} + (z_1 + z_4 + z_2) \cdot \triangle_{142} - (z_2 + z_3 + z_4) \cdot \triangle_{234}],$$

$$\begin{aligned} 6T &= (z_1 + z_2 + z_3) \cdot (D_{23} - D_{13} + D_{12}) + (z_1 + z_3 + z_4) \cdot (D_{34} - D_{14} + D_{13}) \\ &+ (z_1 + z_4 + z_2) \cdot (D_{42} - D_{12} + D_{14}) - (z_2 + z_3 + z_4) \cdot (D_{34} - D_{24} + D_{23}) \\ &= z_1 \cdot (D_{34} - D_{24} + D_{23}) - \\ &- z_2 \cdot (D_{34} - D_{14} + D_{13}) + z_3 \cdot (D_{24} - D_{14} + D_{12}) - z_4 (D_{23} - D_{13} + D_{12}) \end{aligned}$$

$$= z_1 \cdot \triangle_{234} - z_2 \cdot \triangle_{134} + z_3 \cdot \triangle_{124} - z_4 \cdot \triangle_{123} = \begin{vmatrix} z_1 & z_2 & z_3 & z_4 \\ x_1 & x_2 & x_3 & x_4 \\ y_1 & y_2 & y_3 & y_4 \\ 1 & 1 & 1 & 1 \end{vmatrix} .$$

$$\boxed{T = \frac{1}{6} \begin{vmatrix} x_1 & x_2 & x_3 & x_4 \\ y_1 & y_2 & y_3 & y_4 \\ z_1 & z_2 & z_3 & z_4 \\ 1 & 1 & 1 & 1 \end{vmatrix}}$$

Bei Vertauschung zweier Punkte ändert die Determinante ihr Vorzeichen. Zur Festlegung des Vorzeichens für das Tetraedervolumen betrachtet man das Tetraeder mit den Eckpunkten $P_1 : 1, 0, 0$; $P_2 : 0, 1, 0$;

$P_3: 0, 0, 1$; $P_4: 0, 0, 0$; dessen Volumen ist

$$T = \frac{1}{6}\begin{vmatrix} 1 & 0 & 0 & 0 \\ 0 & 1 & 0 & 0 \\ 0 & 0 & 1 & 0 \\ 1 & 1 & 1 & 1 \end{vmatrix} = \frac{1}{6}\begin{vmatrix} 1 & 0 & 0 \\ 0 & 1 & 0 \\ 0 & 0 & 1 \end{vmatrix} = +\frac{1}{6}$$

Das Tetraedervolumen ist also positiv oder negativ, je nachdem die Punkte P_1, P_2, P_3, von P_4 aus gesehen, im negativen oder positiven Drehungssinn aufeinander folgen.

Beispiel: Das Volumen des Triakisoktaeders mit den Ecken $\pm a, 0, 0$; $0, \pm a, 0$; $0, 0, \pm a$; $\pm \frac{2a}{5}, \pm \frac{2a}{5}, \pm \frac{2a}{5}$ ist zu bestimmen.

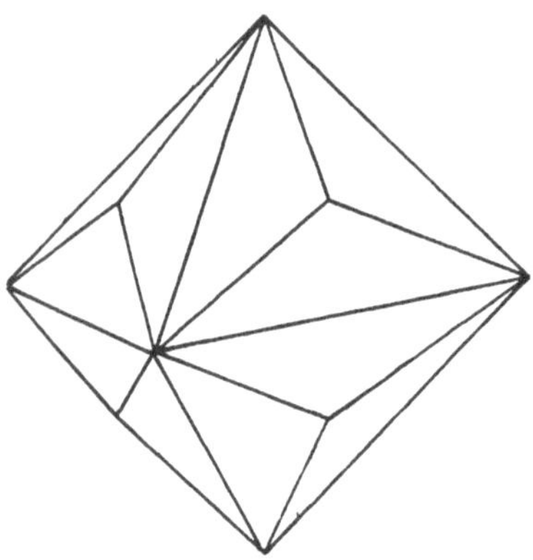

Fig. 97

Der Körper setzt sich aus 24 gleichen Tetraedern zusammen, deren Spitzen im Nullpunkt liegen (Fig. 97). Das Volumen eines solchen Tetraeders ist z. B.

$$T = \frac{1}{6}\begin{vmatrix} 0 & a & \frac{2a}{5} & 0 \\ 0 & 0 & \frac{2a}{5} & a \\ 0 & 0 & \frac{2a}{5} & 0 \\ 1 & 1 & 1 & 1 \end{vmatrix} = -\frac{1}{6}\begin{vmatrix} a & \frac{2a}{5} & 0 \\ 0 & \frac{2a}{5} & a \\ 0 & \frac{2a}{5} & 0 \end{vmatrix}$$

$$= -\frac{1}{6}\,a \cdot \left(-\frac{2a^2}{5}\right) = \frac{a^3}{15}.$$

Das gesuchte Volumen ist somit

$$V = \frac{8}{5} \cdot a^3.$$

(2) Abstand eines Punktes von einer Ebene. Aus der stereometrischen Formel für das Volumen einer Pyramide $V = \frac{1}{3} G \cdot h$ ergibt sich für den Abstand p_4 des Punktes P_4 von der durch P_1, P_2, P_3 bestimmten Ebene wegen

$$\mathrm{T} = \frac{1}{3} \cdot \triangle \cdot p_4, \qquad p_4 = \frac{3T}{\triangle},$$

$$p_4 = \frac{\begin{vmatrix} x_1 & x_2 & x_3 & x_4 \\ y_1 & y_2 & y_3 & y_4 \\ z_1 & z_2 & z_3 & z_4 \\ 1 & 1 & 1 & 1 \end{vmatrix}}{\sqrt{\begin{vmatrix} y_1 & y_2 & y_3 \\ z_1 & z_2 & z_3 \\ 1 & 1 & 1 \end{vmatrix}^2 + \begin{vmatrix} z_1 & z_2 & z_3 \\ x_1 & x_2 & x_3 \\ 1 & 1 & 1 \end{vmatrix}^2 + \begin{vmatrix} x_1 & x_2 & x_3 \\ y_1 & y_2 & y_3 \\ 1 & 1 & 1 \end{vmatrix}^2}}$$

Liegen O und P_4 in demselben durch die Ebene bestimmten Halbraum, so folgen P_1, P_2, P_3 von beiden Punkten aus gesehen im gleichen Drehungssinn aufeinander, d. h. der Nenner muß nach § 42 (3) dasselbe Vorzeichen erhalten wie der Zähler, p_4 ist also positiv.

Liegen O und P_4 in verschiedenen Halbräumen, so wird p_4 negativ.

(3) Bedingung für 4 Punkte in einer Ebene. Die notwendige und hinreichende Bedingung dafür, daß die Punkte P_1, P_2, P_3, P_4 in einer Ebene liegen, ist

$$\begin{vmatrix} x_1 & x_2 & x_3 & x_4 \\ y_1 & y_2 & y_3 & y_4 \\ z_1 & z_2 & z_3 & z_4 \\ 1 & 1 & 1 & 1 \end{vmatrix} = 0.$$

Die Bedingung ist notwendig, denn liegen die 4 Punkte in einer Ebene, so ist das Volumen des durch sie bestimmten Tetraeders, also auch die Determinante gleich Null. Sie ist ferner auch hinreichend, denn aus dem Verschwinden der Determinante folgt nach (2), daß entweder der Abstand eines Punktes von der durch die drei anderen bestimmten Ebene gleich Null ist, d. h. alle Punkte in einer Ebene liegen, oder der Inhalt des durch die 3 Punkte bestimmten Dreiecks gleich Null ist, dann liegen diese aber in einer Geraden, alle vier also in einer Ebene.

§ 44. Parallelogramm und Parallelepiped.

(1) Parallelogramm. Sind zwei Punkte im Raum gegeben, so wird durch ihre Radienvektoren ein Parallelogramm aufgespannt. Sind $P_1: x_1, y_1, z_1$ und $P_2: x_2, y_2, z_2$ die gegebenen Punkte, so ist der 4. Eckpunkt des Parallelogramms $P_4: x_1 + x_2, y_1 + y_2, z_1 + z_2$. Der Flächeninhalt des Parallelogramms ist nach § 42 (3)

$$\Pi = 2\triangle = \sqrt{\begin{vmatrix} y_1 & y_2 & 0 \\ z_1 & z_2 & 0 \\ 1 & 1 & 1 \end{vmatrix}^2 + \begin{vmatrix} z_1 & z_2 & 0 \\ x_1 & x_2 & 0 \\ 1 & 1 & 1 \end{vmatrix}^2 + \begin{vmatrix} x_1 & x_2 & 0 \\ y_1 & y_2 & 0 \\ 1 & 1 & 1 \end{vmatrix}^2},$$

$$\Pi = \sqrt{\begin{vmatrix} y_1 & y_2 \\ z_1 & z_2 \end{vmatrix}^2 + \begin{vmatrix} z_1 & z_2 \\ x_1 & x_2 \end{vmatrix}^2 + \begin{vmatrix} x_1 & x_2 \\ y_1 & y_2 \end{vmatrix}^2}.$$

Dieser Ausdruck ist analog zur Formel für die Länge des durch einen Punkt in der Ebene aufgespannten Radiusvektors $p = \sqrt{x_1^2 + y_1^2}$.

(2) Parallelepiped. Die Radienvektoren zu drei Punkten P_1, P_2, P_3 im Raum spannen ein Parallelepiped auf. Die dem Anfangspunkt gegenüberliegende Ecke hat die Koordinaten $x_1 + x_2 + x_3$, $y_1 + y_2 + y_3$, $z_1 + z_2 + z_3$. Das Volumen des Parallelepipeds ist das Doppelte des Prismas mit der Grundfläche $O P_1 P_2$ und $O P_3$ als Seitenkante, dieses hat wiederum das dreifache Volumen des Tetraeders $O\,P_1\,P_2\,P_3$. Also ist das Volumen des Parallelepipeds nach § 43 (1)

$$P = 6T = \begin{vmatrix} x_1 & x_2 & x_3 & 0 \\ y_1 & y_2 & y_3 & 0 \\ z_1 & z_2 & z_3 & 0 \\ 1 & 1 & 1 & 1 \end{vmatrix}.$$

$$\boxed{P = \begin{vmatrix} x_1 & x_2 & x_3 \\ y_1 & y_2 & y_3 \\ z_1 & z_2 & z_3 \end{vmatrix}.}$$

Hier besteht Analogie zur Formel für die Fläche des durch zwei Punkte in der Ebene aufgespannten Parallelogramms $\Pi = \begin{vmatrix} x_1 & x_2 \\ y_1 & y_2 \end{vmatrix}$.

§ 45. Koordinatentransformationen

(1) Parallelverschiebung des Koordinatensystems. Wird ein cartesisches Koordinatensystem parallel zu sich selbst verschoben, so daß der Anfangspunkt die Koordinaten x_M, y_M, z_M bekommt, so bestehen zwischen den alten Koordinaten x, y, z und den neuen x', y', z' die Beziehungen

$$\boxed{\begin{aligned} x &= x' + x_M \\ y &= y' + y_M \\ z &= z' + z_M \end{aligned}} \qquad \boxed{\begin{aligned} x' &= x - x_M \\ y' &= y - y_M \\ z' &= z - z_M \end{aligned}}$$

(2) Drehung des Koordinatensystems. Wird ein rechtwinkliges cartesisches Koordinatensystem (x, y, z) um seinen Anfangspunkt gedreht,

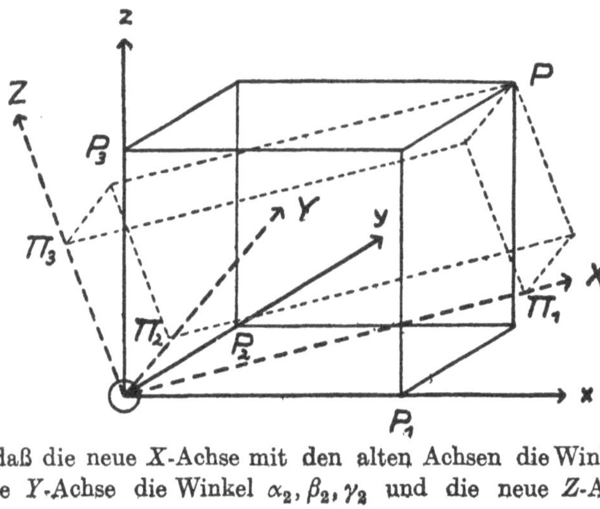

Fig. 98

so daß die neue X-Achse mit den alten Achsen die Winkel $\alpha_1, \beta_1, \gamma_1$, die neue Y-Achse die Winkel $\alpha_2, \beta_2, \gamma_2$ und die neue Z-Achse die Winkel

$\alpha_3, \beta_3, \gamma_3$ bildet, so hat ein beliebiger Punkt P in bezug auf das alte System die Koordinaten x, y, z, in bezug auf das neue System die Koordinaten X, Y, Z (Fig. 98).

Die Projektionen von P auf die neuen Achsen sind in bezug auf das neue Koordinatensystem $\Pi_1: X, 0, 0$; $\Pi_2: 0, Y, 0$; $\Pi_3: 0, 0, Z$, folglich nach § 42 (1) in bezug auf das alte Koordinatensystem

$$\begin{aligned}
&\Pi_1 : X \cdot \cos\alpha_1,\ X \cdot \cos\beta_1,\ X \cdot \cos\gamma_1,\\
&\Pi_2 : Y \cdot \cos\alpha_2,\ Y \cdot \cos\beta_2,\ Y \cdot \cos\gamma_2,\\
&\Pi_3 : Z \cdot \cos\alpha_3,\ Z \cdot \cos\beta_3,\ Z \cdot \cos\gamma_3,
\end{aligned}$$

Nach § 44 (2) hat dann P als Gegenecke des Anfangspunktes in dem durch $O\Pi_1, O\Pi_2, O\Pi_3$ aufgespannten Parallelepiped die alten Koordinaten

$$\boxed{\begin{aligned}
x &= X \cdot \cos\alpha_1 + Y \cdot \cos\alpha_2 + Z \cdot \cos\alpha_3\\
y &= X \cdot \cos\beta_1 + Y \cdot \cos\beta_2 + Z \cdot \cos\beta_3\\
z &= X \cdot \cos\gamma_1 + Y \cdot \cos\gamma_2 + Z \cdot \cos\gamma_3
\end{aligned}}$$

Entsprechend haben die Projektionen von P auf die alten Achsen die alten Koordinaten $P_1: x, 0, 0$; $P_2: 0, y, 0$; $P_3: 0, 0, z$, die neuen Koordinaten

$$\begin{aligned}
&P_1 : x \cdot \cos\alpha_1,\ x \cdot \cos\alpha_2,\ x \cdot \cos\alpha_3,\\
&P_2 : y \cdot \cos\beta_1,\ y \cdot \cos\beta_2,\ y \cdot \cos\beta_3,\\
&P_3 : z \cdot \cos\gamma_1,\ z \cdot \cos\gamma_2,\ z \cdot \cos\gamma_3.
\end{aligned}$$

P hat als Gegenecke des Anfangspunktes in dem durch OP_1, OP_2 und OP_3 aufgespannten Parallelepiped die neuen Koordinaten

$$\boxed{\begin{aligned}
X &= x \cdot \cos\alpha_1 + y \cdot \cos\beta_1 + z \cdot \cos\gamma_1\\
Y &= x \cdot \cos\alpha_2 + y \cdot \cos\beta_2 + z \cdot \cos\gamma_2\\
Z &= x \cdot \cos\alpha_3 + y \cdot \cos\beta_3 + z \cdot \cos\gamma_3
\end{aligned}}$$

Zwischen den Kosinus bestehen nach § 40 (2) die Beziehungen

$$\begin{aligned}
&\text{I. } \cos^2\alpha_1 + \cos^2\beta_1 + \cos^2\gamma_1 = 1, &&\text{II. } \cos^2\alpha_1 + \cos^2\alpha_2 + \cos^2\alpha_3 = 1,\\
&\quad\ \cos^2\alpha_2 + \cos^2\beta_2 + \cos^2\gamma_2 = 1, &&\quad\ \ \cos^2\beta_1 + \cos^2\beta_2 + \cos^2\beta_3 = 1,\\
&\quad\ \cos^2\alpha_3 + \cos^2\beta_3 + \cos^2\gamma_3 = 1, &&\quad\ \ \cos^2\gamma_1 + \cos^2\gamma_2 + \cos^2\gamma_3 = 1,
\end{aligned}$$

ferner wegen der Orthogonalität der Achsen nach § 41 (2)

$$\begin{aligned}
\text{I. } &\cos\alpha_1 \cdot \cos\alpha_2 + \cos\beta_1 \cdot \cos\beta_2 + \cos\gamma_1 \cdot \cos\gamma_2 = 0,\\
&\cos\alpha_2 \cdot \cos\alpha_3 + \cos\beta_2 \cdot \cos\beta_3 + \cos\gamma_2 \cdot \cos\gamma_3 = 0,\\
&\cos\alpha_3 \cdot \cos\alpha_1 + \cos\beta_3 \cdot \cos\beta_1 + \cos\gamma_3 \cdot \cos\gamma_1 = 0,
\end{aligned}$$

$$\begin{aligned}
\text{II. } &\cos\alpha_1 \cdot \cos\beta_1 + \cos\alpha_2 \cdot \cos\beta_2 + \cos\alpha_3 \cdot \cos\beta_3 = 0,\\
&\cos\beta_1 \cdot \cos\gamma_1 + \cos\beta_2 \cdot \cos\gamma_2 + \cos\beta_3 \cdot \cos\gamma_3 = 0,\\
&\cos\gamma_1 \cdot \cos\alpha_1 + \cos\gamma_2 \cdot \cos\alpha_2 + \cos\gamma_3 \cdot \cos\alpha_3 = 0.
\end{aligned}$$

Eine Drehung im Raum ist durch 3 Winkel festgelegt. Sind drei unabhängige Winkel gegeben, z. B. $\alpha_1, \alpha_2, \beta_1$, so sind die übrigen 6 Winkel durch die 6 Gleichungen der Gruppe I oder II eindeutig bestimmt.

Beispiel: Ein rechtwinkliges Koordinatensystem (x, y, z) wird um 30° um die x-Achse, um 45° um die y-Achse und um 120° um die z-Achse gedreht. Es ist zu bestimmen, nach welchen Gleichungen sich die Koordinaten transformieren und welche Winkel die neuen Achsen (X, Y, Z) mit den alten bilden.

1. Drehung $\left(\sin 30° = \frac{1}{2},\ \cos 30° = \frac{\sqrt{3}}{2}\right)$:

$$x = x_1, \quad y = \frac{\sqrt{3}}{2} y_1 - \frac{1}{2} z_1, \quad z = \frac{1}{2} y_1 + \frac{\sqrt{3}}{2} z_1.$$

2. Drehung $\left(\sin 45° = \cos 45° = \frac{\sqrt{2}}{2}\right)$:

$$x_1 = \frac{\sqrt{2}}{2}(x_2 - z_2), \quad y_1 = y_2, \quad z_1 = \frac{\sqrt{2}}{2}(x_2 + z_2).$$

3. Drehung $\left(\sin 120° = \frac{\sqrt{3}}{2},\ \cos 120° = -\frac{1}{2}\right)$:

$$x_2 = -\frac{1}{2} X - \frac{\sqrt{3}}{2} Y, \quad y_2 = \frac{\sqrt{3}}{2} X - \frac{1}{2} Y, \quad z_2 = Z.$$

$$x = \frac{\sqrt{2}}{2}\left(-\frac{1}{2} X - \frac{\sqrt{3}}{2} Y - Z\right) = -\frac{\sqrt{2}}{4} X - \frac{\sqrt{6}}{4} Y - \frac{\sqrt{2}}{2} Z,$$

$$y = \frac{\sqrt{3}}{2}\left(\frac{\sqrt{3}}{2} X - \frac{1}{2} Y\right) - \frac{1}{2} \cdot \frac{\sqrt{2}}{2}\left(-\frac{1}{2} X - \frac{\sqrt{3}}{2} Y + Z\right)$$

$$= \frac{3}{4} X - \frac{\sqrt{3}}{4} Y + \frac{\sqrt{2}}{8} X + \frac{\sqrt{6}}{8} Y - \frac{\sqrt{2}}{4} Z,$$

$$z = \frac{1}{2}\left(\frac{\sqrt{3}}{2} X - \frac{1}{2} Y\right) + \frac{\sqrt{3}}{2} \cdot \frac{\sqrt{2}}{2}\left(-\frac{1}{2} X - \frac{\sqrt{3}}{2} Y + Z\right)$$

$$= \frac{\sqrt{3}}{4} X - \frac{1}{4} Y - \frac{\sqrt{6}}{8} X - \frac{3\sqrt{2}}{8} Y + \frac{\sqrt{6}}{4} Z.$$

$$x = -\frac{\sqrt{2}}{4} X - \frac{\sqrt{6}}{4} Y - \frac{\sqrt{2}}{2} Z,$$

$$y = \frac{6 + \sqrt{2}}{8} X - \frac{2\sqrt{3} - \sqrt{6}}{8} Y - \frac{\sqrt{2}}{4} Z,$$

$$z = \frac{2\sqrt{3} - \sqrt{6}}{8} X - \frac{2 + 3\sqrt{2}}{8} Y + \frac{\sqrt{6}}{4} Z.$$

Aus diesen Transformationsgleichungen folgt für die Winkel

$$\cos\alpha_1 = -0{,}354, \quad \cos\alpha_2 = -0{,}612, \quad \cos\alpha_3 = -0{,}707,$$
$$\cos\beta_1 = 0{,}927, \quad \cos\beta_2 = -0{,}127, \quad \cos\beta_3 = -0{,}354,$$
$$\cos\gamma_1 = 0{,}127, \quad \cos\gamma_2 = -0{,}780, \quad \cos\gamma_3 = 0{,}612,$$

$$\alpha_1 = 110{,}7°, \quad \alpha_2 = 127{,}7°, \quad \alpha_3 = 135°, \quad \beta_1 = 22{,}0°, \quad \beta_2 = 97{,}3°, \quad \beta_3 = 110{,}7°,$$
$$\gamma_1 = 82{,}7, \quad \gamma_2 = 141{,}3°, \quad \gamma_3 = 52{,}3°.$$

Sechstes Kapitel

Gerade und Ebene im Raum

§ 46. Gleichungsformen der Ebene

(1) Ebene durch drei Punkte. Sind P_1, P_2, P_3 drei gegebene Punkte, so ist die notwendige und hinreichende Bedingung dafür, daß ein beliebiger Punkt $P: x, y, z$ in der dadurch bestimmten Ebene liegt, nach § 43 (3)

$$\begin{vmatrix} x & x_1 & x_2 & x_3 \\ y & y_1 & y_2 & y_3 \\ z & z_1 & z_2 & z_3 \\ 1 & 1 & 1 & 1 \end{vmatrix} = 0.$$

Dies ist die Gleichung der Ebene durch die 3 Punkte P_1, P_2, P_3, da diese Beziehung zwischen den Koordinaten x, y, z für jeden Punkt P der Ebene gilt, und da jeder Punkt P, dessen Koordinaten diese Beziehung erfüllen, in der Ebene liegt.

Beispiel 1: Die Gleichung der Ebene durch die Punkte $P_1: 5, 2, 3$; $P_2: 1, 3, 4$; $P_3: -2, 1, -3$ ist

$$\begin{vmatrix} x & 5 & 1 & -2 \\ y & 2 & 3 & 1 \\ z & 3 & 4 & -3 \\ 1 & 1 & 1 & 1 \end{vmatrix} = 0 \qquad \text{oder} \qquad -5x - 31y + 11z + 54 = 0$$

(2) Abschnittsgleichung. Ist eine Ebene durch ihre Abschnitte a, b, c auf den 3 Koordinatenachsen gegeben, so lautet ihre Gleichung nach (1)

$$\begin{vmatrix} x & a & 0 & 0 \\ y & 0 & b & 0 \\ z & 0 & 0 & c \\ 1 & 1 & 1 & 1 \end{vmatrix} = 0, \text{ d. h. } b\,c\,x + a\,c\,y + a\,b\,z - a\,b\,c = 0$$

oder

$$\frac{x}{a} + \frac{y}{b} + \frac{z}{c} = 1.$$

(3) Spezielle Ebenen. Die Gleichung einer zu einer Koordinatenebene, z. B. der x, y-Ebene parallelen Ebene ist $z = c$.

Die Gleichung der x, y-Ebene selbst ist $z = 0$.

Die Gleichung einer zu einer Koordinatenachse, z. B. der z-Achse, parallelen Ebene ist

$$\begin{vmatrix} x & a & 0 & a \\ y & 0 & b & 0 \\ z & 0 & 0 & z_3 \\ 1 & 1 & 1 & 1 \end{vmatrix} = 0, \text{ d. h. } b\,z_3\,x + a\,z_3\,y - a\,b\,z_3 = 0$$

oder

$$\frac{x}{a} + \frac{y}{b} = 1.$$

Die Gleichung einer durch eine Koordinatenachse, z. B. die z-Achse, gehenden Ebene ist

$$\begin{vmatrix} x & 0 & 0 & x_3 \\ y & 0 & 0 & y_3 \\ z & 0 & z_2 & 0 \\ 1 & 1 & 1 & 1 \end{vmatrix} = 0, \text{ d. h.} - y_3 z_2 x + x_3 z_2 y = 0$$

oder

$$y_3 x - x_3 y = 0.$$

Die Gleichung einer Ebene durch den Koordinatenanfangspunkt ist

$$\begin{vmatrix} x & 0 & x_2 & x_3 \\ y & 0 & y_2 & y_3 \\ z & 0 & z_2 & z_3 \\ 1 & 1 & 1 & 1 \end{vmatrix} = 0, \text{ d. h. von der Form } A x + B y + C z = 0.$$

(4) Die allgemeine Gleichung 1. Grades. Die Gleichung einer Ebene ist immer als lineare Form in x, y, z darstellbar:

$$A x + B y + C z + D = 0.$$

Umgekehrt stellt jede solche Gleichung eine Ebene dar, denn sind

1. alle Koeffizienten $\neq 0$, so ergibt die Division durch D die Abschnittsgleichung der Ebene mit $a = -\frac{D}{A}$, $b = -\frac{D}{B}$, $c = -\frac{D}{C}$. Ist
2. einer der Koeffizienten A, B, C gleich Null, so ergibt sich die Gleichungsform einer Ebene, die zu einer Koordinatenachse parallel ist oder durch sie hindurchgeht. Sind
3. zwei der Koeffizienten A, B, C gleich Null, so erhält man die Gleichung einer Koordinatenebene oder einer dazu parallelen Ebene.
4. Für $A = B = C = 0$ wir nichts dargestellt.
5. Ist $D = 0$, so geht die Ebene durch den Anfangspunkt.

Die allgemeine Gleichnung 1. Grades

$$\boxed{E \equiv A x + B y + C z + D = 0}$$

mit $A, B, C \neq 0, 0, 0$ stellt also stets eine Ebene dar, und jede Ebene läßt sich in dieser Gleichungsform darstellen.

Sollen zwei Gleichungen $E \equiv A x + B y + C z + D = 0$ und $E' \equiv A' x + B' y + C' z + D' = 0$ dieselbe Ebene darstellen, so muß sich in beiden Gleichungen für jedes feste Wertepaar x_0, y_0 dasselbe z_0 ergeben, d. h.

$$\frac{A}{C} x_0 + \frac{B}{C} y_0 + \frac{D}{C} = \frac{A'}{C'} x_0 + \frac{B'}{C'} y_0 + \frac{D'}{C'}.$$

Hieraus folgt für $x_0 = y_0 = 0$: $\frac{D}{C} = \frac{D'}{C'}$, demnach für $x_0 = 0$: $\frac{B}{C} = \frac{B'}{C'}$, folglich ist auch $\frac{A}{C} = \frac{A'}{C'}$. Es gilt also stets

$$\frac{A}{A'} = \frac{B}{B'} = \frac{C}{C'} = \frac{D}{D'} = p.$$

Die Gleichungen $E = 0$ und $E' = 0$ stellen dann und nur dann dieselbe Ebene dar, wenn sie sich nur durch einen konstanten Faktor unterscheiden,

$$E' \equiv p \cdot E.$$

(5) Hessesche Normalform. Ist eine Ebene durch ihre Richtungskosinus und die Länge des Lotes vom Koordinatenanfangspunkt auf sie, $OF = r$, gegeben, so sind ihre Abschnitte auf den Koordinatenachsen nach § 40 (2)

$$a = \frac{r}{\cos\alpha}, \qquad b = \frac{r}{\cos\beta}, \qquad c = \frac{r}{\cos\gamma},$$

da OF auf allen Geraden der Ebene senkrecht steht. Die Gleichung der Ebene ist also

$$x \cdot \frac{\cos\alpha}{r} + y \cdot \frac{\cos\beta}{r} + z \cdot \frac{\cos\gamma}{r} = 1,$$

$$\boxed{x \cdot \cos\alpha + y \cdot \cos\beta + z \cdot \cos\gamma - r = 0.}$$

Diese Form der Ebenengleichung heißt die Hessesche Normalform. Die Quadratsumme aus den Koeffizienten der laufenden Koordinaten ist darin gleich 1 und das absolute Glied hat stets negatives Vorzeichen.

Zur Transformation der allgemeinen Ebenengleichung

$$E \equiv Ax + By + Cz + D = 0$$

auf die Hessesche Normalform $H = 0$ ist sie also mit einem Faktor k zu multiplizieren, so daß

$$(kA)^2 + (kB)^2 + (kC)^2 = 1 \quad \text{und} \quad kD < 0$$

wird. Daruas folgt

$$k = \frac{1}{\pm\sqrt{A^2 + B^2 + C^2}},$$

und der Wurzel ist das entgegengesetzte Vorzeichen von D zu erteilen,

$$H \equiv k \cdot E.$$

Beispiel 2: Um die Ebenengleichung $3x + 2y - 6z + 5 = 0$ in die Hessesche Normalform zu transformieren, ist sie mit dem Faktor $k = -\frac{1}{7}$, weil nämlich $\sqrt{9 + 4 + 36} = 7$ ist, zu multiplizieren, also lautet sie

$$-\frac{3}{7}x - \frac{2}{7}y + \frac{6}{7}z - \frac{5}{7} = 0.$$

(6) Abstand eines Punktes von einer Ebene. Der Abstand des Punktes $P_0: x_0, y_0, z_0$ von der in der Hesseschen Normalform gegebenen Ebene

$$x \cdot \cos\alpha + y \cdot \cos\beta + z \cdot \cos\gamma - r = 0$$

ist nach § 43 (2) und § 46 (5)

$$p_0 = \frac{\begin{vmatrix} \frac{r}{\cos\alpha} & 0 & 0 & x_0 \\ 0 & \frac{r}{\cos\beta} & 0 & y_0 \\ 0 & 0 & \frac{r}{\cos\gamma} & z_0 \\ 1 & 1 & 1 & 1 \end{vmatrix}}{\pm\sqrt{\begin{vmatrix} 0 & \frac{r}{\cos\beta} & 0 \\ 0 & 0 & \frac{r}{\cos\gamma} \\ 1 & 1 & 1 \end{vmatrix}^2 + \begin{vmatrix} 0 & 0 & \frac{r}{\cos\gamma} \\ \frac{r}{\cos\alpha} & 0 & 0 \\ 1 & 1 & 1 \end{vmatrix}^2 + \begin{vmatrix} \frac{r}{\cos\alpha} & 0 & 0 \\ 0 & \frac{r}{\cos\beta} & 0 \\ 1 & 1 & 1 \end{vmatrix}^2}} =$$

$$= \frac{\begin{vmatrix} \quad \end{vmatrix}}{\pm\sqrt{\left(\frac{r^2}{\cos\beta\cdot\cos\gamma}\right)^2 + \left(\frac{r^2}{\cos\gamma\cdot\cos\alpha}\right)^2 + \left(\frac{r^2}{\cos\alpha\cdot\cos\beta}\right)^2}} =$$

$$= \frac{\begin{vmatrix} \quad \end{vmatrix}\cdot\cos\alpha\cdot\cos\beta\cdot\cos\gamma}{\pm\sqrt{r^4(\cos^2\alpha + \cos^2\beta + \cos^2\gamma)}} =$$

$$= \frac{1}{\pm r^2}\left(\frac{-r^2}{\cos\beta\cdot\cos\gamma}x_0 - \frac{r^2}{\cos\gamma\cdot\cos\alpha}y_0 - \frac{r^2}{\cos\alpha\cdot\cos\beta}z_0 - \frac{r^3}{\cos\alpha\cdot\cos\beta\cdot\cos\gamma}\right)\cdot\cos\alpha\cdot\cos\beta\cdot\cos\gamma =$$

$$= \pm(-x_0\cdot\cos\alpha - y_0\cdot\cos\beta - z_0\cdot\cos\gamma + r) =$$

$$= \mp(x_0\cdot\cos\alpha + y_0\cdot\cos\beta + z_0\cdot\cos\gamma - r).$$

Abgesehen vom Vorzeichen erhält man also den Abstand eines Punktes von einer Ebene, indem man seine Koordinaten an Stelle der laufenden in die Hessesche Normalform der Ebene einsetzt.

Die Entscheidung über das Vorzeichen wird folgendermaßen getroffen: Im Nenner ist das +-Zeichen zu wählen, wenn die Schnittpunkte der Ebene mit den Koordinatenachsen von O aus gesehen im negativen Drehungssinn aufeinander folgen, dann wird $p_0 = -(\ldots)$. Liegt nun P_0 in demselben Halbraum wie O, so folgen die Punkte auf den Achsen auch von P_0 aus gesehen im negativen Drehungssinn aufeinander, also wird p_0 positiv, d. h. $(\ldots)$ negativ. Liegen aber P_0 und O in verschiedenen Halbräumen, so wird p_0 negativ, d. h. $(\ldots)$ positiv.

Im Nenner ist das —-Zeichen zu wählen, wenn die Punkte auf den Achsen von O aus gesehen im positiven Drehungssinn aufeinander folgen, dann gilt $p_0 = +(\ldots)$. Liegt dann P_0 in demselben Halbraum wie O, so wird p_0 negativ und damit auch $(\ldots)$ negativ. Liegen dagegen P_0 und O in verschiedenen Halbräumen, so wird $p_0 = (\ldots)$ positiv.

Zusammengefaßt ergibt sich somit: Der Ausdruck

$$x_0\cdot\cos\alpha + y_0\cdot\cos\beta + z_0\cdot\cos\gamma - r,$$

der den Abstand des Punktes P_0 von der Ebene darstellt, wird positiv, wenn P_0 und O in verschiedenen Halbräumen liegen, negativ, wenn P_0 und O in demselben Halbraum liegen.

Beispiel 3: Die Länge der Höhe h_a im Tetraeder $A: 3, 1, 4$; $B: -2, -5, 1$; $C: 4, -3, -2$; $D: -1, 3, -5$ ist zu bestimmen.

Die Gleichung der Tetraederfläche BCD ist

$$\begin{vmatrix} x & -2 & 4 & -1 \\ y & -5 & -3 & 3 \\ z & 1 & -2 & -5 \\ 1 & 1 & 1 & 1 \end{vmatrix} = 0$$

oder

$$12x + 33y + 46z + 143 = 0$$

und in der Hesseschen Normalform

$$-\frac{1}{\sqrt{3349}}(12x + 33y + 46z + 143) = 0.$$

Hieraus ergibt sich durch Einsetzen der Koordinaten von A

$$h_a = -6{,}84.$$

§ 47. Lagebeziehungen zwischen Ebenen

(1) Schnitt dreier Ebenen. Der Schnittpunkt S dreier gegebener Ebenen ist der Punkt, der auf allen 3 Ebenen liegt. Seine Koordinaten erfüllen also die 3 Ebenengleichungen

$$\begin{aligned} A_1 x_s + B_1 y_s + C_1 z_s + D_1 &= 0, \\ A_2 x_s + B_2 y_s + C_2 z_s + D_2 &= 0, \\ A_3 x_s + B_3 y_s + C_3 z_s + D_3 &= 0. \end{aligned}$$

Das sind drei lineare Gleichungen mit 3 Unbekannten x_s, y_s, z_s, welche nach diesen aufgelöst werden können.

Beispiel 1: Der Schnittpunkt S der 3 Ebenen

$$E_1 \equiv 4x - 2y + 5z - 9 = 0, \quad E_2 \equiv 3x + y - 7z + 2 = 0$$

und

$$E_3 \equiv x - 6y + 2z - 5 = 0$$

hat wegen

$$\begin{aligned} 4x_s - 2y_s + 5z_s &= 9, \\ 3x_s + y_s - 7z_s &= -2, \\ x_s - 6y_s + 2z_s &= 5 \end{aligned}$$

die Koordinaten

$$x_s = \frac{1}{D}\begin{vmatrix} 9 & -2 & 5 \\ -2 & 1 & -7 \\ 5 & -6 & 2 \end{vmatrix}, \quad y_s = \frac{1}{D}\begin{vmatrix} 4 & 9 & 5 \\ 3 & -2 & -7 \\ 1 & 5 & 2 \end{vmatrix}, \quad z_s = \begin{vmatrix} 4 & -2 & 9 \\ 3 & 1 & -2 \\ 1 & -6 & 5 \end{vmatrix}$$

mit

$$D = \begin{vmatrix} 4 & -2 & 5 \\ 3 & 1 & -7 \\ 1 & -6 & 2 \end{vmatrix} = -229,$$

also

$$x_s = \frac{263}{229} = 1{,}15, \quad y_s = -\frac{92}{229} = -0{,}40, \quad z_s = \frac{165}{229} = 0{,}72.$$

(2) Winkel zweier Ebenen. Unter dem Neigungswinkel zweier Ebenen versteht man den Winkel, den zwei in den Ebenen verlaufende Geraden miteinander bilden, die auf der Schnittgeraden der Ebenen senkrecht stehen. Es gibt stets 2 Neigungswinkel, die sich zu 180° ergänzen. Legt man durch den Koordinatenanfangspunkt die auf der Schnittgeraden senkrechte Ebene, so schneidet diese die beiden gegebenen Ebenen in zwei solchen Geraden. Sie enthält ferner die Lote vom Anfangspunkt auf die beiden Ebenen. Der Winkel zwischen beiden Loten ist demnach das Supplement des gesuchten Neigungswinkels, in dessen Inneren der Anfangspunkt liegt.

Sind die Hesseschen Normalformen der beiden Ebenen

$$H_1 \equiv x \cdot \cos\alpha_1 + y \cdot \cos\beta_1 + z \cdot \cos\gamma_1 - r_1 = 0,$$

$$H_2 \equiv x \cdot \cos\alpha_2 + y \cdot \cos\beta_2 + z \cdot \cos\gamma_2 - r_2 = 0,$$

so gilt nach § 41 (2) für den Neigungswinkel φ, der den Koordinatenanfangspunkt nicht im Innern enthält,

$$\cos\varphi = \cos\alpha_1 \cdot \cos\alpha_2 + \cos\beta_1 \cdot \cos\beta_2 + \cos\gamma_1 \cdot \cos\gamma_2.$$

Beispiel 2: Der Schnittwinkel der Ebenen

$$E_1 \equiv 5x - 2y + 4z - 3 = 0 \quad \text{und} \quad E_2 \equiv 2x + 8y - 2z + 3 = 0$$

ist zu bestimmen.

Es ist
$$H_1 \equiv \frac{5}{3\sqrt{5}}\,x - \frac{2}{3\sqrt{5}}\,y + \frac{4}{3\sqrt{5}}\,z - \frac{1}{\sqrt{5}} = 0,$$

$$H_2 \equiv \frac{-1}{3\sqrt{2}}\,x - \frac{4}{3\sqrt{2}}\,y + \frac{1}{3\sqrt{2}}\,z - \frac{1}{2\sqrt{2}} = 0,$$

$$\cos\varphi = -\frac{5}{9\sqrt{10}} + \frac{8}{9\sqrt{10}} + \frac{4}{9\sqrt{10}} = \frac{7}{9\sqrt{10}} = 0{,}246, \qquad \varphi = 75{,}8^\circ$$

(3) Parallelität. Zwei Ebenen sind parallel, wenn sie gleiche Richtungskosinus haben. Sind die Ebenengleichungen in der allgemeinen Form

$$E_1 \equiv A_1 x + B_1 y + C_1 z + D_1 = 0$$

$$E_2 \equiv A_2 x + B_2 y + C_2 z + D_2 = 0$$

gegeben, so ergeben sich die Richtungskosinus aus

$$\cos\alpha_1 = \frac{A_1}{\sqrt{A_1^2 + B_1^2 + C_1^2}}, \ \ldots \qquad \cos\gamma_2 = \frac{C_2}{\sqrt{A_2^2 + B_2^2 + C_2^2}}.$$

Die Bedingung für die Parallelität lautet demnach

$$\boxed{\frac{A_1}{A_2} = \frac{B_1}{B_2} = \frac{C_1}{C_2}.}$$

Beispiel 3: Die Gleichung der zu $E' \equiv 3x + 4y - z + 5 = 0$ parallelen Ebene E durch den Punkt $P: -2, 1, -6$ ist zu bestimmen.

Für die Koeffizienten der gesuchten Ebenengleichung

$$E \equiv Ax + By + Cz + D = 0$$

gilt zunächst

$$\frac{A}{3} = \frac{B}{4} = \frac{C}{-1},$$

d. h. $A = 3k$, $B = 4k$, $C = -k$.

Da nun E den Punkt P enthalten soll, muß gelten

$$-2A + B - 6C + D = 0, \text{ d. h. } -6k + 4k + 6k + D = 0, \quad D = -4k.$$

Die gesuchte Gleichung lautet demnach

$$3x + 4y - z - 4 = 0.$$

(4) Orthogonalität. Stehen zwei Ebenen aufeinander senkrecht, so ist ihr Neigungswinkel $\varphi = 90°$, also $\cos\varphi = 0$. Sind die Ebenen durch ihre allgemeinen Gleichungen $E_1 = 0$ und $E_2 = 0$ gegeben, so lautet die Bedingung für ihre Orthogonalität nach (2) und (3)

$$\boxed{A_1 A_2 + B_1 B_2 + C_1 C_2 = 0.}$$

Beispiel 4: Die Gleichung der auf $E_1 \equiv 3x + 4y - z + 5 = 0$ senkrechten Ebene durch die Punkte $P_1: -2, 1, -6$ und $P_2: 5, 1, 4$ ist zu bestimmen.

Für die Koeffizienten der gesuchten Ebenengleichung $E \equiv Ax + By + Cz + D = 0$ gilt zunächst

$$3A + 4B - C = 0.$$

Da E die Punkte P_1 und P_2 enthalten soll, muß ferner gelten

$$-2A + B - 6C + D = 0,$$
$$5A + B + 4C + D = 0.$$

Daraus folgt $\quad 7A + 10C = 0 \quad$ oder $\quad C = -\frac{7}{10}A.$

Hiermit wird die erste Bedingung

$$3A + 4B + \frac{7}{10}A = 0 \text{ oder } B = -\frac{37}{40}A$$

und die zweite

$$-2A - \frac{37}{40}A + \frac{42}{10}A + D = 0 \text{ oder } D = -\frac{51}{40}A.$$

Die gesuchte Gleichung ist also

$$Ax - \frac{37}{40}Ay - \frac{7}{10}Az - \frac{51}{40}A = 0, \text{ d. h.}$$
$$40x - 37y - 28z - 51 = 0.$$

§ 48. Ebenenbüschel und Ebenenbündel

(1) Ebene durch die Schnittgerade zweier Ebenen. Sind $E_1 = 0$ und $E_2 = 0$ gegebene Gleichungen zweier Ebenen und λ eine beliebige Zahl, so ist

$$\boxed{E_1 + \lambda E_2 = 0}$$

als lineare Gleichung auch die Gleichung einer Ebene ($E_3 = 0$), und zwar geht diese durch die Schnittgerade s von E_1 und E_2. Die Koordinaten aller Punkte dieser Schnittgeraden erfüllen nämlich die Gleichungen $E_1 = 0$ und $E_2 = 0$, folglich auch die Gleichung $E_1 + \lambda E_2 = 0$, d. h. s gehört der Ebene E_3 an.

Beispiel 1: Die Gleichung der Ebene ist zu bestimmen, die durch den Punkt $P: 1, 3, -2$ und die Schnittgerade der Ebenen $E_1 \equiv x - 4y + 3z - 5 = 0$ und $E_2 \equiv 2x + y - 5z = 0$ geht.

Die Gleichung hat die Form

$$E_1 + \lambda E_2 \equiv (1 + 2\lambda)\, x - (4 - \lambda)\, y + (3 - 5\lambda)\, z - 5 = 0.$$

Da die Ebene den Punkt P enthalten soll, muß gelten

$$(1 + 2\lambda) \cdot 1 - (4 - \lambda) \cdot 3 - (3 - 5\lambda) \cdot 2 - 5 = 0, \quad \text{d. h.} \quad \lambda = \frac{22}{15}.$$

Die gesuchte Gleichung lautet demnach

$$59x - 38y - 65z - 75 = 0.$$

(2) Ebenenbüschel. Sind $E_1 = 0$ und $E_2 = 0$ die Gleichungen zweier Ebenen, und läßt man in dem Ausdruck $E_1 + \lambda E_2 = 0$ den Parameter λ alle möglichen Zahlen durchlaufen, so erhält man die Gleichungen aller Ebenen durch die Schnittgerade der beiden gegebenen. Eine solche Gesamtheit von Ebenen durch eine Gerade heißt ein Ebenenbüschel. Zu jedem λ gehört genau eine Ebene und umgekehrt zu jeder Ebene genau ein Zahl λ.

Sind die beiden Ebenen durch ihre Hesseschen Normalformen $H_1 = 0$ und $H_2 = 0$ gegeben, und ist λ eine feste Zahl, so wird durch $H_1 + \lambda H_2 = 0$ genau eine Ebene dargestellt. Die Koordinaten eines beliebigen Punktes P dieser Ebene erfüllen die Gleichung $H_1(P) + \lambda \cdot H_2(P) = 0$. Daraus folgt

$$\lambda = -\frac{H_1(P)}{H_2(P)}.$$

Da aber $H_1(P)$ bzw. $H_2(P)$ den Abstand des Punktes P von der Ebene $H_1 = 0$ bzw. $H_2 = 0$ bedeutet, ist also λ das negative Abstandsverhältnis der durch λ bestimmten Ebene von den beiden gegebenen Ebenen $H_1 = 0$ und $H_2 = 0$. Gemäß § 46 (6) ist das Abstandsverhältnis positiv, wenn $E_3 \equiv H_1 + \lambda H_2$ und der Koordinatenanfangspunkt O in demselben Winkelraum der gegebenen Ebenen liegen.

(3) Winkelhalbierende. Die winkelhalbierenden Ebenen eines Ebenenpaares sind diejenigen Ebenen, die von den beiden gegebenen gleichen Abstand, in bezug auf sie also das Abstandsverhältnis ± 1 haben. Sind die Hesseschen Normalformen der gegebenen Ebenen $H_1 = 0$ und $H_2 = 0$, so lauten die Gleichungen ihrer Winkelhalbierenden

$$\boxed{H_1 \pm H_2 = 0.}$$

Beispiel 2: Die Winkelhalbierenden der Ebenen $E_1 \equiv 2x + 4y - 4z + 7 = 0$ und $E_2 \equiv x - 8y + 4z - 1 = 0$ haben wegen

$$H_1 \equiv -\frac{1}{\sqrt{36}}(2x + 4y - 4z + 7) = 0, \text{ d. h. } -\frac{1}{3}x - \frac{2}{3}y + \frac{2}{3}z - \frac{7}{6} = 0,$$

$$H_2 \equiv \frac{1}{\sqrt{81}}(x - 8y + 4z - 1) = 0, \text{ d. h. } \frac{1}{9}x - \frac{8}{9}y + \frac{4}{9}z - \frac{1}{9} = 0$$

die Gleichungen

$$-\frac{2}{9}x - \frac{14}{9}y + \frac{10}{9}z - \frac{23}{18} = 0 \quad \text{und} \quad -\frac{4}{9}x + \frac{2}{9}y + \frac{2}{9}z - \frac{19}{18} = 0$$

oder

$$4x + 28y - 20z + 23 = 0 \quad \text{und} \quad 8x - 4y - 4z + 19 = 0.$$

(4) Bedingung für 3 Ebenen durch eine Gerade. Die drei durch $E_1 = 0$, $E_2 = 0$, $E_3 = 0$ gegebenen Ebenen gehen dann und nur dann durch eine Gerade, wenn drei von Null verschiedene Zahlen $\lambda_1, \lambda_2, \lambda_3$ so existieren, daß

$$\boxed{\lambda_1 E_1 + \lambda_2 E_2 + \lambda_3 E_3 \equiv 0}$$

ist.

Beweis: Die Ebene E_3 gehört dem durch E_1 und E_2 bestimmten Ebenenbüschel an, wenn sich die Ausdrücke E_3 und $E_1 + \lambda E_2$ nur durch einen konstanten Faktor μ unterscheiden, d. h. $E_1 + \lambda E_2 \equiv \mu E_3$. Setzt man $\lambda = \frac{\lambda_2}{\lambda_1}$ und $\mu = -\frac{\lambda_3}{\lambda_1}$, so folgt daraus

$$\lambda_1 E_1 + \lambda_2 E_2 + \lambda_3 E_3 \equiv 0.$$

Lassen sich umgekehrt die 3 Zahlen $\lambda_1, \lambda_2, \lambda_3$ so bestimmen, daß diese Identität gilt, so gehen E_1, E_2 und E_3 durch eine Gerade, denn setzt man die Koordinaten aller Punkte der Schnittgeraden s von E_1 und E_2 in die Identität ein, so folgt wegen $E_1(s) = 0$ und $E_2(s) = 0$ hieraus $E_3(s) = 0$, d. h. s liegt in der Ebene E_3.

(5) Ebene durch den Schnittpunkt dreier Ebenen. Sind $E_1 = 0$, $E_2 = 0$ und $E_3 = 0$ gegebene Gleichungen dreier Ebenen, ferner λ und μ gegebene Zahlen, so ist

$$\boxed{E_1 + \lambda E_2 + \mu E_3 = 0}$$

als lineare Gleichung auch die Gleichung einer Ebene ($E_4 = 0$), und diese geht durch den Schnittpunkt P von E_1, E_2, E_3. Die Koordinaten von P

erfüllen nämlich die Gleichungen $E_1(P) = 0$, $E_2(P) = 0$ und $E_3(P) = 0$, folglich auch die Gleichung $E_1 + \lambda E_2 + \mu E_3 = 0$, d. h. P gehört der Ebene E_4 an.

Beispiel 3: Die Gleichung der Ebene ist zu bestimmen, die durch $P_1: 3, 0, -2$; $P_2: 0, 4, 1$ und den Schnittpunkt der Ebenen $E_1 \equiv 8x - y - 2z + 1 = 0$, $E_2 \equiv 3x + 2y - 4 = 0$ und $E_3 \equiv x + 5y + z - 2 = 0$ geht.

Die gesuchte Ebene hat die Gleichung

$$E_1 + \lambda E_2 + \mu E_3$$
$$= (8 + 3\lambda + \mu)x + (-1 + 2\lambda + 5\mu)y + (-2 + \mu)z + (1 - 4\lambda - 2\mu) = 0.$$

Da sie P_1 und P_2 enthalten soll, bestimmen sich λ und μ aus

$$24 + 9\lambda + 3\mu + 4 - 2\mu + 1 - 4\lambda - 2\mu = 0, \text{ d. h. } 5\lambda - \mu + 29 = 0$$

und

$$-4 + 8\lambda + 20\mu - 2 + \mu + 1 - 4\lambda - 2\mu = 0, \text{ d. h. } 4\lambda + 19\mu - 5 = 0$$

zu

$$\lambda = -\frac{182}{33}, \quad \mu = \frac{47}{33},$$

also ist die gesuchte Ebenengleichung

$$235x + 162y + 19z - 667 = 0.$$

(6) Ebenenbündel. Sind $E_1 = 0$, $E_2 = 0$, $E_3 = 0$ die Gleichungen dreier Ebenen und läßt man in dem Ausdruck $E_1 + \lambda E_2 + \mu E_3 = 0$ die Parameter λ und μ alle möglichen Zahlen durchlaufen, so erhält man die Gleichungen aller Ebenen durch den Schnittpunkt der drei gegebenen. Eine solche Gesamtheit von Ebenen durch einen Punkt heißt ein Ebenenbündel. Zu jedem Wertepaar λ, μ gehört genau eine Ebene und umgekehrt zu jeder Ebene genau ein Wertepaar λ, μ.

(7) Bedingung für 4 Ebenen durch einen Punkt. Die Ebenen $E_1 = 0, \ldots E_4 = 0$ gehen dann und nur dann durch einen Punkt, wenn sich 4 Zahlen $\lambda_1, \ldots, \lambda_4$ so bestimmen lassen, daß

$$\boxed{\lambda_1 E_1 + \lambda_2 E_2 + \lambda_3 E_3 + \lambda_4 E_4 \equiv 0}$$

ist.

Beweis: Die Ebene E_4 gehört dem durch E_1, E_2, E_3 bestimmten Ebenenbündel an, wenn sich die Ausdrücke E_4 und $E_1 + \lambda E_2 + \mu E_3$ nur durch einen konstanten Faktor ν unterscheiden, d. h. $E_1 + \lambda E_2 + \mu E_3 \equiv \nu E_4$. Setzt man

$$\lambda = \frac{\lambda_2}{\lambda_1}, \quad \mu = \frac{\lambda_3}{\lambda_1}, \quad \nu = -\frac{\lambda_4}{\lambda_1},$$

so gilt die angegebene Identität. Lassen sich umgekehrt $\lambda_1, \ldots, \lambda_4$ so angeben, daß die Identität gilt, so gehen $E_1, \ldots, E_4$ durch einen Punkt, denn die Koordinaten des Schnittpunktes P von E_1, E_2, E_3 erfüllen die Gleichungen $E_1(P) = 0$, $E_2(P) = 0$, $E_3(P) = 0$, also auch $E_4(P) = 0$, d. h. P liegt in der Ebene E_4.

§ 49. Gleichungsformen der Geraden

(1) Gerade als Schnitt zweier Ebenen. Da jede Gerade als Schnittlinie zweier Ebenen eindeutig bestimmt ist, müssen die Koordinaten aller ihrer Punkte die Gleichungen beider Ebenen erfüllen. Eine Gerade im Raum ist also durch zwei lineare Gleichungen gegeben:

$$\boxed{\begin{aligned} E_1 &\equiv A_1 x + B_1 y + C_1 z + D_1 = 0, \\ E_2 &\equiv A_2 x + B_2 y + C_2 z + D_2 = 0. \end{aligned}}$$

Durch $E_1 + \lambda E_2 = 0$ und $E_1 + \mu E_2 = 0$ wird dieselbe Gerade dargestellt.

Sind die beiden Ebenen parallel, so wird hierdurch die unendlich ferne Gerade dieser Ebene dargestellt.

Die Gleichung einer zu einer Koordinatenachse parallelen Geraden, z. B. zur z-Achse, ist

$$x = a, \quad y = b.$$

Die Gleichung der z-Achse selbst ist

$$x = 0, \quad y = 0.$$

Die Gleichung einer in einer Koordinatenebene, z. B. der x, y-Ebene, liegenden Geraden ist

$$z = 0, \quad A x + B y + D = 0.$$

Die Gleichung einer Geraden durch den Koordinatenanfangspunkt ist darstellbar als Schnitt zweier Ebenen durch je eine Koordinatenachse, d. h. nach § 46 (3)

$$A x + B y = 0, \quad A' x + C' z = 0$$

oder vereinfacht

$$y = m x, \quad z = m' x.$$

(2) Gerade durch einen Punkt mit gegebener Richtung. Ist eine Gerade durch einen Punkt $P_1: x_1, y_1, z_1$ und ihre Richtungskosinus $\cos\alpha$, $\cos\beta$, $\cos\gamma$ gegeben, und ist P ein beliebiger Punkt der Geraden, so sind die Projektionen der Strecke $P P_1$ auf die Koordinatenachsen $x - x_1$, $y - y_1$, $z - z_1$. Nun gilt nach § 42 (1)

$$x - x_1 = P P_1 \cdot \cos\alpha, \quad y - y_1 = P P_1 \cdot \cos\beta, \quad z - z_1 = P P_1 \cdot \cos\gamma,$$

und hieraus folgt als Gleichung der Geraden die Proportion

$$\boxed{\frac{x - x_1}{\cos\alpha} = \frac{y - y_1}{\cos\beta} = \frac{z - z_1}{\cos\gamma}.}$$

Löst man diese Proportion in 2 Gleichungen auf, so haben diese z. B. die Form $A_1 x + B_1 y + D_1 = 0$ und $A_2 x + C_2 z + D_2 = 0$. Nach § 46 (3) stellen diese aber Ebenen dar, die parallel einer Koordinatenachse, d. h. senkrecht auf einer Koordinatenebene sind. Die Gerade ist also als

Schnittlinie zweier solcher Ebenen dargestellt. Diese beiden Gleichungen stellen in den betreffenden Koordinatenebenen zwei Geraden dar, nämlich die Projektionen der gegebenen Geraden auf diese Koordinatenebenen.

Beispiel 1: Die Richtungskosinus der durch $E_1 \equiv 3x + 4y - z - 20 = 0$ und $E_2 \equiv 5x - y - 2z + 6 = 0$ gegebenen Geraden sind zu bestimmen.

Man bestimmt zunächst einen beliebigen Punkt P_1 auf der Geraden aus den Gleichungen

$$\begin{array}{l} 3x_1 + 4y_1 - z_1 - 20 = 0 \\ \underline{5x_1 - y_1 - 2z_1 + 6 = 0} \\ -x_1 - 9y_1 \qquad + 46 = 0 \\ 23x_1 \qquad - 9z_1 + 4 = 0 \end{array}$$

$$y_1 = \frac{46 - x_1}{9}, \quad z_1 = \frac{4 + 23x_1}{9}.$$

Daraus folgen für das beliebig gewählte $x_1 = 1$ die Werte $x_1 = 5, z_1 = 3$. Die Geradengleichung läßt sich dann in der Form

$$\frac{x-1}{\cos\alpha} = \frac{y-5}{\cos\beta} = \frac{z-3}{\cos\gamma} \text{ oder } \frac{x-1}{y-5} = \frac{\cos\alpha}{\cos\beta}, \frac{x-1}{z-3} = \frac{\cos\alpha}{\cos\gamma}$$

darstellen. Eliminiert man aus den Gleichungen $E_1 = 0$, $E_2 = 0$ eine der laufenden Koordinaten, so erhält man als Geradengleichungspaar

$$-1(x-1) - 9(y-5) = 0,$$
$$23(x-1) - 9(z-3) = 0,$$

oder

$$\frac{x-1}{y-5} = -\frac{9}{1}, \qquad \frac{x-1}{z-3} = \frac{9}{23},$$

daraus folgt

$$\frac{\cos\alpha}{\cos\beta} = -\frac{9}{1}, \qquad \frac{\cos\alpha}{\cos\gamma} = \frac{9}{23},$$

$$\cos\alpha : \cos\beta : \cos\gamma = 9 : (-1) : 23.$$

Wegen der Grundrelation der Richtungskosinus

$$\cos^2\alpha + \cos^2\beta + \cos^2\gamma = 1$$

ergibt sich aus

$$9^2 + (-1)^2 + 23^2 = 611$$

$$\cos\alpha = \frac{9}{\sqrt{611}} = 0{,}364, \quad \cos\beta = \frac{-1}{\sqrt{611}} = -0{,}040, \quad \cos\gamma = \frac{23}{\sqrt{611}} = 0{,}866.$$

(3) Parameterdarstellung. Setzt man in der eine Gerade darstellenden Proportion

$$\frac{x-x_1}{\cos\alpha} = \frac{y-y_1}{\cos\beta} = \frac{z-z_1}{\cos\gamma}$$

den veränderlichen Wert des Verhältnisses gleich s $(= P P_1)$, so erhält man hieraus die 3 Gleichungen

$$x = s \cdot \cos\alpha + x_1, \quad y = s \cdot \cos\beta + y_1, \quad z = s \cdot \cos\gamma + z_1.$$

Diese stellen ebenfalls die Gerade dar, denn da $x_1, y_1, z_1, \cos\alpha, \cos\beta, \cos\gamma$ feste Zahlen sind, gehört zu jedem Punkt P der Geraden ein bestimmter Wert des Parameters s und zu jedem s genau ein Punkt der Geraden.

Allgemein lautet die Parameterdarstellung einer Geraden

$$x = a_1 t + a_2, \quad y = b_1 t + b_2, \quad z = c_1 t + c_2,$$

worin a_1, b_1, c_1 nicht einmal mehr der Richtungskosinusrelation zu genügen brauchen ($s = k\,t$ gesetzt), sondern wie a_2, b_2, c_2 beliebige gegebene Zahlen sind.

(4) Gerade durch 2 Punkte. Ist eine Gerade durch 2 Punkte $P_1: x_1, y_1, z_1$ und $P_2: x_2, y_2, z_2$ gegeben und $P: x, y, z$ ein beliebiger Punkt dieser Geraden, so bildet P_1 mit P und P_2 ein bestimmtes Teilverhältnis λ. Also gilt nach § 41 (3)

$$x_1 = \frac{x + \lambda x_2}{1+\lambda}, \quad y_1 = \frac{y + \lambda y_2}{1+\lambda}, \quad z_1 = \frac{z + \lambda z_2}{1+\lambda}.$$

Daraus folgt

$$\lambda = \frac{x - x_1}{x_1 - x_2}, \quad \lambda = \frac{y - y_1}{y_1 - y_2}, \quad \lambda = \frac{z - z_1}{z_1 - z_2}.$$

Die Koordinaten des beliebigen Punktes P der Geraden erfüllen also die Proportion

$$\frac{x - x_1}{x_1 - x_2} = \frac{y - y_1}{y_1 - y_2} = \frac{z - z_1}{z_1 - z_2}.$$

Beispiel 2: Die Gleichung der Geraden durch die Punkte $P_1: -3, 4, -2$ und $P_2: 5, -1, 1$ lautet:

$$\frac{x+3}{-8} = \frac{y-4}{5} = \frac{z+2}{-3},$$

oder in der Parameterdarstellung

$$x = -8t - 3, \quad y = 5t + 4, \quad z = -3t - 2,$$

oder in der Form $E_1 = 0$, $E_2 = 0$:

$$5x + 8y - 17 = 0, \quad 3x - 8z - 7 = 0.$$

§ 50. Lagebeziehungen zwischen Geraden

(1) Schnitt zweier Geraden. Die notwendige und hinreichende Bedingung dafür, daß sich die beiden durch

$$\begin{aligned} E_1 &\equiv A_1 x + B_1 y + C_1 z + D_1 = 0 \\ E_2 &\equiv A_2 x + B_2 y + C_2 z + D_2 = 0 \end{aligned} \quad \text{und} \quad \begin{aligned} E_3 &\equiv A_3 x + B_3 y + C_3 z + D_3 = 0 \\ E_4 &\equiv A_4 x + B_4 y + C_4 z + D_4 = 0 \end{aligned}$$

gegebenen Geraden schneiden, ist

$$\begin{vmatrix} A_1 & B_1 & C_1 & D_1 \\ A_2 & B_2 & C_2 & D_2 \\ A_3 & B_3 & C_3 & D_3 \\ A_4 & B_4 & C_4 & D_4 \end{vmatrix} = 0$$

Die beiden Geraden schneiden sich nämlich dann und nur dann, wenn die 4 Ebenen $E_1, \ldots, E_4$ durch einen Punkt gehen, d. h. wenn E_1 durch den Schnittpunkt S von E_2, E_3, E_4 geht. Die Koordinaten von S sind nun

$$x_s = \frac{1}{D}\begin{vmatrix} -D_2 & B_2 & C_2 \\ -D_3 & B_3 & C_3 \\ -D_4 & B_4 & C_4 \end{vmatrix}, \quad y_s = \frac{1}{D}\begin{vmatrix} A_2 & -D_2 & C_2 \\ A_3 & -D_3 & C_3 \\ A_4 & -D_4 & C_4 \end{vmatrix}, \quad z_s = \frac{1}{D}\begin{vmatrix} A_2 & B_2 & -D_2 \\ A_3 & B_3 & -D_3 \\ A_4 & B_4 & -D_4 \end{vmatrix}$$

mit

$$D = \begin{vmatrix} A_2 & B_2 & C_2 \\ A_3 & B_3 & C_3 \\ A_4 & B_4 & C_4 \end{vmatrix}.$$

Sie müssen die Gleichung $E_1(S) = 0$ erfüllen, d. h.

$$A_1 x_s + B_1 y_s + C_1 z_s + D_1 = 0$$

oder

$$A_1 \begin{vmatrix} B_2 & C_2 & D_2 \\ B_3 & C_3 & D_3 \\ B_4 & C_4 & D_4 \end{vmatrix} - B_1 \begin{vmatrix} A_2 & C_2 & D_2 \\ A_3 & C_3 & D_3 \\ A_4 & C_4 & D_4 \end{vmatrix} + C_1 \begin{vmatrix} A_2 & B_2 & D_2 \\ A_3 & B_3 & D_3 \\ A_4 & B_4 & D_4 \end{vmatrix} - D_1 \begin{vmatrix} A_2 & B_2 & C_2 \\ A_3 & B_3 & C_3 \\ A_4 & B_4 & C_4 \end{vmatrix} = 0.$$

(2) Winkel zweier Geraden. Nach § 40 (2) ist der Winkel zweier Geraden im Raum gleich dem Winkel, den die beiden Parallelen zu ihnen durch den Koordinatenanfangspunkt miteinander bilden. Nach § 41 (2) ist nun dessen Kosinus gleich der Summe aus den Produkten der gleichnamigen Richtungskosinus der Geraden

$$\cos\varphi = \cos\alpha_1 \cdot \cos\alpha_2 + \cos\beta_1 \cdot \cos\beta_2 + \cos\gamma_1 \cdot \cos\gamma_2.$$

Beispiel 1: Der Winkel ist zu bestimmen, den die beiden durch $P_1: 3, 1, -2$; $P_2: -5, 2, 4$ und $Q_1: 1, -4, 3$; $Q_2: 2, 5, 0$ gehenden Geraden miteinander bilden.

Die Gleichungen der beiden Geraden sind nach § 49 (4)

$$\frac{x-3}{8} = \frac{y-1}{-1} = \frac{z+2}{-6} \quad \text{und} \quad \frac{x-1}{-1} = \frac{y+4}{-9} = \frac{z-3}{3},$$

ihre Richtungskosinus sind nach § 49 (2)

$$\cos\alpha_1 = \frac{8}{\sqrt{101}}, \quad \cos\beta_1 = \frac{-1}{\sqrt{101}}, \quad \cos\gamma_1 = \frac{-6}{\sqrt{101}},$$

$$\cos\alpha_2 = \frac{-1}{\sqrt{91}}, \quad \cos\beta_2 = \frac{-9}{\sqrt{91}}, \quad \cos\gamma_2 = \frac{3}{\sqrt{91}},$$

demnach

$$\cos\varphi = \frac{-8+9-18}{\sqrt{101}\cdot\sqrt{91}} = -0{,}178, \quad \varphi = 100{,}3^\circ.$$

(3) Parallelität. Zwei Geraden im Raum sind parallel, wenn ihre Richtungskosinus übereinstimmen, d. h.

$$\boxed{\cos\alpha_1 = \cos\alpha_2, \quad \cos\beta_1 = \cos\beta_2, \quad \cos\gamma_1 = \cos\gamma_2.}$$

Beispiel 2: Die Gleichung der Geraden durch $P_1: 4, 0, -7$ ist anzugeben, die der durch $3x - 2y + 5 = 0$ und $x + 4z - 1 = 0$ gegebenen Geraden parallel ist.

Das Gleichungspaar der gegebenen Geraden läßt sich umformen in

$$3x = 2\left(y - \frac{5}{2}\right), \qquad x = -4\left(z - \frac{1}{4}\right).$$

Daraus folgt

$$\frac{\cos\alpha}{\cos\beta} = \frac{2}{3}, \qquad \frac{\cos\alpha}{\cos\gamma} = -4,$$

$$\cos\alpha : \cos\beta : \cos\gamma = 4 : 6 : (-1).$$

Die gesuchte Gerade hat demnach die Gleichung

$$\frac{x-4}{4} = \frac{y}{6} = \frac{z+7}{-1}.$$

(4) **Orthogonalität.** Die Bedingung dafür, daß zwei Geraden im Raum aufeinander senkrecht stehen, ist

$$\boxed{\cos\alpha_1 \cdot \cos\alpha_2 + \cos\beta_1 \cdot \cos\beta_2 + \cos\gamma_1 \cdot \cos\gamma_2 = 0.}$$

Beispiel 3: Die Gleichung der Geraden durch $P_1: 2, -1, 3$ ist aufzustellen, die auf der durch $x = 3t + 5$, $y = t - 4$, $z = 2t + 1$ gegebenen Geraden senkrecht steht und diese schneidet.

Aus der Parameterdarstellung der gegebenen Geraden folgt für deren Richtungskosinus

$$\cos\alpha : \cos\beta : \cos\gamma = 3 : 1 : 2.$$

Die Parameterdarstellung der gesuchten Geraden ist nach § 49 (3)

$$x = \cos\alpha' \cdot t' + 2, \quad y = \cos\beta' \cdot t' - 1, \quad z = \cos\gamma' \cdot t' + 3.$$

Aus der Orthogonalitätsbedingung folgt

$$3 \cdot \cos\alpha' + \cos\beta' + 2 \cdot \cos\gamma' = 0.$$

Da sich die beiden Geraden schneiden sollen, muß es einen Parameterwert t_0 der gegebenen und einen t_0' der gesuchten Geraden geben, die beide denselben Punkt liefern, d. h.

$$\cos\alpha' \cdot t_0' + 2 = 3t_0 + 5, \quad \cos\beta' \cdot t_0' - 1 = t_0 - 4, \quad \cos\gamma' \cdot t_0' + 3 = 2t_0 + 1;$$

$$\cos\alpha' = \frac{1}{t_0'}(3t_0 + 3), \quad \cos\beta' = \frac{1}{t_0'}(t_0 - 3), \quad \cos\gamma' = \frac{1}{t_0'}(2t_0 - 2).$$

Die Orthogonalitätsbedingung liefert hieraus nach Multiplikation mit t_0'

$$9t_0 + 9 + t_0 - 3 + 4t_0 - 4 = 0, \qquad t_0 = -\frac{1}{7},$$

das ergibt

$$\cos\alpha' : \cos\beta' : \cos\gamma' = \frac{18}{7} : \left(-\frac{22}{7}\right) : \left(-\frac{16}{7}\right) = 9 : (-11) : (-8).$$

Also lautet die Parameterdarstellung der gesuchten Geraden

$$x = 9t + 2, \; y = -11t - 1, \; z = -8t + 3.$$

§ 51. Lagebeziehungen zwischen Gerade und Ebene

(1) Schnittpunkt von Gerade und Ebene. Die Bestimmung des Schnittpunktes einer Geraden mit einer Ebene gestaltet sich verschieden, je nach der Gleichungsform, durch die die Gerade gegeben ist.

Ist sie durch 2 Ebenengleichungen gegeben, so ist der gesuchte Punkt der Schnittpunkt der 3 Ebenen, seine Koordinaten sind die Unbekannten in drei linearen Gleichungen.

Ist die Gerade durch eine Proportion gegeben, so kann man hieraus 2 Ebenengleichungen gewinnen und wie vorher verfahren.

Im Falle der Parameterdarstellung der Geraden müssen die Koordinaten x_s, y_s, z_s des Schnittpunktes, die durch den Parameterwert t_s bestimmt sind, die Ebenengleichung erfüllen, woraus sich eine lineare Gleichung mit der Unbekannten t_s ergibt.

Beispiel 1: Der Schnittpunkt der Geraden $x = 2t - 7$, $y = t + 4$, $z = -3t - 3$ mit der Ebene

$$\frac{x}{5} + \frac{y}{-2} + \frac{z}{6} = 1$$

hat wegen

$$\frac{2t_s - 7}{5} - \frac{t_s + 4}{2} - \frac{3t_s + 3}{6} = 1,$$

$$12t_s - 42 - 15t_s - 60 - 15t_s - 15 = 30, \quad t_s = -\frac{49}{6}$$

die Koordinaten

$$x_s = -\frac{140}{6} = -23{,}3, \quad y_s = -\frac{25}{6} = -4{,}2, \quad z_s = \frac{129}{6} = 21{,}5.$$

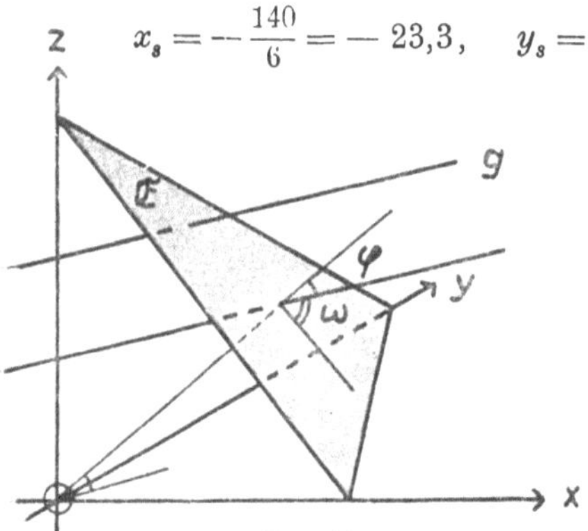

Fig. 99

(2) Winkel zwischen Gerade und Ebene. Der Neigungswinkel ω der Geraden mit den Richtungskosinus $\cos\alpha_G$, $\cos\beta_G$, $\cos\gamma_G$ gegen die Ebene mit den Richtungskosinus $\cos\alpha_E$, $\cos\beta_E$, $\cos\gamma_E$ ist der spitze Winkel zwischen der Geraden und ihrer senkrechten Projektion auf die Ebene (Fig. 99). Auf Grund der Definitionen der Richtungskosinus in § 40 (2) und § 41 (2) gilt für den Winkel φ zwischen der Geraden und dem Lot vom Koordinatenanfangspunkt auf die Ebene, welcher gleich $90° - \omega$ ist,

$$\cos\varphi = \cos\alpha_G \cdot \cos\alpha_E + \cos\beta_G \cdot \cos\beta_E + \cos\gamma_G \cdot \cos\gamma_E,$$

d. h.

$$\boxed{\sin\omega = \cos\alpha_G \cdot \cos\alpha_E + \cos\beta_G \cdot \cos\beta_E + \cos\gamma_G \cdot \cos\gamma_E.}$$

Beispiel 2: Der Neigungswinkel der Geraden

$$\frac{x-3}{5} = \frac{y+2}{4} = \frac{z-1}{-3}$$

gegen die Ebene

$$8x + 3y - 5z - 2 = 0$$

ist zu bestimmen.

$$\cos\alpha_G = \frac{5}{\sqrt{50}}, \quad \cos\beta_G = \frac{4}{\sqrt{50}}, \quad \cos\gamma_G = \frac{-3}{\sqrt{50}}.$$

Bringt man die Ebenengleichung auf die Hessesche Normalform, so erhält man

$$\cos\alpha_E = \frac{8}{\sqrt{98}}, \quad \cos\beta_E = \frac{3}{\sqrt{98}}, \quad \cos\gamma_E = \frac{-5}{\sqrt{98}},$$

$$\sin\omega = \frac{40+12+15}{70} = 0{,}957, \qquad \omega = 73{,}1°.$$

(3) Parallelität. Gerade und Ebene sind parallel, wenn $\sin\omega = 0$ ist. Die Parallelitätsbedingung lautet also

$$\cos\alpha_G \cdot \cos\alpha_E + \cos\beta_G \cdot \cos\beta_E + \cos\gamma_G \cdot \cos\gamma_E = 0,$$

oder, wenn die Ebene durch die allgemeine Gleichung $E = 0$ gegeben ist, da deren Koeffizienten nach § 46 (5) den Richtungskosinus der Ebene proportional sind,

$$\boxed{A \cdot \cos\alpha_G + B \cdot \cos\beta_G + C \cdot \cos\gamma_G = 0.}$$

Beispiel 3: Die zur Geraden $y = 3x + 1$, $z = -2x - 4$ parallele Ebene durch $P_1: 1, 0, 4$ und $P_2: -3, 2, -6$ ist zu bestimmen.

Schreibt man das Gleichungspaar der Geraden in der Form

$$\frac{x}{y-1} = \frac{1}{3}, \quad \frac{x}{z+4} = -\frac{1}{2},$$

so folgt

$$\cos\alpha_G : \cos\beta_G : \cos\gamma_G = 1 : 3 : (-2).$$

Die Parallelitätsbedingung ist dann

$$A + 3B - 2C = 0.$$

Da die Ebene P_1 und P_2 enthalten soll, muß ferner gelten

$$A + 4C + D = 0, \quad -3A + 2B - 6C + D = 0.$$

Hieraus folgen die Gleichungen

$$3B - 6C - D = 0, \quad 2B + 6C + 4D = 0,$$

$$5B + 3D = 0,$$

$$B = -\frac{3}{5}D, \quad C = -\frac{7}{15}D, \quad A = \frac{13}{15}D.$$

Als Gleichung der gesuchten Ebene ergibt sich somit

$$\frac{13}{15}Dx - \frac{3}{5}Dy - \frac{7}{15}Dz + D = 0$$

oder

$$13x - 9y - 7z + 15 = 0.$$

(4) Orthogonalität. Die Bedingung dafür, daß eine Gerade und eine Ebene aufeinander senkrecht stehen, ist wegen der Bedeutung der Richtungskosinus [§ 40 (2) und § 46 (5)]

$$\cos\alpha_G = \cos\alpha_E, \quad \cos\beta_G = \cos\beta_E, \quad \cos\gamma_G = \cos\gamma_E$$

oder

$$\boxed{\cos\alpha_G : \cos\beta_G : \cos\gamma_G = A : B : C.}$$

Beispiel 4: Die zur Ebene $E \equiv \frac{x}{4} - \frac{y}{3} + z - 1 = 0$ senkrechte Gerade durch P_1: $-2, -5, 3$ ist zu bestimmen.

Bringt man $E = 0$ auf die Hessesche Normalform

$$12E \equiv 3x - 4y + 12z - 12 = 0,$$

$$H \equiv \frac{3}{13}x - \frac{4}{13}y + \frac{12}{13}z - \frac{12}{13} = 0,$$

so folgt

$$\cos\alpha_E = \frac{3}{13}, \qquad \cos\beta_E = -\frac{4}{13}, \qquad \cos\gamma_E = \frac{12}{13},$$

und die Geradengleichung lautet

$$\frac{x+2}{3} = \frac{y+5}{-4} = \frac{z-3}{12}.$$

(5) Gerade in der Ebene. Ist die Gerade als Schnitt zweier Ebenen $E_1 = 0$, $E_2 = 0$ gegeben, so liegt sie dann und nur dann in der Ebene $E = 0$, wenn E dem durch E_1 und E_2 bestimmten Büschel angehört, d. h. nach § 48 (2), wenn $kE \equiv E_1 + \lambda' E_2$ ist oder

$$A = \lambda A_1 + \mu A_2, \quad B = \lambda B_1 + \mu B_2, \quad C = \lambda C_1 + \mu C_2, \quad D = \lambda D_1 + \mu D_2,$$

wobei λ und μ beliebige Zahlen sind.

Ist die Gerade in der Parameterdarstellung gegeben, so liegt sie dann und nur dann in der Ebene $E = 0$, wenn zwei ihrer Punkte in der Ebene liegen, d. h. wenn für zwei beliebige Parameterwerte t' und t''

$$A(a_1 t' + a_2) + B(b_1 t' + b_2) + C(c_1 t' + c_2) + D = 0$$

und

$$A(a_1 t'' + a_2) + B(b_1 t'' + b_2) + C(c_1 t'' + c\ ) + D = 0$$

ist.

Ist die Gerade durch ihre Richtungskosinus und einen Punkt gegeben, so liegt sie dann und nur dann in der Ebene $E = 0$, wenn sie parallel zur Ebene verläuft und der Punkt in der Ebene liegt, d. h. wenn

$$A \cdot \cos\alpha_G + B \cdot \cos\beta_G + C \cdot \cos\gamma_G = 0$$

und

$$A x_1 + B y_1 + C z_1 + D = 0$$

ist.

(6) Ebene durch 2 Gerade. Um die Gleichung der Ebene durch zwei sich schneidende oder parallele Geraden zu bestimmen, legt man 3 Punkte auf den Geraden fest (durch willkürliche Annahme einer der Koordinaten) und stellt die Gleichung der Ebene durch diese 3 Punkte nach § 46 (1) auf.

Beispiel 5: Die Gleichung der Ebene durch die beiden Geraden

$$\begin{array}{l} E_1 \equiv 3x + 4y + z - 2 = 0 \\ E_2 \equiv 5x - 3z = 0 \end{array} \quad \text{und} \quad \begin{array}{l} E_3 \equiv x - 2y + 4z + 5 = 0 \\ E_4 \equiv 7x - 4y - z + 6 = 0 \end{array}$$

ist zu bestimmen.

Die beiden Geraden haben nach § 50 (1) einen gemeinsamen Punkt, da

$$\begin{vmatrix} 3 & 4 & 1 & -2 \\ 5 & 0 & -3 & 0 \\ 1 & -2 & 4 & 5 \\ 7 & -4 & -1 & 6 \end{vmatrix} = -5 \begin{vmatrix} 4 & 1 & -2 \\ -2 & 4 & 5 \\ -4 & -1 & 6 \end{vmatrix} + 3 \begin{vmatrix} 3 & 4 & -2 \\ 1 & -2 & 5 \\ 7 & -4 & 6 \end{vmatrix}$$

$$= -5.72 + 3 \cdot 120 = 0 \quad \text{ist.}$$

Der Punkt S auf der ersten Geraden, für den $x_S = 0$ angenommen wird, hat $z_S = 0$, $y_S = \frac{1}{2}$, für den Punkt T auf derselben Geraden, für den $x_T = 1$ angenommen wird, ist $z_T = \frac{5}{3}$, $y_T = -\frac{2}{3}$. Für den Punkt U mit $x_U = 0$ auf der zweiten Geraden folgt aus

$$-2y_U + 4z_U + 5 = 0$$

$$-4y_U - z_U + 6 = 0$$

$$y_U = \frac{29}{18}, \qquad z_U = -\frac{4}{9}.$$

Also hat die gesuchte Ebene die Gleichung

$$\begin{vmatrix} x & 0 & 1 & 0 \\ y & \frac{1}{2} & -\frac{2}{3} & \frac{29}{18} \\ z & 0 & \frac{5}{3} & -\frac{4}{9} \\ 1 & 1 & 1 & 1 \end{vmatrix} = 0, \qquad \text{d. h.}$$

$$-\frac{4}{3}x + \frac{4}{9}y + \frac{10}{9}z - \frac{2}{9} = 0,$$

$$12x - 4y - 10z + 2 = 0.$$

(7) Abstand zweier Geraden. Der kürzeste Abstand zweier windschiefer Geraden im Raum ist der Abstand der einen Geraden von der zu ihr parallelen Ebene durch die andere Gerade. Sind die beiden Geraden durch ihre Richtungskosinus und je einen Punkt gegeben, d. h. durch

$$\frac{x - x_1}{\cos\alpha} = \frac{y - y_1}{\cos\beta_1} = \frac{z - z_1}{\cos\gamma_1} \quad \text{und} \quad \frac{x - x_2}{\cos\alpha_2} = \frac{y - y_2}{\cos\beta_2} = \frac{z - z_2}{\cos\gamma_2}$$

(jede andere Gleichungsform der Geraden läßt sich in diese Form umwandeln), so bestimmt man zunächst die Gleichung der Ebene $E = 0$ durch g_2 parallel zu g_1, bringt sie auf die Hessesche Normalform und bestimmt den Abstand des Punktes P_1 von ihr.

E ist parallel zu g_1, d. h. nach (3)

$$A \cdot \cos\alpha_1 + B \cdot \cos\beta_1 + C \cdot \cos\gamma_1 = 0.$$

g_2 liegt in E, d. h. nach (5)

$$A \cdot \cos\alpha_2 + B \cdot \cos\beta_2 + C \cdot \cos\gamma_2 = 0,$$
$$A x_2 + B y_2 + C z_2 + D = 0.$$

Betrachtet man in diesen 3 Gleichungen A, B, C als Unbekannte, so ist

$$A = \frac{1}{\Delta} \cdot \begin{vmatrix} 0 & \cos\beta_1 & \cos\gamma_1 \\ 0 & \cos\beta_2 & \cos\gamma_2 \\ -D & y_2 & z_2 \end{vmatrix} = -\frac{D}{\Delta} \begin{vmatrix} \cos\beta_1 & \cos\gamma_1 \\ \cos\beta_2 & \cos\gamma_2 \end{vmatrix},$$

$$B = \frac{1}{\Delta} \cdot \begin{vmatrix} \cos\alpha_1 & 0 & \cos\gamma_1 \\ \cos\alpha_2 & 0 & \cos\gamma_2 \\ x_2 & -D & z_2 \end{vmatrix} = \frac{D}{\Delta} \begin{vmatrix} \cos\alpha_1 & \cos\gamma_1 \\ \cos\alpha_2 & \cos\gamma_2 \end{vmatrix},$$

$$C = \frac{1}{\Delta} \cdot \begin{vmatrix} \cos\alpha_1 & \cos\beta_1 & 0 \\ \cos\alpha_2 & \cos\beta_2 & 0 \\ x_2 & y_2 & -D \end{vmatrix} = -\frac{D}{\Delta} \begin{vmatrix} \cos\alpha_1 & \cos\beta_1 \\ \cos\alpha_2 & \cos\beta_2 \end{vmatrix}$$

mit
$$\Delta = \begin{vmatrix} \cos\alpha_1 & \cos\beta_1 & \cos\gamma_1 \\ \cos\alpha_2 & \cos\beta_2 & \cos\gamma_2 \\ x_2 & y_2 & z_2 \end{vmatrix}.$$

Nach Multiplikation mit $-\frac{\Delta}{D}$ wird die Gleichung der Ebene also

$$E \equiv \begin{vmatrix} \cos\beta_1 & \cos\gamma_1 \\ \cos\beta_2 & \cos\gamma_2 \end{vmatrix} x - \begin{vmatrix} \cos\alpha_1 & \cos\gamma_1 \\ \cos\alpha_2 & \cos\gamma_2 \end{vmatrix} y + \begin{vmatrix} \cos\alpha_1 & \cos\beta_1 \\ \cos\alpha_2 & \cos\beta_2 \end{vmatrix} z - \begin{vmatrix} \cos\alpha_1 & \cos\beta_1 & \cos\gamma_1 \\ \cos\alpha_2 & \cos\beta_2 & \cos\gamma_2 \\ x_2 & y_2 & z_2 \end{vmatrix} = 0.$$

Hieraus ergibt sich die Hessesche Normalform durch Division durch die Wurzel aus der Quadratsumme der zweireihigen Determinanten. Der gesuchte Abstand d des Punktes P_1 von der Ebene ist somit

$$d = \frac{1}{\sqrt{|\;\;|^2 + |\;\;|^2 + |\;\;|^2}}$$
$$\cdot \left\{ x_1 \begin{vmatrix} \cos\beta_1 & \cos\gamma_1 \\ \cos\beta_2 & \cos\gamma_2 \end{vmatrix} - y_1 \begin{vmatrix} \cos\alpha_1 & \cos\gamma_1 \\ \cos\alpha_2 & \cos\gamma_2 \end{vmatrix} + z_1 \begin{vmatrix} \cos\alpha_1 & \cos\beta_1 \\ \cos\alpha_2 & \cos\beta_2 \end{vmatrix} - \begin{vmatrix} \cos\alpha_1 & \cos\beta_1 & \cos\gamma_1 \\ \cos\alpha_2 & \cos\beta_2 & \cos\gamma_2 \\ x_2 & y_2 & z_2 \end{vmatrix} \right\}$$
$$= \frac{1}{\sqrt{}} \cdot \left\{ \begin{vmatrix} x_1 & y_1 & z_1 \\ \cos\alpha_1 & \cos\beta_1 & \cos\gamma_1 \\ \cos\alpha_2 & \cos\beta_2 & \cos\gamma_2 \end{vmatrix} - \begin{vmatrix} x_2 & y_2 & z_2 \\ \cos\alpha_1 & \cos\beta_1 & \cos\gamma_1 \\ \cos\alpha_2 & \cos\beta_2 & \cos\gamma_2 \end{vmatrix} \right\},$$

$$\boxed{d = \frac{\begin{vmatrix} x_1 - x_2 & y_1 - y_2 & z_1 - z_2 \\ \cos\alpha_1 & \cos\beta_1 & \cos\gamma_1 \\ \cos\alpha_2 & \cos\beta_2 & \cos\gamma_2 \end{vmatrix}}{\sqrt{\begin{vmatrix} \cos\beta_1 & \cos\gamma_1 \\ \cos\beta_2 & \cos\gamma_2 \end{vmatrix}^2 + \begin{vmatrix} \cos\alpha_1 & \cos\gamma_1 \\ \cos\alpha_2 & \cos\gamma_2 \end{vmatrix}^2 + \begin{vmatrix} \cos\alpha_1 & \cos\beta_1 \\ \cos\alpha_2 & \cos\beta_2 \end{vmatrix}^2}}}.$$

Das Vorzeichen bleibt hierbei unberücksichtigt.

Beispiel 6: Der Abstand der beiden Geraden

$$x = 2t - 5 \qquad y = -3t + 4, \qquad z = 6t + 1$$

und

$$x = -4t - 2, \qquad y = 7t - 3, \qquad z = 4t - 4$$

ist wegen

$$P_1: -5, \quad 4, \quad 1; \quad \cos\alpha_1 = \frac{2}{7}, \quad \cos\beta_1 = -\frac{3}{7}, \quad \cos\gamma_1 = \frac{6}{7}$$

und

$$P_2: -2, -3, -4; \quad \cos\alpha_2 = -\frac{4}{9}, \quad \cos\beta_2 = \frac{7}{9}, \quad \cos\gamma_2 = \frac{4}{9}$$

$$d = \frac{\begin{vmatrix} -3 & 7 & 5 \\ \frac{2}{7} & -\frac{3}{7} & \frac{6}{7} \\ -\frac{4}{9} & \frac{7}{9} & \frac{4}{9} \end{vmatrix}}{\sqrt{\begin{vmatrix} -\frac{3}{7} & \frac{6}{7} \\ \frac{7}{9} & \frac{4}{9} \end{vmatrix}^2 + \begin{vmatrix} \frac{2}{7} & \frac{6}{7} \\ -\frac{4}{9} & \frac{4}{9} \end{vmatrix}^2 + \begin{vmatrix} \frac{2}{7} & -\frac{3}{7} \\ -\frac{4}{9} & \frac{7}{9} \end{vmatrix}^2}} = 0{,}83.$$

Siebentes Kapitel

Flächen zweiter Ordnung

§ 52. Flächen und Kurven im Raum

(1) Gleichung einer Fläche. Eine Gleichung zwischen den Veränderlichen x, y, z stellt in bezug auf ein räumliches cartesisches Koordinatensystem eine Fläche dar. Die Gleichung ist dann und nur dann erfüllt, wenn x, y, z die Koordinaten eines Punktes dieser Fläche sind.

Eine solche Gleichung ist allgemein

$$f(x, y, z) = 0,$$

oder nach z aufgelöst

$$z = \varphi(x, y).$$

(2) Kurve als Schnitt zweier Flächen. Eine Kurve im Raum wird im allgemeinen als Schnitt zweier Flächen bestimmt, d. h. sie ist analytisch durch 2 Gleichungen in x, y, z dargestellt, z. B.

$$f(x, y, z) = 0, \quad F(x, y, z) = 0$$

oder

$$z = \varphi(x, y), \quad z = \Phi(x, y).$$

Ein Punkt gehört dann und nur dann der Kurve an, wenn seine Koordinaten die beiden Gleichungen gleichzeitig erfüllen.

Als Schnitt zweier Ebenen wurde die Gerade in § 49 bereits behandelt.

(3) Parameterdarstellung einer Kurve. Eine Kurve im Raum läßt sich auch darstellen durch 3 Gleichungen eines Parameters t für die 3 Koordinaten

$$x = f_1(t), \quad y = f_2(t), \quad z = f_3(t).$$

Stellt man nämlich eine Koordinate, z. B. x als Funktion $f_1(t)$ eines veränderlichen Parameters t dar, so müssen nach (2) die Koordinaten y und z aller Punkte der Kurve die Gleichungen

$$f(f_1(t), y, z) = 0 \quad \text{und} \quad F(f_1(t), y, z) = 0$$

erfüllen. Das sind 2 Gleichungen, die sich nach y und z auflösen lassen und die Darstellung $y = f_2(t)$, $z = f_3(t)$ ergeben.

(4) Projektion einer Kurve auf eine Koordinatenebene. Eliminiert man aus den beiden Gleichungen, die eine Raumkurve darstellen, eine Veränderliche, so stellt die entstandene Gleichung in den beiden anderen Veränderlichen in der Koordinatenebene dieser beiden Variablen die Projektion der gegebenen Kurve auf diese Koordinatenebene dar (Fig. 100).

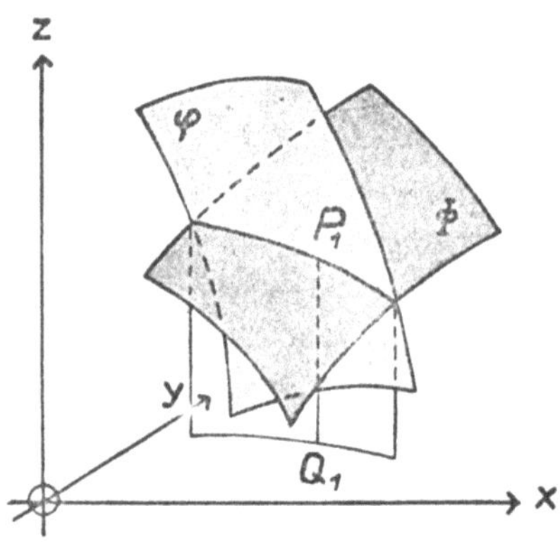

Fig. 100

Wird z. B. die Koordinate z aus den beiden Gleichungen

$$z = \varphi(x, y) \quad \text{und} \quad z = \Phi(x, y)$$

eliminiert, so ist jeder Punkt Q_1 in der x, y-Ebene, dessen Koordinaten x_1, y_1 die Gleichung

$$\varphi(x_1, y_1) = \Phi(x_1, y_1)$$

erfüllen, die Projektion eines Punktes $P_1: x_1, y_1, z_1$, der sowohl der Fläche $z = \varphi(x, y)$ als auch der Fläche $z = \Phi(x, y)$ angehört.

(5) Projektionen der Kegelschnitte. Eine ebene Kurve im Raum, deren Projektion auf eine Koordinatenebene ein Kegelschnitt ist, ist ein Kegelschnitt derselben Art. Der Kreis zählt dabei als Spezialfall der Ellipse.

Beweis: Betrachtet man die Projektion auf die x, y-Ebene, und bezeichnet man die Ebene der gegebenen Kurve mit $\mathfrak{E}$, die x, y-Ebene mit $\mathfrak{E}'$, und wahlt man schließlich die rechtwinkligen ebenen Koordinatensysteme (X, Y) in $\mathfrak{E}$ und (x', y') in $\mathfrak{E}'$ so, daß die Schnittgerade von $\mathfrak{E}$ und $\mathfrak{E}'$ gleichzeitig X- und x'-Achse wird, so gelten nach § 23 (1) die Transformationsgleichungen

$$x' = X, \qquad y' = \frac{b}{a} Y.$$

Die Gleichung eines Kegelschnitts in der x, y-Ebene ist nach § 37 (1)

$$a_{11} x'^2 + 2a_{12} x' y' + a_{22} y'^2 + 2a_{13} x' + 2a_{23} y' + a_{33} = 0.$$

Die ebene Kurve im Raum, deren Projektion dieser Kegelschnitt ist, hat dann die Gleichung

$$a_{11} X^2 + 2\frac{b}{a} a_{12} X Y + \frac{b^2}{a^2} a_{22} Y^2 + 2a_{13} X + 2\frac{b}{a} a_{23} Y + a_{33} = 0,$$

welche ebenfalls einen Kegelschnitt darstellt, der wegen

$$D = \begin{vmatrix} a_{11} & \frac{b}{a} a_{12} & a_{13} \\ \frac{b}{a} a_{12} & \frac{b^2}{a^2} a_{22} & \frac{b}{a} a_{23} \\ a_{13} & \frac{b}{a} a_{23} & a_{33} \end{vmatrix} = \frac{b^2}{a^2} \begin{vmatrix} a_{11} & a_{12} & a_{13} \\ a_{12} & a_{22} & a_{23} \\ a_{13} & a_{23} & a_{33} \end{vmatrix} = \frac{b^2}{a^2} D',$$

$$A_{11} = \frac{b^2}{a^2} A'_{11}, \qquad A_{22} = A'_{22}, \qquad A_{33} = \frac{b^2}{a^2} A'_{33}$$

von derselben Art ist wie die Projektion.

§ 53. Die Gleichung der Kugel

(1) Mittelpunktsgleichung. Die Kugel ist der geometrische Ort für alle Punkte im Raum, die von einem festen Punkt, dem Mittelpunkt, die gleiche Entfernung r haben. r heißt der Radius der Kugel (Fig. 101).

Wählt man den Koordinatenanfangspunkt als Kugelmittelpunkt, so gilt für die Koordinaten jedes Punktes P der Kugel

$$\boxed{x^2 + y^2 + z^2 = r^2.}$$

Dies ist die Mittelpunktsgleichung der Kugel.

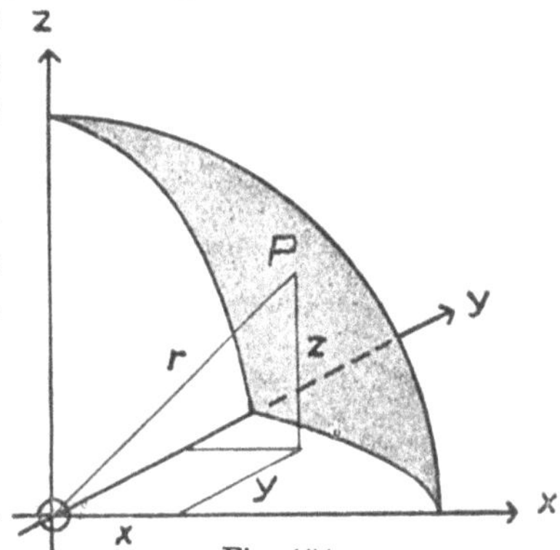

Fig. 101

(2) Allgemeine Gleichung. Die Gleichung der Kugel mit dem Mittelpunkt $M: x_M, y_M, z_M$ und dem Radius r ergibt sich durch Parallelverschiebung des Koordinatensystems nach § 45 (1) zu

$$(x - x_M)^2 + (y - y_M)^2 + (z - z_M)^2 = r^2$$

oder in der allgemeinen Form

$$\boxed{K \equiv (x - x_M)^2 + (y - y_M)^2 + (z - z_M)^2 - r^2 = 0.}$$

Beispiel 1: Die Schnittpunkte der 3 Kugeln

$$K_1 \equiv x^2 + y^2 + z^2 - 42 = 0,$$
$$K_2 \equiv (x - 5)^2 + (y - 2)^2 + (z - 3)^2 - 36 = 0,$$
$$K_3 \equiv (x + 4)^2 + (y - 3)^2 + (z + 2)^2 - 50 = 0$$

sind zu bestimmen.

Durch Subtraktion $K_1 - K_2$ und $K_1 - K_3$ ergeben sich die linearen Gleichungen

$$5x_s + 2y_s + 3z_s - 22 = 0 \quad \text{und} \quad -8x_s + 6y_s - 4z_s - 21 = 0,$$

hieraus weiter

$$23x_s + 13z_s - 45 = 0, \qquad -4x_s + 26y_s - 151 = 0,$$

d. h.

$$z_s = \frac{1}{13}(-23x_s + 45), \qquad y_s = \frac{1}{26}(4x_s + 151).$$

In K_1 eingesetzt ergibt das die quadratische Gleichung für x_s

$$216x_s^2 - 544x_s - 193 = 0$$

$$x_{s_1} = 2{,}09, \quad y_{s_1} = 6{,}13, \quad z_{s_1} = -0{,}23;$$
$$x_{s_2} = 0{,}45, \quad y_{s_2} = 5{,}87, \quad z_{s_2} = 2{,}70.$$

(3) Potenz eines Punktes in bezug auf eine Kugel. Gegeben ist eine Kugel

$$K \equiv x^2 + y^2 + z^2 - r^2 = 0$$

und ein Punkt $P_0: x_0, y_0, z_0$ außerhalb derselben. Zieht man durch ihn eine beliebige Gerade mit den Richtungskosinus $\cos\alpha$, $\cos\beta$, $\cos\gamma$, so schneidet diese die Kugel im allgemeinen in zwei Punkten K und L, deren Abstände von P_0 mit k und l bezeichnet werden. Nach § 42 (1) ist dann

$$x_0 - x_K = k \cdot \cos\alpha, \quad y_0 - y_K = k \cdot \cos\beta, \quad z_0 - z_K = k \cdot \cos\gamma;$$
$$x_0 - x_L = l \cdot \cos\alpha, \quad y_0 - y_L = l \cdot \cos\beta, \quad z_0 - z_L = l \cdot \cos\gamma.$$

Da K und L auf der Kugel liegen, gilt

$$(x_0 - k \cdot \cos\alpha)^2 + (y_0 - k \cdot \cos\beta)^2 + (z_0 - k \cdot \cos\gamma)^2 - r^2 = 0,$$
$$(x_0 - l \cdot \cos\alpha)^2 + (y_0 - l \cdot \cos\beta)^2 + (z_0 - l \cdot \cos\gamma)^2 - r^2 = 0$$

oder unter Berücksichtigung der Relation für die Richtungskosinus

$$k^2 - 2k(x_0 \cdot \cos\alpha + y_0 \cdot \cos\beta + z_0 \cdot \cos\gamma) + x_0^2 + y_0^2 + z_0^2 - r^2 = 0$$

und

$$l^2 - 2l(x_0 \cdot \cos\alpha + y_0 \cdot \cos\beta + z_0 \cdot \cos\gamma) + x_0^2 + y_0^2 + z_0^2 - r^2 = 0,$$

d. h. k und l sind die beiden Wurzeln einer und derselben quadratischen Gleichung, woraus folgt

$$k \cdot l = x_0^2 + y_0^2 + z_0^2 - r^2,$$

gleichgültig, welche Richtungskosinus die Gerade hat. Das Produkt kl ist also für alle Geraden durch P_0, die die Kugel schneiden, konstant und heißt die Potenz des Punktes P_0 in bezug auf die Kugel. Sie wird erhalten durch Einsetzen der Koordinaten von P_0 an Stelle der laufenden in die Kugelgleichung.

Durch Parallelverschiebung des Koordinatensystems ergibt sich für die Potenz von P_0 in bezug auf die Kugel

$$(x - x_M)^2 + (y - y_M)^2 + (z - z_M)^2 - r^2 = 0$$

der Wert

$$K(P_0) = (x_0 - x_M)^2 + (y_0 - y_M)^2 + (z_0 - z_M)^2 - r^2.$$

(4) Potenzebene. Sind

$$K_1 \equiv (x-u_1)^2 + (y-v_1)^2 + (z-w_1)^2 - r_1^2 = 0,$$
$$K_2 \equiv (x-u_2)^2 + (y-v_2)^2 + (z-w_2)^2 - r_2^2 = 0$$

die Gleichungen zweier Kugeln, so ist der geometrische Ort für alle Punkte, die in bezug auf beide Kugeln gleiche Potenz haben, eine Ebene, die sogenannte Potenzebene der beiden Kugeln.

Die Potenzen eines beliebigen Punktes $P: x, y, z$ in bezug auf die beiden Kugeln sind nämlich K_1 und K_2. Für die Punkte des gesuchten geometrischen Ortes gilt also $K_1 = K_2$ oder

$$\boxed{K_1 - K_2 = 0.}$$

Das ist ausführlich geschrieben

$$2(u_2 - u_1)x + 2(v_2 - v_1)y + 2(w_2 - w_1)z$$
$$+ u_1^2 - u_2^2 + v_1^2 - v_2^2 + w_1^2 - w_2^2 - r_1^2 + r_2^2 = 0$$

die Gleichung einer Ebene.

Die Potenzebene steht senkrecht auf der Zentrale der beiden Kugeln, denn aus der Gleichung der Zentralen, die nach § 49 (4)

$$\frac{x-u_2}{u_2-u_1} = \frac{y-v_2}{v_2-v_1} = \frac{z-w_2}{w_2-w_1}$$

ist, folgt nach § 49 (2) für deren Richtungskosinus

$$\cos\alpha_z : \cos\beta_z : \cos\gamma_z = (u_2-u_1) : (v_2-v_1) : (w_2-w_1).$$

Für die Potenzebene ist

$$A : B : C = (u_2-u_1) : (v_2-v_1) : (w_2-w_1).$$

Also ist die Orthogonalitätsbedingung des § 51 (4) erfüllt.

Beispiel 2: Die Gleichung der Potenzebene der beiden Kugeln

$$K_1 \equiv (x-4)^2 + (y+3)^2 + (z-2)^2 - 25 = 0 \quad \text{und}$$
$$K_2 \equiv (x+5)^2 + (y-2)^2 + z^2 - 49 = 0$$

ist $\quad K_1 - K_2 \equiv -18x + 10y - 4z + 24 = 0$

oder $\quad 9x - 5y + 2z - 12 = 0.$

(5) Potenzlinie. Der geometrische Ort für alle Punkte, die in bezug auf 3 Kugeln gleiche Potenz haben, ist eine Gerade, die sogenannte Potenzlinie der 3 Kugeln.

Die Potenzebenen je zweier der 3 Kugeln

$$E_1 \equiv K_2 - K_3 = 0, \quad E_2 \equiv K_3 - K_1 = 0, \quad E_3 \equiv K_1 - K_2 = 0$$

erfüllen die Bedingung $E_1 + E_2 + E_3 \equiv 0$, d. h. nach § 48 (4), sie gehen durch eine Gerade. Alle Punkte dieser Geraden, die in der Form

$$\boxed{K_1 - K_2 = 0, \qquad K_1 - K_3 = 0}$$

dargestellt werden kann, haben in bezug auf die 3 Kugeln gleiche Potenz.

Die Potenzlinie steht senkrecht auf der Zentralebene der 3 Kugeln, denn die Zentrale von K_1 und K_2 steht senkrecht auf der Potenzebene $K_1 - K_2 = 0$, also auch auf allen in ihr gelegenen Geraden; ebenso steht die Zentrale von K_1 und K_3 senkrecht auf der Potenzebene $K_1 - K_3 = 0$ und allen in ihr gelegenen Geraden. Die Potenzlinie als Schnittgerade dieser beiden Potenzebenen steht somit senkrecht auf der Zentralen von K_1 und K_2 und der von K_1 und K_3, folglich auch auf der durch diese beiden Geraden bestimmten Ebene, und das ist die Zentralebene der 3 Kugeln.

§ 54. Die allgemeine Gleichung 2. Grades im Raum

(1) Einteilung der Flächen 2. Ordnung. Die allgemeine Gleichung 2. Grades in den 3 Koordinaten x, y, z ist

$$\begin{aligned} a_{11} x^2 + a_{22} y^2 + a_{33} z^2 + 2a_{12} x y + 2a_{13} x z + 2a_{23} y z \\ + 2a_{14} x + 2a_{24} y + 2a_{34} z + a_{44} = 0. \end{aligned}$$

Das ist eine quadratische Form mit der symmetrischen Determinante

$$\Delta = \begin{vmatrix} a_{11} & a_{12} & a_{13} & a_{14} \\ a_{12} & a_{22} & a_{23} & a_{24} \\ a_{13} & a_{23} & a_{33} & a_{34} \\ a_{14} & a_{24} & a_{34} & a_{44} \end{vmatrix},$$

welche eine Fläche 2. Ordnung darstellt.

Es läßt sich nun eine Drehung des Koordinatensystems (x, y, z) um den Anfangspunkt in das System (ξ, η, ζ) nach den Transformationsgleichungen des § 45 (2) so angeben, daß die Koeffizienten der gemischt quadratischen Glieder verschwinden. Diese sind nämlich Ausdrücke aus den a_{kl} und den Kosinus der 9 Drehungswinkel, von denen jedoch nur drei unabhängig sind. Werden die Koeffizienten der gemischt quadratischen Glieder gleich Null gesetzt, so sind das 3 Gleichungen, die die drei unabhängigen Drehungswinkel festlegen.

Die Gleichung der Fläche lautet dann

$$b_{11} \xi^2 + 2b_{14} \xi + b_{22} \eta^2 + 2b_{24} \eta + b_{33} \zeta^2 + 2b_{34} \zeta + b_{44} = 0$$

mit der Determinante

$$D = \begin{vmatrix} b_{11} & 0 & 0 & b_{14} \\ 0 & b_{22} & 0 & b_{24} \\ 0 & 0 & b_{33} & b_{34} \\ b_{14} & b_{24} & b_{34} & b_{44} \end{vmatrix} = b_{11} b_{22} b_{33} b_{44} - b_{11} b_{24}^2 b_{33} - b_{11} b_{22} b_{34}^2 - b_{14}^2 b_{22} b_{33}.$$

Entsprechend der Einteilung der Kurven 2. Ordnung werden jetzt Einzelfälle unterschieden, die verschiedene Gleichungstypen liefern, welche bestimmte Flächen darstellen, und diese später im einzelnen untersucht.

I. $D \neq 0$. Eigentliche Flächen 2. Ordnung.

a) $B_{44} \neq 0$, d. h. es sind die Koeffizienten b_{11}, b_{22}, b_{33} von Null verschieden, während $b_{14}, b_{24}, b_{34}, b_{44}$ beliebig sein können. Die Gleichung läßt sich dann in der Form

$$b_{11}\left(\xi + \frac{b_{14}}{b_{11}}\right)^2 + b_{22}\left(\eta + \frac{b_{24}}{b_{22}}\right)^2 + b_{33}\left(\zeta + \frac{b_{34}}{b_{33}}\right)^2 + b_{44} - \frac{b_{14}^2}{b_{11}} - \frac{b_{24}^2}{b_{22}} - \frac{b_{34}^2}{b_{33}} = 0$$

schreiben, in der das absolute Glied den Wert

$$\frac{D}{b_{11}\, b_{22}\, b_{33}}$$

hat. Durch die Transformation

$$X = \xi + \frac{b_{14}}{b_{11}}, \qquad Y = \eta + \frac{b_{24}}{b_{22}}, \qquad Z = \zeta + \frac{b_{34}}{b_{33}},$$

welche geometrisch nur eine Parallelverschiebung bedeutet, geht sie über in

$$b_{11} X^2 + b_{22} Y^2 + b_{33} Z^2 = -\frac{D}{b_{11}\, b_{22}\, b_{33}} \quad \text{oder}$$

$$\frac{X^2}{-\dfrac{D}{b_{11}^2\, b_{22}\, b_{33}}} + \frac{Y^2}{-\dfrac{D}{b_{11}\, b_{22}^2\, b_{33}}} + \frac{Z^2}{-\dfrac{D}{b_{11}\, b_{22}\, b_{33}^2}} = 1.$$

1. Sind die Ausdrücke

$$\frac{D}{b_{22}\, b_{33}}, \quad \frac{D}{b_{11}\, b_{33}}, \quad \frac{D}{b_{11}\, b_{22}}$$

alle drei kleiner als Null, so hat die Gleichung die Form

$$\frac{X^2}{a^2} + \frac{Y^2}{b^2} + \frac{Z^2}{c^2} = 1.$$

Die durch sie dargestellte Fläche heißt Ellipsoid.

2. Sind von den drei Brüchen zwei kleiner als Null und einer größer als Null, so hat die Gleichung eine der Formen

$$\frac{X^2}{a^2} + \frac{Y^2}{b^2} - \frac{Z^2}{c^2} = 1, \quad \frac{X^2}{a^2} - \frac{Y^2}{b^2} + \frac{Z^2}{c^2} = 1, \quad -\frac{X^2}{a^2} + \frac{Y^2}{b^2} + \frac{Z^2}{c^2} = 1,$$

welche durch Vertauschung zweier Koordinaten auseinander hervorgehen. Die dargestellte Fläche heißt einschaliges Hyperboloid.

3. Sind von den drei Brüchen einer kleiner als Null und zwei größer als Null, so hat die Gleichung eine der Formen

$$\frac{X^2}{a^2} - \frac{Y^2}{b^2} - \frac{Z^2}{c^2} = 1, \quad -\frac{X^2}{a^2} + \frac{Y^2}{b^2} - \frac{Z^2}{c^2} = 1, \quad -\frac{X^2}{a^2} - \frac{Y^2}{b^2} + \frac{Z^2}{c^2} = 1,$$

die bis auf die Koordinatenbezeichnung einander gleich sind, sie stellt ein zweischaliges Hyperboloid dar.

4. Sind alle drei Brüche größer als Null, so hat die Gleichung die Form
$$\frac{X^2}{a^2}+\frac{Y^2}{b^2}+\frac{Z^2}{c^2}=-1$$
und stellt nichts dar, da es keinen reellen Punkt gibt, dessen Koordinaten diese Gleichung erfüllen können.

b) $B_{44}=0$, d. h. es ist einer der Koeffizienten b_{11}, b_{22}, b_{33} gleich Null; wären zwei dieser Koeffizienten gleich Null, so wäre $D=0$. Ohne Einschränkung der Allgemeinheit kann $b_{33}=0$ angenommen werden, denn die anderen Möglichkeiten können durch Koordinatenvertauschung in diese übergeführt werden. Die Gleichung lautet dann
$$b_{11}\xi^2+2b_{14}\xi+b_{22}\eta^2+2b_{24}\eta+2b_{34}\zeta+b_{44}=0 \qquad \text{oder}$$
$$b_{11}\left(\xi+\frac{b_{14}}{b_{11}}\right)^2+b_{22}\left(\eta+\frac{b_{24}}{b_{22}}\right)^2+2b_{34}\left(\zeta+\frac{b_{44}}{2b_{34}}-\frac{b_{14}^2}{2b_{11}b_{34}}-\frac{b_{24}^2}{2b_{22}b_{34}}\right)=0.$$
Wegen $D=-b_{11}b_{22}b_{34}^2\neq 0$ muß hierin $b_{34}\neq 0$ sein. Durch die Parallelverschiebung
$$X=\xi+\frac{b_{14}}{b_{11}},\qquad Y=\eta+\frac{b_{24}}{b_{22}},\qquad Z=\zeta+\frac{b_{44}}{2b_{34}}-\frac{b_{14}^2}{2b_{11}b_{34}}-\frac{b_{24}^2}{2b_{22}b_{34}}$$
geht die Gleichung über in
$$b_{11}X^2+b_{22}Y^2=-2b_{34}Z \quad \text{oder} \quad \frac{X^2}{-\frac{b_{34}}{b_{11}}}+\frac{Y^2}{-\frac{b_{34}}{b_{22}}}=2Z.$$

1. Haben die beiden Quotienten $\frac{b_{34}}{b_{11}}$ und $\frac{b_{34}}{b_{22}}$ gleiches Vorzeichen, so nimmt die Gleichung eine der Formen
$$\frac{X^2}{a^2}+\frac{Y^2}{b^2}=2Z,\qquad \frac{X^2}{a^2}+\frac{Y^2}{b^2}=-2Z$$
an, welche durch Umkehrung der Z-Achse ineinander übergeführt werden können. Die dargestellte Fläche heißt elliptisches Paraboloid.

2. Haben die beiden Quotienten verschiedene Vorzeichen, so hat die Gleichung eine der Formen
$$\frac{X^2}{a^2}-\frac{Y^2}{b^2}=2Z,\qquad \frac{X^2}{a^2}-\frac{Y^2}{b^2}=-2Z,$$
welche wiederum durch Umkehrung der Z-Achse auseinander hervorgehen und ein hyperbolisches Paraboloid darstellen.

II. $D=0$. Uneigentliche Flächen 2. Ordnung.

a) $B_{44}\neq 0$, dann läßt sich die Gleichung wie in Ia) durch Parallelverschiebung überführen in
$$b_{11}X^2+b_{22}Y^2+b_{33}Z^2=0.$$

1. Haben alle drei Koeffizienten b_{11}, b_{22}, b_{33} gleiche Vorzeichen, so hat die Gleichung die Form

$$\frac{X^2}{a^2} + \frac{Y^2}{b^2} + \frac{Z^2}{c^2} = 0$$

und stellt einen Punkt, nämlich den Anfangspunkt des Koordinatensystems (X, Y, Z) dar.

2. Haben nicht alle drei Koeffizienten dasselbe Vorzeichen, so hat die Gleichung eine der 3 Formen

$$\frac{X^2}{a^2} + \frac{Y^2}{b^2} - \frac{Z^2}{c^2} = 0, \quad \frac{X^2}{a^2} - \frac{Y^2}{b^2} + \frac{Z^2}{c^2} = 0, \quad -\frac{X^2}{a^2} + \frac{Y^2}{b^2} + \frac{Z^2}{c^2} = 0,$$

die durch Koordinatenvertauschung in Übereinstimmung gebracht werden können und einen Kegel darstellen.

b) $B_{44} = 0$.

1. Es ist einer der Koeffizienten b_{11}, b_{22}, b_{33} gleich Null, z. B. $b_{33} = 0$. Wegen $D = -b_{11} b_{22} b_{34}^2 = 0$ folgt hieraus auch $b_{34} = 0$, und die Gleichung der Fläche lautet

$$b_{11} \xi^2 + b_{22} \eta^2 + 2b_{14} \xi + 2b_{24} \eta + b_{44} = 0.$$

Sie läßt sich in der Form

$$b_{11}\left(\xi + \frac{b_{14}}{b_{11}}\right)^2 + b_{22}\left(\eta + \frac{b_{24}}{b_{22}}\right)^2 + b_{44} - \frac{b_{14}^2}{b_{11}} - \frac{b_{24}^2}{b_{22}} = 0$$

schreiben, in der das absolute Glied den Wert $\frac{B_{33}}{b_{11} b_{22}}$ hat. Durch die Translation

$$X = \xi + \frac{b_{14}}{b_{11}}, \quad Y = \eta + \frac{b_{24}}{b_{22}}, \quad Z = \zeta$$

verwandelt sie sich in

$$b_{11} X^2 + b_{22} Y^2 = -\frac{B_{33}}{b_{11} b_{22}}.$$

α) Für $B_{33} \neq 0$ lautet die Gleichung

$$\frac{X^2}{-\frac{B_{33}}{b_{11}^2 b_{22}}} + \frac{Y^2}{-\frac{B_{33}}{b_{11} b_{22}^2}} = 1.$$

Sind nun die Quotienten $\frac{B_{33}}{b_{11}}$ und $\frac{B_{33}}{b_{22}}$ beide negativ, so hat die Gleichung die Form

$$\frac{X^2}{a^2} + \frac{Y^2}{b^2} = 1.$$

Die durch sie dargestellte Fläche heißt elliptischer Zylinder. Haben die beiden Quotienten verschiedene Vorzeichen, so hat die Gleichung eine der Formen

$$\frac{X^2}{a^2} - \frac{Y^2}{b^2} = 1, \quad -\frac{X^2}{a^2} + \frac{Y^2}{b^2} = 1,$$

die bis auf eine Koordinatenvertauschung äquivalent sind und einen hyperbolischen Zylinder darstellen.

Sind beide Quotienten positiv, so hat die Gleichung die Form

$$\frac{X^2}{a^2} + \frac{Y^2}{b^2} = -1$$

und wird von den Koordinaten keines reellen Punktes erfüllt.

β) Für $B_{33} = 0$ lautet die Gleichung

$$b_{11} X^2 + b_{22} Y^2 = 0.$$

Haben b_{11} und b_{22} gleiches Vorzeichen, so wird die Gleichung

$$\frac{X^2}{a^2} + \frac{Y^2}{b^2} = 0$$

von allen Punkten mit $X = 0$, $Y = 0$, d. h. der Z-Achse erfüllt, sie stellt also eine Gerade dar.

Haben b_{11} und b_{22} verschiedene Vorzeichen, so hat die Gleichung die Form

$$\frac{X^2}{a^2} - \frac{Y^2}{b^2} = 0, \quad \text{d. h.} \left(\frac{X}{a} + \frac{Y}{b}\right) \cdot \left(\frac{X}{a} - \frac{Y}{b}\right) = 0$$

und stellt ein Ebenenpaar dar.

2. Zwei der Koeffizienten b_{11}, b_{22}, b_{33} verschwinden, z. B. $b_{22} = b_{33} = 0$, dann lautet die Gleichung

$$b_{11} \xi^2 + 2 b_{14} \xi + 2 b_{24} \eta + 2 b_{34} \zeta + b_{44} = 0$$

oder

$$b_{11} \left(\xi + \frac{b_{14}}{b_{11}}\right)^2 + 2 b_{24} \left(\eta + \frac{b_{44}}{2 b_{24}} - \frac{b_{14}^2}{2 b_{11} b_{24}}\right) + 2 b_{34} \zeta = 0.$$

Durch die Parallelverschiebung

$$\xi' = \xi + \frac{b_{14}}{b_{11}}, \quad \eta' = \eta + \frac{b_{44}}{2 b_{24}} - \frac{b_{14}^2}{2 b_{11} b_{24}}, \quad \zeta' = \zeta$$

geht sie über in

$$b_{11} \xi'^2 + 2 b_{24} \eta' + 2 b_{34} \zeta' = 0.$$

Wird nun das Koordinatensystem (ξ', η', ζ') um die ξ'-Achse um den Winkel α gedreht, daß es in das (X, Y, Z)-System übergeht, so bestehen gemäß § 2 (2) die Transformationsgleichungen

$$\xi' = X, \quad \eta' = Y \cdot \cos\alpha - Z \cdot \sin\alpha, \quad \zeta' = Y \cdot \sin\alpha + Z \cdot \cos\alpha,$$

welche die Gleichung überführen in

$$b_{11} X^2 + 2 (b_{24} \cos\alpha + b_{34} \sin\alpha) Y + 2 (-b_{24} \sin\alpha + b_{34} \cos\alpha) Z = 0.$$

Der Winkel α wird so gewählt, daß

$$\operatorname{tg} \alpha = \frac{b_{34}}{b_{24}}$$

ist, dann verschwindet der Koeffizient von Z und die Gleichung bekommt die Form

$$X^2 - 2p\,Y = 0.$$

α) $p \neq 0$. Die dargestellte Fläche heißt parabolischer Zylinder.

β) $p = 0$. Die Gleichung $X^2 = 0$ stellt die Y, Z-Ebene zweimal, d. h. eine Doppelebene dar. Hierbei wurde vorausgesetzt, daß $b_{24} \neq 0$, $b_{34} \neq 0$ ist.

Ist jedoch einer dieser Koeffizienten, z. B. $b_{34} = 0$, so erhält man bereits durch die Parallelverschiebung eine Gleichung der Form

$$\xi'^2 - 2p\,\eta' = 0.$$

Im Falle $b_{24} = b_{34} = 0$ läßt sich die Gleichung

$$b_{11}\,\xi^2 + 2b_{14}\,\xi + b_{44} = 0.$$

durch Parallelverschiebung auf eine der Formen

$$X^2 = k^2, \quad X^2 = -k^2, \quad X^2 = 0$$

bringen. Sie stellt dann ein Paar paralleler Ebenen, keine reellen Punkte oder eine Doppelebene dar.

3. Sind alle drei Koeffizienten $b_{11} = b_{22} = b_{33} = 0$, so lautet die Gleichung

$$2b_{14}\,\xi + 2b_{24}\,\eta + 2b_{34}\,\zeta + b_{44} = 0$$

und stellt nach § 46 (4) eine Ebene dar.

(2) Bestimmung der Fläche durch 9 Punkte. Die allgemeine Gleichung 2. Grades enthält 10 Koeffizienten. Dividiert man durch einen von Null verschiedenen, so bleiben 9 Koeffizienten, die die Fläche 2. Ordnung bestimmen. Sind diese unbekannt, so sind 9 Gleichungen nötig, um sie festzulegen. Wenn also 9 Punkte im Raum gegeben sind, so lassen sich 9 Gleichungen für die Koeffizienten $\frac{a_{11}}{a_{44}}, \ldots$ aufstellen, aus denen sich letztere berechnen lassen. Es kann also genau eine Fläche 2. Ordnung angegeben werden, die durch die gegebenen 9 Punkte geht.

§ 55. Kegel

(1) Elliptischer Kegel. Die Fläche, die durch die Gleichung

$$\boxed{\frac{x^2}{a^2} + \frac{y^2}{b^2} - \frac{z^2}{c^2} = 0}$$

dargestellt wird, ist symmetrisch zu den 3 Koordinatenebenen, denn zu jedem gegebenen Wertepaar zweier Koordinaten gehören 2 Werte der dritten Koordinate, die sich nur durch das Vorzeichen unterscheiden.

Sie geht durch den Koordinatenanfangspunkt O und wird von jeder Ebene, die der x, y-Ebene parallel ist, in einer Ellipse geschnitten. Die Gleichung einer solchen Ebene ist nämlich $z = m$. Eliminiert man aus beiden Gleichungen die Koordinate z, so erhält man die Gleichung der Projektion der Schnittlinie auf die x, y-Ebene

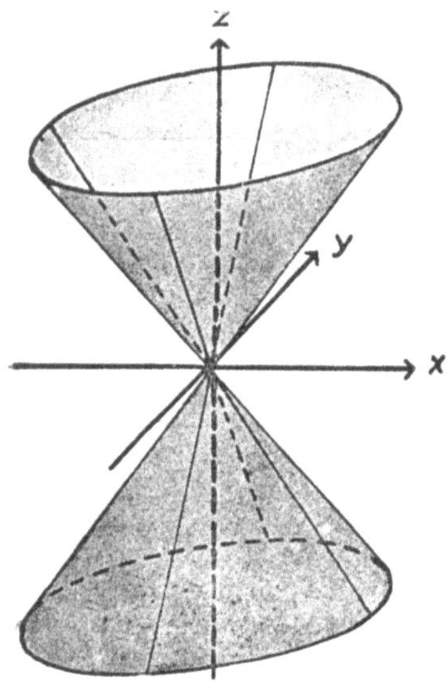

Fig. 102.

$$\frac{x^2}{a^2} + \frac{y^2}{b^2} = \frac{m^2}{c^2} \quad \text{oder} \quad \frac{x^2}{k a^2} + \frac{y^2}{k b^2} = 1,$$

das ist eine Ellipse. Sie ist in diesem Fall sogar der Schnittlinie selbst kongruent. Aus der Gleichung erkennt man weiter, daß alle diese Schnittellipsen untereinander ähnlich sind und mit wachsendem m größer werden. Die Halbachsen der Schnittellipsen $m\,\frac{a}{c}$ und $m\,\frac{b}{c}$ sind dem Wert von m proportional. Dies wird noch bestätigt, wenn man die Schnitte der Fläche mit einer beliebigen, durch die z-Achse gehenden Ebene bestimmt. Die Gleichung der Ebene ist dann nach § 46 (3) $A x + B y = 0$. Elimination ergibt als Gleichung der Projektion der Schnittlinie auf die x, z-Ebene

$$\frac{x^2}{a^2} + \frac{A^2 x^2}{B^2 b^2} - \frac{z^2}{c^2} = 0 \quad \text{oder} \quad \frac{x^2}{\dfrac{a^2 b^2 B^2}{a^2 A^2 + b^2 B^2}} - \frac{z^2}{c^2} = 0,$$

welche ein Geradenpaar darstellt, also ist nach § 52 (5) auch die Schnittlinie selbst ein Geradenpaar.

Die Fläche ist demnach ein gerader elliptischer Doppelkegel, dessen Spitze im Koordinatenanfangspunkt liegt, und dessen Achse die z-Achse ist (Fig. 102).

Ein im Abstand c von der Spitze geführter Querschnitt schneidet den Kegel in der Ellipse mit den Halbachsen a und b.

(2) Mantellinien. Aus der Kegelgleichung, geschrieben in der Form

$$\left(\frac{x}{a} + \frac{z}{c}\right) \cdot \left(\frac{x}{a} - \frac{z}{c}\right) = -\frac{y^2}{b^2}$$

folgt, daß die Koordinaten aller Punkte, die die beiden Gleichungen

$$\boxed{\frac{x}{a} + \frac{z}{c} = \lambda \cdot \frac{y}{b}, \qquad \frac{x}{a} - \frac{z}{c} = -\frac{1}{\lambda} \cdot \frac{y}{b}}$$

gleichzeitig erfüllen, auch der Kegelgleichung genügen. Dabei ist λ eine beliebige Zahl. Für jeden festen Wert von ξ stellen die beiden linearen Gleichungen aber eine Gerade dar.

Läßt man λ alle möglichen Werte von $-\infty$ bis $+\infty$ durchlaufen, so erhält man eine Schar von geraden Linien, die sämtlich und vollständig auf dem Kegel verlaufen. Sie gehen alle durch die Spitze des Kegels und sind seine Mantellinien.

Beispiel: Die Gleichung der Mantellinie des Kegels

$$\frac{x^2}{25} + \frac{y^2}{16} - \frac{z^2}{49} = 0$$

durch den Punkt $P_1: 2, 3, z_1 > 0$ ist zu bestimmen.

I. P_1 erfüllt die Gleichung einer Geraden der Mantellinienschar

$$\frac{2}{5} + \frac{z_1}{7} = \lambda \cdot \frac{3}{4}, \qquad \frac{2}{5} - \frac{z_1}{7} = -\frac{1}{\lambda} \cdot \frac{3}{4}.$$

Daraus berechnet sich λ wie folgt:

$$\frac{4}{5} = \left(\lambda - \frac{1}{\lambda}\right) \cdot \frac{3}{4}, \qquad \lambda - \frac{1}{\lambda} = \frac{16}{15}, \qquad \lambda^2 - \frac{16}{15}\lambda - 1 = 0,$$

$$\lambda_1 = \frac{5}{3}, \qquad \lambda_2 = -\frac{3}{5}.$$

In die erste Gleichung eingesetzt, liefert der Wert von λ_1 $z_1 > 0$, der Wert von λ_2 $z_1 < 0$. Also ist das gesuchte Gleichungspaar der Geraden

$$\frac{x}{5} - \frac{5y}{12} + \frac{z}{7} = 0, \quad \frac{x}{5} + \frac{3y}{20} - \frac{z}{7} = 0.$$

II. P_1 erfüllt die Gleichung des Kegels

$$\frac{4}{25} + \frac{9}{16} - \frac{z_1^2}{49} = 0, \text{ d. h. } z_1 = \frac{119}{20}.$$

Damit ist die Mantellinie durch die beiden Punkte O und P_1 bestimmt und ihre Gleichung lautet

$$\frac{x}{2} = \frac{y}{3} = \frac{20z}{119}.$$

(3) Ebene Kegelschnitte. Jede nicht durch die Kegelspitze gehende Ebene schneidet den Kegel in einer Hyperbel, Parabel oder Ellipse, je nachdem sie zu zwei, einer oder keiner Mantellinie parallel ist.

Beweis: Aus dem Gleichungspaar einer Mantellinie

$$\frac{x}{a} + \frac{z}{c} = \lambda \cdot \frac{y}{b}, \qquad \frac{x}{a} - \frac{z}{c} = -\frac{1}{\lambda} \cdot \frac{y}{b}$$

folgt

$$2\frac{x}{a} = \frac{y}{b}\left(\lambda - \frac{1}{\lambda}\right), \qquad 2\frac{z}{c} = \frac{y}{b}\left(\lambda + \frac{1}{\lambda}\right)$$

oder

$$\frac{x}{y} = \frac{a\left(\lambda - \frac{1}{\lambda}\right)}{2b}, \qquad \frac{z}{y} = \frac{c\left(\lambda + \frac{1}{\lambda}\right)}{2b},$$

also gilt für die Richtungskosinus einer Mantellinie

$$\cos\alpha : \cos\beta : \cos\gamma = a\left(\lambda - \frac{1}{\lambda}\right) : 2b : c\left(\lambda + \frac{1}{\lambda}\right).$$

Die Bedingung für die Parallelität der Ebene $E \equiv Ax + By + Cz + D = 0$ mit einer Mantellinie ist nach § 51 (3)

$$Aa\left(\lambda - \frac{1}{\lambda}\right) + B \cdot 2b + Cc\left(\lambda + \frac{1}{\lambda}\right) = 0$$

oder

$$\lambda(aA + cC) + 2bB - \frac{1}{\lambda}(aA - cC) = 0,$$

d. h.

$$\lambda^2 + \frac{2bB}{aA + cC}\lambda - \frac{aA - cC}{aA + cC} = 0$$

und

$$\lambda_{1,2} = \frac{-bB \pm \sqrt{b^2 B^2 + a^2 A^2 - c^2 C^2}}{aA + cC}$$

Ist $a^2 A^2 + b^2 B^2 - c^2 C^2 > 0$, so ergeben sich zwei verschiedene Werte λ_1 und λ_2, die Ebene ist also zwei Mantellinien parallel.

Ist $a^2 A^2 + b^2 B^2 - c^2 C^2 = 0$, so gibt es nur einen Wert für λ, d. h. die Ebene ist nur einer Mantellinie parallel.

Ist $a^2 A^2 + b^2 B^2 - c^2 C^2 < 0$, so ergibt sich kein reeller Wert für λ, die Ebene ist also keiner Mantellinie des Kegels parallel.

Bei der Bestimmung der Schnittlinie des Kegels mit einer nicht durch die Spitze gehenden Ebene sind 2 Fälle zu unterscheiden:

I. Die Ebene ist der z-Achse nicht parallel, d. h. ihre Gleichung ist

$$Ax + By + Cz + D = 0 \quad \text{mit} \quad C \neq 0 \text{ und } D \neq 0.$$

Die Gleichung der Projektion der Schnittlinie auf die x, y-Ebene ergibt sich dann durch Elimination der Koordinate z

$$\frac{x^2}{a^2} + \frac{y^2}{b^2} - \frac{1}{c^2 C^2}(A^2 x^2 + B^2 y^2 + D^2 + 2ABxy + 2ADx + 2BDy) = 0.$$

Ihre Determinante ist

$$\varDelta = \begin{vmatrix} \frac{1}{a^2} - \frac{A^2}{c^2 C^2} & -\frac{AB}{c^2 C^2} & -\frac{AD}{c^2 C^2} \\ -\frac{AB}{c^2 C^2} & \frac{1}{b^2} - \frac{B^2}{c^2 C^2} & -\frac{BD}{c^2 C^2} \\ -\frac{AD}{c^2 C^2} & -\frac{BD}{c^2 C^2} & -\frac{D^2}{c^2 C^2} \end{vmatrix}$$

$$= \frac{-AD}{c^2 C^2} \cdot \frac{AD}{b^2 c^2 C^2} + \frac{BD}{c^2 C^2} \cdot \frac{-BD}{a^2 c^2 C^2} - \frac{D^2}{c^2 C^2}\left(\frac{1}{a^2 b^2} - \frac{A^2}{b^2 c^2 C^2} - \frac{B^2}{a^2 c^2 C^2}\right)$$

$$= \frac{-D^2}{a^2 b^2 c^2 C^2} \neq 0,$$

deren Unterdeterminante

$$A_{33} = \frac{1}{a^2 b^2} - \frac{A^2}{b^2 c^2 C^2} - \frac{B^2}{a^2 c^2 C^2} = \frac{-1}{a^2 b^2 c^2 C^2}(a^2 A^2 + b^2 B^2 - c^2 C^2),$$

d. h. nach § 37 (1), die Projektion der Schnittlinie und wegen § 52 (5) auch die Schnittlinie selbst ist

a) eine Hyperbel, wenn $A_{33} < 0$ ist, und das ist der Fall, wenn $a^2 A^2 + b^2 B^2 - c^2 C^2 > 0$, die Ebene also zwei Mantellinien parallel ist;

b) eine Parabel, wenn $A_{33} = 0$, somit $a^2 A^2 + b^2 B^2 - c^2 C^2 = 0$ oder die Ebene einer Mantellinie parallel ist;

c) eine Ellipse, wenn $A_{33} > 0$, oder die Ebene keiner Mantellinie parallel ist, hierbei zählt stets der Kreis als eine spezielle Ellipse. In diesem Fall ist nämlich $a^2 A^2 + b^2 B^2 - c^2 C^2 < 0$, also erst recht $a^2 A^2 - c^2 C^2 < 0$, d. h.

$$a_{11} = \frac{1}{a^2 c^2 C^2}(c^2 C^2 - a^2 A^2) > 0 \quad \text{und} \quad a_{11} \cdot \Delta < 0.$$

II. Die Ebene ist der z-Achse parallel, d. h. ihre Gleichung ist

$$A x + B y + D = 0 \quad \text{mit} \quad D \neq 0,$$

dann ist sie stets auch zwei Mantellinien des Kegels parallel. Das Eliminationsresultat ist in diesem Fall die Gleichung

$$\frac{x^2}{a^2} + \frac{1}{b^2 B^2}(A^2 x^2 + 2 A D x + D^2) - \frac{z^2}{c^2} = 0$$

mit der Determinante

$$\Delta = \begin{vmatrix} \frac{1}{a^2} + \frac{A^2}{b^2 B^2} & 0 & \frac{A D}{b^2 B^2} \\ 0 & \frac{-1}{c^2} & 0 \\ \frac{A D}{b^2 B^2} & 0 & \frac{D^2}{b^2 B^2} \end{vmatrix} = \frac{-1}{c^2} \cdot \frac{D^2}{a^2 b^2 B^2} \neq 0 \text{ und } A_{33} = \frac{-1}{a^2 c^2} - \frac{A^2}{b^2 c^2 C^2} < 0.$$

Demnach ist die Schnittlinie eine Hyperbel.

(4) Kreiskegel. Die Gleichung des geraden Kreiskegels mit der z-Achse als Achse und dem Koordinatenanfangspunkt als Spitze ist

$$\frac{x^2}{a^2} + \frac{y^2}{a^2} - \frac{z^2}{c^2} = 0,$$

oder da nach (1) für seinen Öffnungswinkel 2ω die Relation $\operatorname{tg} \omega = \frac{a}{c}$ gilt,

$$\boxed{x^2 + y^2 = z^2 \cdot \operatorname{tg}^2 \omega.}$$

§ 56. Zylinderflächen

(1) Elliptischer Zylinder. Die Gleichung

$$\boxed{\frac{x^2}{a^2} + \frac{y^2}{b^2} = 1}$$

stellt die Gesamtheit aller Punkte des Raumes dar, deren Koordinaten x und y die Gleichung erfüllen, während ihre z-Koordinate ganz beliebig sein kann. Die Fläche ist also ein Zylinder, dessen Achse die z-Achse ist, und jeder senkrecht zur z-Achse geführte Querschnitt ist eine Ellipse mit den Halbachsen a und b. Die Fläche heißt elliptischer Zylinder (Fig. 103).

Jede zur z-Achse parallele Ebene schneidet ihn in zwei parallelen Geraden, berührt ihn in einer Geraden oder hat keine Punkte mit ihm gemeinsam. Jede andere Ebene schneidet den Zylinder in einer Ellipse bzw. einem Kreis, denn die Projektion der Schnittlinie auf die x, y-Ebene ist die Ellipse

$$\frac{x^2}{a^2} + \frac{y^2}{b^2} = 1.$$

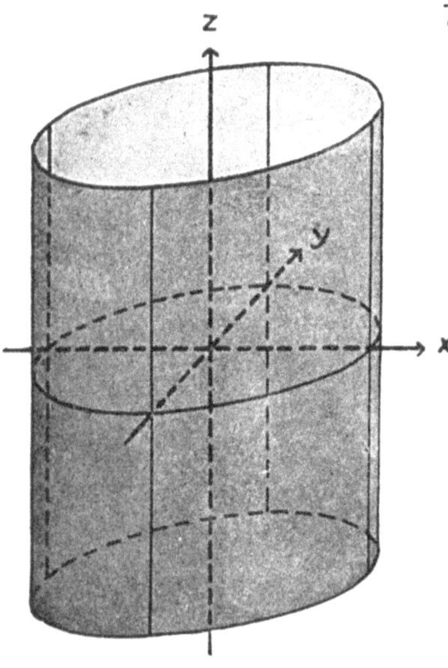

Fig. 103

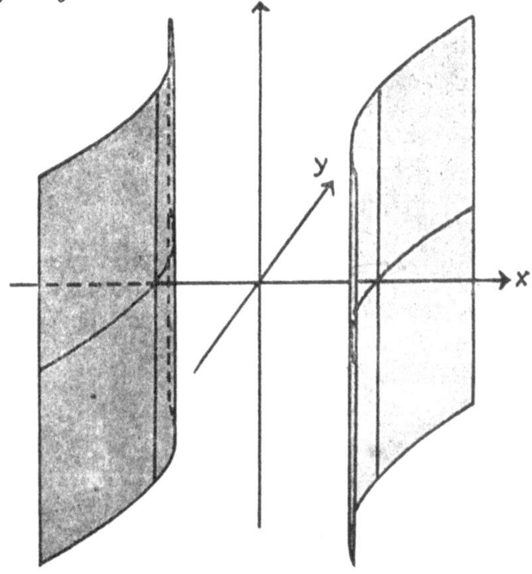

Fig. 104

(2) **Hyperbolischer Zylinder.** Durch die Gleichung

$$\boxed{\frac{x^2}{a^2} - \frac{y^2}{b^2} = 1}$$

wird ein sogenannter hyperbolischer Zylinder dargestellt, das ist eine zylindrische Fläche, deren Grundriß eine Hyperbel mit den Halbachsen a und b ist. Sie besteht aus zwei voneinander getrennten Mänteln, die symmetrisch zur y, z-Ebene liegen und aus zur z-Achse parallelen Geraden gebildet werden. Jede Ebene, die der z-Achse nicht parallel ist, schneidet den Zylinder in einer Hyperbel. Die beiden Ebenen durch die z-Achse und das Asymptotenpaar einer Querschnitthyperbel sind Asymptotenebenen (Fig. 104).

(3) Parabolischer Zylinder. Die Gleichung

$$\boxed{x^2 - 2py = 0}$$

stellt eine zylindrische Fläche dar, deren Querschnitt die Parabel $x^2 = 2py$ ist. Die Fläche ist symmetrisch zur y, z-Ebene. Die x, z-Ebene ist Tangentialebene und berührt den Zylinder in der z-Achse. Die Fläche heißt parabolischer Zylinder. Jede Ebene, die der z-Achse nicht parallel ist, schneidet ihn in einer Parabel (Fig. 105).

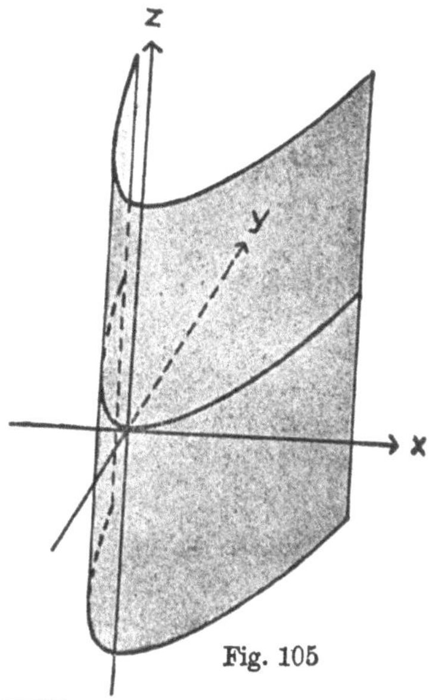

Fig. 105

§ 57. Das Ellipsoid.

(1) Beschreibung der Fläche. Die durch die Gleichung

$$\boxed{\frac{x^2}{a^2} + \frac{y^2}{b^2} + \frac{z^2}{c^2} = 1}$$

dargestellte Fläche heißt Ellipsoid. Es ist eine endliche Fläche, denn sie enthält nur Punkte mit $|x| \leq a$, $|y| \leq b$, $|z| \leq c$. Die Koordinaten eines Punktes mit z. B. $|x_0| > a$ können wegen $\frac{x_0^2}{a^2} > 1$ die Gleichung nicht mehr erfüllen. Die Fläche ist ferner symmetrisch zu den 3 Koordina-

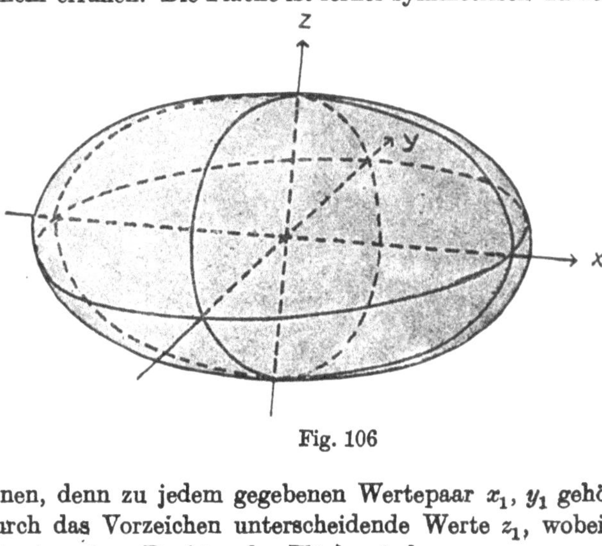

Fig. 106

tenebenen, denn zu jedem gegebenen Wertepaar x_1, y_1 gehören zwei sich nur durch das Vorzeichen unterscheidende Werte z_1, wobei x_1, y_1, z_1 die Koordinaten eines Punktes der Fläche sind.

Die Fläche wird von den Koordinatenebenen in 3 Ellipsen geschnitten z. B. von der x, y-Ebene $z = 0$ in der Ellipse

$$\frac{x^2}{a^2} + \frac{y^2}{b^2} = 1 .$$

Die Fläche wird von allen zu den Koordinatenebenen parallelen Ebenen auch in Ellipsen geschnitten. Die Projektion der Schnittlinie zwischen der Fläche und der Ebene $z = m$ auf die x, y-Ebene, welche der Schnittlinie selbst kongruent ist, hat z. B. die Gleichung

$$\frac{x^2}{a^2} + \frac{y^2}{b^2} = 1 - \frac{m^2}{c^2} \quad \text{oder anders geschrieben} \quad \frac{x^2}{k\,a^2} + \frac{y^2}{k\,b^2} = 1 ,$$

d. h. sie ist eine Ellipse.

Die 3 Koordinatenachsen heißen die Hauptachsen des Ellipsoids, ihre Längen sind $2a$, $2b$, $2c$. Ihre Schnittpunkte mit dem Ellipsoid sind die 6 Scheitel. Der Koordinatenanfangspunkt ist der Mittelpunkt der Fläche (Fig. 106).

(2) Ebene Schnitte. Jede Ebene, die das Ellipsoid überhaupt schneidet, schneidet es in einer Ellipse.

Beweis: Eliminiert man aus den Gleichungen des Ellipsoids

$$\frac{x^2}{a^2} + \frac{y^2}{b^2} + \frac{z^2}{c^2} = 1$$

und einer beliebigen Ebene

$$A\,x + B\,y + C\,z + D = 0$$

eine Koordinate, z. B. z, so erhält man

$$\frac{x^2}{a^2} + \frac{y^2}{b^2} + \frac{1}{c^2\,C^2}\,(A^2\,x^2 + B^2\,y^2 + D^2 + 2\,A\,B\,x\,y + 2\,A\,D x + 2\,B\,D y) = 1$$

als Gleichung der Projektion der Schnittlinie auf die x, y-Ebene. Das ist eine Gleichung 2. Grades mit der Determinante

$$\begin{vmatrix} \frac{1}{a^2} + \frac{A^2}{c^2\,C^2} & \frac{A\,B}{c^2\,C^2} & \frac{A\,D}{c^2\,C^2} \\ \frac{A\,B}{c^2\,C^2} & \frac{1}{b^2} + \frac{B^2}{c^2\,C^2} & \frac{B\,D}{c^2\,C^2} \\ \frac{A\,D}{c^2\,C^2} & \frac{B\,D}{c^2\,C^2} & \frac{D^2}{c^2\,C^2} - 1 \end{vmatrix} .$$

Sie stellt nach § 37 (1), da die Unterdeterminante

$$A_{33} = \begin{vmatrix} \frac{1}{a^2} + \frac{A^2}{c^2\,C^2} & \frac{A\,B}{c^2\,C^2} \\ \frac{A\,B}{c^2\,C^2} & \frac{1}{b^2} + \frac{B^2}{c^2\,C^2} \end{vmatrix} = \frac{1}{a^2\,b^2} + \frac{A^2}{b^2\,c^2\,C^2} + \frac{B^2}{a^2\,c^2\,C^2} + \frac{A^2\,B^2}{c^4\,C^4} - \frac{A^2\,B^2}{c^4\,C^4} > 0$$

ist als Summe dreier Quadrate, entweder eine Ellipse oder einen Punkt dar. Nach § 52 (5) ist dann auch die Schnittlinie der Ebene mit dem Ellipsoid eine Ellipse bzw. ein Kreis, ausgenommen die Fälle, daß die Ebene das Ellipsoid nicht schneidet oder mit ihr nur einen Punkt gemeinsam hat, d. h. eine sogenannte Tangentialebene ist.

(3) Spezialfälle. Ein Ellipsoid mit zwei gleichlangen Hauptachsen, z. B. $a = b$, hat die Gleichung

$$\frac{x^2}{a^2} + \frac{y^2}{a^2} + \frac{z^2}{c^2} = 1.$$

Es wird von der x, y-Ebene und deren Parallelebenen in je einem Kreis geschnitten, es entsteht also durch Rotation der Ellipse

$$\frac{x^2}{a^2} + \frac{z^2}{c^2} = 1$$

um die z-Achse und heißt Rotationsellipsoid oder Geoid, da die Erde eine solche Fläche mit $a = 6378{,}4$ km und $c = 6356{,}9$ km ist.

Sind alle drei Hauptachsen einander gleich, so ist die Fläche eine Kugel.

§ 58. Das einschalige Hyperboloid

(1) Beschreibung der Fläche. Die durch die Gleichung

$$\boxed{\frac{x^2}{a^2} + \frac{y^2}{b^2} - \frac{z^2}{c^2} = 1}$$

dargestellte Fläche hat keine Punkte, für die

$$\frac{x^2}{a^2} + \frac{y^2}{b^2} < 1$$

ist, d. h. die Projektionen ihrer Punkte auf die x, y-Ebene können nicht innerhalb der Ellipse

$$\frac{x^2}{a^2} + \frac{y^2}{b^2} = 1$$

liegen. Sie ist symmetrisch zu den 3 Koordinatenebenen. Sie wird von der x, y-Ebene $z = 0$ und ihren sämtlichen Parallelebenen $z = m$ in je einer Ellipse

$$\frac{x^2}{a^2} + \frac{y^2}{b^2} = 1 + \frac{m^2}{c^2}$$

geschnitten. Von den beiden anderen Koordinatenebenen und allen deren Parallelebenen wird sie im allgemeinen in je einer Hyperbel

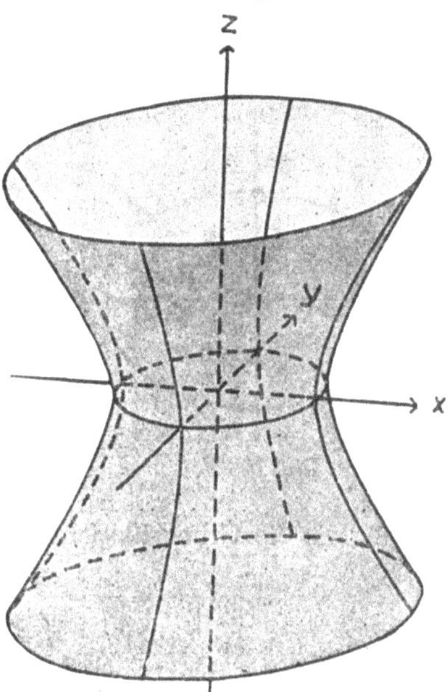

Fig. 107

$$\frac{y^2}{b^2} - \frac{z^2}{c^2} = 1 - \frac{m^2}{a^2} \quad \text{bzw.} \quad \frac{x^2}{a^2} - \frac{z^2}{c^2} = 1 - \frac{m^2}{b^2}$$

geschnitten. Die 4 Ebenen $x = \pm a$ und $y = \pm b$ dagegen schneiden die Fläche in je einem Geradenpaar.

Die Fläche, die also aus einem sich ins Unendliche erstreckenden Mantel besteht, der in der Richtung der z-Achse offen ist, heißt einschaliges Hyperboloid (Fig. 107).

Die x- und y-Achse heißen Hauptachsen, ihre Längen sind $2a$ und $2b$, die z-Achse heißt Nebenachse, der Koordinatenanfangspunkt Mittelpunkt.

(2) Asymptotenkegel. Jede Ebene durch die z-Achse schneidet das einschalige Hyperboloid

$$\frac{x^2}{a^2} + \frac{y^2}{b^2} - \frac{z^2}{c^2} = 1$$

in einer Hyperbel, denn die Gleichung einer solchen Ebene ist nach § 46 (3)

$$A x + B y = 0.$$

Elimination von y aus beiden Gleichungen ergibt als Gleichung der Projektion der Schnittlinie auf die x, z-Ebene

$$x^2 \cdot \left(\frac{1}{a^2} + \frac{A^2}{b^2 B^2}\right) - \frac{z^2}{c^2} = 1.$$

Jede dieser Hyperbeln, die sämtlich die Nebenachsenlänge $2c$ haben besitzt zwei Asymptoten, welche auch Asymptoten des Hyperboloids sind Alle Asymptoten des Hyperboloids sind somit Mantellinien eines Kegels des sogenannten Asymptotenkegels dieses Hyperboloids. Er ist ein gerader elliptischer Kegel, dessen Spitze im Koordinatenanfangspunkt liegt, und der die z-Achse als Achse hat. Seine Gleichung lautet

$$\boxed{\frac{x^2}{a^2} + \frac{y^2}{b^2} - \frac{z^2}{c^2} = 0,}$$

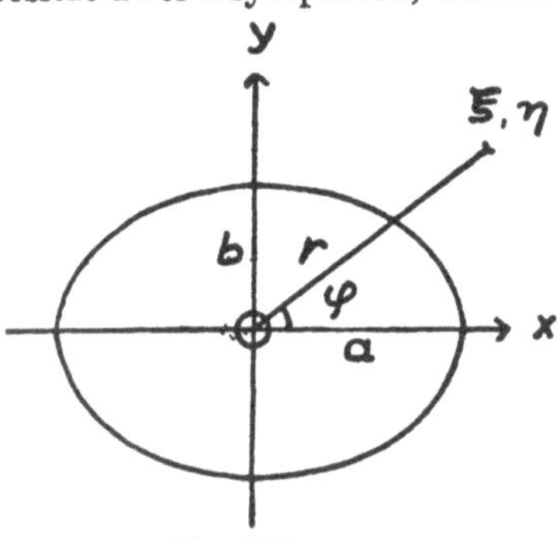

Fig. 108

denn für einen beliebigen Punkt $\Pi: \xi, \eta, \zeta$ einer Asymptote gilt nach § 29 (2), wie die Grundrißzeichnung der Fig. 108 ergibt,

$$\frac{\zeta}{\sqrt{\xi^2 + \eta^2}} = \frac{c}{r} \quad \text{oder} \quad \frac{\zeta^2}{c^2} = \frac{\xi^2 + \eta^2}{r^2}.$$

Nun ist nach § 28 (2)

$$\frac{1}{r^2} = \frac{\cos^2\varphi}{a^2} + \frac{\sin^2\varphi}{b^2} = \frac{\xi^2}{a^2 \cdot (\xi^2 + \eta^2)} + \frac{\eta^2}{b^2 \cdot (\xi^2 + \eta^2)},$$

also

$$\frac{\zeta^2}{c^2} = \frac{\xi^2}{a^2} + \frac{\eta^2}{b^2}.$$

(3) Ebene Schnitte. Jede Ebene schneidet das einschalige Hyperboloid in einer Hyperbel oder einem Geradenpaar, wenn sie zu zwei Mantellinien des Asymptotenkegels parallel ist bzw. diese enthält, in einer Parabel, wenn sie einer Mantellinie des Asymptotenkegels parallel ist, in zwei parallelen Geraden, wenn sie eine Mantellinie enthält, und in einer Ellipse, wenn sie keiner Mantellinie des Asymptotenkegels parallel ist.

Beweis: I. Ist die Ebene parallel zur z-Achse, so hat sie die Gleichung

$$A x + B y + D = 0 .$$

Elimination von y ergibt

$$\frac{x^2}{a^2} + \frac{1}{b^2 B^2}(A^2 x^2 + 2 A D x + D^2) - \frac{z^2}{c^2} = 1,$$

eine Gleichung 2. Grades mit der Determinante

$$\begin{vmatrix} \frac{1}{a^2} + \frac{A^2}{b^2 B^2} & 0 & \frac{A D}{b^2 B^2} \\ 0 & -\frac{1}{c^2} & 0 \\ \frac{A D}{b^2 B^2} & 0 & \frac{D^2}{b^2 B^2} - 1 \end{vmatrix},$$

deren Unterdeterminante

$$A_{33} = -\frac{1}{c^2} \cdot \left(\frac{1}{a^2} + \frac{A^2}{b^2 B^2}\right) < 0$$

ist. Somit ist die Schnittlinie nach § 37 (1) eine Hyperbel oder ein Geradenpaar. Die Ebene ist zwei Mantellinien des Asymptotenkegels parallel.

II. Ist die Ebene der z-Achse nicht parallel, so hat sie die Gleichung

$$A x + B y + C z + D = 0 \quad \text{mit} \quad C \neq 0 .$$

Hier ergibt die Elimination von z die Gleichung

$$\frac{x^2}{a^2} + \frac{y^2}{b^2} - \frac{1}{c^2 C^2}(A^2 x^2 + B^2 y^2 + D^2 + 2 A B x y + 2 A D x + 2 B D y) = 1$$

mit der Determinante

$$\Delta = \begin{vmatrix} \frac{1}{a^2} - \frac{A^2}{c^2 C^2} & -\frac{A B}{c^2 C^2} & -\frac{A D}{c^2 C^2} \\ -\frac{A B}{c^2 C^2} & \frac{1}{b^2} - \frac{B^2}{c^2 C^2} & -\frac{B D}{c^2 C^2} \\ -\frac{A D}{c^2 C^2} & -\frac{B D}{c^2 C^2} & -\frac{D^2}{c^2 C^2} - 1 \end{vmatrix}$$

$$= \frac{-A D}{c^2 C^2} \cdot \frac{A D}{b^2 c^2 C^2} + \frac{B D}{c^2 C^2} \cdot \frac{-B D}{a^2 c^2 C^2} - \left(\frac{D^2}{c^2 C^2} + 1\right) \cdot \left(\frac{1}{a^2 b^2} - \frac{A^2}{b^2 c^2 C^2} - \frac{B^2}{a^2 c^2 C^2}\right),$$

$$= -\frac{D^2}{a^2 b^2 c^2 C^2} - \left(\frac{1}{a^2 b^2} - \frac{A^2}{b^2 c^2 C^2} - \frac{B^2}{a^2 c^2 C^2}\right) = -\frac{D^2}{a^2 b^2 c^2 C^2} - A_{33},$$

wobei die Unterdeterminante

$$A_{33} = \frac{1}{a^2 b^2} - \frac{A^2}{b^2 c^2 C^2} - \frac{B^2}{a^2 c^2 C^2} = -\frac{1}{a^2 b^2 c^2 C^2}(a^2 A^2 + b^2 B^2 - c^2 C^2)$$

ist. Ist nun die Ebene zu zwei Mantellinien des Asymptotenkegels parallel oder enthält sie diese, so ist nach § 55 (3)

$$a^2 A^2 + b^2 B^2 - c^2 C^2 > 0, \quad \text{also} \quad A_{33} < 0.$$

Dann kann $\Delta = 0$ werden, d. h. nach § 37 (1), die Ebene schneidet das Hyperboloid in einem Geradenpaar, oder es ist $\Delta \neq 0$, dann ist die Schnittlinie eine Hyperbel.

Ist die Ebene einer Mantellinie parallel, so kann sie nicht durch den Koordinatenanfangspunkt gehen, d. h. $D \neq 0$, ferner ist nach § 55 (3)

$$a^2 A^2 + b^2 B^2 - c^2 C^2 = 0, \quad \text{also} \quad A_{33} = 0.$$

Dann muß $\Delta < 0$ und die Schnittlinie eine Parabel sein.

Enthält die Ebene eine einzige Mantellinie des Asymptotenkegels, so geht sie durch den Koordinatenanfangspunkt, d. h. $D = 0$, ferner ist auch $A_{33} = 0$, daraus folgt $\Delta = 0$. In diesem Fall ist aber

$$A_{11} = -\frac{1}{b^2} + \frac{B^2}{c^2 C^2} = -\frac{1}{b^2 c^2 C^2}(c^2 C^2 - b^2 B^2) = -\frac{a^2 A^2}{b^2 c^2 C^2},$$

$$A_{22} = -\frac{1}{a^2} + \frac{A^2}{c^2 C^2} = -\frac{1}{a^2 c^2 C^2}(c^2 C^2 - a^2 A^2) = -\frac{b^2 B^2}{a^2 c^2 C^2},$$

$$A_{11} + A_{22} < 0,$$

die Schnittlinie also nach § 37 (1) ein Paar paralleler Geraden.

Ist schließlich die Ebene keiner Mantellinie parallel, so gilt

$$a^2 A^2 + b^2 B^2 - c^2 C^2 < 0, \quad \text{also} \quad A_{33} > 0.$$

Dann ist stets $\Delta < 0$ und wegen

$$a_{11} = \frac{1}{a^2 c^2 C^2}(c^2 C^2 - a^2 A^2) > \frac{b^2 B^2}{a^2 c^2 C^2} > 0$$

auch $a_{11} \Delta < 0$, d. h. die Schnittlinie ist eine Ellipse.

(4) Geraden auf der Fläche. Die Gleichung des einschaligen Hyperboloids

$$\frac{x^2}{a^2} + \frac{y^2}{b^2} - \frac{z^2}{c^2} = 1$$

läßt sich auch in der Form

$$\left(\frac{x}{a} + \frac{z}{c}\right) \cdot \left(\frac{x}{a} - \frac{z}{c}\right) = \left(1 + \frac{y}{b}\right) \cdot \left(1 - \frac{y}{b}\right)$$

schreiben. Daraus folgt, daß jedes Wertetripel x, y, z, das eines der beiden Gleichungspaare

$$\boxed{\begin{array}{ll} \text{I.}\ \dfrac{x}{a} + \dfrac{z}{c} = \lambda \cdot \left(1 + \dfrac{y}{b}\right) & \text{II.}\ \dfrac{x}{a} + \dfrac{z}{c} = \mu\left(1 - \dfrac{y}{b}\right) \\ \quad \dfrac{x}{a} - \dfrac{z}{c} = \dfrac{1}{\lambda}\left(1 - \dfrac{y}{b}\right) & \quad \dfrac{x}{a} - \dfrac{z}{c} = \dfrac{1}{\mu}\left(1 + \dfrac{y}{b}\right) \end{array}},$$

in welchen λ und μ beliebige Zahlen bedeuten, erfüllt, auch die Gleichung des Hyperboloids erfüllt. Jedes der Gleichungspaare stellt nun für jeden Wert von λ bzw. μ eine Gerade dar, d. h. es gibt zwei Scharen von geraden Linien, die ganz auf der Fläche verlaufen.

Durch jeden Punkt der Fläche geht genau eine Gerade der Schar I und genau eine Gerade der Schar II. Ist nämlich $P_1: x_1, y_1, z_1$ ein Punkt der Fläche, so erfüllen seine Koordinaten die Gleichungspaare I und II, aus denen sich dann λ und μ eindeutig berechnen lassen. Es gibt also eine bestimmte Gerade der Schar I und eine bestimmte Gerade der Schar II, welche beide durch P_1 gehen.

Jede Gerade der einen Schar schneidet alle Geraden der anderen Schar. Schreibt man nämlich die Gleichungspaare der Geradenscharen in der Form

$$\text{I.}\quad \frac{1}{a}x - \frac{\lambda}{b}y + \frac{1}{c}z - \lambda = 0 \qquad \text{II.}\quad \frac{1}{a}x + \frac{\mu}{b}y + \frac{1}{c}z - \mu = 0$$

$$\frac{\lambda}{a}x + \frac{1}{b}y - \frac{\lambda}{c}z - 1 = 0 \qquad \frac{\mu}{a}x - \frac{1}{b}y - \frac{\mu}{c}z - 1 = 0,$$

so gilt

$$\begin{vmatrix} \frac{1}{a} & \frac{-\lambda}{b} & \frac{1}{c} & -\lambda \\ \frac{\lambda}{a} & \frac{1}{b} & \frac{-\lambda}{c} & -1 \\ \frac{1}{a} & \frac{\mu}{b} & \frac{1}{c} & -\mu \\ \frac{\mu}{a} & \frac{-1}{b} & \frac{-\mu}{c} & -1 \end{vmatrix} = \frac{1}{abc}\cdot\begin{vmatrix} 1 & -\lambda & 1 & -\lambda \\ \lambda & 1 & -\lambda & -1 \\ 1 & \mu & 1 & -\mu \\ \mu & -1 & -\mu & -1 \end{vmatrix} = \frac{1}{abc}\cdot\begin{vmatrix} 2 & -2\lambda & 1 & -\lambda \\ 0 & 0 & -\lambda & -1 \\ 2 & 0 & 1 & -\mu \\ 0 & -2 & -\mu & -1 \end{vmatrix}$$

$$= \frac{1}{abc}\cdot\begin{vmatrix} 2 & -2\lambda & 1 & -\lambda \\ 0 & 0 & -\lambda & -1 \\ 0 & 2\lambda & 0 & \lambda-\mu \\ 0 & -2 & -\mu & -1 \end{vmatrix} = \frac{2}{abc}\cdot\begin{vmatrix} 0 & -\lambda & -1 \\ 2\lambda & 0 & \lambda-\mu \\ -2 & -\mu & -1 \end{vmatrix}$$

$$= \frac{2}{abc}\cdot[2\lambda\cdot(\lambda-\mu) + 2\lambda\mu - 2\lambda^2] = 0,$$

d. h. nach § 50 (1), daß sich die beiden Geraden I und II schneiden. Dies gilt aber für jedes λ und jedes μ

Je zwei Geraden derselben Schar schneiden sich nicht, denn zwei verschiedene Geraden derselben Schar werden dargestellt durch z. B.

$$\text{I}_1.\quad \frac{1}{a}x - \frac{\lambda_1}{b}y + \frac{1}{c}z - \lambda_1 = 0 \qquad \text{I}_2.\quad \frac{1}{a}x - \frac{\lambda_2}{b}y + \frac{1}{c}z - \lambda_2 = 0$$

$$\frac{\lambda_1}{a}x + \frac{1}{b}y - \frac{\lambda_1}{c}z - 1 = 0 \qquad \frac{\lambda_2}{a}x + \frac{1}{b}y - \frac{\lambda_2}{c}z - 1 = 0$$

mit $\lambda_1 \neq \lambda_2$, und es ist

$$\begin{vmatrix} \frac{1}{a} & \frac{-\lambda_1}{b} & \frac{1}{c} - \lambda_1 \\ \frac{\lambda_1}{a} & \frac{1}{b} & \frac{-\lambda_1}{c} - 1 \\ \frac{1}{a} & \frac{-\lambda_2}{b} & \frac{1}{c} - \lambda_2 \\ \frac{\lambda_2}{a} & \frac{1}{b} & \frac{-\lambda_2}{c} - 1 \end{vmatrix} = \frac{1}{abc} \cdot \begin{vmatrix} 1-\lambda_1 & 1-\lambda_1 \\ \lambda_1 & 1-\lambda_1-1 \\ 1-\lambda_2 & 1-\lambda_2 \\ \lambda_2 & 1-\lambda_2-1 \end{vmatrix} = \frac{1}{abc} \cdot \begin{vmatrix} 2-2\lambda_1 & 1-\lambda_1 \\ 0 \quad 0 & -\lambda_1-1 \\ 2-2\lambda_2 & 1-\lambda_2 \\ 0 \quad 0 & -\lambda_2-1 \end{vmatrix}$$

$$= \frac{1}{abc} \cdot \begin{vmatrix} 2 & -2\lambda_1 & 1 & -\lambda_1 \\ 0 & 0 & -\lambda_1 & -1 \\ 0 & 2\lambda_1-2\lambda_2 & 0 & \lambda_1-\lambda_2 \\ 0 & 0 & -\lambda_2 & -1 \end{vmatrix} = \frac{2}{abc} \cdot \begin{vmatrix} 0 & -\lambda_1 & -1 \\ 2(\lambda_1-\lambda_2) & 0 & \lambda_1-\lambda_2 \\ 0 & \lambda_1-\lambda_2 & 0 \end{vmatrix}$$

$$= \frac{2}{abc} \cdot [-2(\lambda_1-\lambda_2)^2] \neq 0,$$

d. h nach § 50 (1), daß sich die beiden Geraden I_1 und I_2 nicht schneiden. Dies gilt für jedes $\lambda_1 \neq \lambda_2$, entsprechend auch für $\mu_1 \neq \mu_2$ bei der Schar II.

Beispiel: Es ist der Winkel zu bestimmen, unter dem sich die beiden durch den Punkt $P_1: 8, 1, \frac{55}{12}$ gehenden Geraden auf dem einschaligen Hyperboloid

$$\frac{x^2}{36} + \frac{y^2}{16} - \frac{z^2}{25} = 1$$

schneiden.

Die Gleichungen der beiden Geradenscharen auf dem Hyperboloid sind

$$\text{I. } \frac{x}{6} + \frac{z}{5} = \lambda\left(1 + \frac{y}{4}\right) \qquad \text{II. } \frac{x}{6} + \frac{z}{5} = \mu\left(1 - \frac{y}{4}\right)$$

$$\frac{x}{6} - \frac{z}{5} = \frac{1}{\lambda}\left(1 - \frac{y}{4}\right) \qquad \frac{x}{6} - \frac{z}{5} = \frac{1}{\mu}\left(1 + \frac{y}{4}\right).$$

Gesucht sind zunächst die Werte λ und μ, welche Geraden liefern, die durch P_1 gehen, d. h. es muß gelten

$$\frac{8}{6} + \frac{11}{12} = \lambda \cdot \left(1 + \frac{1}{4}\right), \qquad \frac{8}{6} + \frac{11}{12} = \mu \cdot \left(1 - \frac{1}{4}\right).$$

Daraus folgt

$$\lambda = \frac{9}{5}, \quad \mu = 3.$$

Demnach sind die Gleichungspaare der beiden Geraden

$$\text{I. } \frac{x}{6} - \frac{9y}{20} + \frac{z}{5} - \frac{9}{5} = 0, \qquad \text{II. } \frac{x}{6} + \frac{3y}{4} + \frac{z}{5} - 3 = 0,$$

$$\frac{x}{6} + \frac{5y}{36} - \frac{z}{5} - \frac{5}{9} = 0 \qquad \frac{x}{6} - \frac{y}{12} - \frac{z}{5} - \frac{1}{3} = 0.$$

Für ihren Schnittwinkel ergibt sich nach § 50 (2)

$$\varphi = 50{,}2°.$$

(5) Spezialfälle. Das einschalige Hyperboloid mit gleichlangen Hauptachsen $a = b$ hat die Gleichung

$$\frac{x^2}{a^2} + \frac{y^2}{a^2} - \frac{z^2}{c^2} = 1.$$

Es wird von der x, y-Ebene und deren Parallelebenen in je einem Kreis geschnitten, entsteht also durch Rotation der Hyperbel

$$\frac{x^2}{a^2} - \frac{z^2}{c^2} = 1$$

um deren Nebenachse, die z-Achse. Es heißt einschaliges Rotationshyperboloid.

Sind alle 3 Achsen gleich, so ist die Fläche die Rotationsfläche einer gleichseitigen Hyperbel mit der Gleichung

$$x^2 + y^2 - z^2 = a^2.$$

§ 59. Das zweischalige Hyperboloid

(1) Beschreibung der Fläche. Durch die Gleichung

$$\boxed{\frac{x^2}{a^2} - \frac{y^2}{b^2} - \frac{z^2}{c^2} = 1}$$

wird eine Fläche dargestellt, für deren Punkte $\frac{x^2}{a^2} \geq 1$ sein muß, d. h. sie enthält nur Punkte mit $|x| \geq a$. Für die Punkte $x = \pm a$ selbst ist $y = z = 0$. Sie besteht also aus zwei voneinander getrennten, in bezug auf die y, z-Ebene symmetrischen Mänteln, welche selbst in bezug auf jede der beiden anderen Koordinatenebenen symmetrisch sind.

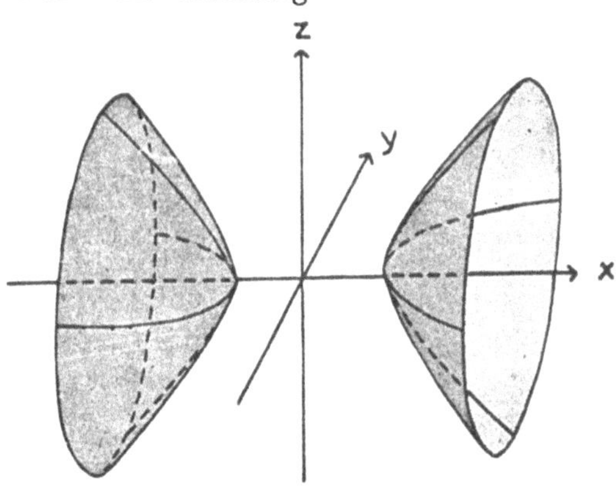

Fig. 109

Sowohl die x, y-Ebene als auch die x, z-Ebene und deren sämtliche Parallelebenen $z = m$ bzw. $y = m$ schneiden die Fläche in je einer Hyperbel

$$\frac{x^2}{a^2} - \frac{y^2}{b^2} = 1 + \frac{m^2}{c^2} \text{ bzw. } \frac{x^2}{a^2} - \frac{z^2}{c^2} = 1 + \frac{m^2}{b^2}.$$

Die zur y, z-Ebene parallelen Ebenen $x = m$ ergeben für die Schnittlinien mit der Fläche die Gleichungen

$$\frac{y^2}{b^2} + \frac{z^2}{c^2} = \frac{m^2}{a^2} - 1,$$

was besagt, daß sie die Fläche für $-a < m < a$ überhaupt nicht schneiden, für $m = \pm a$ in den Punkten $\pm a, 0, 0$ berühren und für $m > a$ und $m < -a$ in je einer Ellipse schneiden, deren Halbachsen sich wie $b : c$ verhalten.

Die Fläche heißt zweischaliges Hyperboloid, ihre Hauptachse ist die x-Achse, deren Länge $2a$. Die y- und die z-Achse sind Nebenachsen. Die Schnittpunkte der Hauptachse mit der Fläche sind die beiden Scheitel des Hyperboloids, der Koordinatenanfangspunkt ist sein Mittelpunkt (Fig. 109).

(2) **Asymptotenkegel.** Jede durch die x-Achse gehende Ebene schneidet das zweischalige Hyperboloid

$$\frac{x^2}{a^2} - \frac{y^2}{b^2} - \frac{z^2}{c^2} = 1$$

in einer Hyperbel, denn aus der Flächengleichung und der Ebenengleichung

$$B\,y + C\,z = 0$$

ergibt sich

$$\frac{x^2}{a^2} - y^2 \cdot \left(\frac{1}{b^2} + \frac{B^2}{c^2\,C^2}\right) = 1.$$

Die Asymptoten aller dieser Hyperbeln mit der Hauptachse $2a$, die auch Asymptoten des Hyperboloids sind, bilden einen Kegel mit der Spitze im Koordinatenanfangspunkt, dessen Achse die x-Achse ist, und dessen im Abstand a von der Spitze geführter Querschnitt eine Ellipse mit den Halbachsen b und c ist.

Dieser Asymptotenkegel des Hyperboloids hat nach § 55 (1) die Gleichung

$$-\frac{x^2}{a^2} + \frac{y^2}{b^2} + \frac{z^2}{c^2} = 0$$

oder

$$\boxed{\frac{x^2}{a^2} - \frac{y^2}{b^2} - \frac{z^2}{c^2} = 0}$$

(3) **Ebene Schnitte.** Eine Ebene, die zwei Mantellinien des Asymptotenkegels parallel ist oder sie enthält, schneidet das zweischalige Hyperboloid in einer Hyperbel.

I. Ist die Ebene der x-Achse parallel, so ist ihre Gleichung

$$B\,y + C\,z + D = 0.$$

Diese ergibt zusammen mit der Hyperboloidgleichung für die Schnittlinie

$$\frac{x^2}{a^2} - \frac{y^2}{b^2} - \frac{1}{c^2\,C^2}\,(B^2\,y^2 + 2\,BDy + D^2) = 1$$

mit der Determinante

$$\begin{vmatrix} \frac{1}{a^2} & 0 & 0 \\ 0 & -\frac{1}{b^2} - \frac{B^2}{c^2\,C^2} & -\frac{B\,D}{c^2\,C^2} \\ 0 & -\frac{B\,D}{c^2\,C^2} & -1 - \frac{D^2}{c^2\,C^2} \end{vmatrix} = \frac{1}{a^2}\left(\frac{D^2}{b^2\,c^2\,C^2} + \frac{1}{b^2} + \frac{B^2}{c^2\,C^2}\right) > 0$$

und der Unterdeterminante

$$A_{33} = \frac{1}{a^2}\left(\frac{-1}{b^2} - \frac{B^2}{c^2 C^2}\right) < 0.$$

Die Schnittlinie ist also stets eine Hyperbel, und die Ebene ist zwei Mantellinien parallel.

II. Ist die Ebene der x-Achse nicht parallel, so ist ihre Gleichung

$$A x + B y + C z + D = 0 \quad \text{mit} \quad A \neq 0.$$

Für die Schnittlinie wird dann

$$\frac{1}{a^2 A^2}(B^2 y^2 + C^2 z^2 + D^2 + 2 B C y z + 2 B D y + 2 C D z) - \frac{y^2}{b^2} - \frac{z^2}{c^2} = 1,$$

$$\Delta = \begin{vmatrix} \frac{B^2}{a^2 A^2} - \frac{1}{b^2} & \frac{B C}{a^2 A^2} & \frac{B D}{a^2 A^2} \\ \frac{B C}{a^2 A^2} & \frac{C^2}{a^2 A^2} - \frac{1}{c^2} & \frac{C D}{a^2 A^2} \\ \frac{B D}{a^2 A^2} & \frac{C D}{a^2 A^2} & \frac{D^2}{a^2 A^2} - 1 \end{vmatrix}$$

$$= \frac{B D}{a^2 A^2} \cdot \frac{B D}{c^2 a^2 A^2} - \frac{C D}{a^2 A^2} \cdot \frac{-C D}{b^2 a^2 A^2} + \left(\frac{D^2}{a^2 A^2} - 1\right) \cdot \left(\frac{-B^2}{c^2 a^2 A^2} - \frac{C^2}{b^2 a^2 A^2} + \frac{1}{b^2 c^2}\right)$$

$$= \frac{D^2}{a^2 b^2 c^2 A^2} - \left(-\frac{B^2}{c^2 a^2 A^2} - \frac{C^2}{b^2 a^2 A^2} + \frac{1}{b^2 c^2}\right) = \frac{D^2}{a^2 b^2 c^2 A^2} - A_{33}$$

mit

$$A_{33} = \frac{-1}{a^2 b^2 c^2 A^2}(b^2 B^2 + c^2 C^2 - a^2 A^2).$$

Ist die Ebene zwei Mantellinien parallel, so ist in Analogie zur Formel des § 55 (3) $b^2 B^2 + c^2 C^2 - a^2 A^2 > 0$, also $A_{33} < 0$, und deshalb stets $\Delta > 0$, die Schnittlinie somit eine Hyperbel.

Eine Ebene, die einer Mantellinie des Asymptotenkegels parallel ist, schneidet das zweischalige Hyperboloid in einer Parabel, denn es ist dann $D \neq 0$, $b^2 B^2 + c^2 C^2 - a^2 A^2 = 0$, also $A_{33} = 0$ und $\Delta > 0$.

Eine Ebene, die keiner Mantellinie des Asymptotenkegels parallel ist, schneidet das zweischalige Hyperboloid entweder in einer Ellipse, berührt es in einem Punkt oder hat keine Punkte mit ihm gemeinsam. Es ist nämlich $b^2 B^2 + c^2 C^2 - a^2 A^2 < 0$, also $A_{33} > 0$ und $\Delta = 0$, das bedeutet einen Punkt, oder $\Delta \neq 0$ und $a_{11} \cdot \Delta < 0$, was eine Ellipse bedeutet, oder $a_{11} \cdot \Delta \geqq 0$, was keine reellen Punkte bedeutet.

Eine Ebene durch eine einzige Mantellinie des Asymptotenkegels ist Asymptotenebene des zweischaligen Hyperboloids.

(4) Spezialfälle. Sind die beiden Nebenachsen gleich, $b = c$, so sind die Schnittlinien der Fläche mit den zur y, z-Ebene parallelen Ebenen Kreise, die Fläche entsteht also durch Rotation einer Hyperbel um ihre Hauptachse, die x-Achse. Sie heißt zweischaliges Rotationshyperboloid und hat die Gleichung

$$\frac{x^2}{a^2} - \frac{y^2}{b^2} - \frac{z^2}{b^2} = 1.$$

Sind alle 3 Achsen gleich lang, $a = b = c$, so ergibt sich die Rotationsfläche einer gleichseitigen Hyperbel um ihre Hauptachse mit der Gleichung

$$x^2 - y^2 - z^2 = a^2.$$

§ 60. Das elliptische Paraboloid

(1) Beschreibung der Fläche. Die Fläche, welche durch die Gleichung

$$\boxed{\frac{x^2}{a^2} + \frac{y^2}{b^2} = 2z.}$$

dargestellt wird, hat nur Punkte, deren z-Koordinate ≥ 0 ist. Sie ist symmetrisch zur x, z- und zur y, z-Ebene, sie enthält den Koordinatenanfangspunkt.

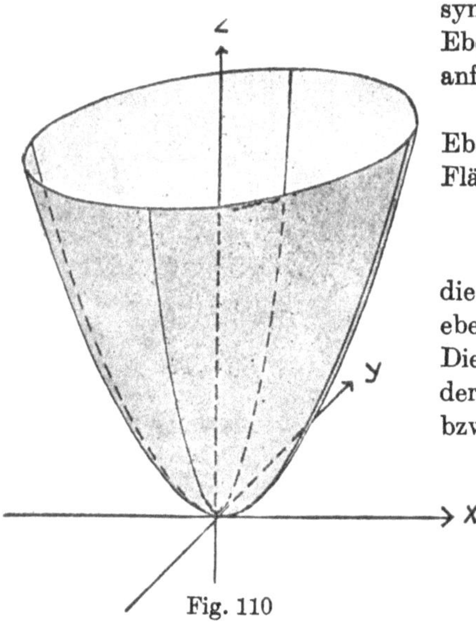

Fig. 110

Alle zur x, y-Ebene parallelen Ebenen $z = m > 0$ schneiden die Fläche in Ellipsen

$$\frac{x^2}{a^2} + \frac{y^2}{b^2} = 2m,$$

die x, y-Ebene selbst ist Tangentialebene im Koordinatenanfangspunkt. Die x, z- und die y, z-Ebene sowie deren sämtliche Parallelebenen $y = m$ bzw. $x = m$ schneiden sie in je einer Parabel mit dem Parameter $2a^2$ bzw. $2b^2$

$$x^2 = 2a^2 \cdot \left(z - \frac{m^2}{2b^2}\right)$$

bzw. $$y^2 = 2b^2 \cdot \left(z - \frac{m^2}{a^2}\right).$$

Die Fläche heißt deshalb elliptisches Paraboloid. Der Koordinatenanfangspunkt ist ihr Scheitel (Fig. 110).

(2) Ebene Schnitte. Jede zur z-Achse parallele Ebene schneidet das elliptische Paraboloid

$$\frac{x^2}{a^2} + \frac{y^2}{b^2} = 2z$$

in einer Parabel, jede andere Ebene in einer Ellipse, berührt es in einem Punkt oder schneidet es nicht.

Beweis: Die Gleichung einer zur z-Achse parallelen Ebene ist

$$Ax + By + D = 0.$$

Die Eliminationsgleichung ist demnach

$$\frac{x^2}{a^2} + \frac{1}{b^2 B^2}(A^2 x^2 + 2ADx + D^2) - 2z = 0.$$

Sie stellt wegen

$$\Delta = \begin{vmatrix} \frac{1}{a^2} + \frac{A^2}{b^2 B^2} & 0 & \frac{AD}{b^2 B^2} \\ 0 & 0 & -1 \\ \frac{AD}{b^2 B^2} & -1 & \frac{D^2}{b^2 B^2} \end{vmatrix} = -\frac{1}{a^2} - \frac{A^2}{b^2 B^2} < 0 \text{ und } A_{33} = 0$$

eine Parabel dar.

Eine Ebene, die zur z-Achse nicht parallel ist, hat die Gleichung

$$A x + B y + C z + D = 0 \quad \text{mit} \quad C \neq 0.$$

Durch Elimination der laufenden Koordinate z erhält man die Gleichung

$$\frac{x^2}{a^2} + \frac{y^2}{b^2} + \frac{2}{C}(A x + B y + D) = 0$$

mit

$$\Delta = \begin{vmatrix} \frac{1}{a^2} & 0 & \frac{A}{C} \\ 0 & \frac{1}{b^2} & \frac{B}{C} \\ \frac{A}{C} & \frac{B}{C} & \frac{2D}{C} \end{vmatrix} = \frac{2D}{a^2 b^2 C} - \frac{A^2}{b^2 C^2} - \frac{B^2}{a^2 C^2} \text{ und } A_{33} = \frac{1}{a^2 b^2} > 0.$$

Für $\Delta < 0$ stellt sie eine Ellipse dar, für $\Delta = 0$ einen Punkt, für $\Delta > 0$ nichts.

(3) Rotationsparaboloid. Für $a = b$ entsteht eine Fläche, die von den zur z-Achse senkrechten Ebenen in Kreisen geschnitten wird. Sie wird durch Rotation der Parabel $x^2 = 2a^2 z$ um deren Achse, die z-Achse erzeugt, stellt also ein Rotationsparaboloid dar mit der Gleichung

$$x^2 + y^2 = 2a^2 z.$$

§ 61. Das hyperbolische Paraboloid.

(1) Beschreibung der Fläche. Die durch die Gleichung

$$\boxed{\frac{x^2}{a^2} - \frac{y^2}{b^2} = 2z}$$

dargestellte Fläche ist symmetrisch zur x, z- und zur y, z-Ebene, dagegen nicht zur x, y-Ebene, sie enthält den Koordinatenanfangspunkt. Die x, z-Ebene und ihre Parallelebenen $y = m$ schneiden sie in je einer nach oben geöffneten Parabel

$$x^2 = 2a^2 \cdot \left(z + \frac{m^2}{2b^2}\right),$$

die y, z-Ebene und ihre Parallelebenen $x = m$ in je einer nach unten geöffneten Parabel

$$y^2 = -2b^2 \cdot \left(z - \frac{m^2}{2a^2}\right).$$

Die x, y-Ebene $z = 0$ schneidet die Fläche in einem Geradenpaar

$$\frac{x}{a} + \frac{y}{b} = 0 \quad \text{und} \quad \frac{x}{a} - \frac{y}{b} = 0,$$

ihre oberhalb gelegenen Parallelebenen $z = m > 0$ in je einer Hyperbel mit zur x-Achse paralleler Hauptachse

$$\frac{x^2}{a^2} - \frac{y^2}{b^2} = 2m,$$

ihre unterhalb gelegenen Parallelebenen $z = -m < 0$ in den hierzu komplementären Hyperbeln

$$\frac{x^2}{a^2} - \frac{y^2}{b^2} = -2m,$$

die also eine zur y-Achse parallele Hauptachse haben.

Die Fläche heißt hyperbolisches Paraboloid, der Koordinatenanfangspunkt ihr Sattelpunkt (Fig. 111).

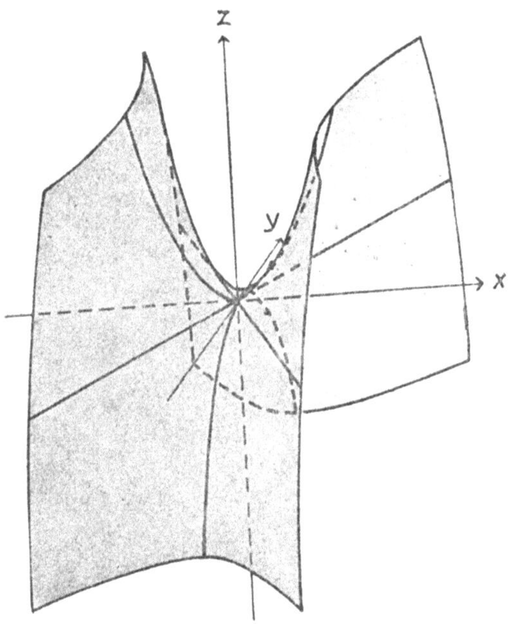

Fig. 111

(2) Ebene Schnitte. Jede Ebene schneidet das hyperbolische Paraboloid

$$\frac{x^2}{a^2} - \frac{y^2}{b^2} = 2z$$

in einer Parabel bzw. Geraden oder in einer Hyperbel bzw. einem Geradenpaar, je nachdem sie der z-Achse parallel ist oder nicht.

Beweis: Die Gleichung einer zur z-Achse parallelen Ebene

$$Ax + By + D = 0$$

liefert zusammen mit der Paraboloidgleichung durch Elimination

$$\frac{x^2}{a^2} - \frac{1}{b^2 B^2}(A^2 x^2 + 2ADx + D^2) - 2z = 0.$$

Hierin ist

$$\Delta = \begin{vmatrix} \frac{1}{a^2} - \frac{A^2}{b^2 B^2} & 0 - \frac{AD}{b^2 B^2} \\ 0 & 0 - 1 \\ -\frac{AD}{b^2 B^2} - 1 - \frac{D^2}{b^2 B^2} \end{vmatrix} = -\frac{1}{a^2} + \frac{A^2}{b^2 B^2} = -a_{11}, \quad A_{33} = 0.$$

Für $\Delta \neq 0$ ist die Schnittlinie eine Parabel, für $\Delta = -a_{11} = 0$ ist die Gleichung linear, sie stellt also eine Gerade dar.

Die Gleichung einer Ebene, die der z-Achse nicht parallel ist,

$$Ax + By + Cz + D = 0 \quad \text{mit} \quad C \neq 0,$$

liefert mit der Paraboloidgleichung

$$\frac{x^2}{a^2} - \frac{y^2}{b^2} + \frac{2}{C}(Ax + By + D) = 0,$$

für welche

$$\Delta = \begin{vmatrix} \frac{1}{a^2} & 0 & \frac{A}{C} \\ 0 & -\frac{1}{b^2} & \frac{B}{C} \\ \frac{A}{C} & \frac{B}{C} & \frac{2D}{C} \end{vmatrix} = -\frac{2D}{a^2 b^2 C} + \frac{A^2}{b^2 C^2} - \frac{B^2}{a^2 C^2} \quad \text{und} \quad A_{33} = -\frac{1}{a^2 b^2} < 0$$

ist. Für $\Delta \neq 0$ ist die Schnittlinie eine Hyperbel, für $\Delta = 0$ ein Geradenpaar.

(3) Geraden auf der Fläche. Da sich die Gleichung des hyperbolischen Paraboloids in der Form

$$\left(\frac{x}{a} + \frac{y}{b}\right) \cdot \left(\frac{x}{a} - \frac{y}{b}\right) = 2z$$

schreiben läßt, verlaufen auf ihr zwei Scharen gerader Linien mit den Gleichungen

I. $\frac{x}{a} + \frac{y}{b} = 2\lambda$	II. $\frac{x}{a} - \frac{y}{b} = 2\mu$
$\frac{x}{a} - \frac{y}{b} = \frac{z}{\lambda}$	$\frac{x}{a} + \frac{y}{b} = \frac{z}{\mu}$

Alle Geraden der Schar I sind der Ebene

$$\frac{x}{a} + \frac{y}{b} = 0$$

parallel, alle Geraden der Schar II der Ebene

$$\frac{x}{a} - \frac{y}{b} = 0.$$

Diese Ebenen sind nämlich nach § 47 (3) den Ebenen

$$\frac{x}{a} + \frac{y}{b} = 2\lambda \quad \text{bzw.} \quad \frac{x}{a} - \frac{y}{b} = 2\mu,$$

denen je eine Gerade der Scharen I und II angehört, parallel.

Durch jeden Punkt der Fläche geht genau eine Gerade der beiden Scharen, denn werden die Koordinaten eines Flächenpunktes in die Gleichungspaare I und II eingesetzt, so liefern diese zwei eindeutig bestimmte Werte für λ und μ.

Jede Gerade der einen Schar schneidet alle Geraden der anderen Schar, denn die Gleichungen der beiden Geradenscharen können in der Form

$$\text{I. } \frac{x}{a} + \frac{y}{b} - 2\lambda = 0 \qquad \text{II. } \frac{x}{a} - \frac{y}{b} - 2\mu = 0$$

$$\frac{x}{a} - \frac{y}{b} - \frac{z}{\lambda} = 0 \qquad \frac{x}{a} + \frac{y}{b} - \frac{z}{\mu} = 0$$

geschrieben werden, und es ist

$$\begin{vmatrix} \frac{1}{a} & \frac{1}{b} & 0 & -2\lambda \\ \frac{1}{a} & \frac{-1}{b} & \frac{-1}{\lambda} & 0 \\ \frac{1}{a} & \frac{-1}{b} & 0 & -2\mu \\ \frac{1}{a} & \frac{1}{b} & \frac{-1}{\mu} & 0 \end{vmatrix} = \frac{1}{ab} \cdot \begin{vmatrix} 1 & 1 & 0 & -2\lambda \\ 1 & -1 & \frac{-1}{\lambda} & 0 \\ 1 & -1 & 0 & -2\mu \\ 1 & 1 & \frac{-1}{\mu} & 0 \end{vmatrix} = \frac{1}{ab} \cdot \begin{vmatrix} 1 & 1 & 0 & -2\lambda \\ 0 & -2 & \frac{-1}{\lambda} & 2\lambda \\ 0 & -2 & 0 & 2(\lambda-\mu) \\ 0 & 0 & \frac{-1}{\mu} & 2\lambda \end{vmatrix}$$

$$= \frac{1}{ab}\left(4\frac{\lambda}{\mu} - 4 - \frac{4}{\mu}(\lambda-\mu)\right) = 0,$$

was nach § 50 (1) den Schnitt der Geraden bedeutet.

Je zwei Geraden derselben Schar schneiden sich nicht, denn es ist

$$\begin{vmatrix} \frac{1}{a} & -\frac{1}{b} & 0 & -2\mu_1 \\ \frac{1}{a} & \frac{1}{b} & -\frac{1}{\mu_1} & 0 \\ \frac{1}{a} & -\frac{1}{b} & 0 & -2\mu_2 \\ \frac{1}{a} & \frac{1}{b} & -\frac{1}{\mu_2} & 0 \end{vmatrix} = \frac{1}{ab} \cdot \begin{vmatrix} 1 & -1 & 0 & -2\mu_1 \\ 1 & 1 & -\frac{1}{\mu_1} & 0 \\ 1 & -1 & 0 & -2\mu_2 \\ 1 & 1 & -\frac{1}{\mu_2} & 0 \end{vmatrix} = \frac{1}{ab} \cdot \begin{vmatrix} 1 & -1 & 0 & -2\mu_1 \\ 0 & 2 & -\frac{1}{\mu_1} & 2\mu_1 \\ 0 & 0 & 0 & 2(\mu_1-\mu_2) \\ 0 & 2 & -\frac{1}{\mu_2} & 2\mu_1 \end{vmatrix}$$

$$= \frac{1}{ab}\left(\frac{-4}{\mu_1}(\mu_1-\mu_2) + \frac{4}{\mu_2}(\mu_1-\mu_2)\right) = \frac{4}{ab\mu_1\mu_2}(\mu_1-\mu_2)^2 \neq 0 \text{ für } \mu_1 \neq \mu_2.$$

§ 62. Pol und Polarebene.

(1) Schnitt einer Geraden mit einer Fläche 2. Ordnung. Eine Gerade schneidet eine Fläche 2. Ordnung in höchstens zwei Punkten, sofern sie nicht vollständig auf der Fläche verläuft.

Beweis: Zur Bestimmung der Schnittpunkte dienen die Gleichung der Fläche, in der an Stelle der laufenden Koordinaten die gesuchten Koordinaten x_s, y_s, z_s gesetzt sind

$$\text{I. } a_{11}x_s^2 + a_{22}y_s^2 + a_{33}z_s^2 + 2a_{12}x_s y_s + 2a_{13}x_s z_s + 2a_{23}y_s z_s + 2a_{14}x_s + 2a_{24}y_s + 2a_{34}z_s + a_{44} = 0$$

und das Gleichungspaar der Geraden, in dem ebenfalls die laufenden Koordinaten ersetzt sind:

$$\text{II. } A_1 x_s + B_1 y_s + C_1 z_s + D_1 = 0$$

$$\text{III. } A_2 x_s + B_2 y_s + C_2 z_s + D_2 = 0.$$

Wird Gleichung III nach einer Unbekannten aufgelöst und diese in I und II eingesetzt, so entsteht eine quadratische Gleichung I' und eine lineare II' in den beiden anderen Unbekannten. Durch Substitution einer Unbekannten aus II' in I' entsteht eine quadratische Gleichung I'' mit einer Unbekannten, welche zwei, eine oder keine reelle Lösung hat. Die zugehörigen Werte der anderen Unbekannten ergeben sich dann aus II' und III.

Beispiel: Die Schnittpunkte der Geraden

$$\frac{x-3}{5} = \frac{y+2}{-3} = \frac{z-1}{-2}$$

mit dem zweischaligen Hyperboloid

$$\frac{x^2}{36} - \frac{y^2}{144} - \frac{z^2}{16} = 1$$

sind zu bestimmen.

Die Bestimmungsgleichungen für die Koordinaten der Schnittpunkte sind

$$\text{I.} \qquad 4x_s^2 - y_s^2 - 9z_s^2 - 144 = 0$$

$$\text{II.} \qquad -3x_s - 5y_s - 1 = 0$$

$$\text{III.} \qquad -2x_s - 5z_s + 11 = 0$$

$$\text{I}'. \quad 4x_s^2 - \left(\frac{-3x_s - 1}{5}\right)^2 - 9\left(\frac{-2x_s + 11}{5}\right)^2 - 144 = 0,$$

$$100x_s^2 - 9x_s^2 - 6x_s - 1 - 36x_s^2 + 396x_s - 1089 - 3600 = 0,$$

$$55x_s^2 + 390x_s - 4690 = 0,$$

$$x_s^2 + \frac{78}{11}x_s - \frac{938}{11} = 0,$$

$$x_{s1} = 6{,}34, \qquad y_{s1} = -4{,}00, \qquad z_{s1} = -0{,}34;$$

$$x_{s2} = -13{,}43, \qquad y_{s2} = 7{,}86, \qquad z_{s2} = 7{,}57$$

(2) Gleichung der Polarebene. Gegeben ist eine Fläche 2. Ordnung und ein Punkt P_0, der nicht auf der Fläche liegt. Durch P_0 werden Geraden gezeichnet, die die Fläche im allgemeinen in 2 Punkten K und L schneiden. Gesucht ist der geometrische Ort für alle vierten harmonischen Punkte P zu K, L und P_0.

Es bildet dann K mit P_0 und P ein bestimmtes Teilverhältnis λ, während L mit P_0 und P das Teilverhältnis $-\lambda$ bildet. Dann gilt nach § 41 (3)

$$x_K = \frac{x_0 + \lambda x}{1 + \lambda}, \qquad y_K = \frac{y_0 + \lambda y}{1 + \lambda}, \qquad z_K = \frac{z_0 + \lambda z}{1 + \lambda};$$

$$x_L = \frac{x_0 - \lambda x}{1 - \lambda}, \qquad y_L = \frac{y_0 - \lambda y}{1 - \lambda}, \qquad z_L = \frac{z_0 - \lambda z}{1 - \lambda}.$$

Die Punkte K und L liegen aber auf der Fläche 2. Ordnung, also erfüllen ihre Koordinaten deren Gleichung. Es bestehen somit je nach der Art der gegebenen Fläche die Gleichungen

$$\frac{1}{a^2}\left(\frac{x_0+\lambda x}{1+\lambda}\right)^2 \pm \frac{1}{b^2}\left(\frac{y_0+\lambda y}{1+\lambda}\right)^2 \pm \frac{1}{c^2}\left(\frac{z_0+\lambda z}{1+\lambda}\right)^2 = 1 \quad \text{bzw.} \quad 0 \quad \text{oder}$$

$$\frac{1}{a^2}\left(\frac{x_0+\lambda x}{1+\lambda}\right)^2 \pm \frac{1}{b^2}\left(\frac{y_0+\lambda y}{1+\lambda}\right)^2 = 2\,\frac{z_0+\lambda z}{1+\lambda} \quad \text{und}$$

$$\frac{1}{a^2}\left(\frac{x_0-\lambda x}{1-\lambda}\right)^2 \pm \frac{1}{b^2}\left(\frac{y_0-\lambda y}{1-\lambda}\right)^2 \pm \frac{1}{c^2}\left(\frac{z_0-\lambda z}{1-\lambda}\right)^2 = 1 \quad \text{bzw.} \quad 0 \quad \text{oder}$$

$$\frac{1}{a^2}\left(\frac{x_0-\lambda x}{1-\lambda}\right)^2 \pm \frac{1}{b^2}\left(\frac{y_0-\lambda y}{1-\lambda}\right)^2 = 2\,\frac{z_0-\lambda z}{1-\lambda},$$

in denen im Fall der Zylinderflächen $\frac{1}{c^2}$ bzw. $\frac{1}{b^2}$ verschwinden können. Durch Subtraktion zweier zusammengehöriger Gleichungen erhält man

$$\frac{1}{a^2}\cdot 4\lambda\, x_0 x \pm \frac{1}{b^2}\cdot 4\lambda\, y_0 y \pm \frac{1}{c^2}\cdot 4\lambda\, z_0 z = 4\lambda, \quad \text{bzw.} \quad 0 \quad \text{oder}$$

$$\frac{1}{a^2}\cdot 4\lambda\, x_0 x \pm \frac{1}{b^2}\cdot 4\lambda\, y_0 y = 2\,(2\lambda z + 2\lambda z_0).$$

Division durch 4λ ergibt hieraus

$$\boxed{\frac{x_0 x}{a^2} \pm \frac{y_0 y}{b^2} \pm \frac{z_0 z}{c^2} = 1 \text{ bzw. } 0, \qquad \frac{x_0 x}{a^2} \pm \frac{y_0 y}{b^2} = z + z_0.}$$

In jedem Fall ist also der gesuchte Ort eine Ebene, diese heißt die Polarebene des Punktes P_0 in bezug auf die Flache 2. Ordnung. Umgekehrt heißt der Punkt P_0 Pol der Ebene in bezug auf die Fläche.

In bezug auf einen Kegel gehen die Polarebenen aller Punkte des Raumes durch die Kegelspitze, in bezug auf einen Zylinder sind sie den Mantellinien parallel.

(3) Die Polarebenen aller Punkte einer Ebene gehen durch einen Punkt, der Pol dieser Ebene ist.

Beweis: Ist $Q: x_Q, y_Q, z_Q$ ein Punkt der Polarebene des Punktes P_0, so gilt eine Gleichung

$$\frac{x_0 x_Q}{a^2} \pm \frac{y_0 y_Q}{b^2} \pm \frac{z_0 z_Q}{c^2} = 1 \text{ bzw. } 0, \qquad \frac{x_0 x_Q}{a^2} \pm \frac{y_0 y_Q}{b^2} = z_Q + z_0,$$

d. h. P_0 ist ein Punkt auf der Polarebene des Punktes Q. Bestimmt man also zu allen Punkten dieser Ebene die Polarebenen, so gehen diese sämtlich durch den Punkt Q.

In bezug auf eigentliche Flächen 2. Ordnung (Ellipsoide, Hyperboloide, Paraboloide) bilden die Polarebenen der Punkte einer Ebene ein Ebenenbündel, in bezug auf die uneigentlichen Flächen (Kegel, Zylinder) bilden sie nur ein Ebenenbüschel, weil sie alle durch die Kegelspitze gehen, bzw. einer Richtung parallel sind.

Umgekehrt liegen die Pole aller durch einen Punkt gehenden Ebenen auf einer Ebene, nämlich der Polarebene dieses Punktes.

(4) Die Polarebenen aller Punkte einer Geraden gehen durch eine Gerade. Beweis: Eine Gerade ist nämlich bestimmt als Schnittlinie zweier Ebenen. Die Polarebenen aller Punkte der ersten Ebene gehen durch einen Punkt Q, die Polarebenen aller Punkte der zweiten Ebene durch einen Punkt Q'. Die Polarebenen aller Punkte, die auf beiden Ebenen liegen, gehen sowohl durch Q als auch durch Q', d. h. durch die Verbindungsgerade QQ'.

Die beiden Geraden heißen reziproke Polaren in bezug auf die Fläche 2. Ordnung.

(5) Unendlich ferne Ebene. Da zu jedem Punkt des Raumes eine Polarebene in bezug auf eine Fläche 2. Ordnung gehört, muß auch dem Mittelpunkt der Fläche eine Polarebene zugeordnet werden. Der vierte harmonische Punkt zu dem Mittelpunkt einer Strecke ist aber der unendlich ferne Punkt dieser Geraden. Somit besteht die Polarebene des Mittelpunktes aus allen unendlich fernen Punkten, die Gesamtheit dieser Punkte wird als die unendlich ferne Ebene des Raumes bezeichnet.

(6) Die Verbindungsgeraden eines Punktes mit der Schnittkurve seiner Polarebene und der Fläche 2. Ordnung sind Tangenten an die Fläche.

Diese Geraden haben nämlich mit der Fläche nur einen einzigen Punkt gemeinsam, da andernfalls der vierte harmonische Punkt nicht mit einem Schnittpunkt zusammenfallen könnte.

Da die Schnittkurve einer solchen Polarebene mit einer eigentlichen Fläche 2. Ordnung im allgemeinen ein Kegelschnitt ist, bilden diese Verbindungsgeraden einen Kegel, den sogenannten Tangentenkegel des Punktes an die Fläche.

Ist die Polarebene die unendlich ferne Ebene, der Pol also der Mittelpunkt der Fläche, so geht der dazugehörige Tangentenkegel in den Asymptotenkegel der Fläche über.

§ 63. Tangentialebene und Normale

(1) Definitionen. Die Tangentialebene einer Fläche 2. Ordnung ist die Polarebene eines Punktes auf der Fläche. In jedem Punkt der Fläche läßt sich genau eine Tangentialebene an sie legen, denn die Polarebene ist eindeutig bestimmt. Die Senkrechte auf der Tangentialebene in diesem Flächenpunkt heißt Normale der Fläche, sie ist ebenfalls eindeutig festgelegt.

(2) Ellipsoid. Die Gleichung der Tangentialebene im Punkte $P_1: x_1, y_1, z_1$ an das Ellipsoid $\frac{x^2}{a^2} + \frac{y^2}{b^2} + \frac{z^2}{c^2} = 1$ ist nach § 62 (2) und § 63 (1)

$$\boxed{\frac{x_1 x}{a^2} + \frac{y_1 y}{b^2} + \frac{z_1 z}{c^2} = 1.}$$

Die Tangentialebene an das Ellipsoid hat mit ihm einen einzigen Punkt gemeinsam. Alle Punkte nämlich, die sowohl dem Ellipsoid als auch der Tangentialebene im Punkte P_1 des Ellipsoids angehören, erfüllen die Gleichungen

$$\frac{x^2}{a^2}+\frac{y^2}{b^2}+\frac{z^2}{c^2}=1, \qquad \frac{x_1\,x}{a^2}+\frac{y_1\,y}{b^2}+\frac{z_1\,z}{c^2}=1,$$

und da auch

$$\frac{x_1^2}{a^2}+\frac{y_1^2}{b^2}+\frac{z_1^2}{c^2}=1$$

ist, erfüllen sie auch die hieraus erhältliche Gleichung

$$\frac{(x-x_1)^2}{a^2}+\frac{(y-y_1)^2}{b^2}+\frac{(z-z_1)^2}{c^2}=0,$$

welche aber den einzigen Punkt $P_1 : x_1, y_1, z_1$ darstellt.

(3) Einschaliges Hyperboloid. Die Tangentialebene des einschaligen Hyperboloids hat die Gleichung

$$\boxed{\frac{x_1\,x}{a^2}+\frac{y_1\,y}{b^2}-\frac{z_1\,z}{c^2}=1.}$$

Sie hat mit der Fläche ein Geradenpaar gemeinsam, denn die gemeinsamen Punkte erfüllen die Gleichungen des Hyperboloids

$$\frac{x^2}{a^2}+\frac{y^2}{b^2}-\frac{z^2}{c^2}=1,$$

der Tangentialebene

$$\frac{x_1 x}{a^2}+\frac{y_1 y}{b^2}-\frac{z_1 z}{c^2}=1$$

und wegen

$$\frac{x_1^2}{a^2}+\frac{y_1^2}{b^2}-\frac{z_1^2}{c^2}=1$$

auch die Gleichung

$$\frac{(x-x_1)^2}{a^2}+\frac{(y-y_1)^2}{b^2}-\frac{(z-z_1)^2}{c^2}=0.$$

Diese stellt einen Kegel mit der Spitze in P_1 dar. Durch Parallelverschiebung des Koordinatensystems in den Punkt P_1 geht die Kegelgleichung über in

$$\frac{\xi^2}{a^2}+\frac{\eta^2}{b^2}-\frac{\zeta^2}{c^2}=1,$$

die Gleichung der Tangentialebene in

$$\frac{x_1\cdot(\xi+x_1)}{a^2}+\frac{y_1\cdot(\eta+y_1)}{b^2}-\frac{z_1\cdot(\zeta+z_1)}{c^2}=1$$

oder

$$\frac{x_1\,\xi}{a^2}+\frac{y_1\,\eta}{b^2}-\frac{z_1\,\zeta}{c^2}=0.$$

Nach § 55 (3) ist nun (unter A, B, C die Koeffizienten der Ebenengleichung verstanden) wegen

$$a^2A^2+b^2B^2-c^2C^2=\frac{x_1^2}{a^2}+\frac{y_1^2}{b^2}-\frac{z_1^2}{c^2}=1>0$$

die Ebene zu 2 Mantellinien des Kegels parallel. Da sie durch die Kegelspitze hindurchgeht, enthält sie zwei solcher Mantellinien. Die Tangentialebene hat also mit dem Kegel und unter Berücksichtigung von § 58 (3) auch mit dem Hyperboloid zwei Geraden gemeinsam.

(4) Zweischaliges Hyperboloid. Für das zweischalige Hyperboloid ist die Gleichung der Tangentialebene

$$\boxed{\frac{x_1 x}{a^2} - \frac{y_1 y}{b^2} - \frac{z_1 z}{c^2} = 1.}$$

Diese berührt das Hyperboloid in genau einem Punkt, da die gemeinsamen Punkte auch die Gleichung

$$-\frac{(x-x_1)^2}{a^2} + \frac{(y-y_1)^2}{b^2} + \frac{(z-z_1)^2}{c^2} = 0$$

eines Kegels mit der Spitze in P_1 und der x-Achse als Achse erfüllen. Letzterer hat, da seine Gleichung in dem nach P_1 parallel verschobenen Koordinatensystem

$$-\frac{\xi^2}{a^2} + \frac{\eta^2}{b^2} + \frac{\zeta^2}{c^2} = 0$$

ist, mit der Tangentialebene

$$\frac{x_1 \xi}{a^2} - \frac{y_1 \eta}{b^2} - \frac{z_1 \zeta}{c^2} = 0$$

wegen

$$b^2 B^2 + c^2 C^2 - a^2 A^2 = \frac{y_1^2}{b^2} + \frac{z_1^2}{c^2} - \frac{x_1^2}{a^2} = -1 < 0$$

nur die Spitze P_1 gemeinsam, also haben auch Hyperboloid und Tangentialebene nur einen gemeinsamen Punkt.

B e i s p i e l: Die Gleichung der Normale des zweischaligen Hyperboloids

$$\frac{x^2}{25} - \frac{y^2}{32} - \frac{z^2}{46} = 1$$

im Flächenpunkt $P_1: 7, 4, z_1 > 0$ ist zu bestimmen.

Aus der Hyperboloidgleichung folgt

$$\frac{z_1^2}{46} = \frac{49}{25} - \frac{16}{32} - 1 = \frac{23}{50}, \qquad z_1 = \frac{23}{5}.$$

Die Gleichung der Tangentialebene ist demnach

$$\frac{7}{25} x - \frac{1}{8} y - \frac{1}{10} z = 1,$$

die der Normalen als Senkrechte darauf im Punkte P_1 nach § 51 (4)

$$\frac{x-7}{\frac{7}{25}} = \frac{y-4}{-\frac{1}{8}} = \frac{z-\frac{23}{5}}{-\frac{1}{10}} \quad \text{oder} \quad \frac{x-7}{56} = \frac{y-4}{-25} = \frac{z-\frac{23}{5}}{-20}.$$

(5) Elliptisches Paraboloid. Die Tangentialebene des elliptischen Paraboloids

$$\frac{x^2}{a^2} + \frac{y^2}{b^2} = 2z$$

hat die Gleichung

$$\boxed{\frac{x_1 x}{a^2} + \frac{y_1 y}{b^2} = z + z_1.}$$

Sie berührt die Fläche in einem einzigen Punkt, denn als Gleichung der Projektion der Schnittkurve auf die x, y-Ebene ergibt sich durch Elimination der z-Koordinate aus beiden Gleichungen

$$\frac{x^2}{a^2} + \frac{y^2}{b^2} - \frac{2x_1 x}{a^2} - \frac{2y_1 y}{b^2} + 2z_1 = 0$$

oder wegen

$$\frac{x_1^2}{a^2} + \frac{y_1^2}{b^2} = 2z_1$$

$$\frac{(x-x_1)^2}{a^2} + \frac{(y-y_1)^2}{b^2} = 0.$$

Also ist die Projektion der Schnittkurve und nach § 52 (5) die Schnittkurve selbst ein Punkt, nämlich der Berührungspunkt P_1.

(6) **Hyperbolisches Paraboloid.** Die Gleichung der Tangentialebene an das hyperbolische Paraboloid lautet

$$\boxed{\frac{x_1 x}{a^2} - \frac{y_1 y}{b^2} = z + z_1.}$$

Jede Tangentialebene hat mit der Fläche ein Geradenpaar gemeinsam. Elimination der z-Koordinate aus den Gleichungen der Fläche und der Tangentialebene ergibt nämlich

$$\frac{x^2}{a^2} - \frac{y^2}{b^2} = \frac{2x_1 x}{a^2} - \frac{2y_1 y}{b^2} - 2z_1,$$

und da

$$\frac{x_1^2}{a^2} - \frac{y_1^2}{b^2} = 2z_1 \quad \text{ist,}$$

$$\frac{(x-x_1)^2}{a^2} - \frac{(y-y_1)^2}{b^2} = 0.$$

Diese Gleichung stellt aber in der x, y-Ebene ein Geradenpaar dar.

(7) **Kegel.** Für den Kegel

$$\frac{x^2}{a^2} + \frac{y^2}{b^2} - \frac{z^2}{c^2} = 0$$

lautet die Gleichung der Tangentialebene

$$\boxed{\frac{x_1 x}{a^2} + \frac{y_1 y}{b^2} - \frac{z_1 z}{c^2} = 0.}$$

Jede Tangentialebene berührt den Kegel in einer Mantellinie, denn es ist

$$a^2 A^2 + b^2 B^2 - c^2 C^2 = \frac{x_1^2}{a^2} + \frac{y_1^2}{b^2} - \frac{z_1^2}{c^2} = 0,$$

d. h. nach § 55 (3), die Ebene ist einer Mantellinie des Kegels parallel, und da sie durch einen Punkt des Kegels geht, enthält sie eine solche Mantellinie.

In der Spitze hat der Kegel keine eindeutig bestimmte Tangentialebene.

(8) Zylinder. Die Tangentialebenengleichungen lauten für den

elliptischen Zylinder	$\frac{x_1 x}{a^2} + \frac{y_1 y}{b^2} = 1$
hyperbolischen Zylinder	$\frac{x_1 x}{a^2} - \frac{y_1 y}{b^2} = 1$
parabolischen Zylinder	$x_1 x = p\,(y + y_1)\,.$

Alle diese Ebenen sind der z-Achse parallel; da sie je einen Punkt mit der Fläche gemeinsam haben, berührt jede Tangentialebene den Zylinder in einer Mantellinie.

Achtes Kapitel

Vektoren

§ 64. Begriff und Darstellung des Vektors

(1) Definition des Vektors. Ein Vektor ist eine gerichtete Strecke im Raum. Er ist nur bis auf eine Parallelverschiebung festgelegt, d. h. alle gleichlangen und gleichgerichteten Strecken im Raum stellen denselben Vektor dar. Der Anfangspunkt eines bestimmten Vektors $\mathfrak{v}$ kann also beliebig im Raum angenommen werden, der Endpunkt des Vektors ist dann eindeutig festgelegt.

Jeder Vektor hat drei Bestimmungsstücke, seine Länge, Richtung und Orientierung. Die Länge des Vektors $\mathfrak{v}$ wird mit $|\mathfrak{v}|$ bezeichnet. Der zu $\mathfrak{v}$ entgegengesetzt gerichtete Vektor gleicher Länge wird $-\mathfrak{v}$ genannt.

Ein Vektor von der Länge 1 heißt Einheitsvektor $\mathfrak{e}$, folglich ist $|\mathfrak{e}| = 1$.

(2) Geometrische Darstellung. Ist ein räumliches Koordinatensystem gegeben, so heißen die Projektionen des Vektors $\mathfrak{v}$ auf die drei Koordinatenachsen dessen Komponenten $\mathfrak{v}_x$, $\mathfrak{v}_y$, $\mathfrak{v}_z$. Die Richtungen der Vektorkomponenten sind durch die Koordinatenachsen bestimmt, ihre Länge und Orientierung durch den Vektor selbst.

(3) Zahlenmäßige Darstellung. Die Längen der Komponenten eines Vektors in bezug auf ein rechtwinkliges cartesisches Koordinatensystem heißen dessen rechtwinklige Koordinaten, $\mathfrak{v}_1 : \bar{x}_1, \bar{y}_1, \bar{z}_1$. Sie können positiv oder negativ sein, je nachdem die Komponenten gleiche oder entgegengesetzte Orientierung haben wie die positiven Richtungen der Koordinatenachsen.

Ein Vektor ist durch seine Koordinaten festgelegt.

Nullvektor ist der Vektor, dessen Koordinaten sämtlich gleich Null sind.

Die rechtwinkligen Koordinaten eines Einheitsvektors sind seine Richtungskosinus, $\mathfrak{e} : \cos\alpha, \cos\beta, \cos\gamma$.

Aus $\mathfrak{v}_1 : \overline{x}_1, \overline{y}_1, \overline{z}_1$ folgt $-\mathfrak{v}_1 : -\overline{x}_1, -\overline{y}_1, -\overline{z}_1$.

Für die Länge des Vektors $\mathfrak{v}_1 : \overline{x}_1, \overline{y}_1, \overline{z}_1$ gilt nach § 42 (1) die Formel

$$\boxed{|\mathfrak{v}_1| = \sqrt{\overline{x}_1^2 + \overline{y}_1^2 + \overline{z}_1^2}.}$$

Ist $A : x_A, y_A, z_A$ der Anfangspunkt und $B : x_B, y_B, z_B$ der Endpunkt eines Vektors, so sind dessen Koordinaten

$$\overrightarrow{AB} : x_B - x_A, y_B - y_A, z_B - z_A.$$

§ 65. Summe und Differenz von Vektoren

(1) Addition. Die Addition von Vektoren erfolgt geometrisch nach der Methode des Kräfteparallelogramms, d. h. zur Bestimmung von $\mathfrak{v}_1 + \mathfrak{v}_2$ wird $\mathfrak{v}_2$ parallel verschoben, so daß sein Anfangspunkt auf den Endpunkt von $\mathfrak{v}_1$ fällt, der Vektor vom Anfangspunkt von $\mathfrak{v}_1$ zum Endpunkt von $\mathfrak{v}_2$ ist dann $\mathfrak{v}_1 + \mathfrak{v}_2$. Die Addition mehrerer Vektoren geschieht entsprechend.

Für die zahlenmäßige Addition der Vektoren gilt demnach, daß aus

$$\mathfrak{v}_1 : \overline{x}_1, \overline{y}_1, \overline{z}_1 \quad \text{und} \quad \mathfrak{v}_2 : \overline{x}_2, \overline{y}_2, \overline{z}_2$$

folgt

$$\boxed{\mathfrak{v}_1 + \mathfrak{v}_2 : \overline{x}_1 + \overline{x}_2, \ \overline{y}_1 + \overline{y}_2, \ \overline{z}_1 + \overline{z}_2.}$$

(2) Additionsgesetze. Für die Addition von Vektoren gilt das kommutative Gesetz

$$\mathfrak{v}_1 + \mathfrak{v}_2 = \mathfrak{v}_2 + \mathfrak{v}_1$$

und das assoziative Gesetz

$$\mathfrak{v}_1 + (\mathfrak{v}_2 + \mathfrak{v}_3) = (\mathfrak{v}_1 + \mathfrak{v}_2) + \mathfrak{v}_3 = \mathfrak{v}_1 + \mathfrak{v}_2 + \mathfrak{v}_3.$$

Beweise folgen unmittelbar aus der Regel für die zahlenmäßige Addition der Vektoren.

(3) Subtraktion. Die Differenz $\mathfrak{v}_1 - \mathfrak{v}_2$ zweier Vektoren wird durch Addition der Vektoren $\mathfrak{v}_1$ und $-\mathfrak{v}_2$ gebildet.

(4) Multiplikation mit einer Zahl. Durch wiederholte Addition eines und desselben Vektors vervielfacht sich nur dessen Länge, während Richtung und Orientierung unverändert bleiben.

Für jede beliebige Zahl t gilt also

$$\boxed{t\,\mathfrak{v}_1 : t\,\overline{x}_1, \ t\,\overline{y}_1, \ t\,\overline{z}_1.}$$

§ 66. Das innere Produkt von Vektoren

(1) Definition. Unter dem inneren Produkt zweier Vektoren versteht man die Summe aus den Produkten ihrer gleichnamigen rechtwinkligen Koordinaten

$$\boxed{\mathfrak{v}_1 \cdot \mathfrak{v}_2 = \overline{x}_1\,\overline{x}_2 + \overline{y}_1\,\overline{y}_2 + \overline{z}_1\,\overline{z}_2 .}$$

Das innere Produkt zweier Vektoren ist also eine Zahl.

Geometrisch kann das innere Produkt auch definiert werden als Produkt aus den Längen der beiden Vektoren und dem Kosinus ihres Zwischenwinkels

$$\boxed{\mathfrak{v}_1 \cdot \mathfrak{v}_2 = |\mathfrak{v}_1| \cdot |\mathfrak{v}_2| \cdot \cos(\mathfrak{v}_1, \mathfrak{v}_2).}$$

Es ist nämlich

$$\overline{x}_1\,\overline{x}_2 + \overline{y}_1\,\overline{y}_2 + \overline{z}_1\,\overline{z}_2$$

$$= |\mathfrak{v}_1|\cos\alpha_1 \cdot |\mathfrak{v}_2|\cos\alpha_2 + |\mathfrak{v}_1|\cos\beta_1 \cdot |\mathfrak{v}_2|\cos\beta_2 + |\mathfrak{v}_1|\cos\gamma_1 \cdot |\mathfrak{v}_2|\cos\gamma_2$$

$$= |\mathfrak{v}_1| \cdot |\mathfrak{v}_2| \cdot (\cos\alpha_1 \cdot \cos\alpha_2 + \cos\beta_1 \cdot \cos\beta_2 + \cos\gamma_1 \cdot \cos\gamma_2)$$

$$= |\mathfrak{v}_1| \cdot |\mathfrak{v}_2| \cdot \cos(\mathfrak{v}_1, \mathfrak{v}_2) \qquad \text{nach § 50 (2).}$$

(2) Rechenregeln. Für das innere Produkt gilt das kommutative Gesetz

$$\mathfrak{v}_1 \cdot \mathfrak{v}_2 = \mathfrak{v}_2 \cdot \mathfrak{v}_1$$

und das transitive Gesetz

$$\mathfrak{v}_1 \cdot (\mathfrak{v}_2 + \mathfrak{v}_3) = \mathfrak{v}_1 \cdot \mathfrak{v}_2 + \mathfrak{v}_1 \cdot \mathfrak{v}_3 ,$$

denn es ist

$$\overline{x}_1 \cdot (\overline{x}_2 + \overline{x}_3) + \overline{y}_1 \cdot (\overline{y}_2 + \overline{y}_3) + \overline{z}_1 \cdot (\overline{z}_2 + \overline{z}_3) = \overline{x}_1\,\overline{x}_2 + \overline{y}_1\,\overline{y}_2 + \overline{z}_1\,\overline{z}_2 + \overline{x}_1\overline{x}_3 + \overline{y}_1\,\overline{y}_3 + \overline{z}_1\,\overline{z}_3 .$$

(3) Winkel zweier Vektoren. Für den Winkel zweier Vektoren gilt die Formel

$$\cos(\mathfrak{v}_1, \mathfrak{v}_2) = \frac{\mathfrak{v}_1 \cdot \mathfrak{v}_2}{|\mathfrak{v}_1| \cdot |\mathfrak{v}_2|} .$$

Zwei von Null verschiedene Vektoren sind dann und nur dann orthogonal, wenn ihr inneres Produkt gleich Null ist.

Stehen nämlich die beiden Vektoren aufeinander senkrecht, so ist

$$\cos(\mathfrak{v}_1, \mathfrak{v}_2) = 0, \quad \text{also} \quad \mathfrak{v}_1 \cdot \mathfrak{v}_2 = 0.$$

Umgekehrt folgt aus

$$\mathfrak{v}_1 \cdot \mathfrak{v}_2 = 0 \qquad \text{wegen} \quad |\mathfrak{v}_1| \neq 0, \ |\mathfrak{v}_2| \neq 0$$

$$\cos(\mathfrak{v}_1, \mathfrak{v}_2) = 0, \quad \text{d. h.} \quad \mathfrak{v}_1 \perp \mathfrak{v}_2 .$$

§ 67. Das äußere Produkt von Vektoren

(1) Definition. Unter dem äußeren Produkt zweier Vektoren versteht man den Vektor, dessen rechtwinklige Koordinaten die Determinanten aus den beiden anderen Koordinaten der beiden Vektoren sind

$$\boxed{\mathfrak{v}_1 \times \mathfrak{v}_2 : \begin{vmatrix} \bar{y}_1 & \bar{y}_2 \\ \bar{z}_1 & \bar{z}_2 \end{vmatrix}, \quad \begin{vmatrix} \bar{z}_1 & \bar{z}_2 \\ \bar{x}_1 & \bar{x}_2 \end{vmatrix}, \quad \begin{vmatrix} \bar{x}_1 & \bar{x}_2 \\ \bar{y}_1 & \bar{y}_2 \end{vmatrix}.}$$

Geometrisch ausgedrückt ist das äußere Produkt der Vektor, der auf der Ebene der beiden gegebenen senkrecht steht, dessen Länge gleich der Maßzahl des Parallelogramminhalts ist, das von den beiden Vektoren aufgespannt wird, und der so orientiert ist, daß $\mathfrak{v}_1$, $\mathfrak{v}_2$ und $\mathfrak{v}_1 \times \mathfrak{v}_2$ ein Rechtssystem bilden.

Es ist nämlich

$$\mathfrak{v}_1 \cdot (\mathfrak{v}_1 \times \mathfrak{v}_2) = \bar{x}_1 \begin{vmatrix} \bar{y}_1 & \bar{y}_2 \\ \bar{z}_1 & \bar{z}_2 \end{vmatrix} + \bar{y}_1 \begin{vmatrix} \bar{z}_1 & \bar{z}_2 \\ \bar{x}_1 & \bar{x}_2 \end{vmatrix} + \bar{z}_1 \begin{vmatrix} \bar{x}_1 & \bar{x}_2 \\ \bar{y}_1 & \bar{y}_2 \end{vmatrix} = \begin{vmatrix} \bar{x}_1 & \bar{x}_1 & \bar{x}_2 \\ \bar{y}_1 & \bar{y}_1 & \bar{y}_2 \\ \bar{z}_1 & \bar{z}_1 & \bar{z}_2 \end{vmatrix} = 0,$$

$$\mathfrak{v}_2 \cdot (\mathfrak{v}_1 \times \mathfrak{v}_2) = \bar{x}_2 \begin{vmatrix} \bar{y}_1 & \bar{y}_2 \\ \bar{z}_1 & \bar{z}_2 \end{vmatrix} + \bar{y}_2 \begin{vmatrix} \bar{z}_1 & \bar{z}_2 \\ \bar{x}_1 & \bar{x}_2 \end{vmatrix} + \bar{z}_2 \begin{vmatrix} \bar{x}_1 & \bar{x}_2 \\ \bar{y}_1 & \bar{y}_2 \end{vmatrix} = \begin{vmatrix} \bar{x}_2 & \bar{x}_1 & \bar{x}_2 \\ \bar{y}_2 & \bar{y}_1 & \bar{y}_2 \\ \bar{z}_2 & \bar{z}_1 & \bar{z}_2 \end{vmatrix} = 0,$$

$$|\mathfrak{v}_1 \times \mathfrak{v}_2| = \sqrt{\begin{vmatrix} \bar{y}_1 & \bar{y}_2 \\ \bar{z}_1 & \bar{z}_2 \end{vmatrix}^2 + \begin{vmatrix} \bar{z}_1 & \bar{z}_2 \\ \bar{x}_1 & \bar{x}_2 \end{vmatrix}^2 + \begin{vmatrix} \bar{x}_1 & \bar{x}_2 \\ \bar{y}_1 & \bar{y}_2 \end{vmatrix}^2} = \Pi$$

nach § 44 (1), wobei die Anfangspunkte von $\mathfrak{v}_1$ und $\mathfrak{v}_2$ im Koordinatenursprung angenommen werden. Zur Bestimmung der Orientierung betrachtet man die Einheitsvektoren in der x- und y-Achse $\mathfrak{v}_1 : 1, 0, 0$ und $\mathfrak{v}_2 : 0, 1, 0$, dann ist

$$\mathfrak{v}_1 \times \mathfrak{v}_2 : \begin{vmatrix} 0 & 1 \\ 0 & 0 \end{vmatrix}, \quad \begin{vmatrix} 0 & 0 \\ 1 & 0 \end{vmatrix}, \quad \begin{vmatrix} 1 & 0 \\ 0 & 1 \end{vmatrix}, \text{ d. h. } 0, 0, 1$$

oder der Einheitsvektor in der z-Achse, die 3 Koordinatenachsen bilden aber ein Rechtssystem.

(2) Rechenregeln. Für das äußere Produkt gilt das kommutative Gesetz nicht, sondern es ist

$$\mathfrak{v}_1 \times \mathfrak{v}_2 = -(\mathfrak{v}_2 \times \mathfrak{v}_1)$$

wegen

$$\begin{vmatrix} \bar{y}_1 & \bar{y}_2 \\ \bar{z}_1 & \bar{z}_2 \end{vmatrix}, \quad \begin{vmatrix} \bar{z}_1 & \bar{z}_2 \\ \bar{x}_1 & \bar{x}_2 \end{vmatrix}, \quad \begin{vmatrix} \bar{x}_1 & \bar{x}_2 \\ \bar{y}_1 & \bar{y}_2 \end{vmatrix} = -\begin{vmatrix} \bar{y}_2 & \bar{y}_1 \\ \bar{z}_2 & \bar{z}_1 \end{vmatrix}, \quad -\begin{vmatrix} \bar{z}_2 & \bar{z}_1 \\ \bar{x}_2 & \bar{x}_1 \end{vmatrix}, \quad -\begin{vmatrix} \bar{x}_2 & \bar{x}_1 \\ \bar{y}_2 & \bar{y}_1 \end{vmatrix},$$

Es gilt jedoch das transitive Gesetz

$$\mathfrak{v}_1 \times (\mathfrak{v}_2 + \mathfrak{v}_3) = \mathfrak{v}_1 \times \mathfrak{v}_2 + \mathfrak{v}_1 \times \mathfrak{v}_3$$

wegen
$$\begin{vmatrix} \bar y_1 & \bar y_2 + \bar y_3 \\ \bar z_1 & \bar z_2 + \bar z_3 \end{vmatrix} = \begin{vmatrix} \bar y_1 & \bar y_2 \\ \bar z_1 & \bar z_2 \end{vmatrix} + \begin{vmatrix} \bar y_1 & \bar y_3 \\ \bar z_1 & \bar z_3 \end{vmatrix} \qquad \text{usw.}$$

Das innere Produkt aus einem äußeren Produkt und einem Vektor ist gleich der Determinante der 3 Vektoren
$$(\mathfrak{v}_1 \times \mathfrak{v}_2) \cdot \mathfrak{v}_3 = ||\mathfrak{v}_1\, \mathfrak{v}_2\, \mathfrak{v}_3||.$$
Dies folgt aus
$$\begin{vmatrix} \bar y_1 & \bar y_2 \\ \bar z_1 & \bar z_2 \end{vmatrix} \cdot \bar x_3 + \begin{vmatrix} \bar z_1 & \bar z_2 \\ \bar x_1 & \bar x_2 \end{vmatrix} \cdot \bar y_3 + \begin{vmatrix} \bar x_1 & \bar x_2 \\ \bar y_1 & \bar y_2 \end{vmatrix} \cdot \bar z_3 = \begin{vmatrix} \bar x_1 & \bar x_2 & \bar x_3 \\ \bar y_1 & \bar y_2 & \bar y_3 \\ \bar z_1 & \bar z_2 & \bar z_3 \end{vmatrix}.$$

(3) Flächeninhalte. Der Flächeninhalt des Parallelogramms $ABCD$ ist nach der Definition des äußeren Produktes
$$\Pi = |\overrightarrow{AB} \times \overrightarrow{AD}|.$$
Daraus folgt für den Flächeninhalt des Dreiecks ABC
$$\Delta = \frac{1}{2} \cdot |\overrightarrow{AB} \times \overrightarrow{AC}|.$$

Hierbei ist es gleichgültig, ob die Figuren in der Ebene oder im Raum liegen.

(4) Volumina. Das Volumen des Parallelepipeds $ABCDEFGH$ ist nach § 44 (2)
$$P = ||\overrightarrow{AB}\ \overrightarrow{AC}\ \overrightarrow{AD}||.$$
Das Volumen des Tetraeders $ABCD$ ist
$$T = \frac{1}{6} \cdot ||\overrightarrow{AB}\ \overrightarrow{AC}\ \overrightarrow{AD}||.$$
Dieser Wert ergibt sich stereometrisch als ein Drittel des Prismas $ABCDFG$, welches gleich $^1/_2 P$ ist.

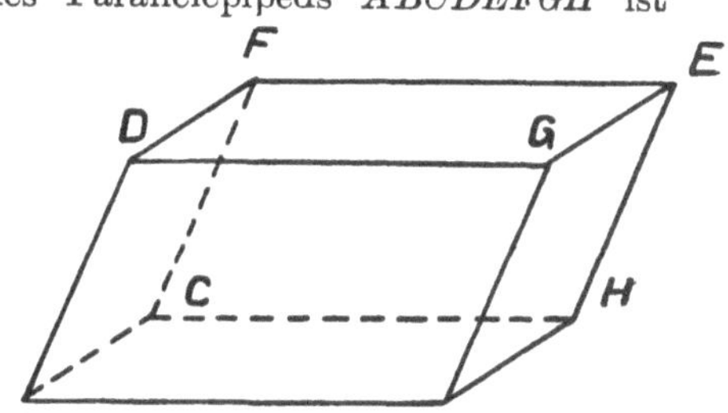

Fig. 112

Andererseits erhält man dieses Ergebnis auch aus § 43 (1)
$$T = \frac{1}{6} \cdot \begin{vmatrix} x_A & x_B & x_C & x_D \\ y_A & y_B & y_C & y_D \\ z_A & z_B & z_C & z_D \\ 1 & 1 & 1 & 1 \end{vmatrix} = \frac{1}{6} \cdot \begin{vmatrix} x_A & x_B - x_A & x_C - x_A & x_D - x_A \\ y_A & y_B - y_A & y_C - y_A & y_D - y_A \\ z_A & z_B - z_A & z_C - z_A & z_D - z_A \\ 1 & 0 & 0 & 0 \end{vmatrix}$$
$$= -\frac{1}{6} \cdot \begin{vmatrix} x_B - x_A & x_C - x_A & x_D - x_A \\ y_B - y_A & y_C - y_A & y_D - y_A \\ z_B - z_A & z_C - z_A & z_D - z_A \end{vmatrix}.$$
Der Wert von T ist negativ, weil A, B, C von D aus gesehen im positiven Drehungssinn aufeinander folgen.

§ 68. Die gerade Linie in vektorieller Darstellung

(1) Parameterdarstellung der Geraden. In bezug auf ein rechtwinkliges cartesisches Koordinatensystem im Raum lautet die Gleichung einer Geraden, vektoriell geschrieben,

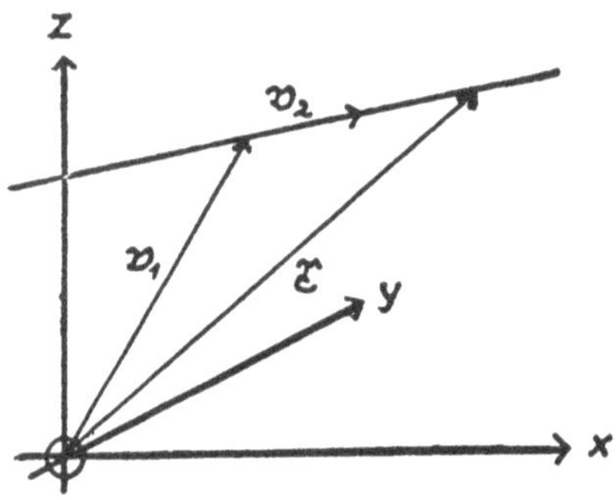

Fig. 113

$$\boxed{\mathfrak{x} = \mathfrak{v}_1 + t\,\mathfrak{v}_2,}$$

worin $\mathfrak{x}$ einen Radiusvektor, $\mathfrak{v}_1$ und $\mathfrak{v}_2$ zwei gegebene Vektoren und t einen Parameter bedeutet.

Durchläuft t alle Zahlen, so liegen die Endpunkte der Vektoren $\mathfrak{x}$ nach § 49 (3) auf einer Geraden. Umgekehrt lassen sich die Radienvektoren $\mathfrak{x}$ zu den Punkten einer Geraden in dieser Form darstellen. Der Vektor $\mathfrak{v}_2$ bestimmt die Richtung der Geraden.

Diese Darstellung gilt sowohl für Geraden im Raum als auch in der Ebene (Fig. 113).

(2) Lagebeziehungen zwischen Geraden. Sind zwei Geraden

$$\mathfrak{x} = \mathfrak{v}_1 + t\,\mathfrak{v}_2 \quad \text{und} \quad \mathfrak{y} = \mathfrak{w}_1 + t\,\mathfrak{w}_2$$

gegeben, so berechnet sich der Winkel, den sie miteinander bilden, nach der Formel

$$\cos\varphi = \frac{\mathfrak{v}_2 \cdot \mathfrak{w}_2}{|\mathfrak{v}_2| \cdot |\mathfrak{w}_2|}.$$

Die Parallelitätsbedingung lautet

$$\mathfrak{v}_2 = m\,\mathfrak{w}_2,$$

wobei m eine beliebige Zahl ist.

Die Orthogonalitätsbedingung ist

$$\mathfrak{v}_2 \cdot \mathfrak{w}_2 = 0.$$

§ 69. Die Ebene in vektorieller Darstellung

(1) Parameterdarstellung der Ebene. In vektorieller Darstellung ist die Gleichung einer Ebene im Raum

$$\boxed{\mathfrak{x} = \mathfrak{v}_1 + t\,\mathfrak{v}_2 + u\,\mathfrak{v}_3,}$$

worin $\mathfrak{x}$ einen Radiusvektor, $\mathfrak{v}_1$, $\mathfrak{v}_2$, $\mathfrak{v}_3$ drei gegebene Vektoren, von denen $\mathfrak{v}_2$ und $\mathfrak{v}_3$ nicht gleichgerichtet sind, t und u zwei Parameter bedeuten.

Durchlaufen t und u alle möglichen Zahlen, so werden durch $t\,\mathfrak{v}_2 + u\,\mathfrak{v}_3$ alle Vektoren dargestellt, die in der durch $\mathfrak{v}_2$ und $\mathfrak{v}_3$ bestimmten Ebene liegen. Wegen der Möglichkeit der Parallelverschiebung wird durch $\mathfrak{v}_2$ und $\mathfrak{v}_3$ nur die Richtung der Ebene festgelegt. Der Vektor $\mathfrak{v}_1$ bestimmt ihre Lage im Raum. Die Endpunkte aller Radienvektoren $\mathfrak{r}$ liegen in der Ebene und die Radienvektoren zu allen Punkten einer Ebene lassen sich in der genannten Form darstellen (Fig. 114).

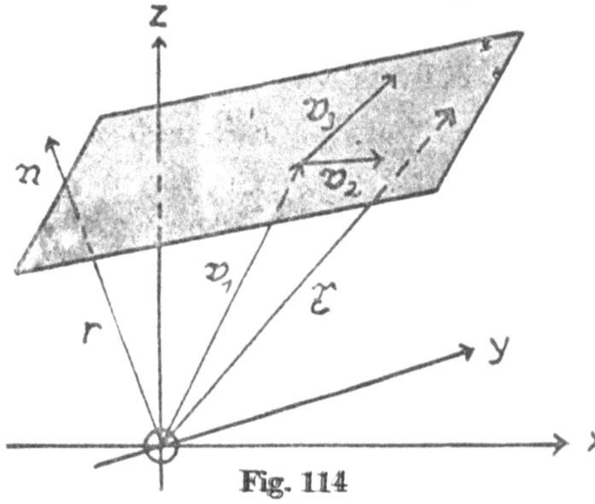

Fig. 114

(2) **Normalvektor.** Der Normalvektor einer Ebene ist der auf ihr senkrecht stehende Einheitsvektor. Für ihn gilt nach § 67 (1) und § 69 (1)

$$\boxed{\mathfrak{n} = \frac{\mathfrak{v}_2 \times \mathfrak{v}_3}{|\mathfrak{v}_2 \times \mathfrak{v}_3|}.}$$

Die Lagebeziehungen zwischen Ebenen sowie zwischen Ebene und Gerade lassen sich mit Hilfe des Normalvektors gemäß § 68 (2) in einfacher Form ausdrücken.

(3) **Hessesche Normalform.** Nach der Definition des Normalvektors und nach § 46 (5) ist die Hessesche Normalform einer Ebene

$$\mathfrak{r} \cdot \mathfrak{n} - r = 0,$$

da $\mathfrak{r}$ ein Radiusvektor ist. Der Abstand r der Ebene vom Koordinatenanfangspunkt läßt sich als das innere Produkt

$$\mathfrak{v}_1 \cdot \mathfrak{n} = |\mathfrak{v}_1| \cdot \cos(\mathfrak{v}_1, \mathfrak{n}) = r$$

ausdrücken. Also lautet die Hessesche Normalform der Ebene in vektorieller Schreibweise

$$\boxed{(\mathfrak{r} - \mathfrak{v}_1) \cdot \mathfrak{n} = 0.}$$

Entsprechend ergibt sich für den Abstand eines Punktes P_0, dessen Radiusvektor $\mathfrak{r}_0$ ist, von der Ebene $\mathfrak{r} = \mathfrak{v}_1 + t\,\mathfrak{v}_2 + u\,\mathfrak{v}_3$ die Formel

$$p_0 = (\mathfrak{r}_0 - \mathfrak{v}_1) \cdot \mathfrak{n}.$$

Neuntes Kapitel

Verallgemeinerung des Koordinatenbegriffs

§ 70. Homogene cartesische Koordinaten

(1) **Homogene Koordinaten in der Ebene.** Unter den homogenen cartesischen Koordinaten eines Punktes $P: x, y$ der Ebene versteht man die drei Zahlen

$$x_1 = k\,x, \quad x_2 = k\,y, \quad x_3 = k \neq 0.$$

Zu jedem Punkt der Ebene gehört ein solches Wertetripel, das bis auf einen konstanten Faktor bestimmt ist.

Für die homogenen Koordinaten gelten folgende Gesetze:

I. $x_1, x_2, x_3 \neq 0, 0, 0$ stellen den Punkt $P: \frac{x_1}{x_3}, \frac{x_2}{x_3}$ dar.

II. x_1, x_2, x_3 und $\lambda x_1, \lambda x_2, \lambda x_3$ mit $\lambda \neq 0$ stellen denselben Punkt dar.

III. $0, 0, 0$ stellt nichts dar.

Die gewöhnlichen cartesischen Koordinaten heißen inhomogene Koordinaten.

Die Einführung der homogenen Koordinaten hat den Vorteil, daß auch die unendlich fernen Punkte zahlenmäßig dargestellt werden können.

Die Punkte der Geraden $y = m x$ haben nämlich die inhomogenen Koordinaten $x, m x$, also die homogenen Koordinaten $x, m x, 1$ oder, da diese nur bis auf einen Faktor bestimmt sind und da

$$m = \operatorname{tg} \alpha = \frac{\sin \alpha}{\cos \alpha}$$

ist, $\cos \alpha, \sin \alpha, \frac{\cos \alpha}{x}$. Für $x \to \infty$ geht $\frac{\cos \alpha}{x} \to 0$, d. h. der unendlich ferne Punkt der Geraden mit den Richtungskosinus $\cos \alpha, \sin \alpha$ hat die homogenen Koordinaten $\cos \alpha, \sin \alpha, 0$.

Die Punkte der Geraden $x = 0$ haben die inhomogenen Koordinaten $0, y$, also die homogenen Koordinaten $0, y, 1$ oder $0, 1, \frac{1}{y}$. Für $y \to \infty$ geht $\frac{1}{y} \to 0$, d. h. der unendlich ferne Punkt der y-Achse und aller ihrer Parallelen [vgl. § 34 (6)] hat die homogenen Koordinaten $0, 1, 0$ oder $\cos 90°, \sin 90°, 0$.

Durch die homogenen Koordinaten $x_1, x_2, 0$ wird also der unendlich ferne Punkt aller Geraden dargestellt, deren Richtungskosinus gleich

$$\frac{x_1}{\sqrt{x_1^2 + x_2^2}} \text{ und } \frac{x_2}{\sqrt{x_1^2 + x_2^2}} \text{ sind.}$$

(2) Homogene Koordinaten im Raum. Die homogenen cartesischen Koordinaten eines Punktes $P: x, y, z$ des Raumes sind die 4 Zahlen

$$x_1 = k x, \quad x_2 = k y, \quad x_3 = k z, \quad x_4 = k \neq 0.$$

Zu jedem Punkt des Raumes gehören vier solche, bis auf einen konstanten Faktor bestimmte Zahlen, für die folgende Gesetze gelten:

I. $x_1, x_2, x_3, x_4 \neq 0, 0, 0, 0$ stellen genau einen Punkt $P: \frac{x_1}{x_4}, \frac{x_2}{x_4}, \frac{x_3}{x_4}$ dar.

II. x_1, x_2, x_3, x_4 und $\lambda x_1, \lambda x_2, \lambda x_3, \lambda x_4$ stellen denselben Punkt dar.

III. $0, 0, 0, 0$ stellt nichts dar.

Die Punkte der Geraden durch den Koordinatenanfangspunkt mit den Richtungskosinus $\cos\alpha$, $\cos\beta$, $\cos\gamma$, deren Gleichung

$$\frac{x}{\cos\alpha} = \frac{y}{\cos\beta} = \frac{z}{\cos\gamma}$$

ist, haben die inhomogenen Koordinaten x, $\frac{\cos\beta}{\cos\alpha}\, x$, $\frac{\cos\gamma}{\cos\alpha}\, x$ und die homogenen Koordinaten $\cos\alpha$, $\cos\beta$, $\cos\gamma$, $\frac{\cos\alpha}{x}$. Ihr unendlich ferner Punkt hat also die homogenen Koordinaten $\cos\alpha$, $\cos\beta$, $\cos\gamma$, 0.

Allgemein wird durch die homogenen Koordinaten $x_1, x_2, x_3, 0$ der unendlich ferne Punkt der Geraden dargestellt, deren Richtungskosinus gleich

$$\frac{x_1}{\sqrt{}}, \frac{x_2}{\sqrt{}}, \frac{x_3}{\sqrt{}} \text{ mit } \sqrt{} = \sqrt{x_1^2 + x_2^2 + x_3^2} \text{ sind.}$$

§ 71. Linienkoordinaten

(1) Gleichung der Geraden in homogenen Koordinaten. Die allgemeine Gleichung der Geraden in der Ebene ist in inhomogenen Koordinaten

$$u_1 x + u_2 y + u_3 = 0,$$

also in homogenen Koordinaten

$$u_1 x_1 + u_2 x_2 + u_3 x_3 = 0.$$

Die Gleichung der unendlich fernen Geraden, d. h. der Gesamtheit aller unendlich fernen Punkte in der Ebene ist

$$x_3 = 0.$$

(2) Linienkoordinaten. Durch die Koeffizienten u_1, u_2, u_3 ihrer Gleichung in homogenen Koordinaten wird die Gerade eindeutig festgelegt. Für jedes solche Wertetripel gelten die Gesetze:

I. $u_1, u_2, u_3 \neq 0, 0, 0$ stellen genau eine Gerade dar, und zwar die mit den Achsenabschnitten $-\frac{u_3}{u_1}$ und $-\frac{u_3}{u_2}$.

II. u_1, u_2, u_3, und $\lambda u_1, \lambda u_2, \lambda u_3$ stellen dieselbe Gerade dar.

III. $0, 0, 0$ stellt nichts dar.

Umgekehrt gehören zu jeder gegebenen Geraden drei solche Zahlen, die bis auf einen konstanten Faktor bestimmt sind.

u_1, u_2, u_3 sind also homogene Koordinaten der Geraden, diese heißen Linienkoordinaten.

(3) Punkt- und Geradenbüschel. Sind in der Gleichung

$$u_1 x_1 + u_2 x_2 + u_3 x_3 = 0$$

die u_ν bestimmte gegebene Zahlen, so stellt sie in den homogenen Punktkoordinaten x_ν, welche die laufenden Koordinaten sind, die Gesamtheit aller Punkte auf einer Geraden dar. Eine solche Gesamtheit ist eine Gerade, sie heißt auch Punktbüschel.

Sind andererseits die x_ν bestimmte gegebene Zahlen, so gibt es eine Anzahl von Wertetripeln u_1, u_2, u_3, die diese Gleichung erfüllen. Jedes dieser Wertetripel stellt also eine Gerade dar, die durch den Punkt $P: \frac{x_1}{x_3}, \frac{x_2}{x_3}$ geht. Die Gleichung stellt demnach in den homogenen Linienkoordinaten u_ν als laufende Koordinaten die Gesamtheit aller Geraden durch einen Punkt dar, d. h. ein Geradenbüschel.

Alle Geraden, deren Linienkoordinaten u_1, u_2, u_3 die Gleichung erfüllen, gehören dem Büschel an. Umgekehrt erfüllen die Linienkoordinaten aller Geraden des Büschels diese Gleichung.

Betrachtet man die Geraden als Grundelemente in der Ebene, so ist

$$x_1 u_1 + x_2 u_2 + x_3 u_3 = 0$$

die Gleichung eines Punktes in den Linienkoordinaten u_ν.

§ 72. Ebenenkoordinaten

(1) Gleichung der Ebene in homogenen Koordinaten. Die allgemeine Gleichung der Ebene im Raum ist in inhomogenen Koordinaten

$$u_1 x + u_2 y + u_3 z + u_4 = 0,$$

also in homogenen räumlichen Koordinaten

$$u_1 x_1 + u_2 x_2 + u_3 x_3 + u_4 x_4 = 0.$$

Die unendlich ferne Ebene als die Gesamtheit aller unendlich fernen Punkte des Raumes hat dann die Gleichung

$$x_4 = 0.$$

(2) Ebenenkoordinaten. Die Koeffizienten u_1, u_2, u_3, u_4 einer linearen Gleichung in homogenen Koordinaten bestimmen die Ebene im Raum vollständig. Für je vier solcher Zahlen gelten die Sätze:

I. $u_1, u_2, u_3, u_3, \neq 0, 0, 0, 0$ stellen die Ebene mit den Achsenabschnitten $-\frac{u_4}{u_1}, -\frac{u_4}{u_2}, -\frac{u_4}{u_3}$ dar.

II. u_1, u_2, u_3, u_4 und $\lambda u_1, \lambda u_2, \lambda u_3, \lambda u_4$ stellen dieselbe Ebene dar.

III. $0, 0, 0, 0$ stellt nichts dar.

Da auch zu jeder Ebene vier solche, bis auf einen konstanten Faktor bestimmte Zahlen gehören, sind u_1, u_2, u_3, u_4 homogene Koordinaten der Ebene, welche Ebenenkoordinaten heißen.

Die Ebenenkoordinaten der unendlich fernen Ebene im Raum sind $0, 0, 0, 1$.

(3) Punkt- und Ebenenbündel. Sind in der Gleichung

$$u_1 x_1 + u_2 x_2 + u_3 x_3 + u_4 x_4 = 0$$

die u_ν gegebene Zahlen, so stellt sie in den Punktkoordinaten x_ν eine Ebene oder ein sogenanntes Punktbündel dar.

Sind dagegen die x_ν gegebene Zahlen, so stellt sie in den Ebenenkoordinaten u_ν das Ebenenbündel durch den Punkt $P: \frac{x_1}{x_4}, \frac{x_2}{x_4}, \frac{x_3}{x_4}$ dar.

Betrachtet man die Ebenen als Grundelemente im Raum, so stellt die Gleichung

$$x_1 u_1 + x_2 u_2 + x_3 u_3 + x_4 u_4 = 0$$

einen Punkt in den Ebenenkoordinaten u_ν dar, sie ist also die Gleichung eines Punktes.

§ 73. Das Dualitätsprinzip

(1) Die Gleichung

$$\begin{vmatrix} A_1 & B_1 & C_1 \\ A_2 & B_2 & C_2 \\ A_3 & B_3 & C_3 \end{vmatrix} = 0$$

ist nach § 12 (1) die Bedingung dafür, daß die 3 Geraden, deren Gleichungen in homogenen Punktkoordinaten ξ_ν

$$\begin{aligned} A_1 \xi_1 + B_1 \xi_2 + C_1 \xi_3 &= 0, \\ A_2 \xi_1 + B_2 \xi_2 + C_2 \xi_3 &= 0, \\ A_3 \xi_1 + B_3 \xi_2 + C_3 \xi_3 &= 0 \end{aligned}$$

sind, durch einen Punkt gehen.

Betrachtet man die ξ_ν als homogene Linienkoordinaten, so stellen diese 3 Gleichungen die 3 Punkte mit den homogenen Koordinaten A_ν, B_ν, C_ν dar, und das Verschwinden der Determinante ist nach § 6 (3) die Bedingung dafür, daß die 3 Punkte auf einer Geraden liegen.

Je nachdem man in den 4 Gleichungen

$$A_\nu \xi_1 + B_\nu \xi_2 + C_\nu \xi_3 + D_\nu \xi_4 = 0 \qquad \nu = 1, 2, 3, 4$$

die ξ_ν als homogene Punkt- oder Ebenenkoordinaten auffaßt, ist

$$\begin{vmatrix} A_1 & B_1 & C_1 & D_1 \\ A_2 & B_2 & C_2 & D_2 \\ A_3 & B_3 & C_3 & D_3 \\ A_4 & B_4 & C_4 & D_4 \end{vmatrix} = 0$$

nach § 50 (1) und § 43 (3) die Bedingung dafür, daß die 4 Ebenen durch einen Punkt gehen oder die 4 Punkte in einer Ebene liegen.

(2) Die Gleichung

$$\begin{vmatrix} \xi_1 & \xi_1' & \xi_1'' \\ \xi_2 & \xi_2' & \xi_2'' \\ \xi_3 & \xi_3' & \xi_3'' \end{vmatrix} = 0$$

ist nach § 8 (2) die Gleichung der Geraden durch die zwei Punkte mit den homogenen Punktkoordinaten ξ_1', ξ_2', ξ_3' und $\xi_1'', \xi_2'', \xi_3''$.

Sie ist andererseits die Gleichung des Schnittpunktes der beiden Geraden mit den homogenen Linienkoordinaten ξ_1', ξ_2', ξ_3' und $\xi_1'', \xi_2'', \xi_3''$, denn der Schnittpunkt dieser beiden Geraden

$$\xi_1' x + \xi_2' y + \xi_3' = 0,$$
$$\xi_1'' x + \xi_2'' y + \xi_3'' = 0$$

hat die homogenen Punktkoordinaten

$$x_1 = \begin{vmatrix} \xi_2' & \xi_3' \\ \xi_2'' & \xi_3'' \end{vmatrix}, \quad x_2 = -\begin{vmatrix} \xi_1' & \xi_3' \\ \xi_1'' & \xi_3'' \end{vmatrix}, \quad x_3 = \begin{vmatrix} \xi_1' & \xi_2' \\ \xi_1'' & \xi_2'' \end{vmatrix},$$

also in Linienkoordinaten ξ_ν die Gleichung

$$\xi_1 \cdot \begin{vmatrix} \xi_2' & \xi_3' \\ \xi_2'' & \xi_3'' \end{vmatrix} - \xi_2 \cdot \begin{vmatrix} \xi_1' & \xi_3' \\ \xi_1'' & \xi_3'' \end{vmatrix} + \xi_3 \cdot \begin{vmatrix} \xi_1' & \xi_2' \\ \xi_1'' & \xi_2'' \end{vmatrix} = 0.$$

(3) Dualitätsprinzip. Aus der völligen Gleichberechtigung von Punktkoordinaten mit Linien- bzw. Ebenenkoordinaten folgt:

I. Ein Satz der ebenen Geometrie, der nur Lagebeziehungen zwischen Punkten und Geraden enthält, geht in einen richtigen Satz über, wenn darin Punkt und Gerade vertauscht werden.

II. Ein Satz der räumlichen Geometrie, der nur Lagebeziehungen zwischen Punkten, Geraden und Ebenen enthält, geht in einen richtigen Satz über, wenn darin Punkt und Ebene vertauscht werden und die Geraden beibehalten werden.

(4) Duale Sätze. Beispiele für duale Sätze sind die über Pol und Polare in bezug auf Kegelschnitte und die über Pol und Polarebene in bezug auf Flächen 2. Ordnung, also z. B.:

I. Bewegt sich ein Punkt auf einer Geraden, so dreht sich seine Polare um einen Punkt.

I′. Dreht sich eine Gerade um einen Punkt, so bewegt sich ihr Pol auf einer Geraden.

II. Durchläuft ein Punkt eine Ebene, so dreht sich seine Polarebene um einen Punkt.

II′. Dreht sich eine Ebene um einen Punkt, so durchläuft ihr Pol eine Ebene.

Dual sind ferner die Sätze von Ceva und Menelaos:

III. Ceva: Werden die Verbindungslinien eines Punktes mit den Ecken eines Dreiecks geschnitten mit den Gegenseiten, so ist das Produkt der Teilverhältnisse, die diese 3 Schnittpunkte mit den Ecken bilden, konstant.

III′. Menelaos: Werden die Schnittpunkte einer Geraden mit den Seiten eines Dreiecks verbunden mit den Gegenecken, so ist das Produkt der Teilverhältnisse, die diese 3 Verbindungslinien mit den Seiten bilden, konstant.

Ebenso sind die Sätze von Pascal und Brianchon dual:

IV. Pascal: Werden je zwei Gegenseiten eines Kegelschnittsechsecks (einbeschrieben) miteinander geschnitten, so liegen die drei Schnittpunkte in einer Geraden.

IV′. Brianchon: Werden je zwei Gegenecken eines Kegelschnittsechsseits (umbeschrieben) miteinander verbunden, so gehen die drei Verbindungslinien durch einen Punkt.

§ 74. Kurven und Flächen 2. Klasse

(1) Kurven und Flächen 2. Ordnung in homogenen Koordinaten.

Kreis (Mittelpunktsgleichung)	$x_1^2 + x_2^2 = r^2 x_3^2$,
Kreis (allgemein)	$x_1^2 + x_2^2 + A x_1 x_3 + B x_2 x_3 + C x_3^2 = 0$,
Ellipse, Hyperbel (Mittelpunktsgleichung) .	$\frac{x_1^2}{a^2} \pm \frac{x_2^2}{b^2} = x_3^2$,
Parabel (Scheitelgleichung) .	$x_1^2 = 2p\, x_2 x_3$,
Kurve 2. Ordnung (allgemein)	$a_{11} x_1^2 + 2a_{12} x_1 x_2 + 2a_{13} x_1 x_3 + a_{22} x_2^2 + 2a_{23} x_2 x_3 + a_{33} x_3^2 = 0$ oder $\sum\limits_{\iota, k}^{1,2,3} a_{\iota k} x_\iota x_k = 0$ mit $a_{ik} = a_{ki}$,
Kugel (Mittelpunktsgleichung)	$x_1^2 + x_2^2 + x_3^2 = r^2 x_4^2$,
Kegel	$\frac{x_1^2}{a^2} + \frac{x_2^2}{b^2} = \frac{x_3^2}{c^2}$,
Zylinder, elliptisch und hyperbolisch	$\frac{x_1^2}{a^2} \pm \frac{x_2^2}{b^2} = x_4^2$,
Ellipsoid, Hyperboloide . .	$\frac{x_1^2}{a^2} \pm \frac{x_2^2}{b^2} \pm \frac{x_3^2}{c^2} = x_4^2$,
Zylinder, parabolisch . . .	$x_1^2 = 2p\, x_2 x_4$,
Paraboloid, elliptisch und hyperbolisch	$\frac{x_1^2}{a^2} \pm \frac{x_2^2}{b^2} = 2 x_3 x_4$,
Fläche 2. Ordnung (allgemein)	$a_{11} x_1^2 + 2a_{12} x_1 x_2 + 2a_{13} x_1 x_3 + 2a_{14} x_1 x_4 + a_{22} x_2^2 + 2a_{23} x_2 x_3 + 2a_{24} x_2 x_4 + a_{33} x_3^2 + 2a_{34} x_3 x_4 + a_{44} x_4^2 = 0$ oder $\sum\limits_{\iota, k}^{1,2,3,4} a_{\iota k} x_\iota x_k = 0$ mit $a_{\iota k} = a_{k\iota}$.

(2) Kurven 2. Klasse. Unter einer Kurve 2. Klasse versteht man die Gesamtheit der Tangenten einer Kurve 2. Ordnung. Eine solche Geradenkurve bildet also die vollständige Umhüllung eines Kegelschnittes. Sie wird in homogenen Linienkoordinaten dargestellt durch eine Gleichung von demselben Typ wie die Kurve 2. Ordnung. In dieser Gleichung sind die Bestimmungsgrößen des Kegelschnitts durch ihre reziproken Werte ersetzt. Als Bestimmungsgrößen gelten hierbei Halbachsen und Halbparameter.

Die Tangentengleichung der Ellipse lautet nämlich in homogenen Punktkoordinaten

$$\frac{x_1' x_1}{a^2} + \frac{x_2' x_2}{b^2} = x_3' x_3,$$

wobei $P : x_1', x_2', x_3'$ den Berührungspunkt bedeutet. Folglich sind die homogenen Linienkoordinaten der Tangente

$$u_1 = \frac{x_1'}{a^2}, \quad u_2 = \frac{x_2'}{b^2}, \quad u_3 = -x_3'.$$

Man erhält sämtliche Tangenten, wenn man den Punkt P' die Ellipse durchlaufen läßt, dann erfüllen seine Koordinaten die Ellipsengleichung

$$\frac{x_1'^2}{a^2} + \frac{x_2'^2}{b^2} = x_3'^2,$$

folglich erfüllen die Linienkoordinaten u_ν der Tangenten die Gleichuung

$$a^2 u_1^2 + b^2 u_2^2 = u_3^2$$

oder

$$\frac{u_1^2}{\frac{1}{a^2}} + \frac{u_2^2}{\frac{1}{b^2}} = u_3^2.$$

Analog gilt für die Parabel die Gleichung der Tangente

$$x_1' x_1 = p (x_3' x_2 + x_2' x_3),$$

für deren Linienkoordinaten

$$u_1 = x_1', \quad u_2 = -p x_3', \quad u_3 = -p x_2'$$

wegen

$$x_1'^2 = 2 p x_2' x_3'$$

die Gleichung

$$u_1^2 = 2 \cdot \frac{1}{p} \cdot u_2 u_3$$

besteht.

(3) Flächen 2. Klasse. Unter einer Fläche 2. Klasse versteht man die Gesamtheit der Tangentialebenen einer Fläche 2. Ordnung. Eine solche Ebenenfläche umhüllt die Punktfläche. In homogenen Ebenenkoordinaten wird sie durch eine Gleichung von demselben Typ wie die der Fläche 2. Ordnung dargestellt, in der nur die Bestimmungsgrößen a, b, c, p durch ihre reziproken Werte ersetzt sind.

Die Gleichung der Tangentialebene des hyperbolischen Paraboloids lautet z. B.

$$\frac{x_1' x_1}{a^2} - \frac{x_2' x_2}{b^2} = x_4' x_3 + x_3' x_4,$$

ihre Linienkoordinaten

$$u_1 = \frac{x_1'}{a^2}, \quad u_2 = -\frac{x_2'}{b^2}, \quad u_3 = -x_4', \quad u_4 = -x_3'$$

erfüllen somit die Gleichung

$$\frac{u_1^2}{\frac{1}{a^2}} - \frac{u_2^2}{\frac{1}{b^2}} = 2\, u_3\, v_4.$$

Entsprechendes gilt auch für die übrigen Flächen.

§ 75. Imaginäre Elemente

(1) Imaginäre Punkte. Ein imaginärer Punkt ist ein solcher, dessen homogene Koordinaten sämtlich oder teilweise komplexe Zahlen sind, und die sich nicht alle durch Multiplikation mit einer Konstanten in reelle Zahlen verwandeln lassen.

Die algebraische Bestimmung der Schnittpunkte einer Geraden mit einer Kurve 2. Ordnung führt auf eine quadratische Gleichung, die auch komplexe Wurzeln haben kann. Nach Einführung der imaginären Punkte gilt dann der Satz, daß ein eigentlicher Kegelschnitt mit jeder Geraden zwei Punkte gemeinsam hat, die entweder reell oder imaginär sind, und die nur im Berührungsfall in einen zusammenfallen.

Alle Geraden und Kegelschnitte enthalten demnach neben den reellen auch imaginäre Punkte. Andererseits gibt es Kurven und Flächen, die nur aus imaginären Punkten bestehen. Ein weiterer Nutzen der Einführung imaginärer Punkte ist die Tatsache, daß dadurch in jedem Falle die allgemeine Gleichung 2. Grades in der Ebene eine Kurve, im Raum eine Fläche darstellt.

Besonders bemerkenswerte imaginäre Punkte in der Ebene sind die sogenannten Kreispunkte, deren homogene Koordinaten $1, i, 0$ und $-1, i, 0$ sind, es sind also überdies noch unendlich ferne Punkte Diese haben die merkwürdige Eigenschaft, daß alle Kreise der Ebene durch sie hindurchgehen, denn sie erfüllen die allgemeine Kreisgleichung

$$x_1^2 + x_2^2 + A\, x_1\, x_3 + B\, x_2\, x_3 + C\, x_3^2 = 0,$$

welche Werte auch immer die Koeffizienten A, B, C haben.

(2) Imaginäre Geraden. Bei der Diskussion der allgemeinen Gleichung 2. Grades in der Ebene tritt die Gleichung

$$k^2\, x^2 + l^2\, y^2 = 0$$

auf, welche nur von einem reellen Punkt $(0, 0)$ erfüllt wird. Diese Gleichung läßt sich zerlegen in zwei lineare Gleichungen

$$k\, x + i\, l\, y = 0 \quad \text{und} \quad k\, x - i\, l\, y = 0,$$

welche außer von dem Punkt $0, 0$ nur durch die Koordinaten imaginärer Punkte erfüllt werden. Die Gesamtheit der Punkte, deren Koordinaten eine solche lineare Gleichung erfüllen, wird als imaginäre Gerade bezeichnet.

Allgemein ist also eine imaginäre Gerade eine solche, deren homogene Linienkoordinaten sämtlich oder teilweise komplexe Zahlen sind, und die nicht insgesamt reellen Zahlen proportional sind.

Jede imaginäre Gerade hat genau einen reellen Punkt, denn ihre Gleichung in inhomogenen Koordinaten läßt sich auf die Form

$$(a + b\,i)\,x + (c + d\,i\,)y + e = 0$$

bringen, wobei im Falle $e = 0$

$$\frac{c + di}{a + b\,i} = \frac{(c + di) \cdot (a - b\,i)}{a^2 + b^2} = \frac{a\,c + b\,d}{a^2 + b^2} + i\,\frac{a\,d - b\,c}{a^2 + b^2}$$

keine reelle Zahl sein darf, d. h. $a\,d - b\,c \neq 0$ sein muß. Jeder reelle Punkt, der die Gleichung befriedigt, muß eine reelle Abszisse haben, sie kann

$$x_1 = d\lambda$$

gesetzt werden. Seine Ordinate ergibt sich dann aus der Gleichung

$$c\,y_1 + dy_1\,i = -\,a\,d\lambda - e - b\,d\lambda\,i.$$

Für reelle y_1 folgt daraus

$$\begin{aligned} y_1 &= -\,b\,\lambda \\ c\,y_1 &= -\,a\,d\lambda - e \\ \hline -\,b\,c\,\lambda &= -\,a\,d\lambda - e, \end{aligned}$$

$$\lambda = \frac{-\,e}{a\,d - b\,c},$$

d. h. es gibt genau einen Wert λ, so daß die reellen Koordinaten $d\lambda$, $-\,b\,\lambda$ die Geradengleichung erfüllen.

Der reelle Punkt einer imaginären Geraden kann unter Umständen auch ihr unendlich ferner Punkt sein.

Die Gleichung

$$x^2 = -\,k^2,$$

die sich in

$$x + k\,i = 0 \quad \text{und} \quad x - k\,i = 0$$

zerlegen läßt, stellt zwei Geraden dar, die in Analogie zu den bisherigen Definitionen parallel genannt werden, was auch insofern berechtigt ist, als sie denselben unendlich fernen Punkt haben, nämlich in homogenen Koordinaten 0, 1, 0, welcher gleichzeitig ihr reeller Punkt ist.

(3) Imaginäre Ellipsen. Die Gleichung

$$\frac{x^2}{a^2} + \frac{y^2}{b^2} = -\,1,$$

die ebenfalls als Spezialfall der allgemeinen Gleichung 2. Grades in der Ebene auftritt, wird nur von den Koordinaten imaginärer Punkte erfüllt. Die Gesamtheit dieser Punkte wird wegen der Ähnlichkeit der Gleichung mit der Ellipsengleichung imaginäre Ellipse genannt.

Für $a = b$ erhält man den imaginären Kreis

$$x^2 + y^2 = -\,a^2,$$

oder in homogenen Koordinaten

$$x_1^2 + x_2^2 = -a^2 x_3^2 .$$

Auch alle imaginären Kreise gehen durch die beiden Kreispunkte.

(4) Klassifikation der Kurven 2. Ordnung. Nach § 37 (1) stellt die allgemeine Gleichung 2. Grades in der Ebene, falls die Determinante $D \neq 0$ und $A_{33} > 0$ ist, eine Ellipse dar, die

reell ist für . . . . $a_{11} D < 0$,
imaginär ist für . . . . $a_{11} D > 0$.

Für $D = 0$ stellt die allgemeine Gleichung 2. Grades stets ein Geradenpaar dar, welches

imaginär ist mit reellem Schnittpunkt
für . . . . $A_{33} > 0$,
imaginär und parallel ist für . . . . $A_{33} = 0$, $A_{11} + A_{22} > 0$,
reell und zusammenfallend ist für . . $A_{33} = 0$, $A_{11} + A_{22} = 0$,
reell und parallel ist für . . . . . . $A_{33} = 0$, $A_{11} + A_{22} < 0$,
reell ist mit reellem Schnittpunkt für $A_{33} < 0$.

(5) Imaginäre Ebenen. Die allgemeine Gleichung 2. Grades im Raum enthält den Gleichungstyp
$$\frac{x^2}{a^2} + \frac{y^2}{b^2} = 0 .$$

Diese Gleichung wird, abgesehen von den Punkten der z-Achse, nur durch die Koordinaten imaginärer Raumpunkte erfüllt. Sie läßt sich zerlegen in

$$\frac{x}{a} + \frac{iy}{b} = 0 \qquad \text{und} \qquad \frac{x}{a} - \frac{iy}{b} = 0 .$$

Jede dieser linearen Gleichungen stellt eine Mannigfaltigkeit von reellen und imaginären Punkten dar, welche eine imaginäre Ebene genannt wird.

Eine Ebene heißt also imaginär, wenn ihre homogenen Ebenenkoordinaten sämtlich oder zum Teil komplexe Zahlen sind, die nicht alle vier reellen Zahlen proportional sind.

Jede imaginäre Ebene enthält eine reelle Gerade, denn ihrer Gleichung in inhomogenen Koordinaten läßt sich die Form

$$E_1 \equiv (a_1 + b_1 i)\, x + (a_2 + b_2 i)\, y + (a_3 + b_3 i)\, z + (a_4 + b_4 i) = 0$$

geben. Bringt man sie zum Schnitt mit der Ebene

$$E_2 \equiv (a_1 - b_1 i)\, x + (a_2 - b_2 i)\, y + (a_3 - b_3 i)\, z + (a_4 - b_4 i) = 0,$$

so läßt sich die Schnittgerade nach § 50 (1) auch darstellen durch

$$\frac{1}{2} \cdot (E_1 + E_2) \equiv a_1 x + a_2 y + a_3 z + a_4 = 0,$$
$$\frac{1}{2i} \cdot (E_1 - E_2) \equiv b_1 x + b_2 y + b_3 z + b_4 = 0 .$$

Das ist aber eine reelle Gerade, welche auf der Ebene $E_1 = 0$ liegt.

(6) Imaginäre Flächen 2. Ordnung. Die bei der Diskussion der allgemeinen Gleichung 2. Grades im Raum auftretenden Gleichungen

$$\frac{x^2}{a^2} + \frac{y^2}{b^2} + \frac{z^2}{c^2} = -1,$$

$$\frac{x^2}{a^2} + \frac{y^2}{b^2} + \frac{z^2}{c^2} = 0,$$

$$\frac{x^2}{a^2} + \frac{y^2}{b^2} = -1$$

werden, abgesehen von der zweiten, die den Koordinatenanfangspunkt enthält, nur von den Koordinaten imaginärer Punkte erfüllt, sie stellen also imaginäre Flächen 2. Ordnung dar, die ihren Gleichungen entsprechend als imaginäres Ellipsoid, imaginärer Kegel und imaginärer elliptischer Zylinder bezeichnet werden.

Zehntes Kapitel

Einteilung der Geometrie nach dem Gruppenprinzip

§ 76. Metrische Abbildungen

(1) Bewegungen. Bei einer beliebigen Bewegung des rechtwinkligen Koordinatensystems transformieren sich die Koordinaten der Punkte gemäß § 2 (3) und § 45 (2) nach den Gleichungen

$$X = x \cdot \cos\alpha + y \cdot \sin\alpha + b_1$$
$$Y = -x \cdot \sin\alpha + y \cdot \cos\alpha + b_2$$

in der Ebene, bzw.

$$X = x \cdot \cos\alpha_1 + y \cdot \cos\beta_1 + z \cdot \cos\gamma_1 + b_1$$
$$Y = x \cdot \cos\alpha_2 + y \cdot \cos\beta_2 + z \cdot \cos\gamma_2 + b_2$$
$$Z = x \cdot \cos\alpha_3 + y \cdot \cos\beta_3 + z \cdot \cos\gamma_3 + b_3$$

im Raum. Bei festgehaltenem Koordinatensystem repräsentieren diese Gleichungen eine beliebige Bewegung der Ebene oder des Raumes mit allen darin gelegenen Punkten und Figuren. Dabei erfüllen die Koeffizienten der Koordinaten x, y, z noch die in § 45 (2) angegebenen Bedingungen. Jede Bewegung wird also dargestellt durch eine lineare Transformation der Koordinaten

$$X = a_{11}\,x + a_{12}\,y + a_{13}\,z + b_1$$
$$Y = a_{21}\,x + a_{22}\,y + a_{23}\,z + b_2$$
$$Z = a_{31}\,x + a_{32}\,y + a_{33}\,z + b_3$$

mit orthogonaler Determinante, d. h. in der Determinante

$$D = \begin{vmatrix} a_{11} & a_{12} & a_{13} \\ a_{21} & a_{22} & a_{23} \\ a_{31} & a_{32} & a_{33} \end{vmatrix}$$

ist die Quadratsumme jeder Parallelreihe gleich 1 und das innere Produkt je zweier Parallelreihen, das ist die Summe aus den Produkten zweier entsprechender Glieder dieser Reihen, gleich Null. Daß diese Bedingungen auch von den Bewegungen in der Ebene erfüllt werden, bei denen die Determinante

$$D = \begin{vmatrix} \cos\alpha & \sin\alpha \\ -\sin\alpha & \cos\alpha \end{vmatrix}$$

nur zweireihig ist, ist unmittelbar einleuchtend.

Umgekehrt stellt aber nicht jede lineare Substitution mit orthogonaler Determinante eine Bewegung dar, so gibt z. B. die Transformation

$$X = -x,$$
$$Y = y$$

eine Spiegelung an der y-Achse in der Ebene wieder, oder im Raum

$$X = -x,$$
$$Y = y,$$
$$Z = z,$$

deren Determinante ebenfalls orthogonal ist, eine Spiegelung an der y, z-Ebene, bei welcher ein unsymmetrischer Körper in einen ebensolchen übergeführt wird, der durch keine Bewegung aus dem ersten erhalten werden kann. Rechte und linke Hand sind beispielsweise solche Spiegelbilder.

Kennzeichnend für das Vorliegen einer Bewegung ist die zusätzliche Bedingung, daß die Determinante der Transformation positiv ist. Ist nämlich eine lineare Koordinatentransformation mit orthogonaler und positiver Determinante gegeben, so lassen sich 9 Winkel $\alpha_1, \ldots, \gamma_3$ so angeben, daß

$$\cos\alpha_1 = a_{11}, \quad \cos\beta_1 = a_{12}, \ldots \cos\gamma_3 = a_{33}$$

ist. Dabei erfüllen die Kosinus die Bedingungen I und II des § 45 (2) und das Tetraeder 0, 0, 0; 1, 0, 0; 0, 1, 0; 0, 0, 1, dessen Volumen nach § 67 (4)

$$T = -\frac{1}{6} \begin{vmatrix} 1 & 0 & 0 \\ 0 & 1 & 0 \\ 0 & 0 & 1 \end{vmatrix} = -\frac{1}{6} < 0$$

ist, geht über in das Tetraeder b_1, b_2, b_3; $a_{11} + b_1, a_{21} + b_2, a_{31} + b_3$; $a_{12} + b_1, a_{22} + b_2, a_{32} + b_3$; $a_{13} + b_1, a_{23} + b_2, a_{33} + b_3$ mit dem Volumen

$$T' = -\frac{1}{6}\begin{vmatrix} a_{11} & a_{12} & a_{13} \\ a_{21} & a_{22} & a_{23} \\ a_{31} & a_{32} & a_{33} \end{vmatrix} < 0,$$

d. h. beide Tetraeder sind gleich orientiert. Die Transformation stellt also tatsächlich eine Bewegung dar.

Die Bewegungen sind die einfachste Art geometrischer Abbildungen, invariant sind dabei alle geometrischen Eigenschaften außer der Lage der Figuren, die charakteristische Invariante ist die Länge.

(2) Gruppen. Ein System vom Operationen bildet eine Gruppe, wenn es folgende Eigenschaften hat:

1. Das Ergebnis zweier nacheinander ausgeführter Operationen ist wieder eine Operation des Systems.
2. Das System enthält die identische oder Einheitsoperation, die keine Änderung bewirkt.
3. Zu jeder Operation gibt es eine inverse Operation im System, welche den ursprünglichen Zustand wiederherstellt.

Die Bewegungen bilden eine Gruppe.

(3) Umlegungen. Die orthogonalen Substitutionen mit negativer Determinante lassen sich zerlegen in die Transformation

$$\begin{aligned} \xi &= -a_{11}x - a_{12}y - a_{13}z - b_1 \\ \eta &= a_{21}x + a_{22}y + a_{23}z + b_2 \\ \zeta &= a_{31}x + a_{32}y + a_{33}z + b_3, \end{aligned}$$

deren Determinante ebenfalls orthogonal, aber positiv ist, und die Transformation

$$\begin{aligned} X &= -\xi, \\ Y &= \eta, \\ Z &= \zeta, \end{aligned}$$

d. h. in eine Bewegung und eine Spiegelung an einer Koordinatenebene bzw. -achse.

Derartige Abbildungen heißen Umlegungen, sie bilden keine Gruppe. Ihnen gegenüber sind Orientierung und Drehungssinn nicht mehr invariant, auch Flächeninhalt und Volumen multiplizieren sich mit -1.

(4) Kongruenztransformationen. Die Bewegungen und Umlegungen zusammengefaßt ergeben die metrischen Abbildungen, welche wieder eine Gruppe bilden. Sie werden analytisch dargestellt durch orthogonale Substitutionen ohne Berücksichtigung des Vorzeichens der Determinante, durch sogenannte Kongruenztransformationen. Dadurch werden nämlich alle Figuren in kongruente Figuren übergeführt, die allerdings entgegengesetzte Orientierung haben können.

In homogenen Koordinaten hat eine Kongruenztransformation die Gestalt

$$\begin{aligned} X_1 &= a_{11} x_1 + a_{12} x_2 + a_{13} x_3 + b_1 x_4 \\ X_2 &= a_{21} x_1 + a_{22} x_2 + a_{23} x_3 + b_2 x_4 \\ X_3 &= a_{31} x_1 + a_{32} x_2 + a_{33} x_3 + b_3 x_4 \\ X_4 &= \phantom{a_{31} x_1 + a_{32} x_2 + a_{33} x_3 + b_3} x_4. \end{aligned}$$

Diese folgt nämlich aus

$$\begin{aligned} \frac{X_1}{X_4} &= a_{11} \frac{x_1}{x_4} + a_{12} \frac{x_2}{x_4} + a_{13} \frac{x_3}{x_4} + b_1 \\ \frac{X_2}{X_4} &= a_{21} \frac{x_1}{x_4} + a_{22} \frac{x_2}{x_4} + a_{23} \frac{x_3}{x_4} + b_2 \\ \frac{X_3}{X_4} &= a_{31} \frac{x_1}{x_4} + a_{32} \frac{x_2}{x_4} + x_{33} \frac{x_3}{x_4} + b_3, \end{aligned}$$

da man die homogenen Koordinaten X_1, X_2, X_3, X_4 mit einem beliebigen Faktor, z. B. mit $\frac{X_4}{x_4} = \lambda$ multiplizieren kann. Dann wird aus der Gleichung

$$X_4 = \lambda x_4 \quad \lambda X_4 = \lambda x_4 \quad \text{oder} \quad X_4 = x_4 .$$

Betrachtet man statt der inhomogenen Punktkoordinaten Vektorkoordinaten, die ja nach § 64 (3) die Differenzen aus den Koordinaten des End- und Anfangspunktes sind, so verschwinden die absoluten Glieder in den Transformationsgleichungen, und diese lauten nun

$$\begin{aligned} \overline{X} &= a_{11} \overline{x} + a_{12} \overline{y} + a_{13} \overline{z} \\ \overline{Y} &= a_{21} \overline{x} + a_{22} \overline{y} + a_{23} \overline{z} \\ \overline{Z} &= a_{31} \overline{x} + a_{32} \overline{y} + a_{33} \overline{z}, \end{aligned}$$

was übrigens nur nochmals zum Ausdruck bringt, daß Vektoren nur bis auf Parallelverschiebungen bestimmt sind.

Die Bewegungen bilden eine Untergruppe der metrischen Abbildungen, d. h. sie sind darin enthalten.

Die Aufgabe der metrischen Geometrie ist die Aufsuchung aller Eigenschaften der Figuren, die bei metrischer Abbildung invariant bleiben.

§ 77. Äquiforme Abbildungen

(1) Ähnlichkeitstransformationen. Eine äquiforme Abbildung einer Ebene auf sich wird nach § 38 (1) geometrisch dargestellt durch Zentralprojektion dieser Ebene auf eine zu ihr parallele und anschließende Verschiebung der letzteren in die gegebene Ebene. Legt man ein cartesisches Koordinatensystem in die Ebene, so handelt es sich dabei also um eine Bewegung und eine gleichmäßige Verzerrung der beiden Achsen. Die

Transformation der Koordinaten eines beliebigen Punktes erfolgt dann in zwei Schritten

$$\xi = x \cdot \cos\varphi + y \cdot \sin\varphi + c_1$$
$$\eta = -x \cdot \sin\varphi + y \cdot \cos\varphi + c_2$$

und

$$X = m\,\xi$$
$$Y = m\,\eta$$

oder zusammengefaßt als lineare Substitution

$$X = m \cdot \cos\varphi \cdot x + m \cdot \sin\varphi \cdot y + b_1$$
$$Y = -m \cdot \sin\varphi \cdot x + m \cdot \cos\varphi \cdot y + b_2,$$

deren Koeffizienten denen einer orthogonalen Substitution mit positiver Determinante proportional sind.

Entsprechend wird auch die äquiforme Abbildung im Raum durch eine lineare Transformation gegeben, in der die Koeffizienten denen einer orthogonalen Substitution mit positiver Determinante proportional sind:

$$X = a_{11}\,x + a_{12}\,y + a_{13}\,z + b_1$$
$$Y = a_{21}\,x + a_{22}\,y + a_{23}\,z + b_2$$
$$Z = a_{31}\,x + a_{32}\,y + a_{33}\,z + b_3$$

mit $a_{i1}^2 + a_{i2}^2 + a_{i3}^2 = m^2$ und $a_{1i}^2 + a_{2i}^2 + a_{3i}^2 = m^2$

für $i = 1, 2, 3$,

$$a_{i1}\,a_{k1} + a_{i2}\,a_{k2} + a_{i3}\,a_{k3} = 0 \text{ und } a_{1i}\,a_{1k} + a_{2i}\,a_{2k} + a_{3i}\,a_{3k} = 0$$

für $i, k = 1, 2, 3;\ i \neq k$.

Die äquiformen Abbildungen bilden eine Gruppe, die charakteristische Invariante ist der Winkel.

Nimmt man noch die Substitutionen hinzu, deren Koeffizienten denen einer orthogonalen Substitution mit negativer Determinante proportional sind, so werden auch diejenigen ähnlichen Abbildungen erfaßt, welche noch eine zusätzliche Spiegelung enthalten. Alle zusammen bilden die Gruppe der indirekten äquiformen Abbildungen, eine Untergruppe von ihr sind die metrischen Abbildungen.

(2) Invarianz des Winkels. Bei Verwendung von Vektorkoordinaten verschwinden wie in § 76 (4) die absoluten Glieder in der Ähnlichkeitstransformation. Sind $\mathfrak{V}_1 : \bar{X}_1, \bar{Y}_1, \bar{Z}_1$ und $\mathfrak{V}_2 : \bar{X}_2, \bar{Y}_2, \bar{Z}_2$ die äquiformen Bilder zweier Vektoren $\mathfrak{v}_1 : \bar{x}_1, \bar{y}_1, \bar{z}_1$ und $\mathfrak{v}_2 : \bar{x}_2, \bar{y}_2, \bar{z}_2$, so ist ihr inneres Produkt

$$\begin{aligned}\mathfrak{V}_1 \cdot \mathfrak{V}_2 &= \bar{X}_1\,\bar{X}_2 + \bar{Y}_1\,\bar{Y}_2 + \bar{Z}_1\,\bar{Z}_2\\ &= (a_{11}\,\bar{x}_1 + a_{12}\,\bar{y}_1 + a_{13}\,\bar{z}_1) \cdot (a_{11}\,\bar{x}_2 + a_{12}\,\bar{y}_2 + a_{13}\,\bar{z}_2) + \cdots\\ &= (a_{11}^2 + a_{21}^2 + a_{31}^2) \cdot \bar{x}_1\,\bar{x}_2 + \cdots\\ &= m^2\,\bar{x}_1\,\bar{x}_2 + m^2\,\bar{y}_1\,\bar{y}_2 + m^2\,\bar{z}_1\,\bar{z}_2 = m^2 \cdot \mathfrak{v}_1 \cdot \mathfrak{v}_2.\end{aligned}$$

Ferner sind die Längen der Vektoren

$$|\mathfrak{V}_1| = \sqrt{\mathfrak{V}_1 \cdot \mathfrak{V}_1} = \sqrt{m^2 \cdot \mathfrak{v}_1 \cdot \mathfrak{v}_1} = m \cdot |\mathfrak{v}_1|, \quad |\mathfrak{V}_2| = m \cdot |\mathfrak{v}_2|.$$

Der Winkel Φ je zweier Bildvektoren ist wegen

$$\cos \Phi = \frac{\mathfrak{V}_1 \cdot \mathfrak{V}_2}{|\mathfrak{V}_1| \cdot |\mathfrak{V}_2|} = \frac{\mathfrak{v}_1 \cdot \mathfrak{v}_2}{|\mathfrak{v}_1| \cdot |\mathfrak{v}_2|} = \cos \varphi$$

gleich dem Winkel φ der Originalvektoren.

Der Winkel ist also gegenüber äquiformen Abbildungen invariant.

(3) Fixpunkte. Die äquiformen Abbildungen in der Ebene führen die unendlich fernen Kreispunkte in sich über.

Beweis: Jede äquiforme Abbildung der Ebene hat in homogenen cartesischen Koordinaten die Form

$$\begin{aligned} X_1 &= m \cdot \cos \varphi \cdot x_1 + m \cdot \sin \varphi \cdot x_2 + b_1 x_3 \\ X_2 &= -m \cdot \sin \varphi \cdot x_1 + m \cdot \cos \varphi \cdot x_2 + b_2 x_3 \\ X_3 &= x_3. \end{aligned}$$

Die unendlich fernen Kreispunkte $1, \pm i, 0$ gehen durch sie über in die Punkte mit den homogenen Koordinaten

$$\begin{aligned} &m \cdot \cos \varphi \pm i\, m \cdot \sin \varphi, && -m \cdot \sin \varphi \pm i\, m \cdot \cos \varphi, \; 0, \\ &= m \cdot e^{\pm i\varphi} && = \pm i\, m \cdot e^{\pm i\varphi} \end{aligned}$$

und da diese durch den Faktor $m \cdot e^{\pm i\varphi}$ dividiert werden können, stellen sie wieder die Kreispunkte $1, \pm i, 0$ dar.

§ 78. Affine Abbildungen

(1) Affine Koordinatentransformationen in der Ebene. Nach § 23 (2) wird eine affine Abbildung allgemein durch schräge Parallelprojektion zweier geneigte Ebenen gegeben. Werden beide Ebenen danach zusammengeklappt, so wird die Ebene affin auf sich selbst abgebildet. Dabei geht ein rechtwinkliges Koordinatensystem im allgemeinen in ein schiefwinkliges über, das gegenüber dem rechtwinkligen noch verschoben und verzerrt ist. Die Transformation der Koordinaten erfolgt somit in mehreren Schritten:

1. Das rechtwinklige Koordinatensystem (x, y) wird in ein schiefwinkliges $(\mathfrak{x}, \mathfrak{y})$ übergefuhrt, dafur gelten nach § 1 (3) die Gleichungen

$$\begin{aligned} x &= \mathfrak{x} \cdot \cos \alpha + \mathfrak{y} \cdot \cos \beta \\ y &= \mathfrak{x} \cdot \sin \alpha + \mathfrak{y} \cdot \sin \beta, \end{aligned}$$

oder nach $\mathfrak{x}$ und $\mathfrak{y}$ aufgelöst

$$\begin{aligned} \mathfrak{x} &= \frac{1}{\sin(\beta - \alpha)} \cdot (x \cdot \sin \beta - y \cdot \cos \beta) \\ \mathfrak{y} &= \frac{1}{\sin(\beta - \alpha)} \cdot (-x \cdot \sin \alpha + y \cdot \cos \alpha). \end{aligned}$$

2. Das schiefwinklige Koordinatensystem $(\mathfrak{x}, \mathfrak{y})$ wird in das (ξ, η)-System parallel verschoben, d. h. nach § 2 (1)

$$\xi = \mathfrak{x} - u$$
$$\eta = \mathfrak{y} - v.$$

3. Hieraus entsteht durch Verzerrung der Achsen das (X, Y)-System, wofür die Transformationsgleichungen

$$X = k_1 \xi$$
$$Y = k_2 \eta$$

gelten, oder zusammengefaßt

$$X = \frac{k_1}{\sin(\beta - \alpha)} \cdot [x \cdot \sin\beta - y \cdot \cos\beta - u \cdot \sin(\beta - \alpha)]$$
$$Y = \frac{k_2}{\sin(\beta - \alpha)} \cdot [-x \cdot \sin\alpha + y \cdot \cos\alpha - v \cdot \sin(\beta - \alpha)].$$

Die Determinante aus den Koeffizienten der laufenden Koordinaten ist

$$D = \frac{k_1 k_2}{\sin^2(\beta - \alpha)} \cdot \begin{vmatrix} \sin\beta & -\cos\beta \\ -\sin\alpha & \cos\alpha \end{vmatrix} = \frac{k_1 k_2}{\sin(\beta - \alpha)} \neq 0.$$

Eine affine Abbildung wird also dargestellt durch eine lineare Koordinatentransformation

$$X = a_{11} x + a_{12} y + b_1$$
$$Y = a_{21} x + a_{22} y + b_2$$

mit von Null verschiedener Determinante

$$D = \begin{vmatrix} a_{11} & a_{12} \\ a_{21} & a_{22} \end{vmatrix} \neq 0.$$

Umgekehrt läßt sich jede Koordinatentransformation als affine Abbildung deuten, denn aus den Gleichungen

$$a_{11} = \frac{k_1 \cdot \sin\beta}{\sin(\beta - \alpha)}, \quad a_{12} = \frac{-k_1 \cdot \cos\beta}{\sin(\beta - \alpha)}, \quad b_1 = -k_1 u,$$
$$a_{21} = \frac{-k_2 \cdot \sin\alpha}{\sin(\beta - \alpha)}, \quad a_{22} = \frac{k_2 \cdot \cos\alpha}{\sin(\beta - \alpha)}, \quad b_2 = -k_2 v$$

berechnen sich die Winkel der neuen Achsen gegen die alte x-Achse nach

$$\operatorname{tg}\alpha = -\frac{a_{21}}{a_{22}}, \quad \operatorname{tg}\beta = -\frac{a_{11}}{a_{12}},$$

die Verzerrungsfaktoren

$$k_1 = \frac{a_{11} \cdot \sin(\beta - \alpha)}{\sin\beta}, \qquad k_2 = \frac{a_{22} \cdot \sin(\beta - \alpha)}{\cos\alpha}$$

und die Koordinaten des neuen Anfangspunktes

$$u = -\frac{b_1}{k_1}, \quad v = -\frac{b_2}{k_2}.$$

(2) Affine Koordinatentransformationen im Raum. Im Raum wird die Abbildung, die durch eine lineare Substitution der Koordinaten mit von Null verschiedener Determinante dargestellt wird, eine affine Abbildung des Raumes auf sich genannt.

Sie lautet in homogenen Koordinaten

$$\begin{aligned} X_1 &= a_{11}\,x_1 + a_{12}\,x_2 + a_{13}\,x_3 + b_1\,x_4 \\ X_2 &= a_{21}\,x_1 + a_{22}\,x_2 + a_{23}\,x_3 + b_2\,x_4 \\ X_3 &= a_{31}\,x_1 + a_{32}\,x_2 + a_{33}\,x_3 + b_3\,x_4 \\ X_4 &= \phantom{a_{31}\,x_1 + a_{32}\,x_2 + a_{33}\,x_3 + b_3\,} x_4 \end{aligned}$$

und in inhomogenen Vektorkoordinaten

$$\begin{aligned} \bar{X} &= a_{11}\,\bar{x} + a_{12}\,\bar{y} + a_{13}\,\bar{z} \\ \bar{Y} &= a_{21}\,\bar{x} + a_{22}\,\bar{y} + a_{23}\,\bar{z} \\ \bar{Z} &= a_{31}\,\bar{x} + a_{32}\,\bar{y} + a_{33}\,\bar{z}\,. \end{aligned}$$

Die affinen Abbildungen bilden eine Gruppe, denn zwei solche linearen Koordinatentransformationen nacheinander ausgeführt ergeben wieder eine lineare Transformation, die identische Abbildung $X = x$, $Y = y$, $Z = z$ ist affin und zu jeder affinen Abbildung gibt es eine Umkehrung, die wiederum eine affine Abbildung ist, denn die Gleichungen

$$\begin{aligned} X - b_1 &= a_{11}\,x + a_{12}\,y + a_{13}\,z \\ Y - b_2 &= a_{21}\,x + a_{22}\,y + a_{23}\,z \\ Z - b_3 &= a_{31}\,x + a_{32}\,y + a_{33}\,z \end{aligned}$$

lassen sich wegen $D \neq 0$ eindeutig nach x, y, z auflösen und diese sind lineare Funktionen von X, Y, Z.

Die charakteristischen Invarianten dieser Gruppe sind Parallelität und Teilverhältnis. Die Bestimmung aller Eigenschaften, die bei affiner Abbildung invariant bleiben, macht den Inhalt der affinen Geometrie aus.

Die äquiformen Abbildungen sind eine Untergruppe der affinen Abbildungen.

(3) Parallelität. Die Parallelität ist eine affine Invariante, denn ein Vektor $\mathfrak{v}_1 : \bar{x}_1, \bar{y}_1, \bar{z}_1$ und ein dazu paralleler Vektor $\mathfrak{v}_2 : k\,\bar{x}_1, k\,\bar{y}_1, k\,\bar{z}_1$ gehen über in die Vektoren

$$\begin{aligned} \mathfrak{V}_1 : a_{11}\,\bar{x}_1 + a_{12}\,\bar{y}_1 + a_{13}\,\bar{z}_1,\quad & a_{21}\,\bar{x}_1 + a_{22}\,\bar{y}_1 + a_{23}\,\bar{z}_1, \\ & a_{31}\,\bar{x}_1 + a_{32}\,\bar{y}_1 + a_{33}\,\bar{z}_1 \end{aligned}$$

$$\begin{aligned} \mathfrak{V}_2 : k\,(a_{11}\,\bar{x}_1 + a_{12}\,\bar{y}_1 + a_{13}\,\bar{z}),\quad & k\,(a_{21}\,\bar{x}_1 + a_{22}\,\bar{y}_1 + a_{23}\,\bar{z}_1), \\ & k\,(a_{31}\,\bar{x}_1 + a_{32}\,\bar{y}_1 + a_{33}\,\bar{z}_1), \end{aligned}$$

d. h. in zwei parallele Vektoren.

(4) Teilverhältnis. Das Teilverhaltnis dreier Punkte ist affin invariant, denn es ist das Teilverhältnis $(T;\ P_1, P_2)$ nach § 41 (3)

$$\lambda = \frac{x_1 - x_T}{x_T - x_2} = \frac{y_1 - y_T}{y_T - y_2} = \frac{z_1 - z_T}{z_T - z_2}$$

und das der 3 Bildpunkte

$$\frac{X_1 - X_T}{X_T - X_2} = \frac{a_{11}(x_1 - x_T) + a_{12}(y_1 - y_T) + a_{13}(z_1 - z_T)}{a_{11}(x_T - x_2) + a_{12}(y_T - y_2) + a_{13}(z_T - z_2)} =$$

$$= \frac{z_1 - z_T}{z_T - z_2} \cdot \frac{a_{11}\frac{x_1 - x_T}{z_1 - z_T} + a_{12}\frac{y_1 - y_T}{z_1 - z_T} + a_{13}}{a_{11}\frac{x_T - x_2}{z_T - z_2} + a_{12}\frac{y_T - y_2}{z_T - z_2} + a_{13}} = \lambda \cdot 1 = \lambda.$$

(5) Fixelemente. Alle affinen Abbildungen der Ebene führen die unendlich ferne Gerade, die des Raumes die unendlich ferne Ebene in sich über. Dies folgt unmittelbar aus der affinen Koordinatentransformation in homogenen Koordinaten und den Gleichungen der unendlich fernen Elemente, die nach § 71 (1) und § 72 (1) $x_3 = 0$ bzw. $x_4 = 0$ sind.

§ 79. Projektive Abbildungen

(1) Projektive Koordinatentransformationen. Jede durch eine allgemeinste lineare Substitution in homogenen Koordinaten dargestellte Abbildung heißt projektiv. Damit diese auch eindeutig umkehrbar ist, muß nur vorausgesetzt werden, daß die Determinante aus den Koeffizienten, diesmal aus allen Koeffizienten, von Null verschieden ist. Eine projektive Koordinatentransformation im Raum ist also

$$\begin{aligned}
X_1 &= a_{11}x_1 + a_{12}x_2 + a_{13}x_3 + a_{14}x_4\\
X_2 &= a_{21}x_1 + a_{22}x_2 + a_{23}x_3 + a_{24}x_4\\
X_3 &= a_{31}x_1 + a_{32}x_2 + a_{33}x_3 + a_{34}x_4\\
X_4 &= a_{41}x_1 + a_{42}x_2 + a_{43}x_3 + a_{44}x_4
\end{aligned}$$

mit

$$D = \begin{vmatrix} a_{11} & a_{12} & a_{13} & a_{14}\\ a_{21} & a_{22} & a_{23} & a_{24}\\ a_{31} & a_{32} & a_{33} & a_{34}\\ a_{41} & a_{42} & a_{43} & a_{44} \end{vmatrix} \neq 0.$$

Es ist ohne weiteres ersichtlich, daß die projektiven Abbildungen eine Gruppe bilden, die die affinen Abbildungen als Untergruppe enthält. Die charakteristischen Invarianten sind Inzidenz und Doppelverhältnis. Bemerkenswert ist noch, daß bei projektiven Abbildungen die unendlich ferne Ebene bzw. Gerade in eine eigentliche Ebene bzw. Gerade übergeht.

In inhomogenen Koordinaten stellt sich eine projektive Abbildung als gebrochene lineare Substitution dar.

(2) Perspektive Abbildungen. Jede perspektive Abbildung der Ebene auf sich wird durch eine projektive Koordinatentransformation dargestellt. Die perspektiven Abbildungen bilden aber keine Gruppe.

Jede projektive Abbildung der Ebene auf sich läßt sich durch endlich viele perspektive Abbildungen bewirken.

Der Beweis dieser Sätze gehört jedoch in die projektive Geometrie.

Hieraus folgt dann die Invarianz des Doppelverhältnisses gegenüber projektiven Abbildungen, denn nach dem Satz des Pappus in § 15 (5) bleibt das Doppelverhältnis von 4 Punkten bei beliebiger Projektion ungeändert.

§ 80. Projektive Klassifikation der Kurven und Flächen 2. Ordnung

(1) Kurven 2. Ordnung. Alle Kurven, die durch projektive Abbildung ineinander übergeführt werden können, heißen projektiv äquivalent. Daß z. B. bestimmte eigentliche Kegelschnitte projektiv äquivalent sind, folgt schon daraus, daß sie Schnitte eines Kegels sind, also durch Zentralprojektion von der Kegelspitze aus auseinander hervorgehen. Betrachtet man alle Kurven 2. Ordnung einschließlich der imaginären, so läßt sich zeigen, daß man sie in 5 Klassen einteilen kann:

Alle Ellipsen und Kreise lassen sich durch Bewegung auf die Mittelpunktsgleichung bringen, diese lautet in homogenen Koordinaten

$$\frac{x_1^2}{a^2} + \frac{x_2^2}{b^2} = x_3^2.$$

Durch die projektive Abbildung

$$X_1 = \frac{1}{a}\, x_1$$

$$X_2 = \qquad \frac{1}{b}\, x_2$$

$$X_3 = \qquad\qquad x_3$$

geht sie über in

$$X_1^2 + X_2^2 = X_3^2,$$

d. h. alle Ellipsen und Kreise lassen sich durch projektive Transformation aus dem Einheitskreis erzeugen.

Auch alle Hyperbeln

$$\frac{x_1^2}{a^2} - \frac{x_2^2}{b^2} = x_3^2$$

werden durch projektive Abbildung

$$X_1 = \qquad\qquad x_3$$

$$X_2 = \qquad \frac{1}{b}\, x_2$$

$$X_3 = \frac{1}{a}\, x_1$$

in den Einheitskreis $X_1^2 + X_2^2 = X_3^2$ übergeführt.

Schließlich gehen auch alle Parabeln

$$x_1^2 = 2p\,x_2\,x_3$$

durch die projektive Transformation

$$\begin{aligned} X_1 &= x_1 \\ X_2 &= \sqrt{\frac{p}{2}}\,x_2 - \sqrt{\frac{p}{2}}\,x_3 \\ X_3 &= \sqrt{\frac{p}{2}}\,x_2 + \sqrt{\frac{p}{2}}\,x_3 \end{aligned}$$

in $X_1^2 + X_2^2 = X_3^2$ über.

Die imaginären Ellipsen

$$\frac{x_1^2}{a^2} + \frac{x_2^2}{b^2} = -\,x_3^2$$

liefern durch dieselbe Transformation wie bei den reellen Ellipsen den imaginären Einheitskreis $X_1^2 + X_2^2 = -X_3^2$. Dieser läßt sich durch reelle projektive Koordinatentransformation nicht mehr in den reellen Einheitskreis überführen.

Die uneigentlichen Kurven 2. Ordnung sind durch eine Gleichung 2. Grades mit verschwindender Determinante gegeben. Durch Drehung des Koordinatensystems läßt sich die Gleichung gemäß § 37 (2) auf die Form

$$\alpha\,\xi^2 + \beta\,\eta^2 + \gamma\,\xi + \delta\,\eta + \varepsilon = 0$$

bringen. Diese läßt sich, falls $\alpha, \beta \neq 0, 0$ sind, weiter durch Parallelverschiebung des Koordinatensystems in

$$\alpha\,\xi'^2 + \beta\,\eta'^2 + \varepsilon' = 0$$

transformieren, oder in homogenen Koordinaten

$$\alpha\,x_1^2 + \beta\,x_2^2 + \varepsilon'\,x_3^2 = 0.$$

Das ist immer möglich, denn es folgt z. B. aus $\alpha = 0$ wegen

$$\begin{vmatrix} 0 & 0 & \gamma \\ 0 & \beta & \delta \\ \gamma & \delta & \varepsilon \end{vmatrix} = -\beta\,\gamma^2 = 0$$

$\gamma = 0$ auch. Bei diesen Operationen ist die Kurve uneigentlich geblieben, es muß also noch ihre Determinante

$$\begin{vmatrix} \alpha & 0 & 0 \\ 0 & \beta & 0 \\ 0 & 0 & \varepsilon' \end{vmatrix} = 0$$

sein, d. h. mindestens einer der Koeffizienten $\alpha, \beta, \varepsilon'$ verschwinden.

Ist ein Koeffizient gleich Null, so läßt sich die Gleichung durch projektive Koordinatentransformation in

$$X_1^2 + X_2^2 = 0 \quad \text{oder} \quad X_1^2 - X_2^2 = 0$$

verwandeln, d h. die Kurve ist einem imaginären oder reellen Geradenpaar äquivalent.

Sind zwei Koeffizienten gleich Null, so erhält man durch projektive Transformation die Gleichung einer Doppelgeraden

$$X_1^2 = 0.$$

Im Falle $\alpha = \beta = 0$ wird die Gleichung

$$\gamma\, x_1\, x_3 + \delta x_2\, x_3 + \varepsilon\, x_3^2 = 0$$

durch

$$X_1 = \frac{\gamma}{2}\, x_1 + \frac{\delta}{2}\, x_2 + \frac{\varepsilon + 1}{2}\, x_3$$

$$X_2 = \frac{\gamma}{2}\, x_1 + \frac{\delta}{2}\, x_2 + \frac{\varepsilon - 1}{2}\, x_3$$

$$X_3 = x_1 \quad \text{für} \quad \delta \neq 0 \quad \text{bzw.} \quad X_3 = x_2 \quad \text{für} \quad \delta = 0$$

in $X_1^2 - X_2^2 = 0$ übergeführt, während die Gleichung

$$\varepsilon\, x_3^2 = 0$$

in $X_1^2 = 0$ transformiert werden kann.

Vom projektiven Standpunkt aus betrachtet gibt es also nur 5 Typen von Kurven 2. Ordnung:

Reeller Kreis	$X_1^2 + X_2^2 - X_3^2 = 0.$
Imaginärer Kreis	$X_1^2 + X_2^2 + X_3^2 = 0.$
Reelles Geradenpaar	$X_1^2 - X_2^2 = 0.$
Imaginäres Geradenpaar	$X_1^2 + X_2^2 = 0.$
Doppelgerade	$X_1^2 = 0.$

(2) Flächen 2. Ordnung. Durch die projektive Abbildung

$$X_1 = \frac{1}{a}\, x_1$$

$$X_2 = \qquad \frac{1}{b}\, x_2$$

$$X_3 = \qquad\qquad \frac{1}{c}\, x_3$$

$$X_4 = \qquad\qquad\qquad x_4$$

gehen die Kugeln und Ellipsoide

$$\frac{x_1^2}{a^2} + \frac{x_2^2}{b^2} + \frac{x_3^2}{c^2} = x_4^2$$

in die Einheitskugel
$$X_1^2 + X_2^2 + X_3^2 = X_4^2$$

über, alle einschaligen Hyperboloide

$$\frac{x_1^2}{a^2} + \frac{x_2^2}{b^2} - \frac{x_3^2}{c^2} = x_4^2$$

in die Rotationsfläche der gleichseitigen Einheitshyperbel

$$X_1^2 + X_2^2 - X_3^2 = X_4^2,$$

und die imaginären Ellipsoide

$$\frac{x_1^2}{a^2} + \frac{x_2^2}{b^2} + \frac{x_3^2}{c^2} = -x_4^2$$

in die imaginäre Einheitskugel

$$X_1^2 + X_2^2 + X_3^2 = -X_4^2.$$

Die zweischaligen Hyperboloide

$$\frac{x_1^2}{a^2} - \frac{x_2^2}{b^2} - \frac{x_3^2}{c^2} = x_4^2$$

transformieren sich durch

$$\begin{aligned} X_1 &= x_4 \\ X_2 &= \frac{1}{c}\, x_3 \\ X_3 &= \frac{1}{b}\, x_2 \\ X_4 &= \frac{1}{a}\, x_1 \end{aligned}$$

in die Einheitskugel

$$X_1^2 + X_2^2 + X_3^2 = X_4^2.$$

Die projektive Transformation

$$\begin{aligned} X_1 &= \frac{1}{a}\, x_1 \\ X_2 &= \sqrt{\frac{1}{2}}\, x_3 - \sqrt{\frac{1}{2}}\, x_4 \\ X_3 &= \frac{1}{b}\, x_2 \\ X_4 &= \sqrt{\frac{1}{2}}\, x_3 + \sqrt{\frac{1}{2}}\, x_4 \end{aligned}$$

führt die Paraboloide

$$\frac{x_1^2}{a^2} \pm \frac{x_2^2}{b^2} = 2x_3\, x_4$$

in $X_1^2 + X_2^2 + X_3^2 = X_4^2$ bzw. $X_1^2 + X_2^2 - X_3^2 = X_4^2$ über.

Von den in § 54 (1) aufgezählten uneigentlichen Flächen 2. Ordnung lassen sich die imaginären Kegel aus

$$X_1^2 + X_2^2 + X_3^2 = 0$$

erzeugen, die reellen Kegel aus

$$X_1^2 + X_2^2 - X_3^2 = 0.$$

Diesem reellen, rechtwinklig geöffneten Kreiskegel sind auch alle reellen Zylinder projektiv äquivalent, denn die elliptischen Zylinder

$$\frac{x_1^2}{a^2} + \frac{x_2^2}{b^2} = x_4^2$$

gehen durch die Transformation $X_1 = \frac{1}{a} x_1$, $X_2 = \frac{1}{b} x_2$, $X_3 = x_4$, $X_4 = x_3$, die hyperbolischen Zylinder

$$\frac{x_1^2}{a^2} - \frac{x_2^2}{b^2} = x_4^2$$

durch $X_1 = x_4$, $X_2 = \frac{1}{b} x_2$, $X_3 = \frac{1}{a} x_1$, $X_4 = x_3$,

die parabolischen Zylinder

$$x_1^2 = 2p\, x_2\, x_4$$

durch

$$X_1 = x_1,\ X_2 = \sqrt{\frac{p}{2}}\, x_2 - \sqrt{\frac{p}{2}}\, x_4,\ X_3 = \sqrt{\frac{p}{2}}\, x_2 + \sqrt{\frac{p}{2}}\, x_4,\ X_4 = x_3$$

darin über, während die imaginären Zylinder

$$\frac{x_1^2}{a^2} + \frac{x_2^2}{b^2} = -x_4^2$$

der Fläche $X_1^2 + X_2^2 + X_3^2 = 0$ äquivalent sind.

Die imaginären Ebenenpaare

$$\frac{x_1^2}{a^2} + \frac{x_2^2}{b^2} = 0$$

können in $X_1^2 + X_2^2 = 0$ transformiert werden, ebenso die Paare imaginärer Parallelebenen

$$x_1^2 = -k^2 x_4^2.$$

Die reellen Ebenenpaare

$$\frac{x_1^2}{a^2} - \frac{x_2^2}{b^2} = 0$$

und Parallelebenenpaare $x_1^2 = k^2 x_4^2$ gehen durch projektive Abbildungen in $X_1^2 - X_2^2 = 0$ über.

Die Doppelebenen $X_1^2 = 0$ bilden eine Klasse für sich.

Die Gleichungen der Ebenen als Flächen 2. Ordnung, die in homogenen Koordinaten

$$2b_{14}\, x_1\, x_4 + 2b_{24}\, x_2\, x_4 + 2b_{34}\, x_3\, x_4 + b_{44}\, x_4^2 = 0$$

lauten, können entsprechend den Ausführungen in (1) durch projektive Transformationen in $X_1^2 - X_2^2 = 0$ oder in $X_1^2 = 0$ umgewandelt werden.

Demnach gibt es acht projektiv verschiedene Typen von Flächen 2. Ordnung:

Imaginäre Kugel	$X_1^2 + X_2^2 + X_3^2 + X_4^2 = 0.$
Reelle Kugel	$X_1^2 + X_2^2 + X_3^2 - X_4^2 = 0.$
Geradlinige Fläche	$X_1^2 + X_2^2 - X_3^2 - X_4^2 = 0.$
Imaginärer Kegel	$X_1^2 + X_2^2 + X_3^2 = 0.$
Reeller Kegel	$X_1^2 + X_2^2 - X_3^2 = 0.$
Imaginäres Ebenenpaar	$X_1^2 + X_2^2 = 0.$
Reelles Ebenenpaar	$X_1^2 - X_2^2 = 0.$
Doppelebene	$X_1^2 = 0.$

§ 81. Affine Klassifikation der Kurven und Flächen 2. Ordnung

(1) Kurven 2. Ordnung. Die affinen Transformationen in der Ebene sind durch die Gleichung $X_3 = x_3$ ausgezeichnet. Demnach lassen sich Kreise und Ellipsen wie in § 80 (1) in den Einheitskreis überführen, jedoch nicht mehr die Hyperbeln und Parabeln. Es sind nur noch alle Hyperbeln affin äquivalent, denn sie können sämtlich durch

$$\begin{aligned} X_1 &= \frac{1}{a}\, x_1 \\ X_2 &= \qquad \frac{1}{b}\, x_2 \\ X_3 &= \qquad\qquad x_3 \end{aligned}$$

in die gleichseitige Einheitshyperbel $X_1^2 - X_2^2 = X_3^2$ transformiert werden. Entsprechend gehen alle Parabeln durch die affine Abbildung

$$\begin{aligned} X_1 &= x_1 \\ X_2 &= \qquad 2p\, x_2 \\ X_3 &= \qquad\qquad x_3 \end{aligned}$$

in die Einheitsparabel $X_1^2 = X_2 X_3$ über. Vertreter aller imaginärer Ellipsen ist auch hier der imaginäre Einheitskreis.

Die uneigentlichen Kurven 2. Ordnung lassen sich wieder auf die Gleichungsform

$$\alpha\, \xi^2 + \beta\, \eta^2 + \gamma\, \xi + \delta\, \eta + \varepsilon = 0$$

bringen, und für $\alpha, \beta \neq 0, 0$ durch Parallelverschiebung und Einführung homogener Koordinaten auf die Form

$$\alpha\, x_1^2 + \beta\, x_2^2 + \varepsilon'\, x_3^2 = 0 .$$

Jetzt muß aber unterschieden werden, welcher der 3 Koeffizienten darin verschwindet.

Ist $\alpha = 0$ oder $\beta = 0$ und die beiden anderen Koeffizienten von Null verschieden, so ergibt sich durch affine Transformation entweder

$$X_1^2 + X_3^2 = 0 \text{ oder } X_1^2 - X_3^2 = 0,$$

d. h. ein Paar imaginärer oder reeller, paralleler Geraden.

Ist $\varepsilon' = 0$ und $\alpha \neq 0$, $\beta \neq 0$, so läßt sich die Gleichung in

$$X_1^2 + X_2^2 = 0 \quad \text{oder} \quad X_1^2 - X_2^2 = 0$$

transformieren, die ein imaginäres oder reelles Geradenpaar darstellen.

Ist von den Koeffizienten nur α oder β von Null verschieden, so läßt sich die Gleichung in $X_1^2 = 0$ transformieren, die Kurve ist also eine Doppelgerade.

Ist schließlich $\alpha = \beta = 0$, so hat die Kurve vor der Parallelverschiebung die Gleichung in homogenen Koordinaten

$$\gamma\, x_1\, x_3 + \delta\, x_2\, x_3 + \varepsilon\, x_3^2 = 0$$

oder

$$(\gamma\, x_1 + \delta\, x_2 + \varepsilon\, x_3) \cdot x_3 = 0 .$$

Für $\gamma = \delta = 0$ stellt sie die unendlich ferne Gerade doppelt dar, $X_3^2 = 0$; für $\gamma, \delta \neq 0, 0$ geht sie durch die affine Transformation

$$\begin{aligned} X_1 &= \gamma x_1 + \delta x_2 + \varepsilon x_3 \\ X_2 &= x_2 \\ X_3 &= x_3 \end{aligned}$$

in $X_1 X_3 = 0$ über, d. h. sie stellt eine endliche und die unendlich ferne Gerade dar.

Es gibt also elf affin verschiedene Klassen von Kurven 2. Ordnung:

Imaginärer Kreis	$X_1^2 + X_2^2 + X_3^2 = 0.$
Reeller Kreis	$X_1^2 + X_2^2 - X_3^2 = 0.$
Hyperbel	$X_1^2 - X_2^2 - X_3^2 = 0.$
Parabel	$X_1^2 - X_2 X_3 = 0.$
Imaginäres Geradenpaar	$X_1^2 + X_2^2 = 0.$
Reelles Geradenpaar	$X_1^2 - X_2^2 = 0.$
Imaginäres Parallelgeradenpaar. .	$X_1^2 + X_3^2 = 0.$
Reelles Parallelgeradenpaar . . .	$X_1^2 - X_3^2 = 0.$
Endlich-unendlich fernes Geradenpaar	$X_1 X_3 = 0.$
Endliche Doppelgerade	$X_1^2 = 0.$
Unendlich ferne Doppelgerade . .	$X_3^2 = 0.$

(2) Flächen 2. Ordnung. Die Einteilung der Flächen 2. Ordnung vom affinen Standpunkt aus ist bereits in § 54 (1) im wesentlichen durchgeführt. In § 80 (2) zeigte sich auch, daß verschiedenartige Flächen nur durch projektive Transformation ineinander übergeführt werden können. Die Benennung der Flächen erfolgt also, abgesehen von Kugel und Ellipsoid, die affin äquivalent sind, nach affinen Gesichtspunkten. Überhaupt ist die analytische Geometrie zum größten Teil affine Geometrie, insofern, als sie z. B. die Eigenschaften der Ellipsen, Hyperbeln, Parabeln, Dreiecke usw. aufzählt.

Die in § 54 (1) unter Fall II, 3 angeführte Ebene bedarf noch einer affinen Untersuchung. Ihre Gleichung lautet ja in homogenen Koordinaten als Fläche 2. Ordnung

$$2b_{14} x_1 x_4 + 2b_{24} x_2 x_4 + 2b_{34} x_3 x_4 + b_{44} x_4^2 = 0.$$

Diese ist nur im Falle $b_{44} = 0$ wirklich linear. Sonst läßt sie sich, wenn $b_{14}, b_{24}, b_{34} \neq 0, 0, 0$ sind, durch

$$\begin{aligned} X_1 &= 2b_{14} x_1 + 2b_{24} x_2 + 2b_{34} x_3 + b_{44} x_4 \\ X_2 &= \phantom{2b_{14} x_1 + 2b_{24}} x_2 \\ X_3 &= \phantom{2b_{14} x_1 + 2b_{24} x_2 + 2b_{34}} x_3 \\ X_4 &= \phantom{2b_{14} x_1 + 2b_{24} x_2 + 2b_{34} x_3 + b_{44}} x_4 \end{aligned}$$

in $X_1 X_4 = 0$, also eine endliche und die unendlich ferne Ebene transformieren. Ist aber $b_{14} = b_{24} = b_{34} = 0$, so wird sie $X_4^2 = 0$, also die unendlich ferne Doppelebene.

Folglich gibt es neunzehn verschiedene Typen affin äquivalenter Flächen 2. Ordnung:

Imaginäre Kugel	$X_1^2 + X_2^2 + X_3^2 + X_4^2 = 0.$
Reelle Kugel	$X_1^2 + X_2^2 + X_3^2 - X_4^2 = 0.$
Einschaliges Hyperboloid	$X_1^2 + X_2^2 - X_3^2 - X_4^2 = 0.$
Zweischaliges Hyperboloid	$X_1^2 - X_2^2 - X_3^2 - X_4^2 = 0.$
Elliptisches Paraboloid	$X_1^2 + X_2^2 - X_3 X_4 = 0.$
Hyperbolisches Paraboloid . . .	$X_1^2 - X_2^2 - X_3 X_4 = 0.$
Imaginärer Kegel	$X_1^2 + X_2^2 + X_3^2 = 0.$
Reeller Kegel	$X_1^2 + X_2^2 - X_3^2 = 0.$
Imaginärer Zylinder.	$X_1^2 + X_2^2 + X_4^2 = 0.$
Elliptischer Zylinder	$X_1^2 + X_2^2 - X_4^2 = 0.$
Hyperbolischer Zylinder	$X_1^2 - X_2^2 - X_4^2 = 0.$
Parabolischer Zylinder	$X_1^2 - X_2 X_4 = 0.$
Imaginäres Ebenenpaar	$X_1^2 + X_2^2 = 0.$
Reelles Ebenenpaar	$X_1^2 - X_2^2 = 0.$
Imaginäres Parallelebenenpaar . .	$X_1^2 + X_4^2 = 0.$
Reelles Parallelebenenpaar . . .	$X_1^2 - X_4^2 = 0.$
Endlich-unendlich fernes Ebenenpaar	$X_1 X_4 = 0.$
Endliche Doppelebene	$X_1^2 = 0.$
Unendlich ferne Doppelebene. . .	$X_4^2 = 0.$

§ 82. Äquiforme Klassifikation der Kurven und Flächen 2. Ordnung

(1) Kurven 2. Ordnung. Die Klassifikation der Kurven 2. Ordnung unter Zugrundelegung der Ähnlichkeit ergibt sich aus der in § 28 (5) bewiesenen Tatsache, daß alle Kegelschnitte mit gleicher numerischer Exzentrizität ähnlich sind, und aus der in § 77 (2) bewiesenen Winkelinvarianz.

Es gehören also alle Kegelschnitte mit gleichem ε in dieselbe Klasse, je zwei mit verschiedenem ε in verschiedene Klassen, d. h. alle Kreise sind dem Einheitskreis $x^2 + y^2 = 1$ äquiform äquivalent, dagegen gibt es unendlich viele Klassen von Ellipsen und Hyperbeln, während alle Parabeln wieder ähnlich sind. Geradenpaare mit verschiedenen Winkeln gehören in verschiedene Klassen, da sie sich nicht durch äquiforme Transformation ineinander überführen lassen. Im Gegensatz dazu gehören die imaginären und reellen Parallelgeradenpaare in je eine Klasse, ebenso die Geradenpaare, die aus einer endlichen und der unendlich fernen Geraden bestehen, schließlich die endlichen und die unendlich ferne Doppelgerade.

(2) Flächen 2. Ordnung. Von den Flächen 2. Ordnung bilden die Klasse der parabolischen Zylinder, der imaginären und reellen Parallelebenenpaare, der endlichen und unendlich fernen Doppelebenen sowie der Ebenenpaare aus einer endlichen und der unendlich fernen Ebene auch in der äquiformen Geometrie nur je eine Klasse. Jede der übrigen dreizehn affinen Klassen von Flächen 2. Ordnung zerfällt in unendlich viele äquiforme Klassen. Eine Sonderklasse der reellen Ellipsoide ist die der Kugeln, alle Kugeln sind ja einander ähnlich.

Man erkennt dies daraus, daß die äquiformen Abbildungen aus einer Bewegung und einer gleichmäßigen Verzerrung aller 3 Koordinatenachsen zusammengesetzt sind. Letztere ist durch die Transformation

$$X = m\,x$$
$$Y = m\,y$$
$$Z = m\,z$$

gegeben. So lassen sich z. B. alle parabolischen Zylinder $y^2 = 2p\,x$ durch die äquiformen Abbildungen

$$X = \frac{1}{2p}\,x$$
$$Y = \frac{1}{2p}\,y$$
$$Z = \frac{1}{2p}\,z$$

in $Y^2 = X$ überführen, demnach sind alle parabolischen Zylinder ähnlich.

Allgemein sind Flächen 2. Ordnung ähnlich, wenn sie in dieselbe affine Klasse gehören und wenn ihre Bestimmungsgrößen a, b, c proportional sind.

Register

FSC
www.fsc.org
MIX
Papier | Fördert gute Waldnutzung
FSC® C083411

Zeitfracht Medien GmbH
Ferdinand-Jühlke-Straße 7
99095 Erfurt, Deutschland
produktsicherheit@kolibri360.de